BASIC MASTER SERIES 541

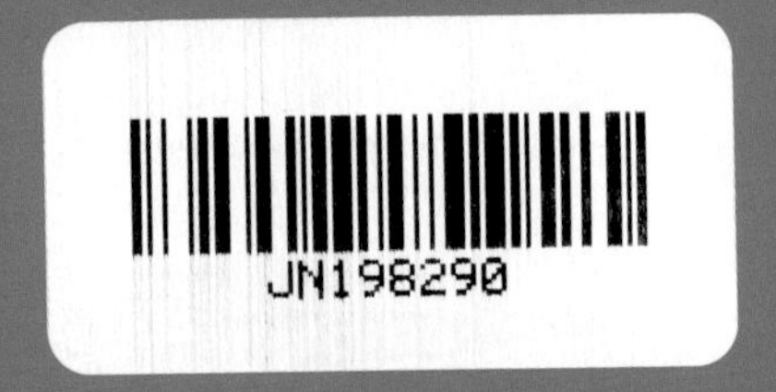


# はじめての PowerPoint 2024

［著］染谷昌利／株式会社 MASH

秀和システム

# 本書の使い方

●本書では、初めてPowerPoint2024を使う方や、いままでPowerPointを使ってきた方を対象に、PowerPointの基本的な操作方法から、ビジネスなどに役立つ本格的な文書作成、見栄えを良くして伝わるスライドにするための編集・各種設定からプレゼンまでの一連の流れを理解しやすいように図解しています。また、ExcelやWordなどとの連携も丁寧に図解しました。

●PowerPointの機能の中で、頻繁に使う機能はもれなく解説し、本書さえあればPowerPointのすべてが使いこなせるようになります。特に便利な機能や時短、効率アップに役立つ操作を豊富なコラムで解説しており格段に理解力がアップするようになっています。

●Microsoft365にも完全対応しているので、最新の操作方法を本書の中で解説しています。

## 紙面の構成

**練習用サンプルファイル**

このSECTIONの解説で使用したデータと同じものを用意しました。ダウンロードの方法は「練習用サンプルファイルの使い方」ページに記載しています

**手順解説動画が観られる**

このSECTIONの解説を理解しやすい動画にしました。観たい場合は、スマートフォンでその場でQRコードから観られます。(※QRコードがないセクションがあります)

**大きい図版で見やすい**

手順を進めていく上で迷わないように、できるだけ大きな図版を掲載しています。また、図版の間には、矢印を掲載し次の手順が一目でわかります

**丁寧な手順解説**

図版だけの手順説明ではわかりにくいため、図版の右側に、丁寧な解説テキストを掲載し、図版とテキストが連動することで、より理解が深まるようになっています。逆引きとしても使えます。

SECTION 27 キーワード▶右・左揃え／中揃え／両端揃え　サンプル番号 03sec27

### 文字を中央や右端に揃えて見やすくする

手順解説動画

文字をプレースホルダー内の中央や右端、左端に揃えてみましょう。タイトルを中央に、表やグラフの出典や作成者を右端に配置すると、わかりやすいスライドになります。なお、中央揃えや右揃えなどは、段落ごとに設定されます。

#### 一つの段落を中央に揃える

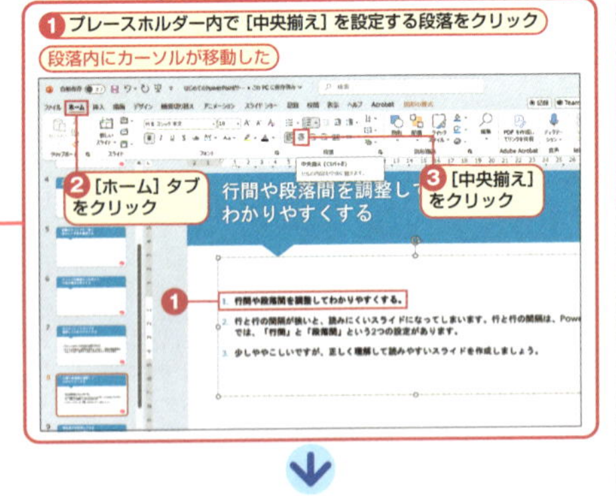


**手順1 段落を選択する**

左揃えが並ぶプレースホルダー内で中央揃えに設定する段落をクリックして選択、段落内にカーソルが移動しました。次に［ホーム］タブをクリックして［中央揃え］をクリックしてください。

**メモ 段落ごとに設定される**

中央揃えや右端揃えは、カーソルがある段落全体に設定されます。［段落］とは、［Enter］キーを押して改行するまでの文字のまとまりを指します。

行間や段落間を調整してわかりやすくする
指定した段落が中央に揃えられた

**手順2 中央揃えになった**

指定した段落が左揃えから中央揃えになりました。

**メモ 文字を右端に揃える**

文字を右端に揃えるには［右揃え］を、均等に配置したい場合は［均等割り付け］をクリックします。

108

## 本書で学ぶための3ステップ

**ステップ1:操作手順全体の流れを見る**

本書は大きな図版を使用しており、ひと目で手順の流れがイメージできるようになっています

**ステップ2:解説の通りにやってみる**

本書は、知識ゼロからでも操作が覚えられるように、手順番号の通りに迷わず進めて行けます

**ステップ3:逆引き事典として活用する**

一通り操作手順を覚えたら、デスクの傍に置いて、やりたい操作を調べる時に活用できます。また、豊富なコラムが、レベルアップに大いに役立ちます

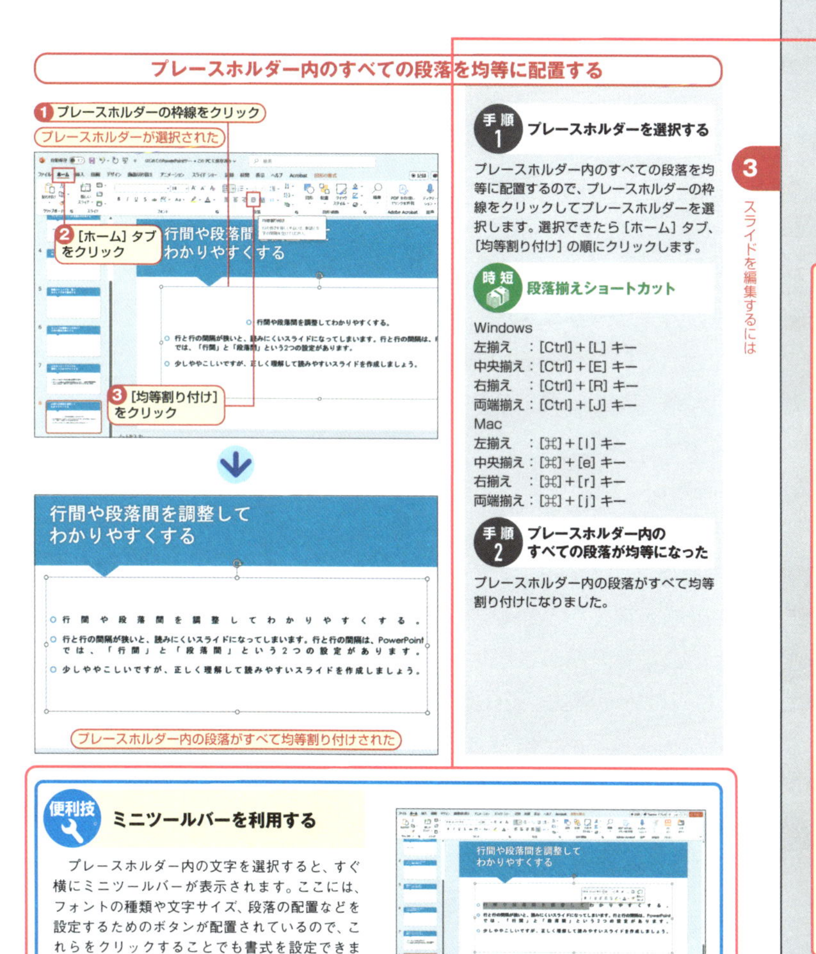


### 豊富なコラムが役に立つ

手順を解説していく上で、補助的な解説や、時短が可能な操作、より高度な手順、注意すべき事項など、コラムにしています。コラムがあることで、理解が深まることは間違いありません

### コラムの種類は全部で6種類

補助的な解説をしています。最低限知っておくべき事項などをシンプルに説明しています

これを知っておけば、ビジネスなどに役立つノウハウを中心に、多角的な内容の解説です

ミスをしないためのポイントとなることや、勘違いしやすい注意点などを解説しています

いつもの仕事が驚きの時短になるノウハウを中心に、効率アップ術も網羅しています

意外と知らない操作方法や、一度覚えると使いこなしたくなる高度なテクニックの解説です

手順を進めていった結果をわかりやすく説明しています。これがあると迷うことはありません

# はじめに

プレゼンテーションをやってほしいと頼まれたとき、あなたはどう感じますか？「待ってました！人前で話すの大好きなんだ！」と、やる気に満ち溢れる人はおそらく少数だと思います。

「人前で話すのが苦手」「なにを伝えたら良いのかわからない」「プレゼンのための資料が作れない」など、ネガティブな印象を持つ人も多いと思われます。確かに人前で話すことが不得意な人であれば、プレゼンの依頼があったら尻込みしてしまうことでしょう。しかしながら準備さえしっかりしていれば、"不得意"をカバーすることが可能になります。そのカバーするためのツールの一つとして活用したいのが、本書で紹介するPowerPoint2024です。

PowerPointは製品発表会や会議、講演やセミナーなどで使うスライドを作成するためのアプリであり、本書はPowerPointの最新バージョンであるPowerPoint2024の操作方法や機能を１冊にまとめた入門書です。

・進学または就職したのでPowerPointの使い方をきちんと学びたい
・社内会議用に見栄えの良い資料を作りたい
・発表がスムーズになるスライドを作りたい
・セミナーで話す内容をその場で確認できるカンニングペーパーがほしい
・パソコンにPowerPointがインストールされていたので使い方を知りたい
・従来のPowerPointを使っていたが新しくなったので機能や操作を確認したい

本書は、これらの悩みを抱える人に向けて書いています。

これまで一度もPowerPointを触ったことがない人でも、１章から順に読み進めていただくことで、資料を作る手順を通して操作方法や機能を学ぶことができます。もちろん必要な作業に合わせて、該当する項目から読み進めていただいても問題ありません。さらに専門用語や知っておくと役立つ情報は、ヒントやテクニックとして欄外で解説しています。

なお、本書で解説しているサンプルファイルは秀和システムのWebサイトからダウンロードできるのでお役立てください。必要なスライドはそのまま再利用していただいても構いません。

製品発表会や社内会議、プレゼンテーション、講演用のスライド、学校内での自由研究の発表など、生活の中でPowerPointが活躍するシーンはたくさんあります。本書が、企業や学校、地域、家庭で活躍するみなさまの助けになれば幸いです。

株式会社MASH　染谷昌利

# 目次

本書の使い方 …… 2
はじめに …… 4
手順解説動画を観る方法／練習用サンプルファイルの使い方 …… 17
パソコンの基本操作を確認しよう …… 18
PowerPoint2024リボン一覧 …… 22
書籍の内容へのお問い合わせ方法 …… 24

## 0章　PowerPoint2024の新機能はこれだ　25

### Ⅰ ● 追加された新機能一覧 …… 26

カメオ機能（ライブカメラの埋め込み）
レコーディングスタジオ機能（プレゼンテーションの記録）
Microsoft Streamの埋め込み
アクセシビリティリボンの追加
アクセシビリティ対応PDFの作成
プレゼン内のビデオやオーディオに字幕を追加
コメントに「いいね」ボタンが追加
新テーマとカラーパレットの追加
OpenDocument形式（ODF）1.4のサポート
スライドショービューでスライドを最大400%に拡大
目盛線を操作する

### Ⅱ ● PowerPoint2024とMicrosoft365との違い …… 32

Microsoft365
本書で使用するPowerPoint2024

### Ⅲ ● Excel/Wordとの連携 …… 33

単純にコピーして貼り付ける
リンクオブジェクトとして貼り付ける

## 1章　PowerPoint2024の基本操作　35

### 01 ● PowerPointでできること …… 36

PowerPointでできること

### 02 ● PowerPoint2024を起動／終了する …… 38

Windows11でPowerPointを起動する
スタートメニューにピン留めする
タスクバーに登録する
PowerPointを終了する

Windows10でPowerPointを起動する
スタートメニューにピン留めする
タスクバーに登録する

03● PowerPoint2024の画面構成 …… 44
PowerPoint2024の画面構成

04● 新規作成をしてリボンを使ってみよう …… 46
白紙のスライドを作成する

05● スライドを新規作成してテンプレートから作ってみよう …… 48
テンプレートからスライドを作成する

06● スライドを保存する …… 50
スライドに名前を付けて保存する
ファイルを上書き保存する

07● 作業に合わせて表示モードを切り替える …… 52
表示モードを切り替える
PowerPointの表示モード

08● リボンの表示を調整してみる …… 54
リボンを非表示にする
タブだけ表示させる
表示をもとに戻す

09● スライドを開く／閉じる …… 56
ファイルを開く
作業を終了する

10● 操作に困ったときは調べることができる …… 58
操作方法を調べる
検索エンジンで調べる

練習問題 …… 61
解答 …… 62

2章　スライド作成の流れと操作 63

11● 新しいプレゼンテーションを作り始める …… 64
白紙のスライドを作成する
テンプレートからスライドを作成する

12● 文字や図表を入力するための枠の基本的な操作を知る …………66
プレースホルダーを選択する
プレースホルダーを移動する
プレースホルダーのサイズや向きを変更する
プレースホルダーを削除する

13● 表紙のスライドを作ってみよう ……………………………………70
スライドのタイトルを入力する
文字の大きさを調整する

14● 次のスライドの追加方法とレイアウトの変更方法……………74
新しいスライドを追加する
スライドのレイアウトを変更する
スライドのレイアウト一覧

15● 伝えたいことを簡潔にわかりやすく箇条書きで入力する…………78
箇条書きを入力する

16● プレゼンテーションの骨組みを作成する…………………………80
表示モードを切り替える
［アウトライン表示］モードでスライドを作成する

17● アウトラインでタイトルだけを表示して構成を確認する…………84
スライドを折りたたむ
折りたたんだスライドを展開する

18● 複数のスライドを一覧で表示して全体を確認する ………………86
［スライド一覧］モードに切り替える
スライドの表示倍率を変更する

19● スライドの順番を入れ替えて全体の構成を修正する……………88
複数のスライドを選択する

20● 転用したいスライドを複製し不要なスライドは削除する…………90
スライドを複製する
スライドを削除する

21● スライドのデザインはいつでも変更できる ………………………92
テーマの一覧を表示する
テーマを変更する

22● デザインの配色と背景の模様をまとめて変更する ………………94
バリエーションを変更する

23● デザインの配色やフォントだけをまとめて変更する……………96
配色の一覧を表示する
背景のスタイルを変更する
フォントの組み合わせを変更する

練習問題……………………………………………………………………99
解答…………………………………………………………………………100

## 3章　スライドを編集するには　101

24● 文字のフォントの種類を設定して印象を変える……………102
プレースホルダー内の一部の文字のフォントを変更する
プレースホルダー内のすべての文字のフォントを変更する

25● フォントのサイズを調整してわかりやすくする……………104
文字のサイズを設定する
プレースホルダー内のすべての文字のサイズを変更する

26● 行間や段落間を調整して読みやすくする……………………106
プレースホルダー内の行間を変更する

27● 文字を中央や右端に揃えて見やすくする……………………108
一つの段落を中央に揃える
プレースホルダー内のすべての段落を均等に配置する

28● 文字の色や太字を設定して目立たせる………………………110
文字を太字に変更する
文字の色を変更する

29● 文字に色やサイズの変更だけでは表現できないデザインを設定する……………112
文字を立体的に見せる
文字を変形する

30● 箇条書きの行頭記号を番号に変更する………………………114
行頭記号の種類を変更する
段落番号を設定する

31● 箇条書きの段落レベルを下げずに位置を調整する…………116
ルーラーを表示する
箇条書きの位置を調整する

32● タブを使って段落の位置を調整する……118
項目間にタブを入力する
タブの位置を揃える

33● すべてのスライドの同じ場所に会社のロゴを入れる……120
スライドマスターとは
スライドマスターを表示する
スライドマスターに会社のロゴを配置する
ロゴ画像のサイズや位置を調整する

34● スライドにプレースホルダーを追加する……124
レイアウトを複製する
プレースホルダーを追加する

35● スライドの下部に著作権表記を表示する……126
[ヘッダーとフッター] 画面を表示する
フッターに著作権表記を表示する
フッターの書式を変更する

練習問題……129
解答……130

4章 スライドに表やグラフを挿入するには 131

36● 表を使って情報を整理する……132
スライドに表を挿入する
表に文字を入力する

37● 文字の長さに合わせて列の幅を調整する……134
列の幅を変更する
複数の列の幅を揃える

38● 行を後から追加する……136
行を挿入する
行を削除する

39● セルをつなげたり分割したりして少し複雑な表を作る……138
複数のセルを結合する
セルを分割する

40 ● 表のサイズやセル内の文字の位置を調整する …… 140
表のサイズを変更する
セル内の文字をセルの上下中央に配置する
41 ● 発表の内容に合わせて表のデザインを変更する …… 142
表のスタイルを変更する
セルの色を変更する
42 ● 表はExcelで作って貼り付けると効率的 …… 144
Excelの表をスライドに貼り付ける
Excelの表のデザインに戻す
Excelの機能を利用できる表を貼り付ける
43 ● グラフを使ってデータの推移や割合を表現する …… 148
グラフを構成する要素
PowerPointで作成できる主なグラフ
44 ● スライドにグラフを挿入してグラフの種類を変更する …… 150
サンプルのグラフを挿入する
グラフの種類を変更する
45 ● データを編集してグラフを仕上げていく …… 152
グラフのデータを修正する
データを編集する
46 ● グラフのデザインを変更し特定のデータを目立たせる …… 154
グラフのスタイルを変更する
特定のデータを目立たせる
47 ● グラフに表示する要素を整理する …… 156
表示されるグラフ要素を設定する
48 ● Excelで作ったグラフを貼り付けることもできる …… 158
Excelのグラフをスライドに貼り付ける
練習問題 …… 161
解答 …… 162

## 5章　スライドで使う図形を作成するには　163


49● 図形を作って文字では表現できない情報を伝える……164

長方形を作成する
図形を変更する

50● 図形の色や線を変更する……166

図形の色を変更する
図形の線を設定する

51● 図形のサイズを変更する……168

図形を拡大する
図形を50%のサイズに縮小する

52● 図形の向きを変更する……170

図形を回転する
図形を90度単位で回転する

53● 図形に立体的な効果を設定する……172

図形に効果を設定する
建物風の立体を作る

54● 同じ図形を作りたい場合は複製機能を使うと効率的……174

ドラッグ操作で図形を複製する
キー操作で図形を複製する

55● 図形を動かして位置や間隔を調整する……176

PowerPointではガイド線が表示される
図形を移動する

56● 複数の図形の重なり順を調整したり、ひとまとめで扱う……178

図形の重なり順を変更する
複数の図形をグループ化する

57● テキストボックスを使って文字を配置する……180

スライド上にテキストボックスを作成する
テキストボックスに文字を入力する

58● 吹き出しの図形に文字を表示する……182

吹き出しを作る
吹き出しに文字を入力する

59●SmartArtを使って集合関係や階層構造を表現する……………184
SmartArtを挿入する
SmartArtの種類を変更する
SmartArtに文字を入力する
SmartArtのデザインを変更する

練習問題……………………………………………………………189
解答…………………………………………………………………190

6章 スライドに画像や音楽などを挿入するには 191

60●スライドにOfficeに付属するアイコンを挿入する……………192
[アイコンの挿入]画面を表示する
スライドにアイコンを挿入する

61●スライドに写真やイラストを挿入する……………………194
写真を挿入する

62●写真を使ったレイアウトを自動で作成する……………………196
PowerPointデザイナーでスライドをデザインする
デザインを変更する

63●PowerPointだけで写真の不要な部分を削除できる……………198
写真の不要な部分を取り除く
図形の形で切り抜く

64●写真の背景を削除して被写体だけを残す……………………200
写真の背景を削除する

65●写真の色や明るさを調整する……………………………202
写真の明るさやコントラストを変更する
写真の色合いを調整する

66●スライドにWebページの画面を挿入する……………………204
地図をスライドに挿入する

67●写真を加工してより魅力的に見せる……………………………206
写真を加工する
写真を絵画風に加工する

68● スライドに動画を挿入する……208
動画をスライドに挿入する

69● 動画が再生される開始位置と終了位置を指定する……210
動画の再生の開始位置と終了位置を設定する

70● 動画が再生されるまで表紙を表示する……212
あらかじめ用意した画像を動画の表紙に設定する
動画の一部を表紙として利用する

71● スライドにBGMを挿入する……214
スライドに音楽を設定する

72● スライドの文字にWebページへのリンクを設定する……216
スライドの文字にリンクを設定する

73● スライドを操作するボタンを挿入する……218
[次のスライドへ進む] ボタンを挿入する
[動作確認] ボタンの機能を変更する
動作を確認する

練習問題……223
解答……224

7章 スライドに [動き] を設定するには 225

74● 箇条書きの文字を順番に表示する……226
箇条書きにアニメーション効果を設定する
アニメーション効果のオプションを設定する

75● 複数のアニメーション効果を組み合わせる……228
アニメーション効果を追加する
アニメーション効果の順番を変更する

76● アニメーション効果を使ってグラフを段階的に表示する……230
グラフにアニメーション効果を設定する
アニメーション効果のオプションを設定する

77● 地図の道路に沿って図形が動くアニメーションを設定する……232
図形を軌跡に沿って動かす
軌跡のポイントを修正する

78 ● SmartArtの項目を順番に表示する ····· 234
SmartArtにアニメーション効果を設定する
アニメーション効果のオプションを設定する

79 ● スライドが切り替わるとき
ページがめくれるようにして次のスライドを表示する ····· 236
画面切り替え効果を設定する
画面切り替え効果をすべてのスライドに設定する

80 ● スライドが切り替わるとき図形をスムーズに変形させる ····· 238
スライドを複製する
画面が切り替わるときに図形が整列するスライドを作成する

練習問題 ····· 241
解答 ····· 242

8章 スライドショーを実行するには 243

81 ● 発表時間が短い場合はスライドを非表示にして割愛する ····· 244
スライドショーで特定のスライドを非表示にする
スライドショーで非表示スライドを再表示する

82 ● 発表者用のメモを作成する ····· 246
ノートを表示する
ノートにメモを入力する

83 ● スライドショーを実行する ····· 248
スライドショーを最初から実行する

84 ● スライドショーの途中で
任意のスライドを表示して拡大表示する ····· 250
スライドショーの途中で任意のスライドを表示する
スライドの一部を拡大表示する

85 ● スライドショーの途中でスライドにペンで書き込む ····· 252
スライド上の文字をペンで強調する
ペンで書き込んだ内容をまとめて削除する

86 ● 発表者用のスライドショーを実行する ····· 254
発表者ビューでスライドショーを実行する

87● スライドショーにナレーションを録音する……………………256
録音用の画面を表示する
ナレーションを録音する

88● スライドショーを自動再生する……………………………………258
スライドショーを自動的に繰り返す

89● スライドを印刷して閲覧者用の資料を作成する………………260
スライドを1枚1枚印刷する
複数のスライドを1枚の用紙に並べて印刷する
スライドを白黒印刷する
メモ書き用の罫線を印刷する

90● メモが付いたスライドを印刷して発表者用の資料を作成する‥264
ノート付きのスライドを印刷する

練習問題……………………………………………………………265
解答…………………………………………………………………266

9章 共同でスライドを作成するには 267

91● OneDriveに保存したスライドをほかのユーザーと共有する…268
スライドを共有するユーザーを招待する
共有リンクをSNSやメッセンジャーアプリなどでシェアして共同作業者を招待する

92● 共有ユーザーとして招待されたスライドを表示する……………270
共有されたスライドをPowerPoint Onlineで表示する
PowerPoint Onlineでスライドを編集する

93● 共有されたスライドにコメントを付けて連絡する………………272
修正箇所にコメントを付ける
共同編集者Bがコメントを確認する

94● 共有されたスライドにペンで注釈を書き込む……………………274
ペンで修正指示を書き込む
注釈を削除する

95● 共有されたスライドをスマートフォンで閲覧する………………276
アプリを起動する
OneDriveに保存されているスライドを表示する

# 手順解説動画を観る方法

## YouTubeで動画が観られます

●パソコンからは下記のURLからサイトにアクセス
https://www.shuwasystem.co.jp/support/7980html/7447.html
●スマートフォン・タブレットからは、下記のQRコードからサイトにアクセス

●サイトの「無料解説動画の再生」にある、ご覧になりたいセクション番号から動画が観られます

弊社のYouTubeチャンネル

# 練習用サンプルファイルの使い方

## ファイルをダウンロードします

●パソコンからは下記のURLからサイトにアクセス
https://www.shuwasystem.co.jp/support/7980html/7447.html
●スマートフォン・タブレットからは、下記のQRコードからサイトにアクセス

手順❶ 「はじめてのPowerPoint2024」サポートページが開きます
手順❷ サンプルファイルが入ったフォルダーをダウンロードします
手順❸ ダウンロードしたフォルダーは圧縮(zip)されていますので、アプリを使って解凍します
手順❹ 解凍後は、練習用サンプルファイルが活用できるようになります
※ サンプルファイルのフォルダーには、章番号とSECTION番号が付けられています
※ サンプルファイルがないSECTIONもあります
手順❺ さっそくサンプルファイルを開いて練習用として使ってみましょう

(注意)

ダウンロードしたデータの利用、または利用したことで関連して生じる、データおよび利益についての被害、すなわち特殊なもの、付随的なもの、間接的なもの、および結果的に生じたいかなる種類の被害、損害に対しても責任は負いかねますのでご承知ください。また、ホームページの内容やデザインは、予告なく変更される場合があります。ダウンロードしたデータの複製や商用利用などのすべての二次的使用は固く禁じられています。

# パソコンの基本操作を確認しよう

はじめに、お使いのパソコンがどのタイプにあたるか確認してください。機能的に変わりはありませんが、デスクトップ型の場合は「マウス+キーボード」、ノート型の場合は「タッチパッド+キーボード」または「スティック+キーボード」で操作することになります。タブレット型や一部のノート型ではタッチパネルで操作する機種もあります。タッチパネルの操作はp.20を参照してください。

## ●マウス操作

### ●マウスカーソル

画面上の矢印をマウスカーソル（ポインタ）といいます。マウスの動きに合わせて、画面上で移動します。

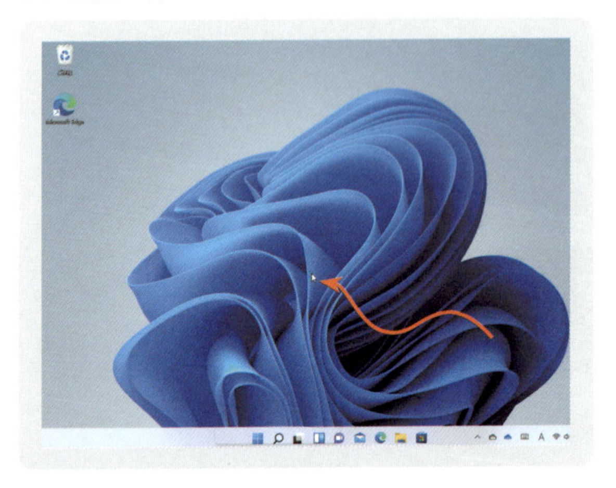

### ●マウス

軽く握るような感じでマウスの上に手のひらを置き前後左右に動かします。

### ●トラックパッド

マウスポインタを移動させたい方へパッド部分を指でなぞります。タッチパッドともいいます。

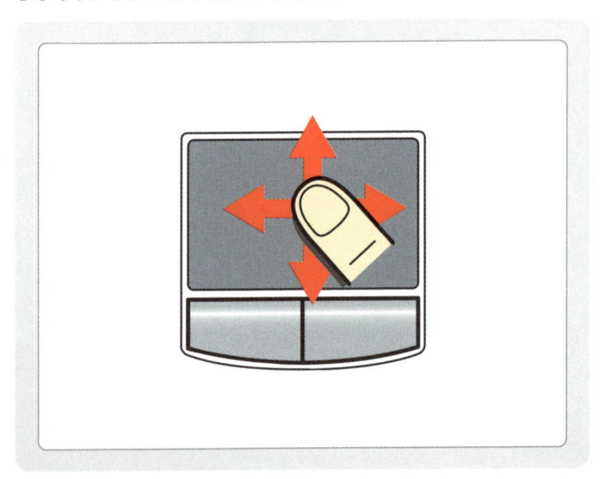

### ●スティック

こねるようにスティックを押した方へマウスポインタが移動します。

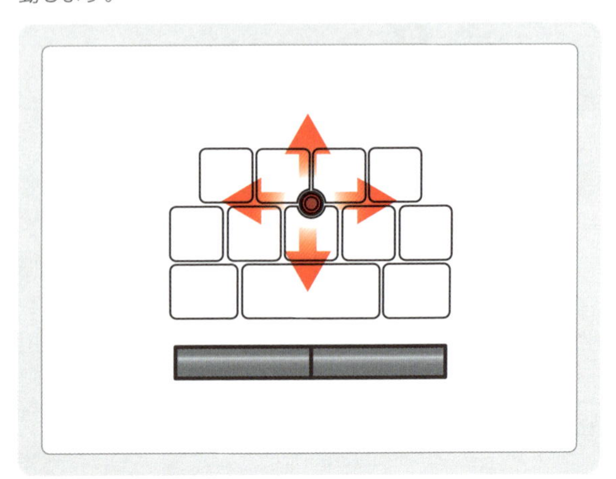

## ●ポイント

目標物の上にマウスポインタをのせることを「ポイント」といいます。

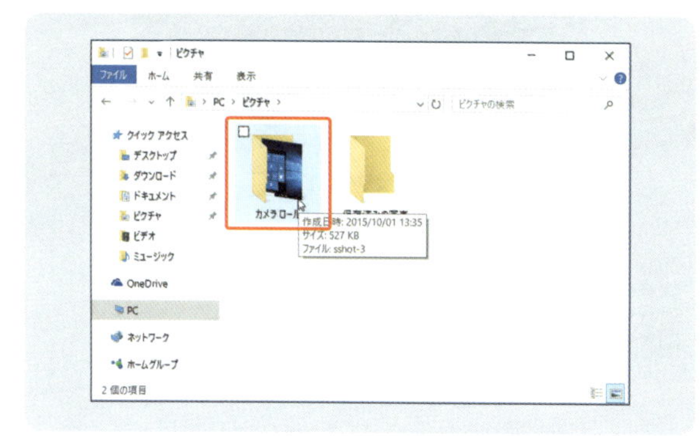


## ●クリック

マウスの左ボタンをカチッと1回押すことを「クリック」といいます。

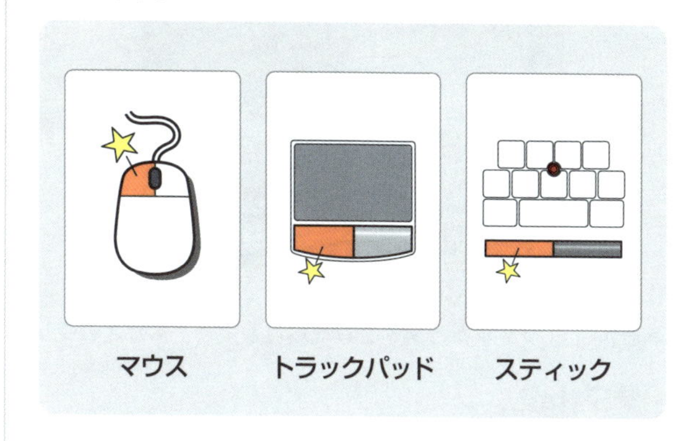


## ●ダブルクリック

マウスの左ボタンを素早くカチカチッっと2回押すことを「ダブルクリック」といいます。

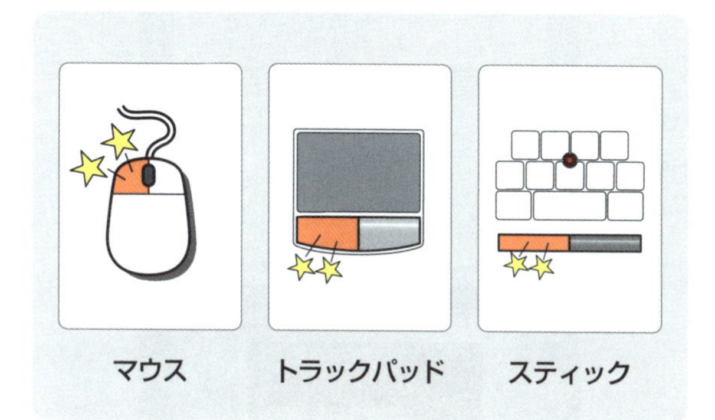


## ●右クリック

マウスの右ボタンをカチッと1回押すことを「右クリック」といいます。

## ●ドラッグ

マウスのボタンを押したままの状態でマウスを動かすことを「ドラッグ」といいます。

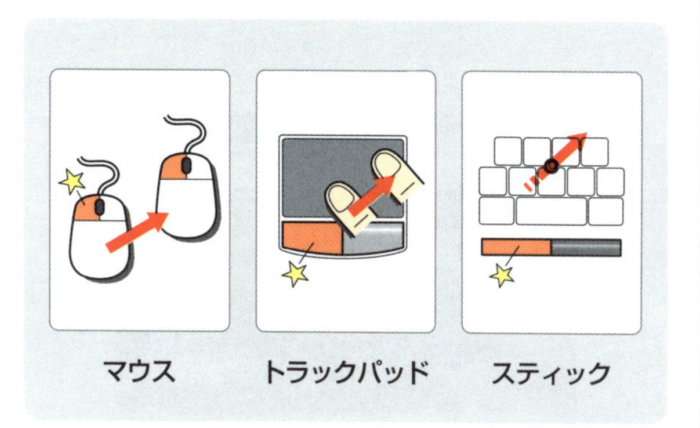


## ●ドラッグ&ドロップ

マウスのボタンを押したままの状態でマウスを動かし、目的の位置でボタンを離すことを「ドラッグ&ドロップ」といいます。

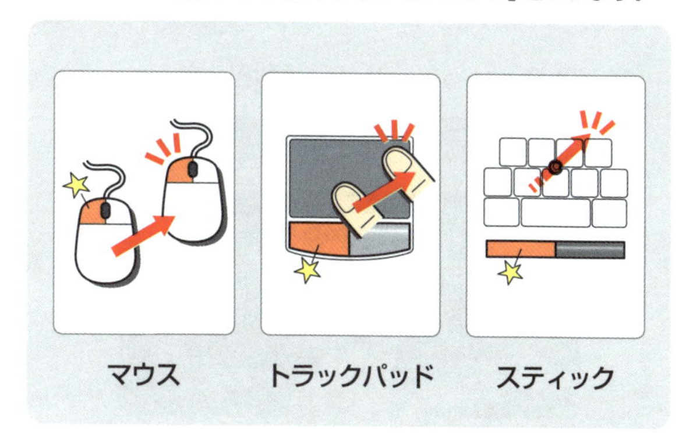

## ●手を使ったタッチ操作

### •タップ

▲画面をタップするとタップした項目が開く。マウスのクリックに相当。

### •ダブルタップ

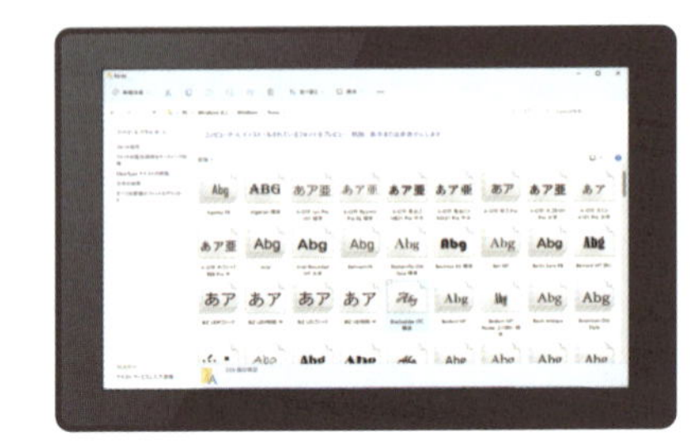

▲画面を連続してタップする。マウスのダブルクリックに相当。

### •フリック

▲画面を指で払う。フリックした方向に画面がスクロール。

### •プレスアンドホールド（長押し）

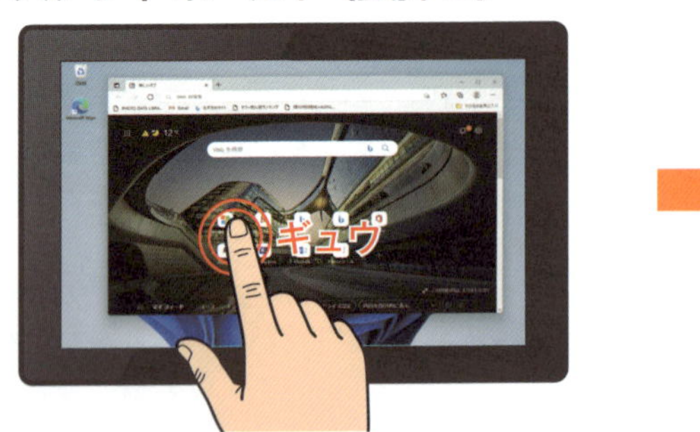

▲指を押しつけて1.2秒間そのままにする。マウスの右クリックに相当。

## ● Windowsパソコンで使うキーボードと主なキー

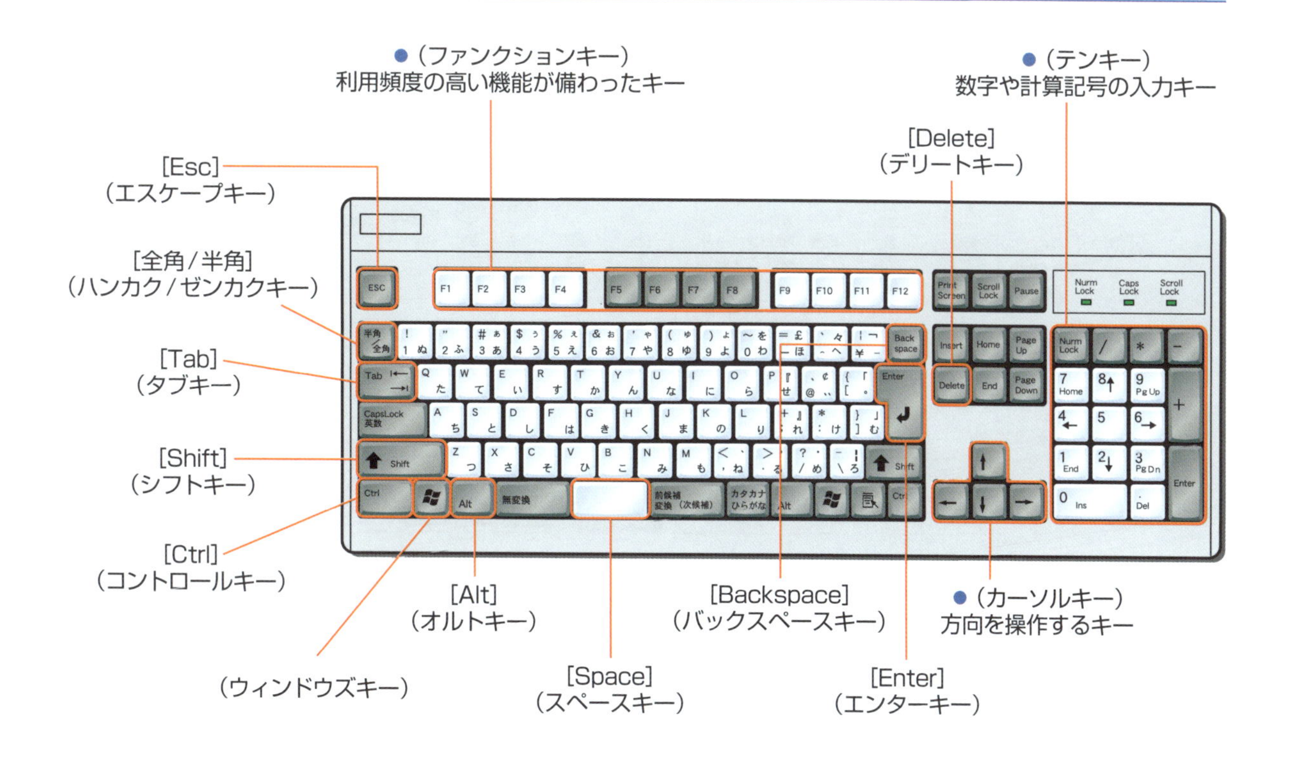


## ● Windows IMEの日本語入力

キーボードの［全角/半角］キーで、全角の日本語と半角の英数字が切り替わります。タスクトレーのIMEインジケーターが［あ］なら全角の日本語が入力できます。［A］なら半角の英数字です。IMEインジケーターをマウスでクリックすれば、半角のカナや全角カタカナも選べます。

キーボードの［全角/半角］キーを押してタスクトレーのIMEインジケーターを**あ**にする

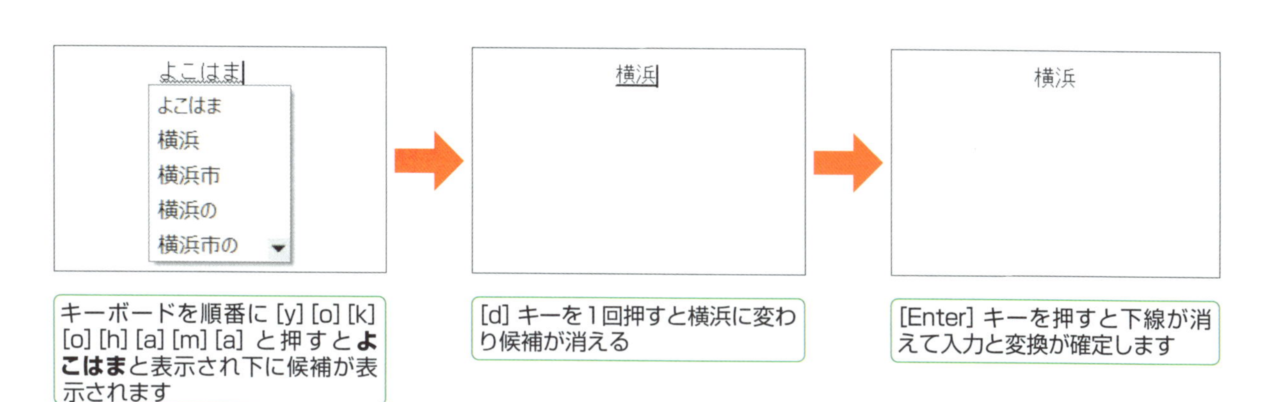


キーボードを順番に［y］［o］［k］［o］［h］［a］［m］［a］と押すと**よこはま**と表示され下に候補が表示されます

［d］キーを1回押すと横浜に変わり候補が消える

［Enter］キーを押すと下線が消えて入力と変換が確定します

# PowerPoint 2024 リボン一覧

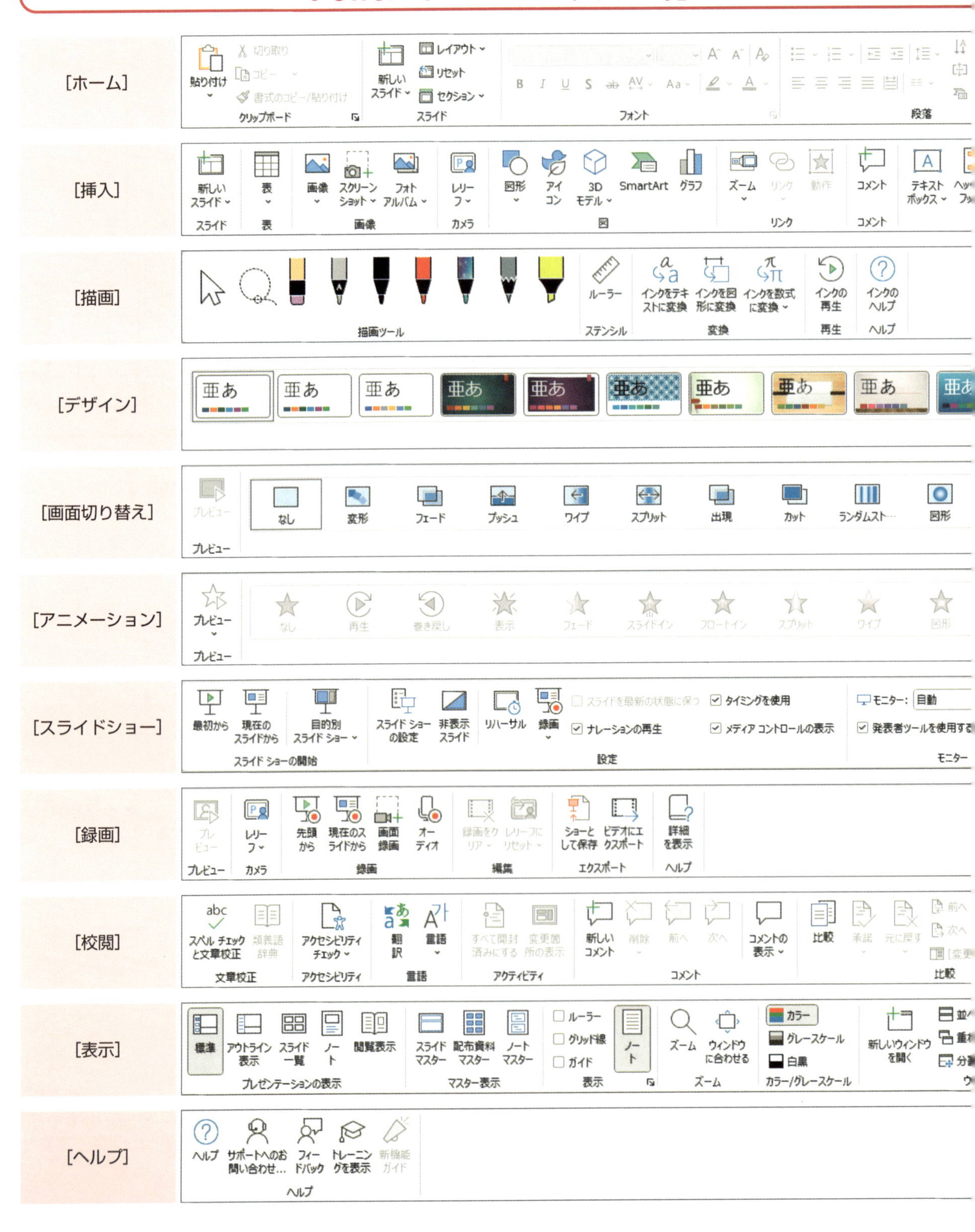

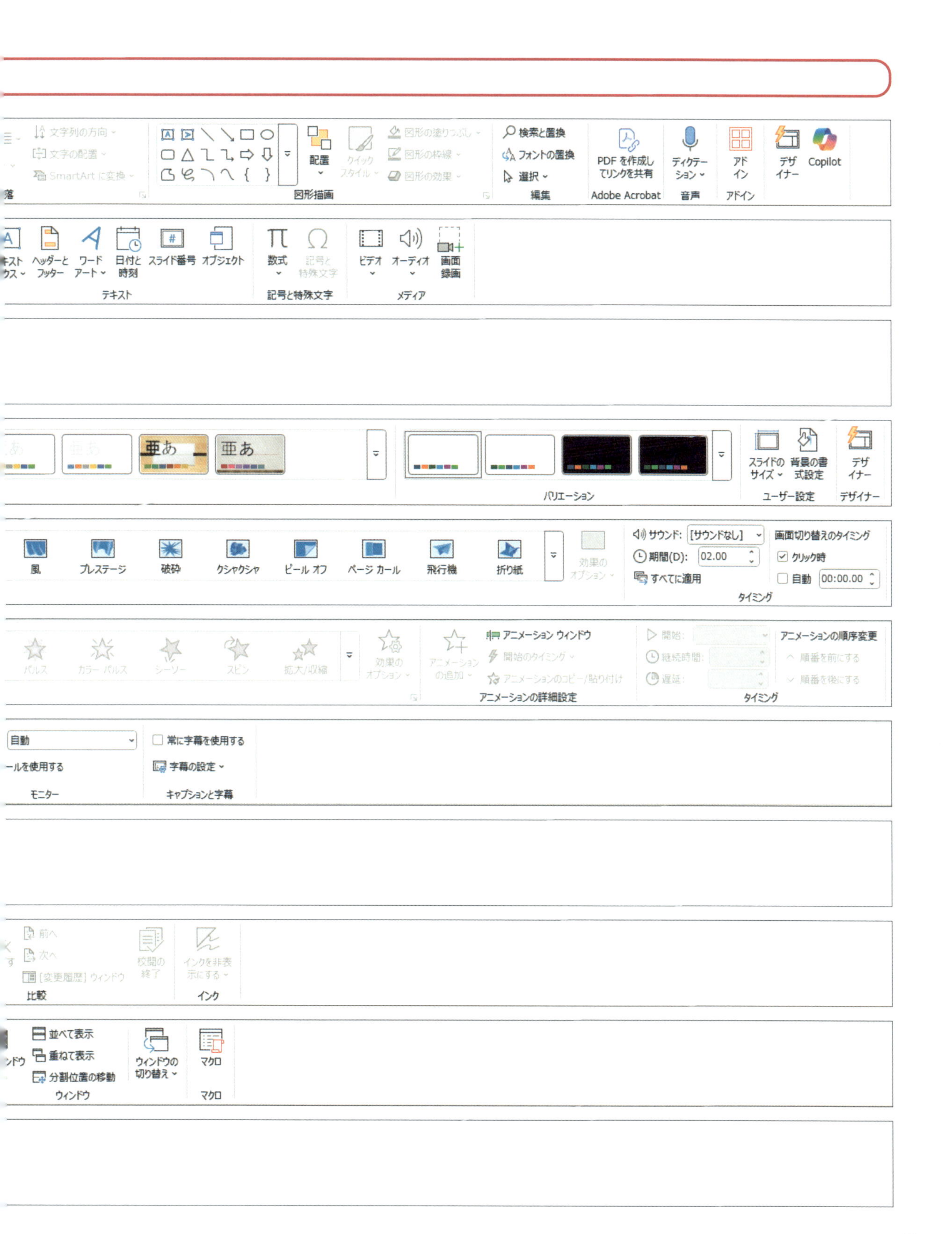

文字列の方向
文字の配置
SmartArt に変換
図形描画
配置
クイック スタイル
図形の塗りつぶし
図形の枠線
図形の効果
検索と置換
フォントの置換
選択
編集
PDF を作成し てリンクを共有
Adobe Acrobat
ディクテー ション
音声
アド イン
アドイン
デザ イナー
Copilot
ヘッダーと フッター
ワード アート
日付と 時刻
スライド番号
オブジェクト
テキスト
数式
記号と 特殊文字
記号と特殊文字
ビデオ
オーディオ
画面 録画
メディア
亜あ
亜あ
バリエーション
スライドの サイズ
背景の書 式設定
ユーザー設定
デザ イナー
デザイナー
風
プレステージ
破砕
クシャクシャ
ピール オフ
ページ カール
飛行機
折り紙
効果の オプション
サウンド:
[サウンドなし]
期間(D):
02.00
すべてに適用
画面切り替えのタイミング
クリック時
自動
00:00.00
タイミング
パルス
カラー パルス
シーソー
スピン
拡大/収縮
効果の オプション
アニメーション の追加
アニメーション ウィンドウ
開始のタイミング
アニメーションのコピー/貼り付け
アニメーションの詳細設定
開始:
継続時間:
遅延:
アニメーションの順序変更
順番を前にする
順番を後にする
タイミング
自動
常に字幕を使用する
ールを使用する
字幕の設定
モニター
キャプションと字幕
前へ
次へ
[変更履歴] ウィンドウ
比較
校閲の 終了
インクを非表 示にする
インク
並べて表示
重ねて表示
分割位置の移動
ウィンドウ
ウィンドウの 切り替え
マクロ
マクロ

# 書籍の内容へのお問い合わせ方法

本書に掲載されている手順解説に従って操作をして紙面と結果が違う場合や、紙面と同じ操作ができない場合は、下記の内容を記載し、問い合わせフォーム・電子メール・FAX・郵便での問い合わせができます。

## お問い合わせ時の必要事項のご案内

**必要事項① 書名の明記**

必ず正確な書名を明記してください。本書は「はじめてのPowerPoint2024」です

**必要事項② 問い合わせするページの明記**

問い合わせしたいページ番号と手順内容を明記してください。ページ番号がないと、本書に関する問い合わせと判断できずサポート外ということでご回答ができません

**必要事項③ ご使用環境の明記**

読者の皆様が使用しているパソコン環境を明記してください。必要な項目として、OS(例:Windows11/10など)やエディション(例:Home/Proなど)を正確に明記してください。アプリケーションの場合も同じようにバージョン(例:PowerPoint2024/2021など)を正確に記載してください。この記載がない場合は、ご回答ができないことがあります

**必要事項④ トラブル現象の詳細情報**

目の前で発生しているトラブルに至るまでの操作手順の情報、エラーメッセージはどのような表示なのかなども正確にお知らせください

## 問い合わせフォームの記入例

弊社ホームページ(https://www.shuwasystem.co.jp)に下記のような「問い合わせフォーム」がございますのでご利用ください。

※の項目については必須入力です。
お名前※ 秀和太朗
電話番号 03-6264-3093
メールアドレス※ s-info@shuwasystem.co.jp
お問い合わせ項目 書籍について
書籍名 はじめてのPowerPoint2024
お問い合わせ内容※ 108ページの手順1のとおり［中央揃え］クリックしても文字が中央に揃いません。
確認

## 問い合わせ先の情報など

電子メール・FAX・郵便などで問い合わせする場合は、下記の宛先へお願いいたします

【住所】 〒135-0016 東京都江東区東陽2-4-2新宮ビル2F
株式会社秀和システム
秀和システムサービスセンター宛
【FAX】 03-6264-3094
【電子メール】 s-info@shuwasystem.co.jp

(お断り)
問い合わせ内容は、弊社発行の書籍に対する内容のみとなりますので、ご了承ください。書籍以外の問い合わせにつきましては、サポート外となり回答ができません。また、ご回答ができるまでの時間は、問い合わせ内容によって変わります。また、お急ぎのお問い合わせについては、対応ができませんので、ご了承ください。

# 0章

## PowerPoint 2024の新機能はこれだ

0章では、作業を始める前に知っておきたい基礎知識について解説します。具体的にはPowerPoint2024の新機能について、PowerPoint2021と比較してどのような点が新しくなり便利になったのか、どのような機能が追加されたのか、利用時の見た目の変化などを解説します。

# 追加された新機能一覧

PowerPoint 2024では、カメオ、レコーディングスタジオ、Microsoft Streamの埋め込み、アクセシビリティリボン、字幕などの機能が追加されています。本書では代表的な変更点を抜粋して紹介します。

## カメオ機能（ライブカメラの埋め込み）

カメオ機能は、プレゼンテーションにカメラ映像をリアルタイムで埋め込むことができる新機能です。この機能を活用することで、スライドに加え発表者自身が映り込むことで親近感や信頼感を生み出すことができます。特に、自己紹介や解説を補足する場面で効果的です。

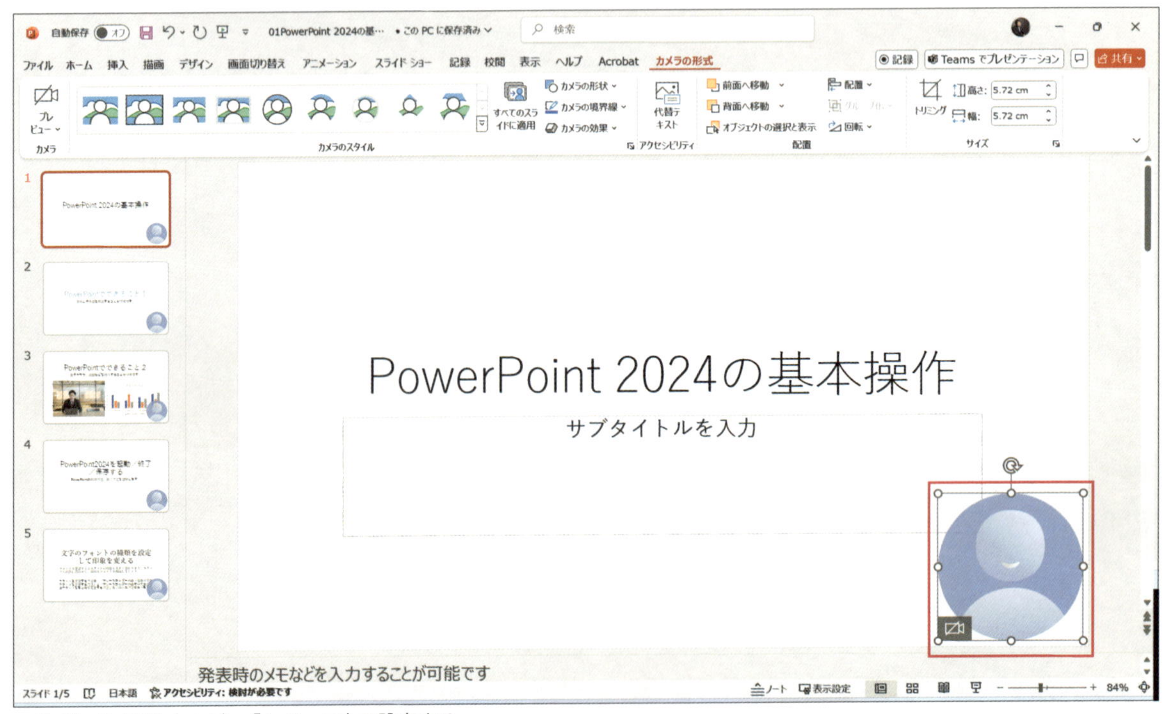


▲リボンの「挿入」タブ→「レリーフ」で設定する

## レコーディングスタジオ機能（プレゼンテーションの記録）

▲「記録」タブまたは右上の「記録」ボタンで録画画面を開く

スライドショーの記録が簡単になり、音声や映像、スライドアニメーションを含むプレゼンテーションを保存できます。これにより、ライブでの発表が難しい場合でも、録画したプレゼンを共有することで同じ効果を得ることができます。

## Microsoft Streamの埋め込み

PowerPoint2024では、企業向けビデオサービスであるMicrosoft Streamからオンラインビデオを挿入することができます。この機能により、組織内のユーザーはビデオのアップロード、視聴、共有を簡単に行えます。ビデオはWebサイト上に保存され、PowerPointのスライド内で直接再生が可能です。

挿入されたビデオは、再生、一時停止、音量調整などの基本的な操作が可能ですが、PowerPoint特有の再生機能（フェード、ブックマーク、トリミングなど）は適用されません。また、ビデオはWebサイトに保存されているため、再生にはインターネット接続が必要です。

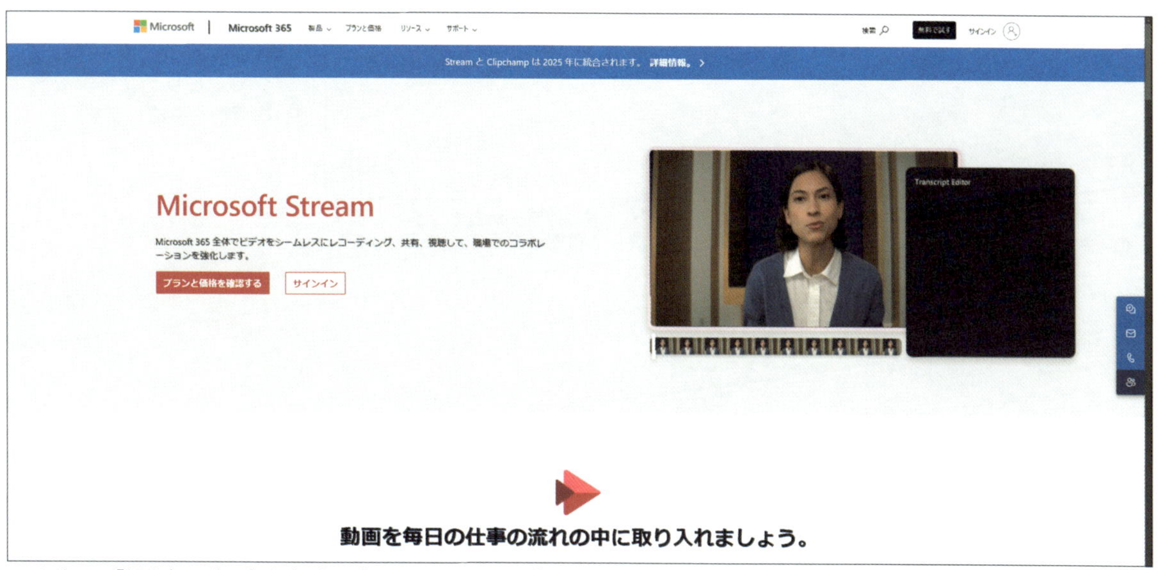

▲リボンの「挿入」タブ→「ビデオ」→「オンラインビデオ」で設定する
https://www.microsoft.com/ja-jp/microsoft-365/microsoft-stream

## アクセシビリティリボンの追加

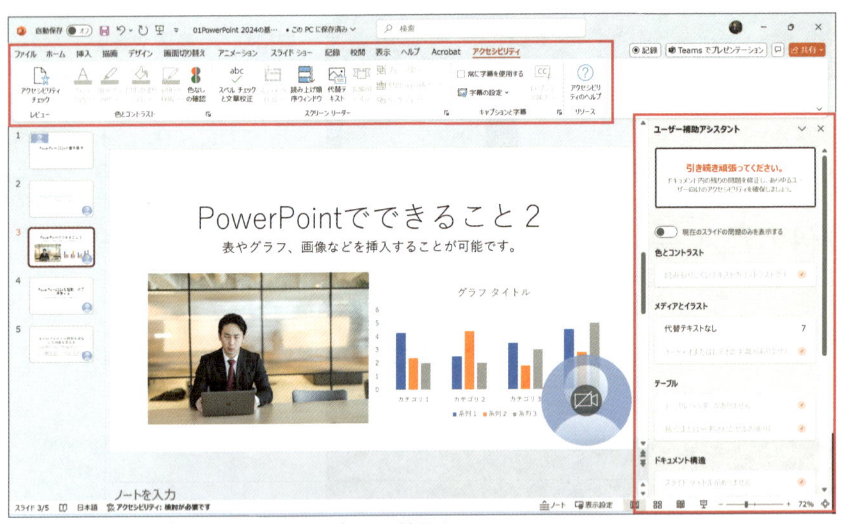


▲「校閲」タブの「アクセシビリティ」から利用する

PowerPoint2024では、新たにアクセシビリティリボンが追加され、視覚や聴覚に制約のあるユーザーにも配慮したスライド作成が容易になりました。このリボンを利用することで、アクセシビリティチェックの一貫性が向上し、より多くのユーザーに配慮したプレゼンテーションを作成することが可能です。

## アクセシビリティ対応PDFの作成

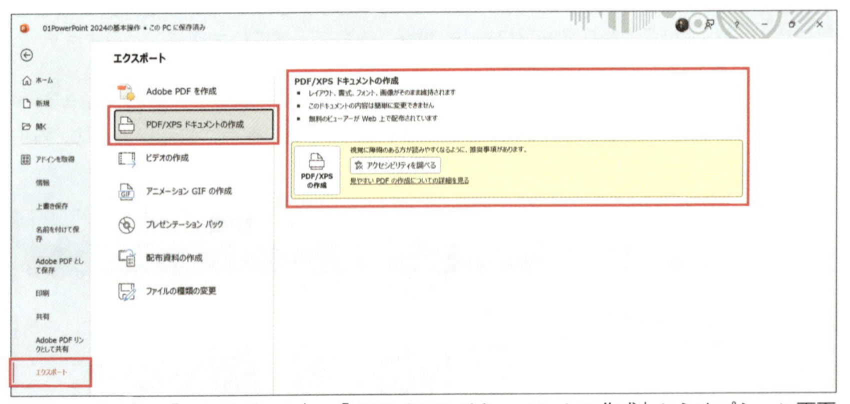


▲「ファイル」→「エクスポート」→「PDF／XPS ドキュメントの作成」からオプション画面の「アクセシビリティ用のドキュメント構造タグ」を選択して利用する

アクセシビリティ対応PDFの作成機能により、視覚や聴覚に制約のあるユーザーにも配慮したスライド資料を簡単に作成できます。この機能では、スライド内の構造やテキスト、代替テキストなどがPDF形式に正確に変換され、アクセシビリティ基準を満たした資料を生成します。

## プレゼン内のビデオやオーディオに字幕を追加

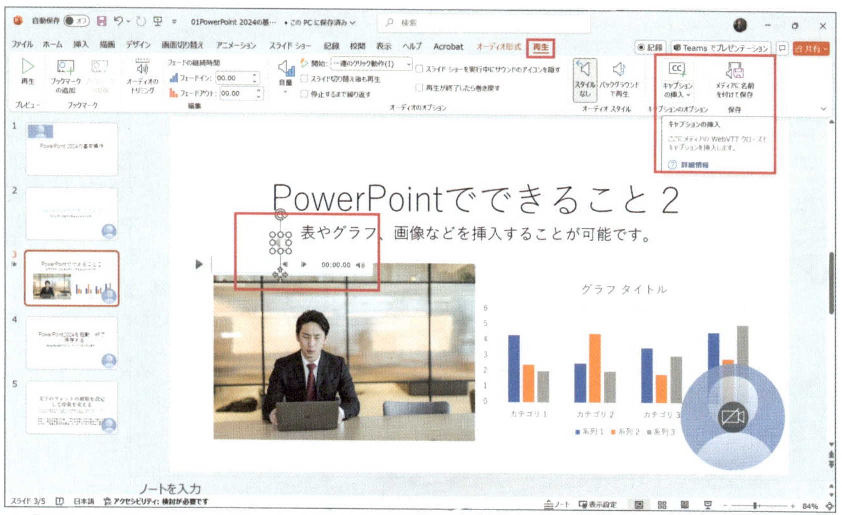


▲「再生」タブ→「キャプションの挿入」から利用する

プレゼンテーションのビデオやオーディオに字幕を追加することで、聴覚に制約のある閲覧者への情報伝達が容易になります。この機能を使うことで、ナレーションや音声解説を文字として表示できます。

## コメントに「いいね」ボタンが追加

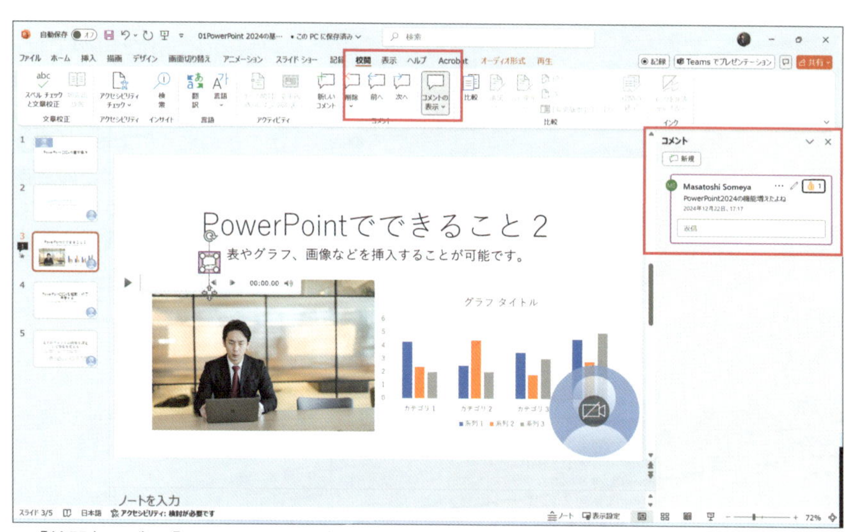


▲「校閲」タブの「コメントの表示」から利用する

コメント機能に「いいね」ボタンが追加され、チームメンバーとの意思疎通がよりスムーズになりました。コメントへの賛同を簡単に示すことができ、フィードバックのやり取りが効率化されます。

## 新テーマとカラーパレットの追加

▲「デザイン」タブからテーマを選択する

PowerPoint2024では、プレゼンテーションデザインを一新する新テーマとカラーパレットが追加されました。これにより、よりモダンで洗練されたスライドを簡単に作成できます。テーマとカラーパレットを活用することにより、プレゼン全体に統一感をもたらし、視覚的なインパクトを高めます。

## OpenDocument形式（ODF）1.4 のサポート

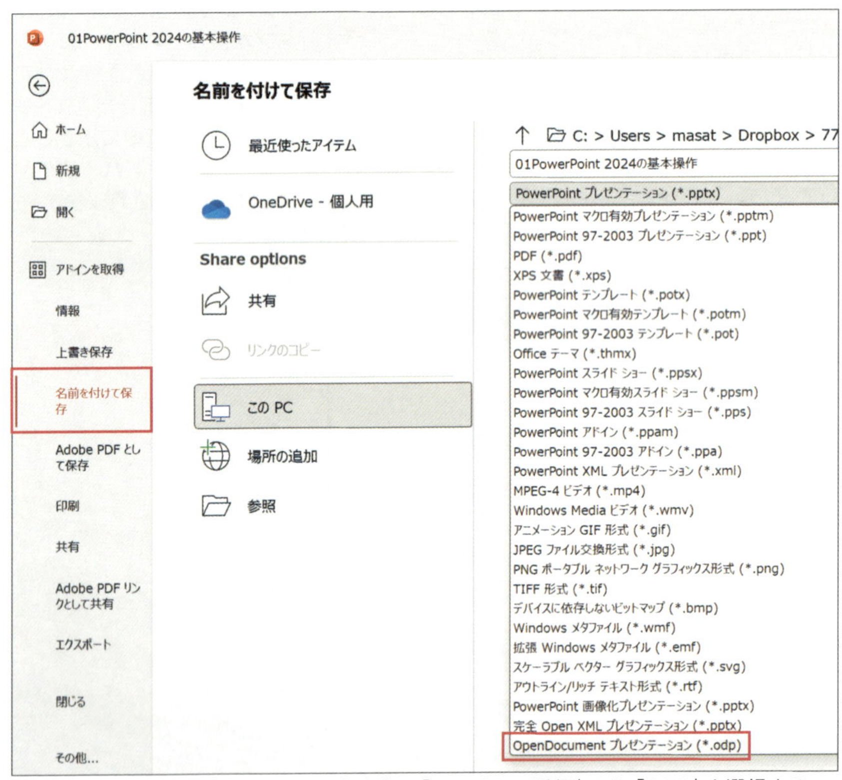


▲「ファイル」タブ→「名前を付けて保存」→「ファイルの種類」から「ODP」を選択する

PowerPoint2024では、OpenDocument形式（ODF）1.4のサポートが追加されました。この形式により、他のオフィスソフトウェアとの互換性が向上し、異なる環境間でのファイル共有が容易になります。

## スライドショービューでスライドを最大400%に拡大

▲拡大したいスライド上で「虫眼鏡マーク」をクリックし、範囲を指定する

PowerPoint2024では、スライドショービューでのズーム機能が強化され、スライドを最大400%まで拡大できるようになりました。これにより、スライド内の詳細な要素を強調して閲覧者に示すことが可能です。

## 目盛線を操作する

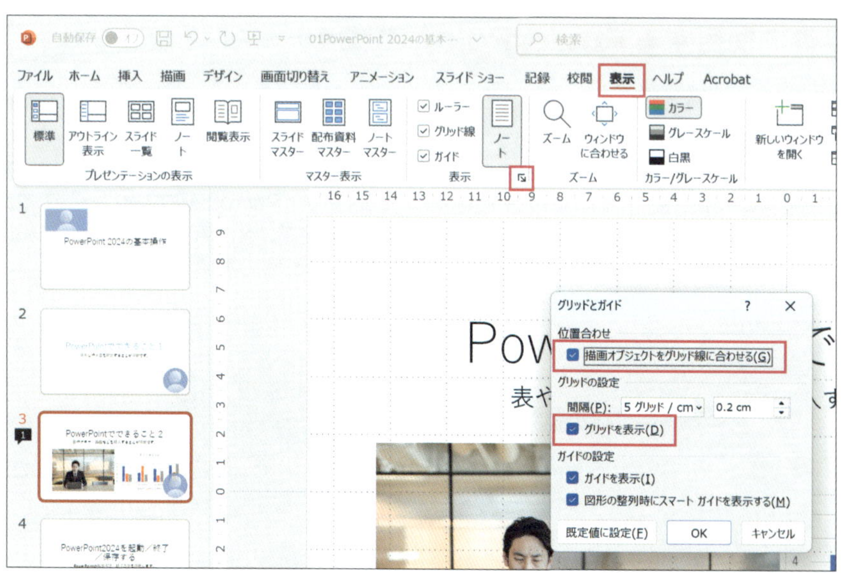


▲「表示」タブのグリッドの設定アイコン→「描画オブジェクトをグリッド線に合わせる」「グリッドを表示」で設定する

グリッド線を使用して、PowerPoint 2024 for Mac内のオブジェクトを正確に配置できるようになりました。グリッド線は、書式設定時に視覚的な手掛かりを提供し、画像に最適なプレゼンテーションを作成するのに役立ちます。

SECTION

キーワード▶PowerPoint2024／Microsoft365／Office

# PowerPoint 2024と Microsoft365との違い

Microsoft 365は、Microsoftから常に最新のバージョンや修正プログラム、セキュリティ更新プログラムを追加費用なしで利用できるサービスです。家庭や個人で使用するだけでなく、企業や学校、および非営利団体向けのMicrosoft 365プランが存在します。

## Microsoft365

Microsoft 365には、PowerPointだけでなく、WordやExcelなど、Officeアプリケーションが含まれています。さらに追加のオンラインストレージ（データの保存場所）と、リアルタイムでファイルでの共同作業ができるクラウド接続機能が利用可能です。

Office 2024はパッケージ版として販売されており、1台のコンピューターにOfficeアプリをインストールするための買い切りのサービスになっています。ただし、最新版への無料アップグレードはありません。

他にもWeb用のOfficeがあり、Webブラウザで使用できる無料バージョンのアプリです。無料のMicrosoft アカウントを作成し、ログインすることで利用可能です。

## 本書で使用するPowerPoint 2024

本書で使用するPowerPoint 2024は、永続版の「PowerPoint 2024」とサブスクリプション版の「PowerPoint for Microsoft 365」（PowerPoint 2024相当）を総称しています。

永続版のPowerPoint 2024は単品製品と、Office Home 2024、Office Home & Business 2024に含まれるものです。一方、サブスクリプション版のPowerPoint for Microsoft 365はMicrosoft 365 Personalに含まれるもので、単品製品としては存在しません。Microsoft 365 Personalは常に新しいバージョンのアプリを使用できるので、PowerPoint 2021の発売時はPowerPoint 2021相当、PowerPoint 2024発売時はPowerPoint 2024相当となります。

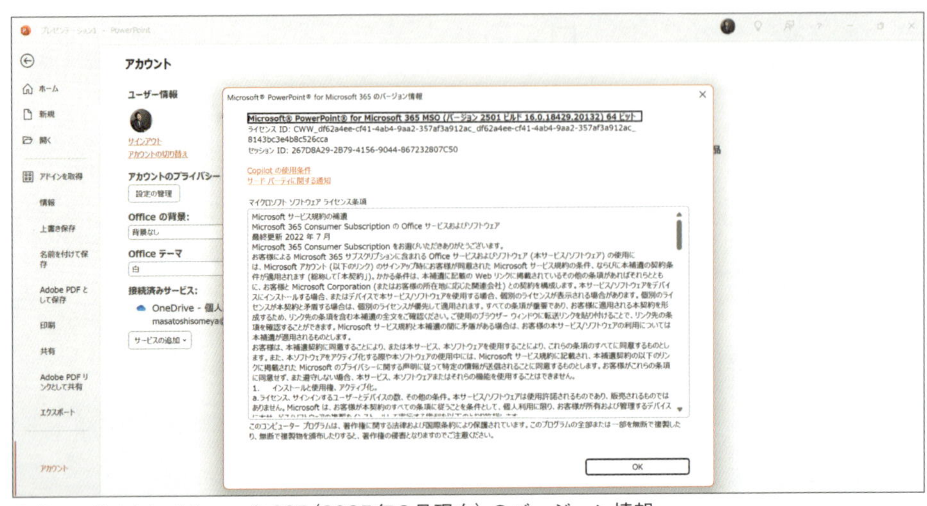


▲PowerPoint for Microsoft 365（2025年2月現在）のバージョン情報

キーワード▶Excel／Word／PowerPoint

# Excel/Wordとの連携

PowerPointとExcel、Wordとの一番簡単な連携はコピー＆ペースト（貼り付け）です。ただしこの場合、貼り付けたものは固定化されます。リンクオブジェクトとして貼り付けると、コピー元を変更すると、貼り付け先でもその変更が反映されます。

## 単純にコピーして貼り付ける

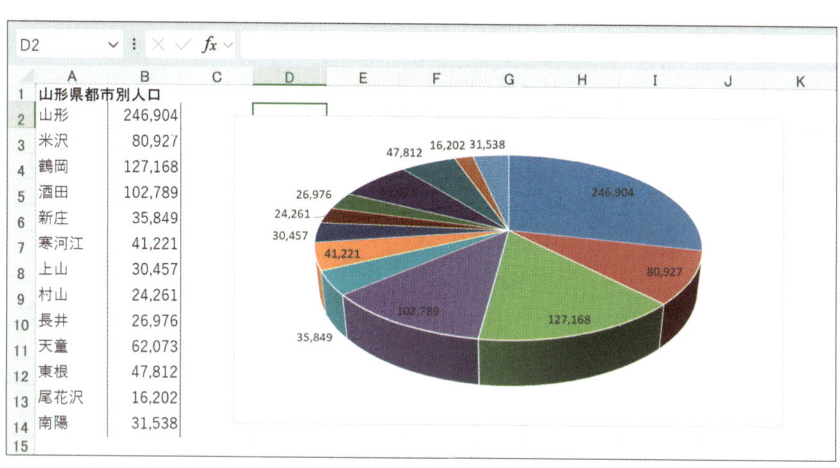


PowerPoint、Excel、Wordにはコピー元や貼り付け先のデータの種類によってさまざまな貼り付けオプションが用意されています。Microsoft Officeの各アプリ間のコピー＆貼り付けが利用しやすいのは開発元が同じだからです。

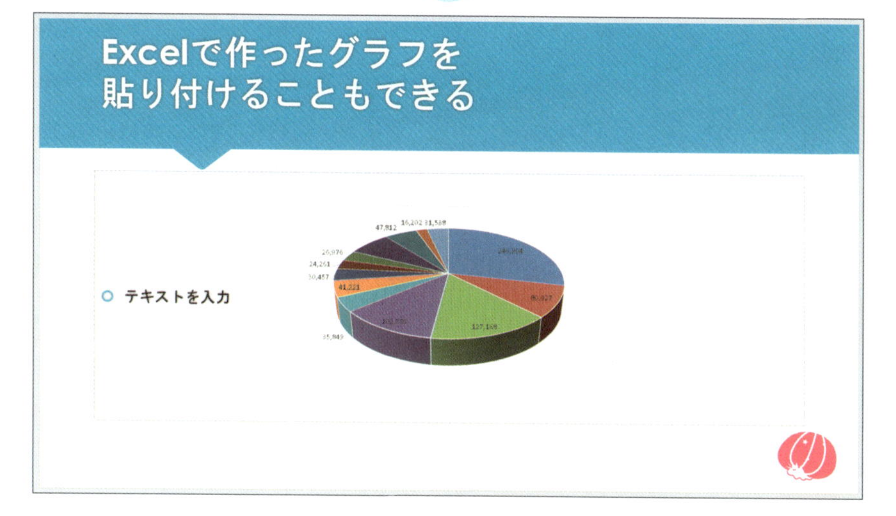


単なるコピー＆ペーストでも他のアプリのデータを活用することができます。

## リンクオブジェクトとして貼り付ける

通常のコピー＆貼り付けではなく、リンクオブジェクトとして挿入すると、リンクされたドキュメントが変更されると、リンク先のファイルにも反映されます。

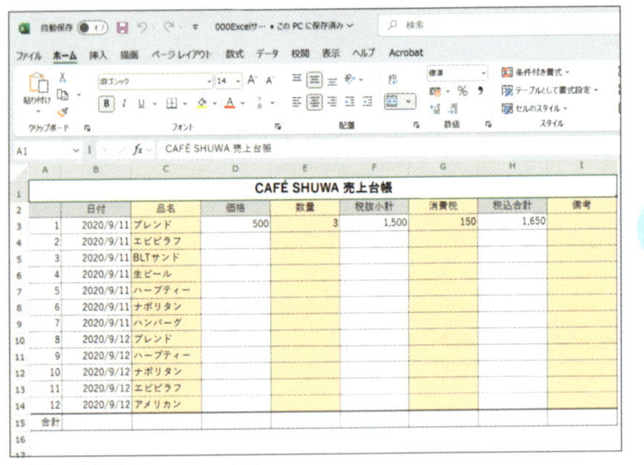

CAFÉ SHUWA 売上台帳

| | 日付 | 品名 | 価格 | 数量 | 税抜小計 | 消費税 | 税込合計 | 備考 |
|---|---|---|---|---|---|---|---|---|
| 1 | 2020/9/11 | ブレンド | 500 | 3 | 1,500 | 150 | 1,650 | |
| 2 | 2020/9/11 | エビピラフ | | | | | | |
| 3 | 2020/9/11 | BLTサンド | | | | | | |
| 4 | 2020/9/11 | 生ビール | | | | | | |
| 5 | 2020/9/11 | ハーブティー | | | | | | |
| 6 | 2020/9/11 | ナポリタン | | | | | | |
| 7 | 2020/9/11 | ハンバーグ | | | | | | |
| 8 | 2020/9/12 | ブレンド | | | | | | |
| 9 | 2020/9/12 | ハーブティー | | | | | | |
| 10 | 2020/9/12 | ナポリタン | | | | | | |
| 11 | 2020/9/12 | エビピラフ | | | | | | |
| 12 | 2020/9/12 | アメリカン | | | | | | |
| 合計 | | | | | | | | |

▲貼り付けたいファイル

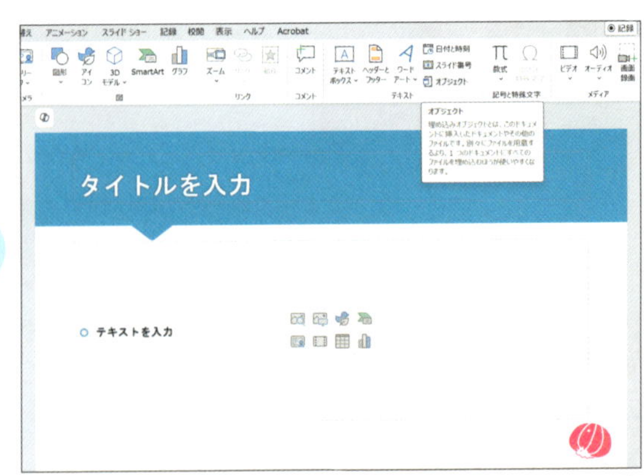


▲リンクオブジェクトとして貼り付けたいファイルを用意し、PowerPointの［挿入］タブ→オブジェクトを選択する

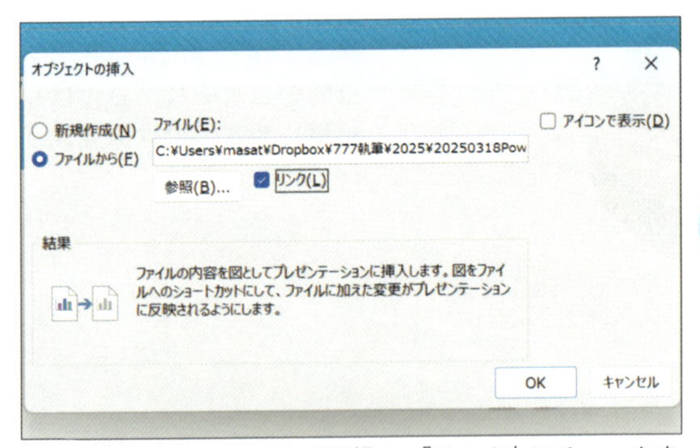


▲リンクしたいファイルを選択し、「リンク」にチェックを入れる

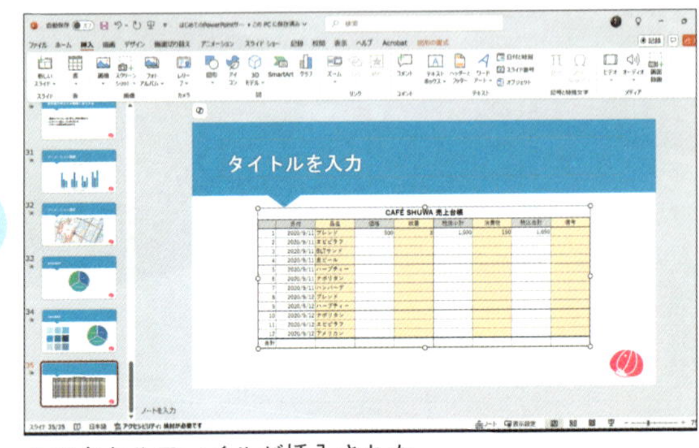


▲エクセルファイルが挿入された

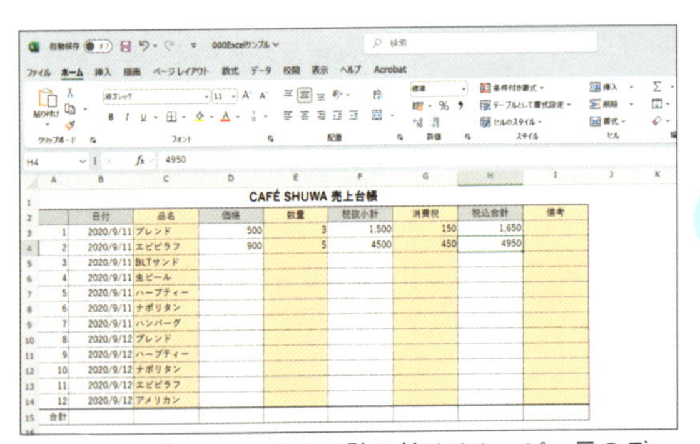

CAFÉ SHUWA 売上台帳

| | 日付 | 品名 | 価格 | 数量 | 税抜小計 | 消費税 | 税込合計 | 備考 |
|---|---|---|---|---|---|---|---|---|
| 1 | 2020/9/11 | ブレンド | 500 | 3 | 1,500 | 150 | 1,650 | |
| 2 | 2020/9/11 | エビピラフ | 900 | 5 | 4500 | 450 | 4950 | |
| 3 | 2020/9/11 | BLTサンド | | | | | | |
| 4 | 2020/9/11 | 生ビール | | | | | | |
| 5 | 2020/9/11 | ハーブティー | | | | | | |
| 6 | 2020/9/11 | ナポリタン | | | | | | |
| 7 | 2020/9/11 | ハンバーグ | | | | | | |
| 8 | 2020/9/12 | ブレンド | | | | | | |
| 9 | 2020/9/12 | ハーブティー | | | | | | |
| 10 | 2020/9/12 | ナポリタン | | | | | | |
| 11 | 2020/9/12 | エビピラフ | | | | | | |
| 12 | 2020/9/12 | アメリカン | | | | | | |
| 合計 | | | | | | | | |

▲リンクオブジェクトとして貼り付ける＆コピー元のデータを更新すると

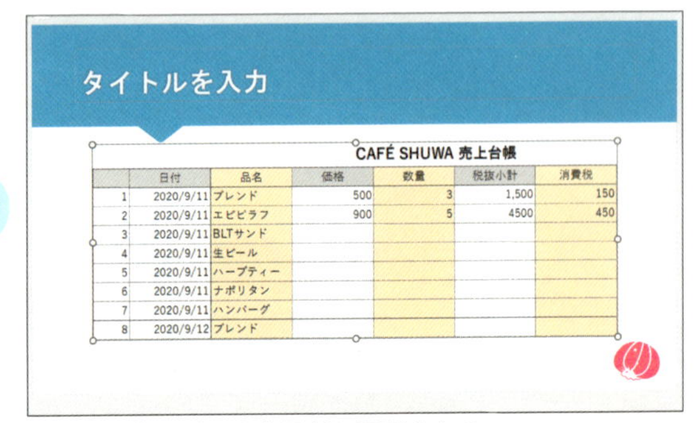


CAFÉ SHUWA 売上台帳

| | 日付 | 品名 | 価格 | 数量 | 税抜小計 | 消費税 |
|---|---|---|---|---|---|---|
| 1 | 2020/9/11 | ブレンド | 500 | 3 | 1,500 | 150 |
| 2 | 2020/9/11 | エビピラフ | 900 | 5 | 4500 | 450 |
| 3 | 2020/9/11 | BLTサンド | | | | |
| 4 | 2020/9/11 | 生ビール | | | | |
| 5 | 2020/9/11 | ハーブティー | | | | |
| 6 | 2020/9/11 | ナポリタン | | | | |
| 7 | 2020/9/11 | ハンバーグ | | | | |
| 8 | 2020/9/12 | ブレンド | | | | |

▲リンク先のデータも最新に更新される

# 1章

## PowerPoint 2024の基本操作

1章では、PowerPointの基礎知識について解説します。「PowerPointでどのようなことができるのか」「PowerPointの起動から保存や終了」といった最初に知っておきたい内容です。また、「リボン」や「スライド」「プレースホルダー」といった画面の各部名称、「標準モード」や「スライド一覧モード」など、画面の表示モードなどについても解説します。

# 01 PowerPointでできること

「PowerPoint」は、Microsoft Officeに含まれるプレゼンテーション用のアプリケーションです。会議や製品発表会、講演会などの発表・講義（プレゼンテーション）で必要な資料の作成や、画面上に説明を次々と表示する機能（スライドショー）を使うことができます。

## PowerPointでできること

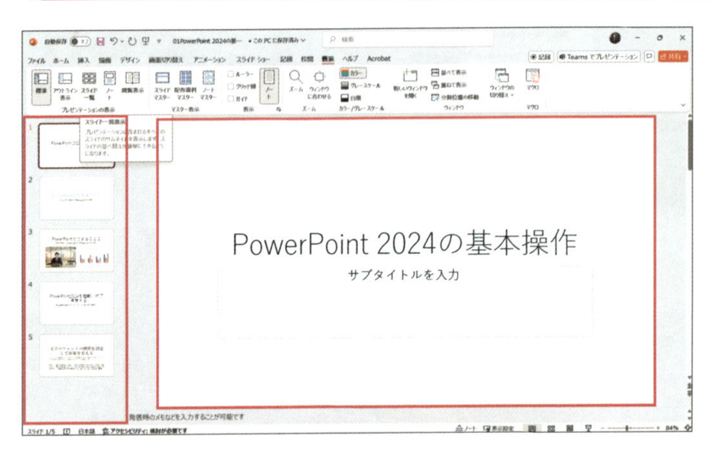

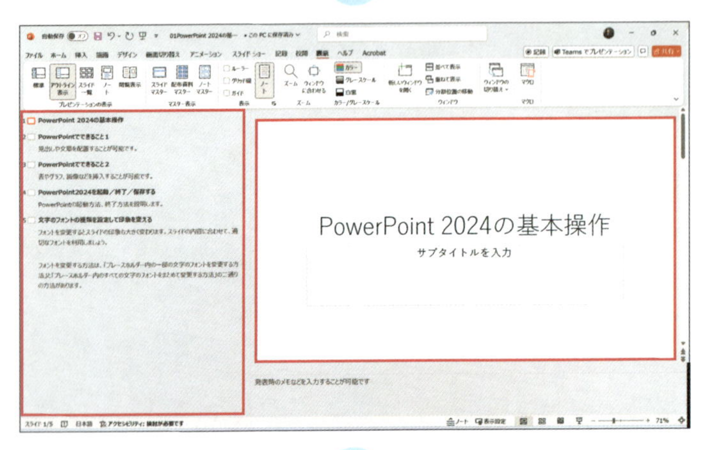

### メモ 全体の構成を考えながらスライドを作成することができる

PowerPoint2024の画面です。画面中央の［PowerPoint2024の基本操作］と表示されている部分が、PowerPointで作成する［スライド］です。そして、画面の左側に表示されている囲んだ部分が［スライド］の［サムネイル］（縮小表示）で、プレゼンテーションでは複数のスライドを最適な順番で表示します。ここにはスライドが表示する順番に並んでいます。
上段の［標準モード］では、画像やグラフが表示されますが、［アウトライン表示モード］を選択すると下段のようにテキストのみが表示されるシンプルな画面でスライドを作成できます。なお、［標準モード］と、［アウトライン表示モード］の切替方法は2章のSECTION17で解説します。

PowerPoint 2024の基本操作
サブタイトルを入力

PowerPointできること 2
表やグラフ、画像などを挿入することが可能です。

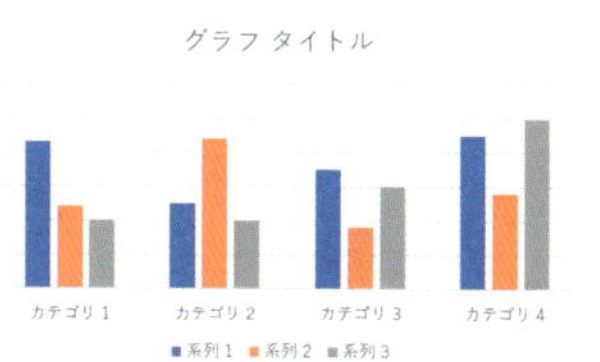

### 画像やグラフ、表などを利用したスライドが作成できる

情報をわかりやすく、整理して伝えるためには、文章だけでは不十分です。表やグラフ、画像などを効果的に挿入することで、ひと目で理解できる資料を作成することができます。
PowerPoint2024では、スライドのデザインと統一感を持たせた表やグラフをすぐに作ることが可能です。

### スライドショーが実行できる

[スライドショー] とは、作成したスライドを順番に再生することを指します。プロジェクターで投影したスクリーン、パソコンの画面や外部ディスプレイにスライドを表示して、発表することが可能です。
さらに、スライドが切り替わるときの切り替わり方法(アニメーション効果)やBGMなどを設定することもできます。スライドショーの再生方法は8章で解説します。

# 02 PowerPoint2024を起動／終了する

アプリを利用できる状態にすることを「起動」といいます。PowerPointは、スタートボタンをクリックして表示される「スタート」画面から起動できます。さらにタスクバーにピン留めすればワンクリックで起動できます。

## Windows11でPowerPointを起動する

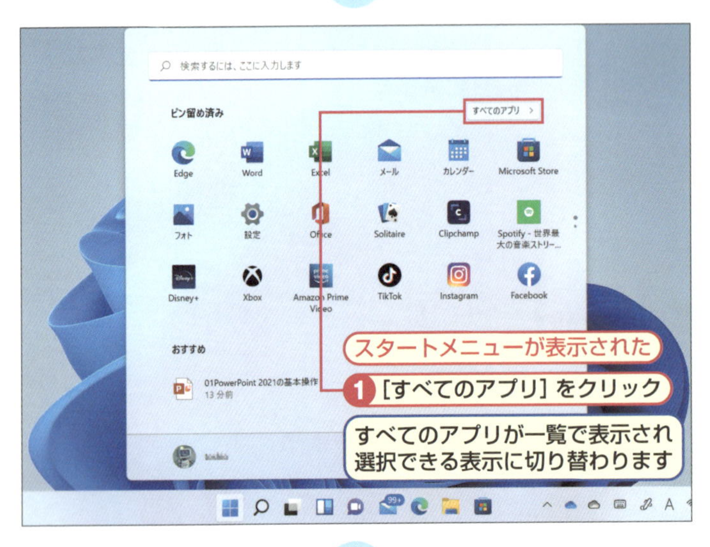

### 手順1 PowerPointを起動する

もっとも基本的な操作方法は、［スタート］から起動する方法です。Windows11の［スタート］はデスクトップ画面の下のタスクバーになります。マウスカーソルを画面下に移動して［スタート］をクリックします。

### メモ タスクバーがない

タスクバーは、Windows11の設定で自動的に隠すことができます。デスクトップにタスクバーが表示されていない場合は、デスクトップの下にマウスカーソルを移動するとタスクバーが表示されます。

### 手順2 スタートメニューから選択する

ここでは、スタートにピン留めされていない場合の起動方法を説明します。スタートメニューが表示されたら、［すべてのアプリ］をクリックしてください。もし、スタートにピン留めされていれば、［PowerPoint］アイコンが見えます。

### メモ スタートメニューの違い

Windows11のスタートメニューは、ウィンドウのように表示されWindows10とは操作方法が異なります。

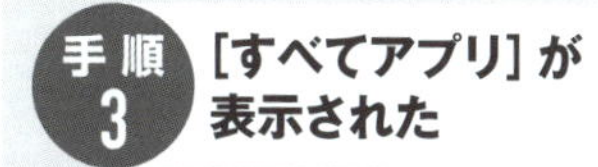

## 手順 3 [すべてアプリ] が表示された

アプリは名称のアルファベット、五十音の順で縦に並んで表示されます。マウスのホイールを回して画面をスクロールすれば、すべてのアプリのが順番に表示されます。ホイールを逆回転すれば表示を戻せます。

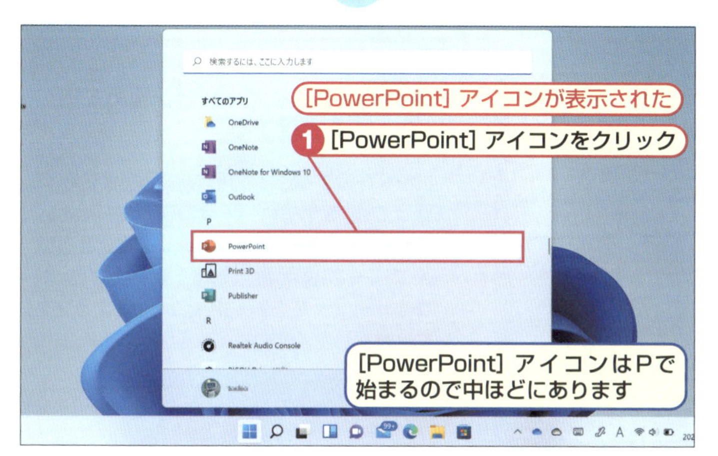


## 手順 4 [PowerPoint] アイコンがあった

[PowerPoint] アイコンが見つかったら [PowerPoint] アイコンをクリックします。なお、[PowerPoint] アイコンはPで始まるのですべてのアプリのほぼ中ほどにあります。

## スタートメニューにピン留めする

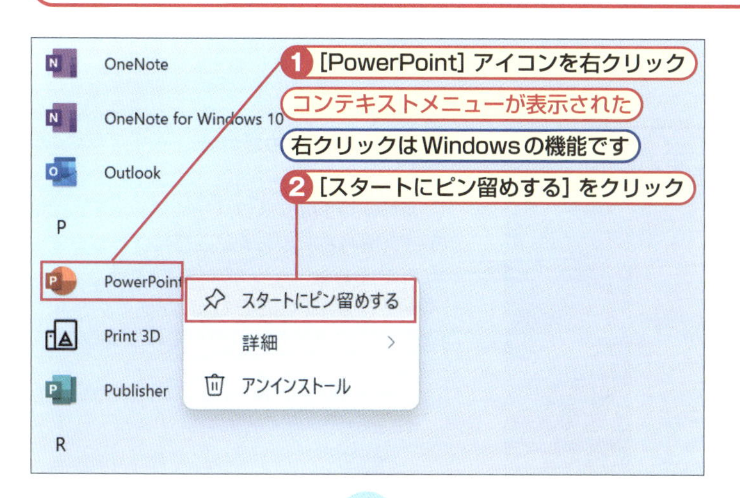

## 手順 1 スタートメニューにピン留めする

PowerPointのアイコンを右クリックして表示される [スタートにピン留めする] をクリックするとスタートメニューにピン留めすることができます。

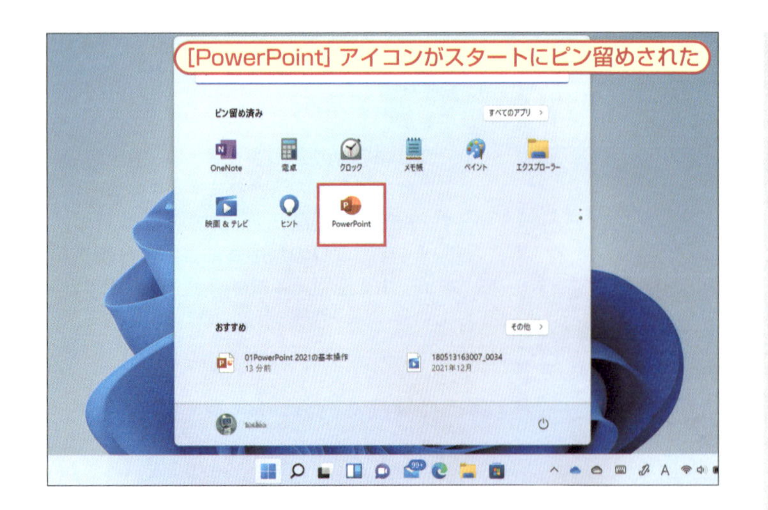

### 手順 2 PowerPointがピン留めされた

PowerPointのアイコンがスタートメニューにピン留めされました。登録されたタイルは右クリックして大きさなど変更ができます。

## タスクバーに登録する

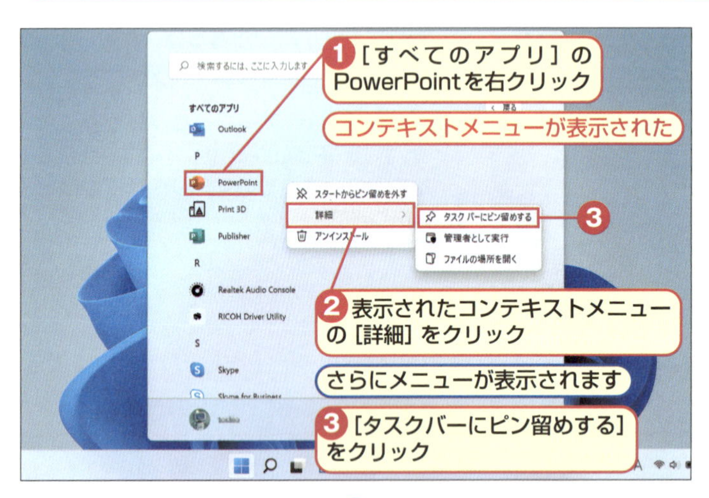

### 手順 1 [タスクバーにピン留めする] を選択する

[すべてのアプリ] のPowerPointを右クリックして表示されるコンテキストメニューの [詳細] をクリックすると、さらにメニューが表示されます。表示されたメニューの [タスクバーにピン留めする] をクリックしたください。

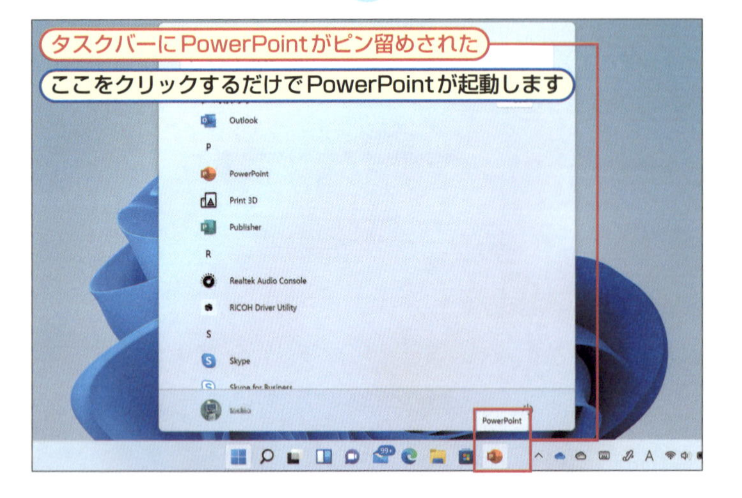

### 手順 2 ピン留めされた

Windows11のタスクバーにPowerPointがピン留めされました。ここをクリックするだけでPowerPointが起動できます。スタート画面を経由しないのですぐにPowerPointが使えるようになりました。

## PowerPointを終了する



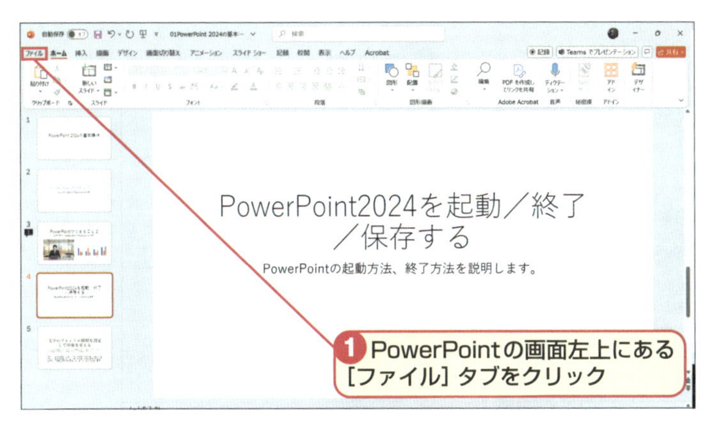

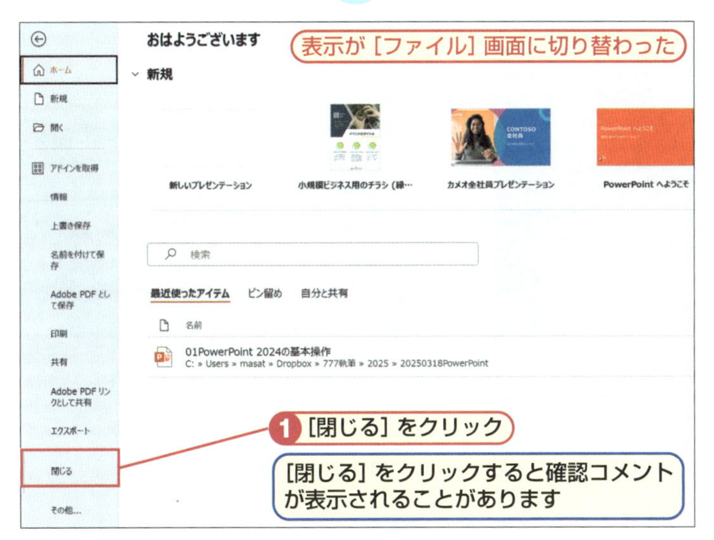

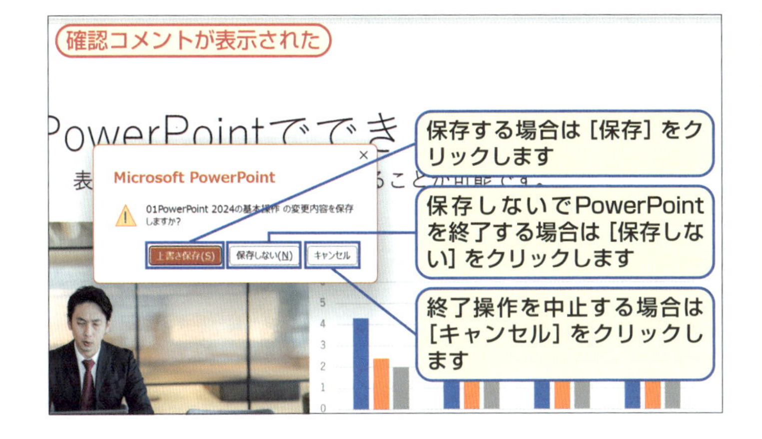

### 手順1 終了する

PowerPointの画面左上にある［ファイル］タブをクリックしてファイル画面を表示します。

### 便利技 すぐに終了する

画面右上にある［×］（閉じる）をクリックしてもPowerPoint画面を閉じてアプリを終了できます。

### 手順2 ［ファイル］画面が表示された

［閉じる］をクリックしてPowerPointを終了します。［閉じる］をクリックするとWindowsのデスクトップ画面に戻ります。なお、PowerPointで作業中のものがあると終了を選択したときに確認コメントが表示されます。

### 手順3 確認コメントが表示された場合

表示されているのはファイルの保存を促す画面です。このファイルを保存する場合は、［保存］をクリックしてください。保存しないでPowerPointを終了する場合は［保存しない］をクリックします。終了操作を中止する場合は［キャンセル］をクリックするとPowerPointの画面に戻ります。

## Windows10でPowerPointを起動する

### PowerPointを起動する

もっとも基本的な操作方法は、[スタート] ボタンから起動する方法です。Windows10の [スタート] ボタンはデスクトップ画面の左下になります。マウスカーソルを画面左下に移動して [スタート] ボタンをクリックします。

### [スタート] ボタンがない

デスクトップの左下にマウスカーソルを移動すると表示されます。

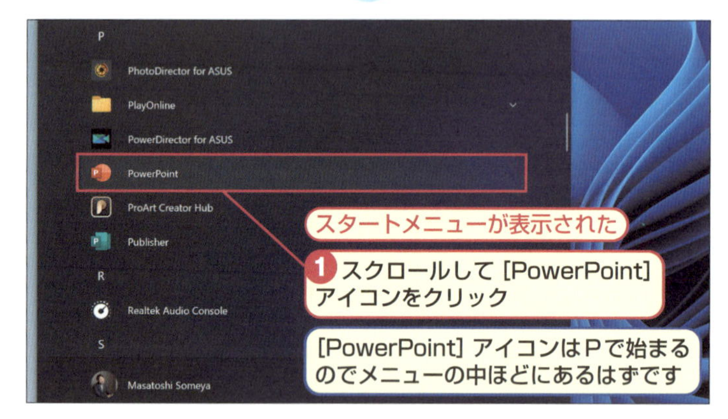

### スタートメニューから選択する

スタートメニューが表示されたら、マウスのホイールを回してメニューをスクロールするか、スクロールバーを使ったPowerPointのアイコンを探します。アイコンはアプリ名順に並んでいます。PowerPointのアイコンをクリックすると起動できます。

## スタートメニューにピン留めする

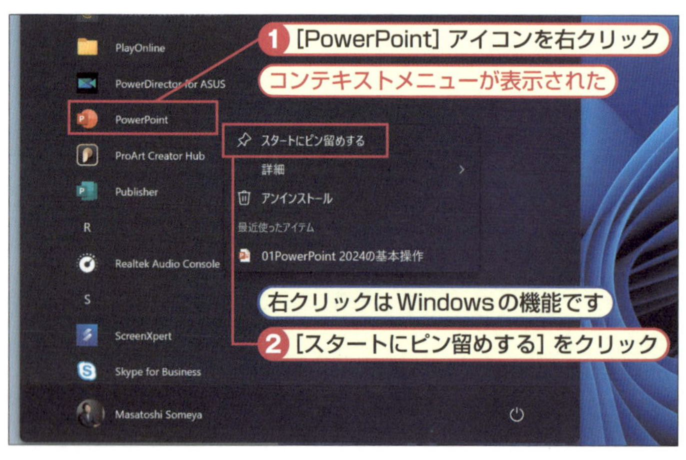

### スタートメニューにピン留めする

PowerPointのアイコンを右クリックして表示される [スタートにピン留めする] をクリックするとスタートメニューにピン留めすることができます。

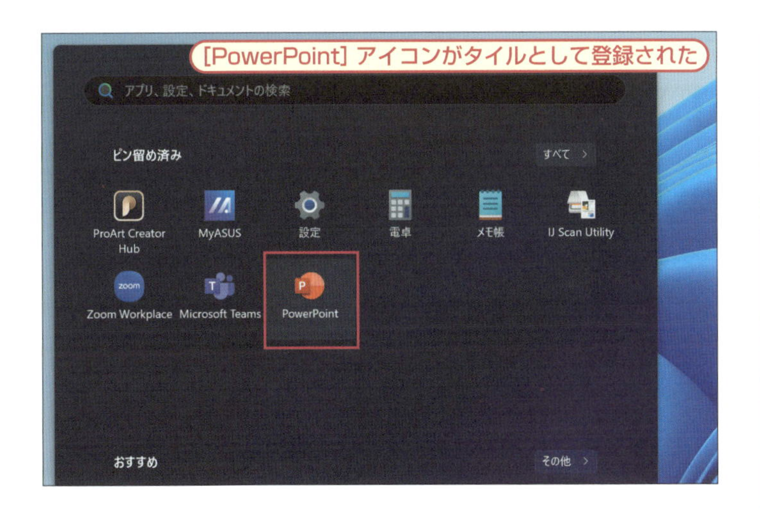

### 手順2 PowerPointがピン留めされた

PowerPointのアイコンがスタートメニューにピン留めされました。登録されたタイルは右クリックして大きさなど変更ができます。

### 注意 PowerPointの終了

PowerPointを終了する手順は、PowerPointの操作なのでWindows10でもWindows11でも同じです。

## タスクバーに登録する

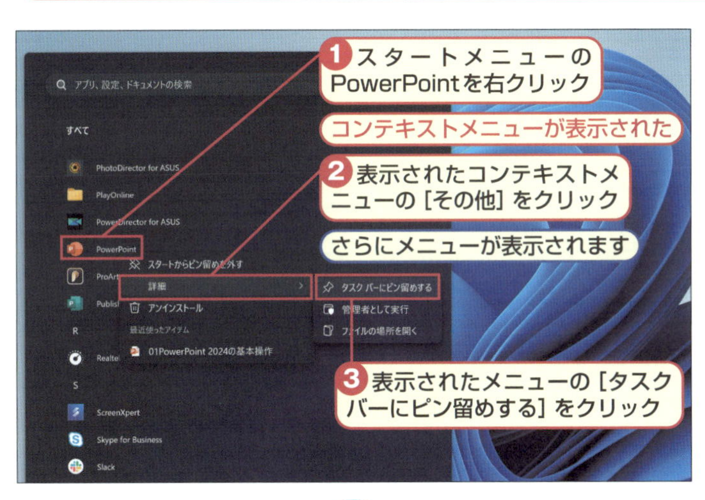

### 手順1 タスクバーにピン留めする

スタートメニューのPowerPointを右クリックして表示されるコンテキストメニューの［その他］をクリックすると、さらにメニューが表示されるので、表示されたメニューの［タスクバーにピン留めする］をクリックします。

### 手順2 タスクバーにピン留めされた

Windows10のタスクバーにPowerPointがピン留めされました。ここをクリックするだけでPowerPointが起動できます。スタート画面を経由しないのですぐにPowerPointが使えるようになりました。

SECTION キーワード▶リボン／スライドペイン

# 03 PowerPoint2024の画面構成

PowerPointの画面は、メニューやボタンが並ぶ［リボン］、スライドを編集する［スライドペイン］、スライドの縮小版が表示される［アウトラインペイン］があります。「プレースホルダー」と呼ばれる枠が表示され、主にこのプレースホルダー内を編集しスライドを作成します。

## PowerPoint2024の画面構成

**1 クイックアクセスツールバー**

よく使うボタンがまとめられています。初期設定では、左から［自動保存］［上書き保存］［元に戻す］［繰り返し］［先頭から開始］の順にボタンが並んでいます。右側の［▼］ボタンからクイックアクセスツールバーに表示する機能を追加することが可能です。

**2 タイトルバー**

作業中のファイルのファイル名が表示されます。

**3 検索バー（Microsoft Search）**

操作に関する必要な情報が表示されます。

**4 ユーザー名**

Office2024にサインインしているユーザー名が表示されます。

**5 最小化**

画面を最小化してデスクトップのタスクバーに格納します。

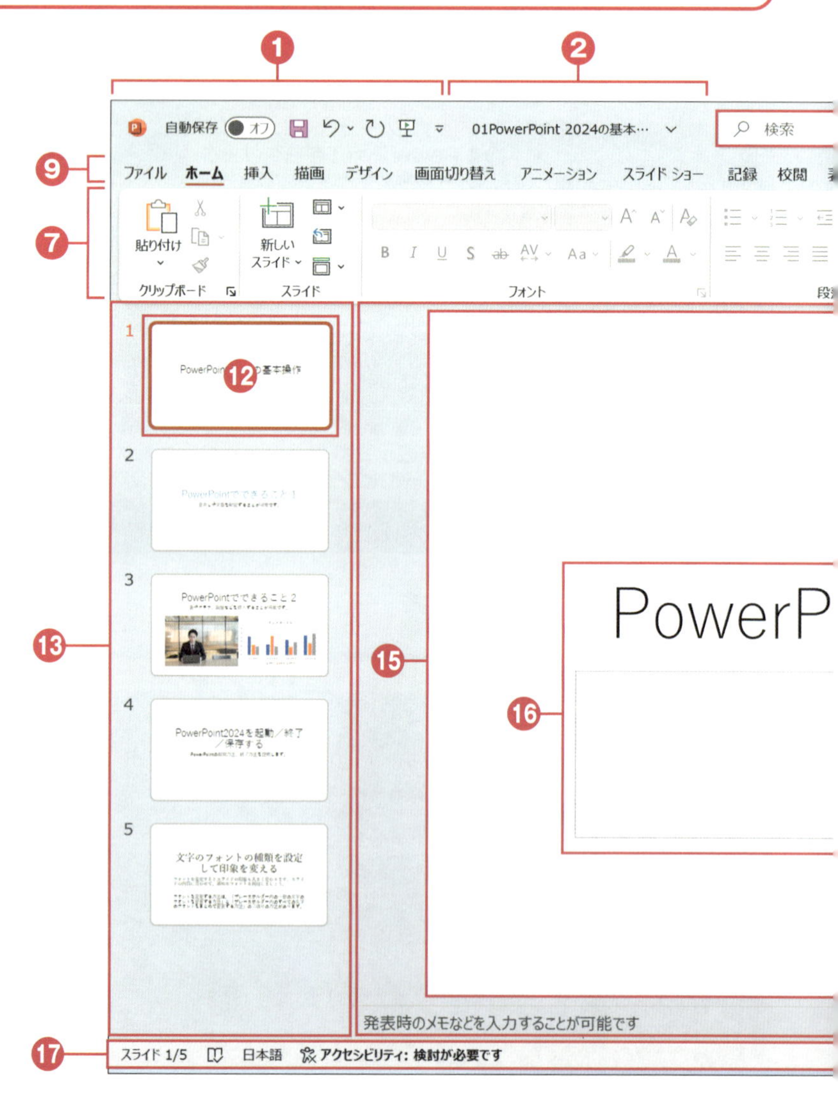

❻ 元に戻す（縮小）／最大化

画面の大きさを切り替えます。最大化すると画面いっぱいに広がります。

❼ リボン

作業ごとにメニューやボタンが並ぶ領域です。タブをクリックするとリボンが切り替わります。

❽ リボンの表示オプション

クリックするとリボンの表示方法の一覧が表示され、その中から表示方法を変更できます。

❾ タブ

クリックするとリボンが切り替わります。

❿ 共有

ファイルをOneDriveに保存し、共同作業者とファイルを共有するときに利用します。

⓫ コメント

[コメント] 画面を表示します。

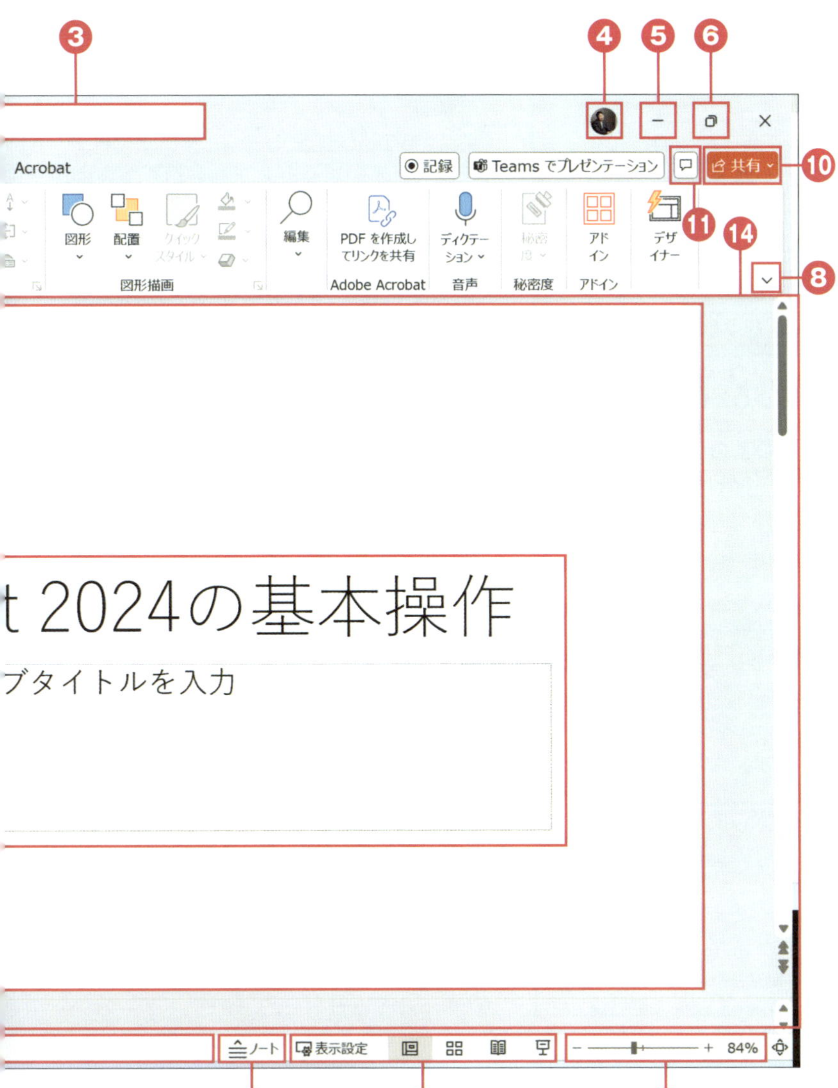


⓬ サムネイル

スライドの縮小版です。クリックして作業するスライドを切り替えます。

⓭ アウトラインペイン

サムネイルが表示される領域です。

⓮ スライドペイン

スライドを表示する領域です。

⓯ スライド

PowerPointの作業領域です。

⓰ プレースホルダー

文字や表、画像などを挿入する枠です。

⓱ ステータスバー

スライドの枚数や作業状態が表示される領域です。

⓲ [ノート]

ノートペインを表示します。

⓳ 表示切り替え

クリックすると画面の表示モードが切り替わります。左から [標準] [スライド一覧] [閲覧表示] [スライドショー] の順にボタンが並んでいます。

⓴ ズームスライダー

スライドの表示倍率を設定します。[−] または [＋] をクリックすると、表示倍率が段階的に増減します。スライダーをドラッグして変更することもできます。

㉑ ノートペイン

ノートペインはスライドに関連した発表用のメモなどを入力できるエリアです。ノートペインが表示されていない場合は、[表示] グループの [ノート] をクリックするか、下部の [ノート] をクリックすることで表示することができます。

# 04 新規作成をして リボンを使ってみよう

手順解説動画

プレゼンテーションのスライドを作成していきましょう。PowerPointを起動するとスタート画面が表示されるので、スライドのテーマを選択します。このとき、白紙またはテンプレート（ひな形）から選択できます。

## 白紙のスライドを作成する

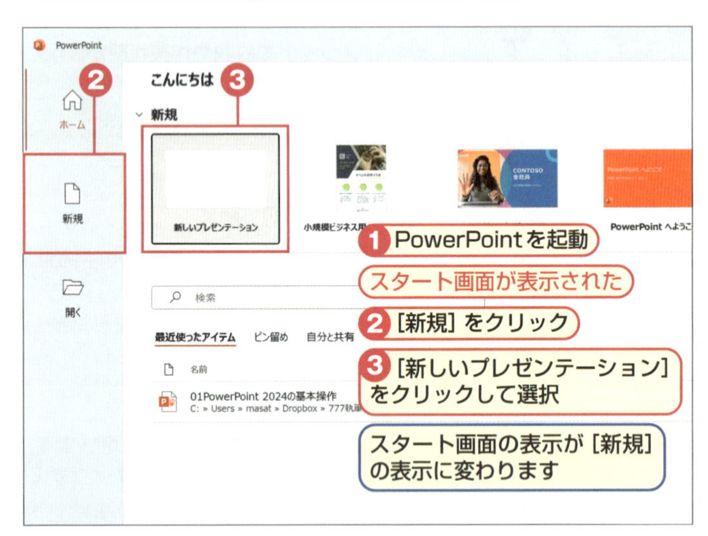

### 手順1 スライドを作る

PowerPointを起動してください。PowerPointが起動するとスタート画面が表示されます。スタート画面の［新規］をクリックしてください。画面の表示が［新規］画面の表示に変わります。表示された中から［新しいプレゼンテーション］を選択するのでクリックします。

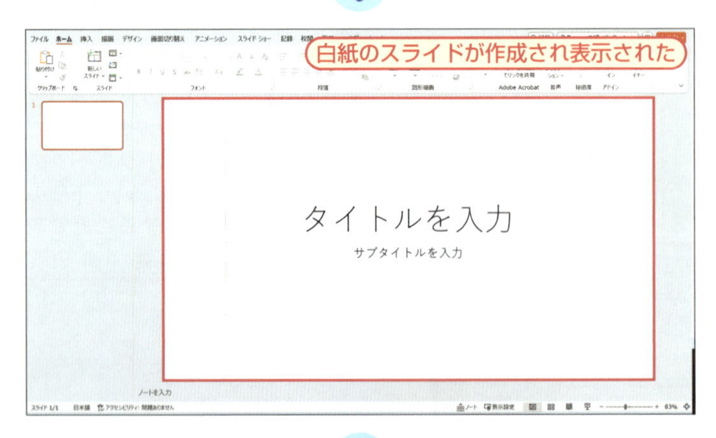

### 手順2 スライドが作成された

白紙のスライドが作成されて、表示されました。

タブを選択してリボンの表示を変えてみましょう

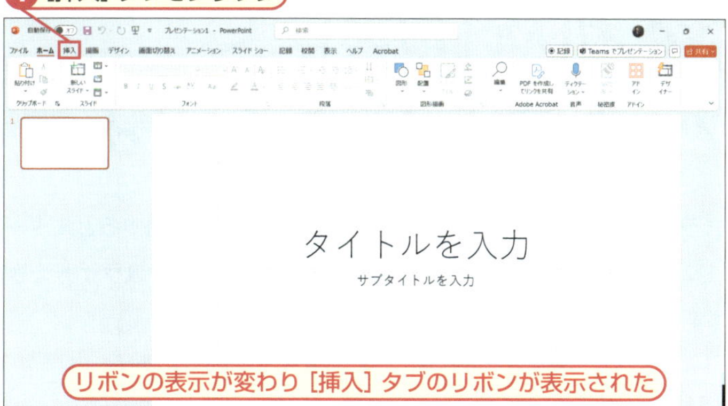

再度、リボンを変更してみましょう

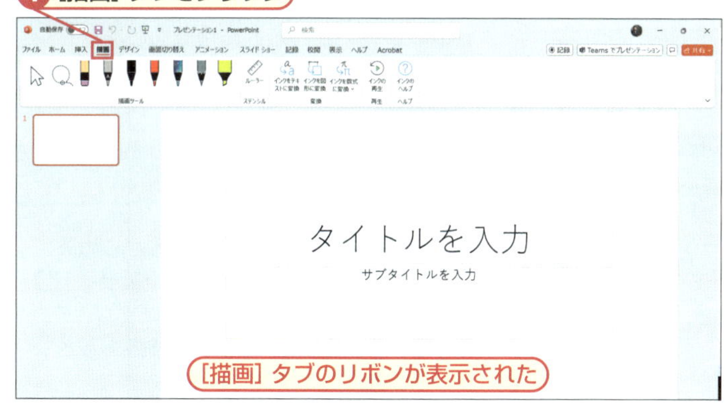

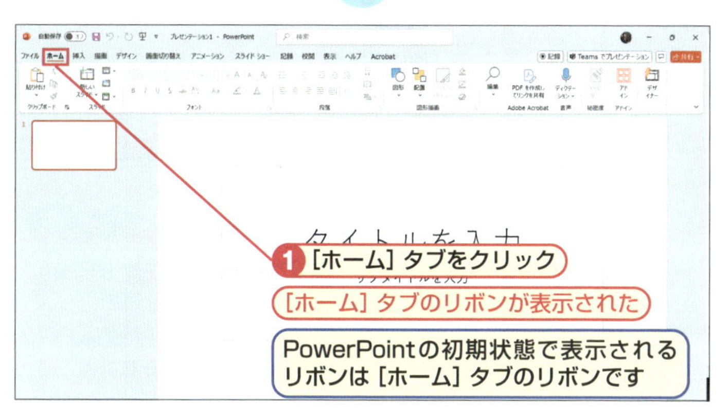

## 手順3 リボン表示を変更する

タブを選択してリボンの表示を変えてみましょう。それでは、[挿入] タブをクリックしてください。クリックするとリボンの表示が変わり [挿入] タブのリボンが表示されました。

### メモ リボンの種類

リボンはそれぞれのタブに応じたコマンドが表示されます。タブには [ホーム]、[挿入]、[描画]、[デザイン]、[画面切り替え]、[アニメーション]、[スライドショー]、[校閲]、[表示]、[ヘルプ] があります。それぞれの機能については次章以降で細かく解説します。

## 手順4 リボンが変わった

再度、リボンを変更してみましょう。[描画] タブをクリックしてください。[描画] タブのリボンが表示されました。

## 手順5 ホームに戻る

[ホーム] タブをクリックしてください。[ホーム] タブのリボンが表示されました。実はPowerPointの初期状態で表示されるリボンは [ホーム] タブのリボンです。

# 05 スライドを新規作成してテンプレートから作ってみよう

手順解説動画

プレゼンテーションのスライドを作成していきましょう。PowerPointを起動するとスタート画面が表示されるので、スライドのテーマを選択します。前項では白紙のスライドを選択しましたが、本項ではすでに用意されたテンプレートを使って解説します。

## テンプレートからスライドを作成する

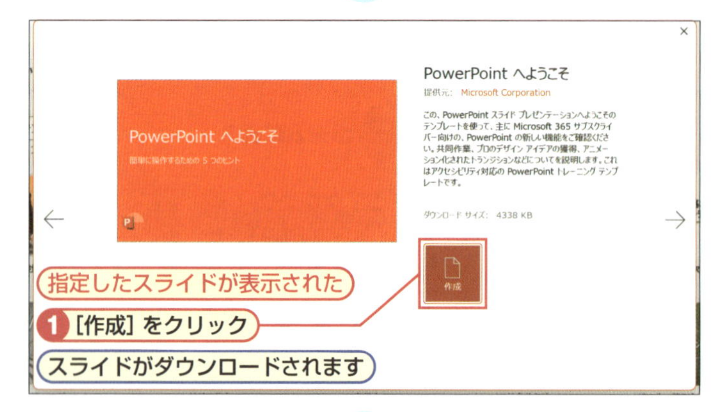

### 手順1 スライドのテンプレートを選択する

PowerPointを起動してください。PowerPointの［スタート］画面が表示されたら、［新規］をクリックして、表示されるテンプレートから目的に合うものをクリック（ここでは［PowerPointへようこそ］）します。

**メモ 「テンプレート」とは**

スライドの配色や書式があらかじめ設定されているひな形のことです。スライドは白紙から作成することもできますが、テンプレートを改良すると統一感のあるきれいなスライドを手軽に作成できます。

### 手順2 指定したスライドが表示された

［作成］をクリックすれば、スライドがダウンロードされます。

**メモ スタート画面に表示されるテンプレート**

マイクロソフトが提供しているテンプレートの一部です。インターネットに接続されている状態でスタート画面の上部にある検索ボックスにキーワードを入力すると、一覧にないテンプレートを検索できます。

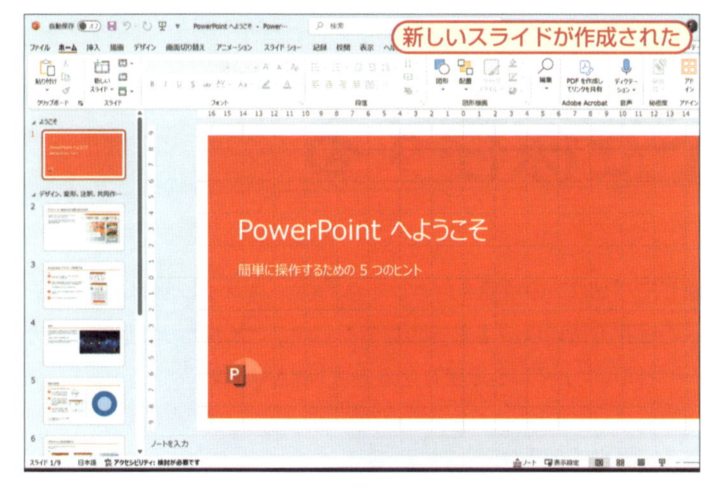

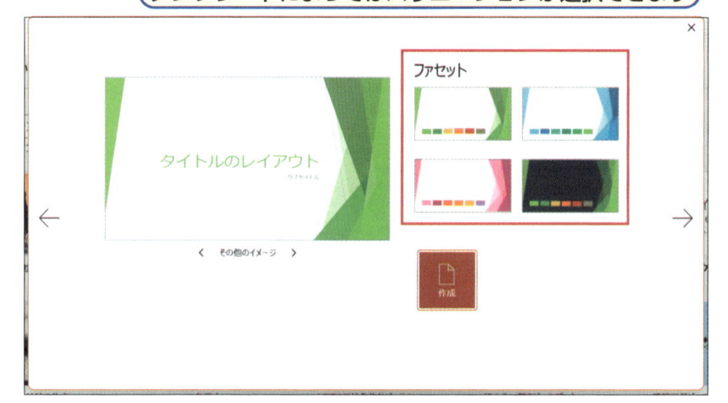

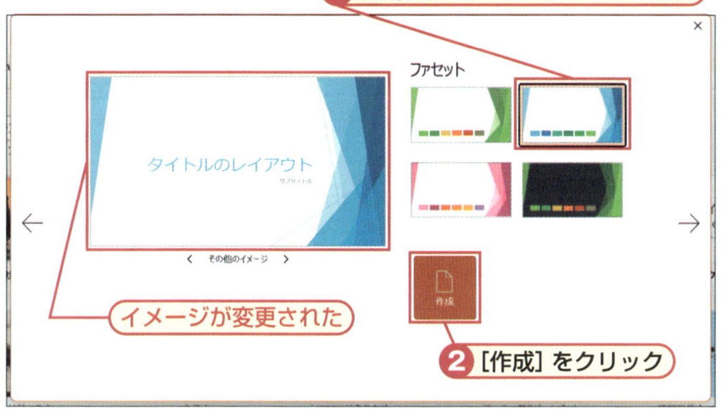

### 手順3 新しいスライドが作成された

[PowerPointへようこそ] のテンプレートを使ったスライドが作成されました。

### 手順4 バリエーションも選択できる

テンプレートの種類によっては、バリエーションが選択できます。

#### メモ バリエーションを選択する

[バリエーション] とは、配色や背景の模様を組み合わせたものです。なお、後で変更可能です。

### 手順5 イメージを変更する

使用したいバリエーションを選択すれば、選択したバリエーションでイメージを変更できます。[作成] をクリックすれば完成です。

# 06 スライドを保存する

保存すると、作業を中断してパソコンの電源を落としても、次回、スライドを開いて作業を再開できます。スライドの保存方法には、「名前を付けて新しいファイルとして保存する方法」と「作業中のスライドを同じファイル名で保存する方法」があります。

## スライドに名前を付けて保存する

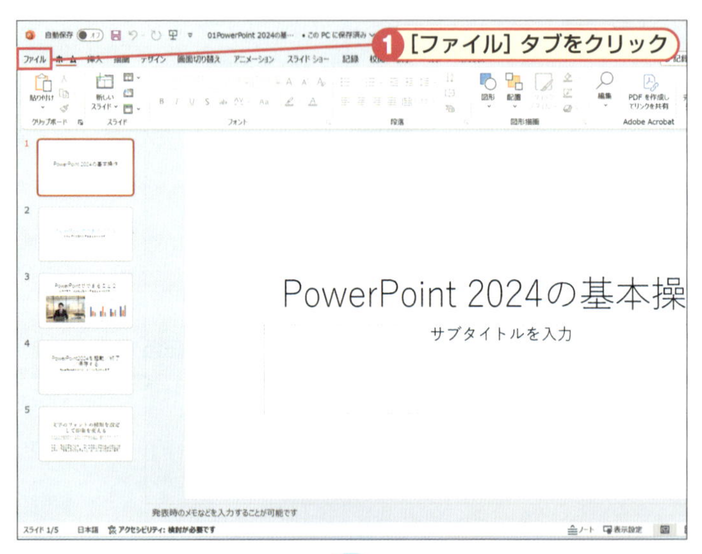

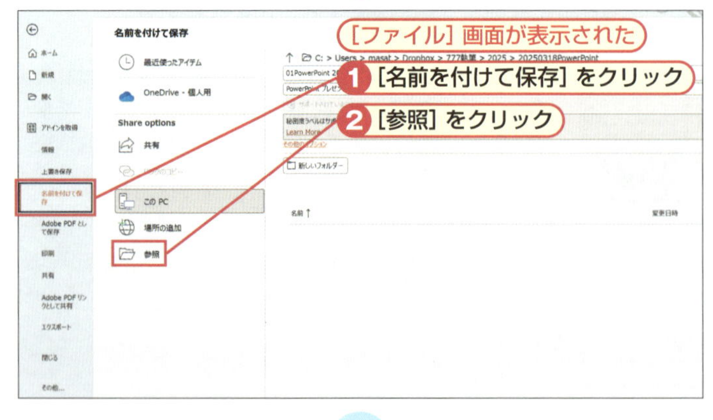

### 手順1 [ファイル] 画面を表示する

画面上部の左にある [ファイル] タブをクリックしてください。

### メモ PDFとして保存する

エクスポートから「Adobe PDFを作成」を選択すると、スライドをPDFとして保存できます。PDFファイルで保存すると、PowerPointがインストールされていないパソコンでもスライドを表示することが可能です。

### 手順2 [ファイル] 画面が表示された

[名前を付けて保存] をクリックして、[参照] をクリックします。

### メモ 旧バージョン形式で保存する

新しいOfficeのファイルは、Office 2007より前のバージョンでは開くことができません。旧バージョンで開くことができるファイルとして保存するには、[名前を付けて保存] 画面の [ファイルの種類] から [PowerPoint 97-2003プレゼンテーション] を選択して保存します。

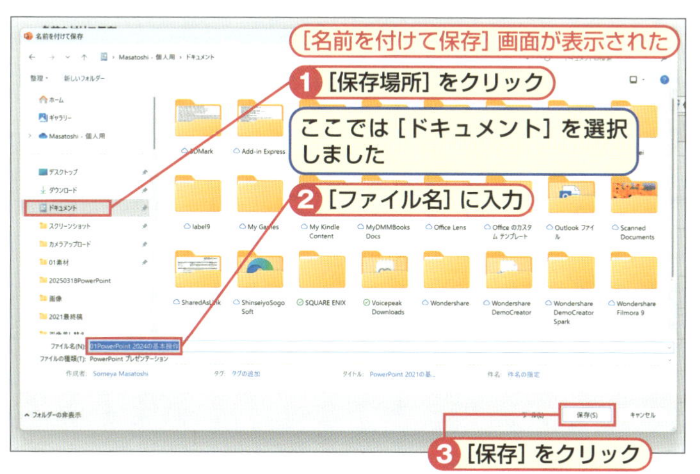


## 手順3 [名前を付けて保存] 画面が表示された

[保存場所] をクリックします。ここでは[PC] → [ドキュメント] を選択しました。[ファイル名] を入力して [保存] をクリックするとファイルが保存されます。

# ファイルを上書き保存する

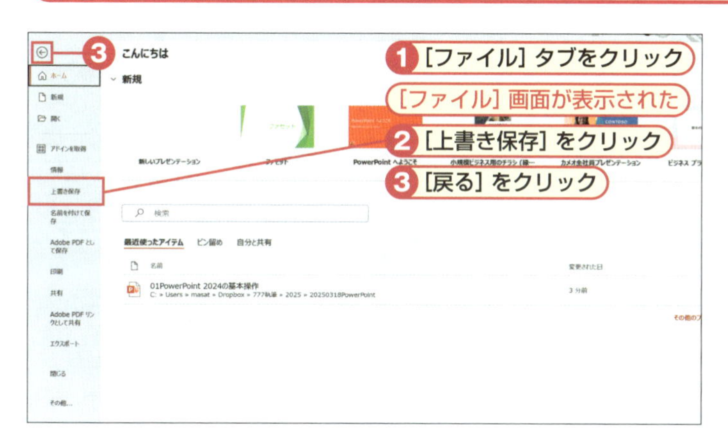

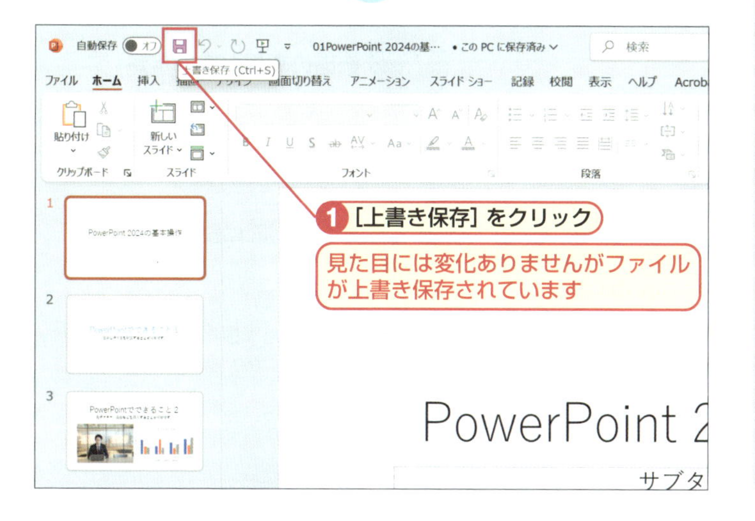

## 手順1 上書きで保存する

[ファイル] タブをクリックして [ファイル] 画面を表示します。[上書き保存] をクリックしてください。ファイルが上書き保存されています。[戻る] をクリックしてもとの画面に戻ります。

### メモ 上書き保存とは

[上書き保存] とは、同じファイル名でファイルを保存することです。もとのファイルが、編集後のファイルで置き換わります。

## 手順2 簡単に上書き保存する

ファイル画面を使わなくても、画面上部の[上書き保存] アイコンをクリックすれば、見た目には変化ありませんが、ファイルが上書き保存されます。

### 時短 素早く上書き保存する

Windows
[Ctrl] + [S] キー
Mac
[⌘] + [s] キー

# 07 作業に合わせて表示モードを切り替える

PowerPointには、6つの表示モードがあります。ファイルを開くと、標準モードでスライドが表示されますが、たくさんのスライドを一覧で表示できるスライド一覧モードや文字の編集に集中するためのアウトライン表示モードなどがあります。

## 表示モードを切り替える

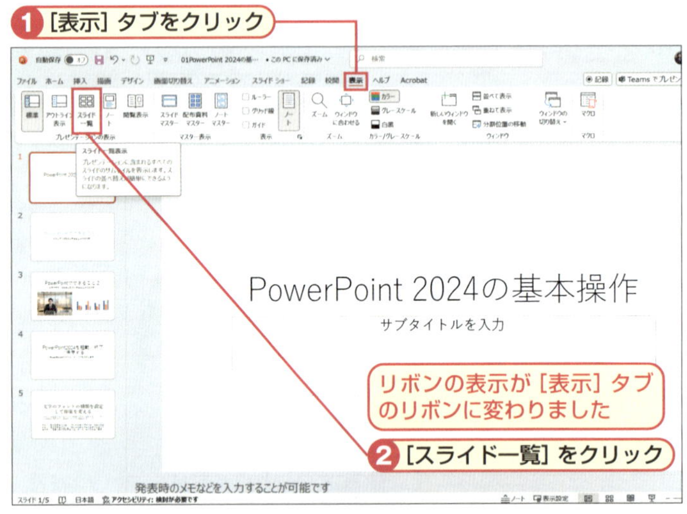

1 [表示] タブをクリック
PowerPoint 2024の基本操作
サブタイトルを入力
リボンの表示が [表示] タブのリボンに変わりました
2 [スライド一覧] をクリック
発表時のメモなどを入力することが可能です

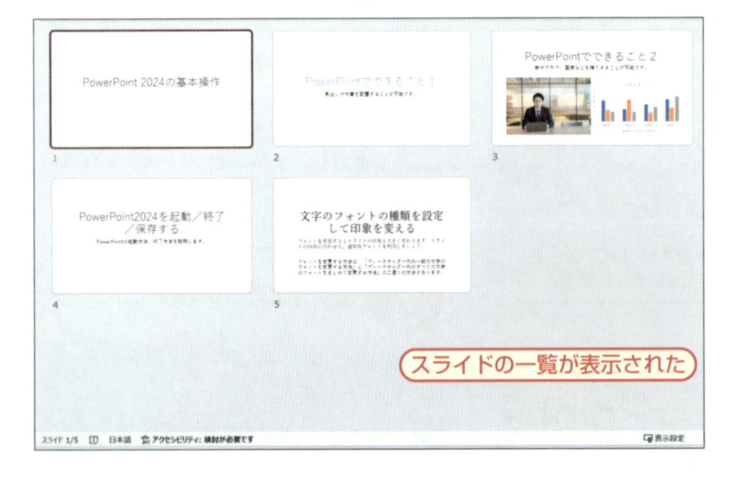

PowerPoint 2024の基本操作
PowerPointでできること 1
PowerPointでできること 2
PowerPoint2024を起動／終了／保存する
文字のフォントの種類を設定して印象を変える
スライドの一覧が表示された

### 手順1 [表示] タブにする

[表示] タブをクリックします。するとリボンの表示がそれまでのタブから [表示] タブのリボンに変わりました。[表示] タブの [スライド一覧] をクリックしてください。

### 便利技 ステータスバーのボタンから表示モードを切り替える

表示モードは、下部のステータスバーのボタンから切り替えられます。左から [標準] [スライド一覧] [閲覧表示] [スライドショー] の順にボタンが並んでいます。

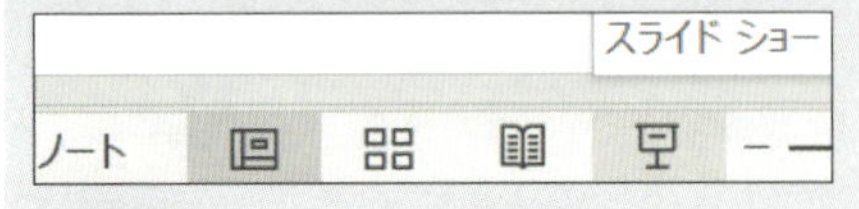

スライド ショー
ノート

### 手順2 画面の表示が変わった

[表示] タブの [スライド一覧] を選択したのでスライドの一覧が表示されました。

### メモ もとの画面に戻る

PowerPointを起動したときの表示モードは標準モードです。標準モードに戻るためには、[表示] タブの [標準] をクリックします。

## PowerPointの表示モード

PowerPointには、6つの表示モードが用意されています。作業に合わせて表示モードを切り替えることで、効率的に作業することが可能です。

### ▼標準モード

PowerPointを起動すると表示される表示モードです。スライドに文字や表、グラフなどを挿入して編集できます。

### ▼ノートモード

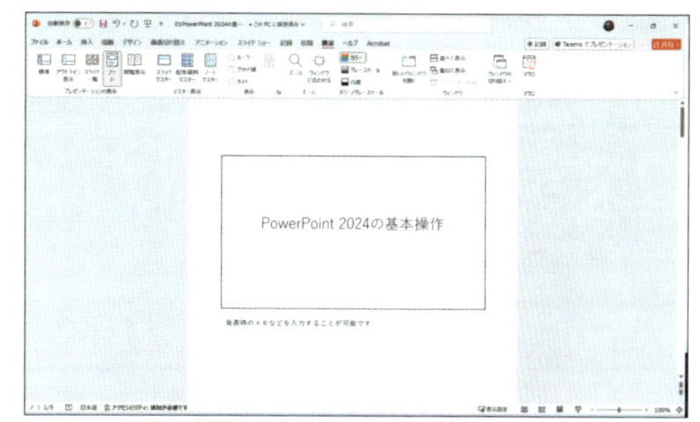


[ノートペイン] というメモ欄に、発表時の注意事項や補足事項などを記入できます。メモはスライドショーには表示されません。

### ▼アウトライン表示モード

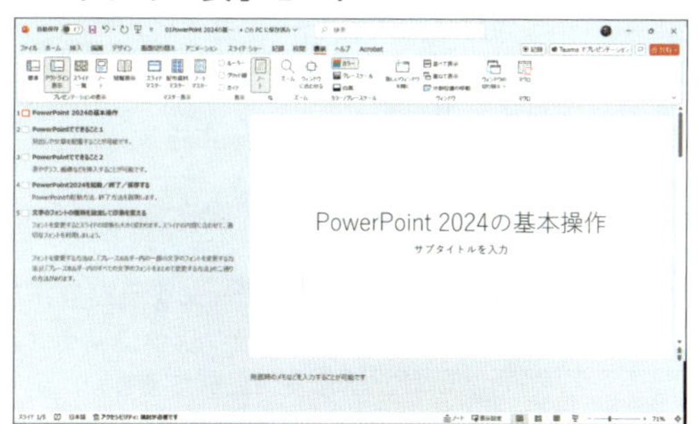


画面左にスライドの文字だけが表示されます。画像などは表示されないシンプルなモードので、スライド全体の構成を考えながら作業できます。

### ▼閲覧表示モード

表示画面をクリック、あるいは [→] キーを押すと次のスライドが表示されます。スライドショーと似ていますが、パソコンの画面でPowerPointの画面を縮小しても実行できます。

### ▼スライド一覧モード

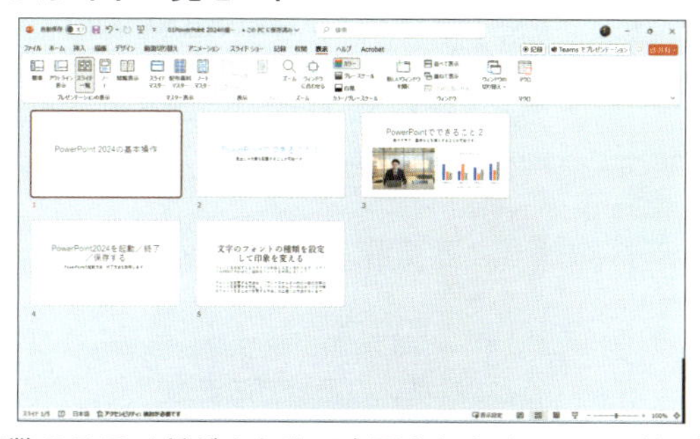

複数のスライドがまとめて表示されます。スライドの順番を入れ替えたいときや、全体の流れを確認したいときに利用します。

### ▼スライドショーモード

PowerPoint 2024の基本操作

パソコンの画面いっぱいにスライドを表示し、スライドショーを実行します。画面をクリック、あるいは [→] キーを押すと次のスライドが表示されます。

SECTION 08

キーワード▶リボン／表示方法／タブ

# リボンの表示を調整してみる

手順解説動画

画面上部に「リボン」と呼ばれる領域があります。ここには、作業ごとのコマンドがまとめられています。リボンはタブをクリックすると切り替わります。また、小さい画面で作業する場合などは、リボンを非表示にすると画面を広く使うことができます。

## リボンを非表示にする

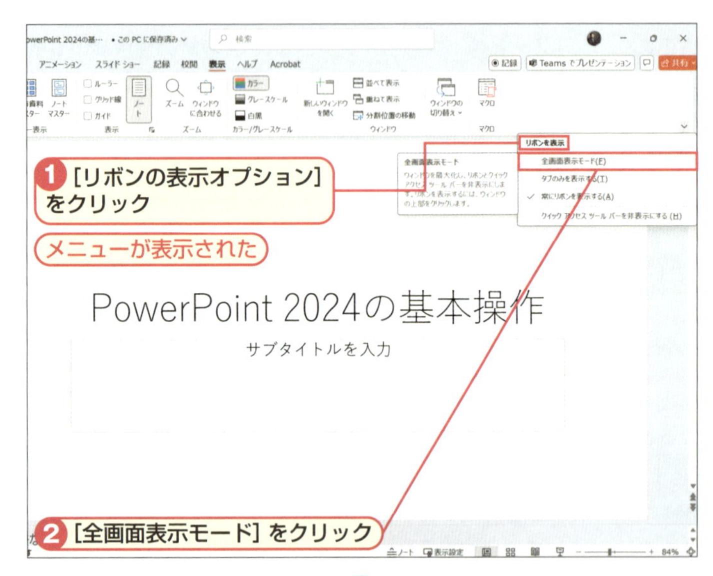

1 [リボンの表示オプション] をクリック
メニューが表示された
PowerPoint 2024の基本操作
サブタイトルを入力
2 [全画面表示モード] をクリック

PowerPoint 2024の基本操作
サブタイトルを入力
リボンが非表示になった
発表時のメモなどを入力することが可能です

### 手順1 [リボンの表示オプション] を使う

PowerPointを使い始めの初期状態ではタブとリボンが表示されています。表示を変更してみましょう。[リボンの表示オプション] をクリックして表示された [全画面表示モード] をクリックしてください。

**便利技 画面を広くする**

画面上部のバーをクリックするとリボンが表示され、スライドをクリックすると自動的にリボンが非表示になります。

### 手順2 リボンが非表示になった

表示されていたリボンが非表示になり画面がさっぱりしました。

**メモ リボンの表示を切り替える**

[リボンの表示オプション] をクリックすると、リボンの表示方法を選択できます。画面が小さいノートパソコンやタブレットなどで作業する場合、リボンを隠すことで画面を広く使うことができます。

## タブだけ表示させる

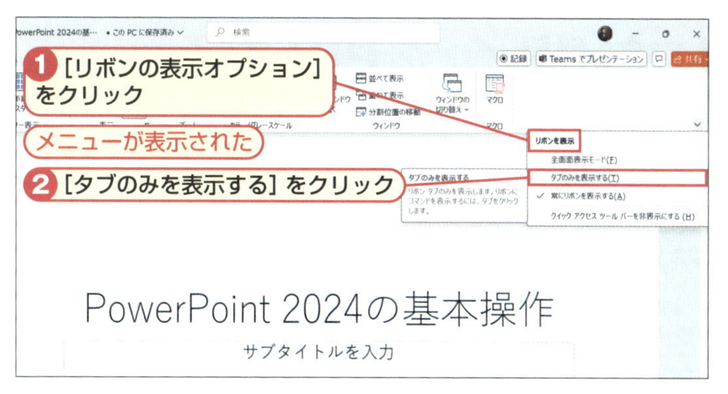

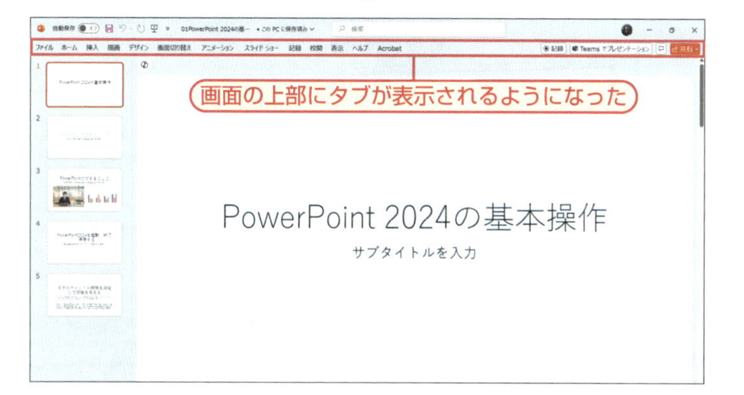

### タブだけを表示する

[リボンの表示オプション] をクリックします。メニューが表示されるので、[タブのみを表示する] をクリックしてください。

### タブが表示された

画面の上部にタブだけが表示されるようになりました。

## 表示をもとに戻す

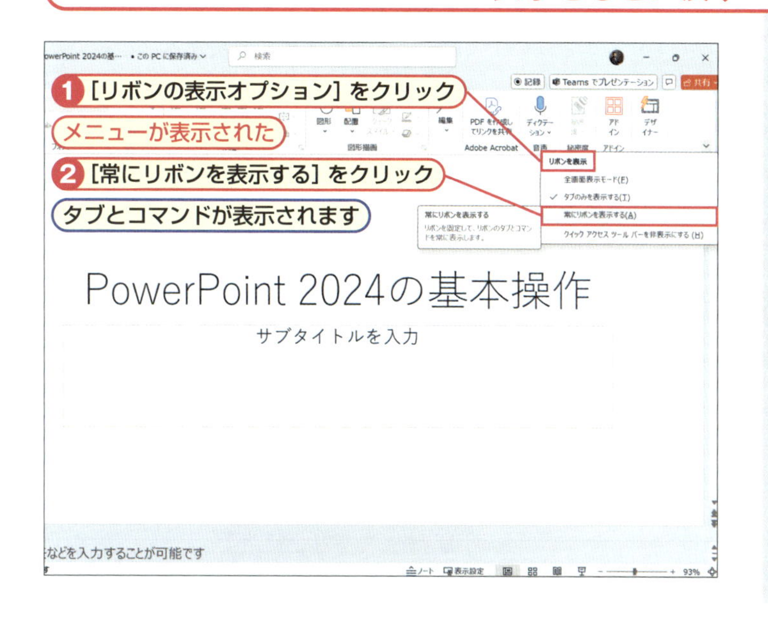

### タブとコマンドを表示する

[リボンの表示オプション] をクリックします。するとメニューが表示されます。表示されたメニューの [常にリボンを表示する] をクリックしてください。画面上部にタブとコマンドが表示されるようになります。

**初期値**

PowerPointの画面上は、タブとコマンドのボタンが表示された状態は初期設定の状態です。画面の広さに問題がなければ、コマンドを非表示にする必要はありません。

# 09 スライドを開く／閉じる

PowerPointなどのアプリで作ったファイルを表示することを「ファイルを開く」といいます。作業を終了してファイルを非表示にすることを「ファイルを閉じる」といいます。ファイルを閉じてもPowerPointは終了しません。

## ファイルを開く

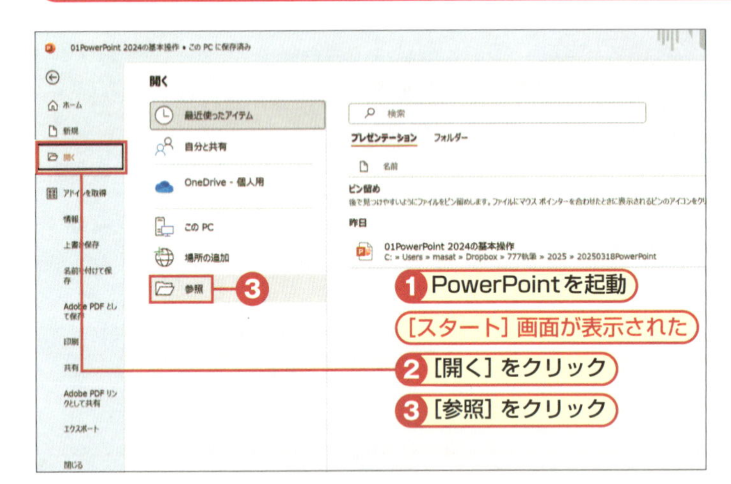

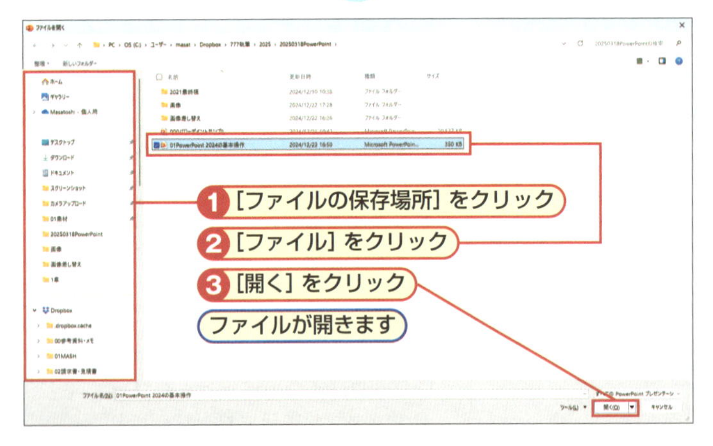

### 手順1 PowerPointファイルを開く

PowerPointを起動してください。[スタート] 画面が表示されたら、[開く] をクリックして続いて [参照] をクリックします。

### メモ 最近使ったファイルを開く

[開く] をクリックすると、[最近使ったアイテム] に最近使ったファイルの一覧が表示されるので、一覧の中から目的のファイルをクリックすることで指定のファイルを開くことができます。

### 手順2 ファイルを選択する

[ファイルの保存場所] をクリックしてファイルが表示されたら、目的の [ファイル] をクリックしてから [開く] をクリックしてください。

### メモ アイコンからファイルを開く

ファイルは、エクスプローラーなどでアイコンをダブルクリックしても開くことができます。

原稿
01_09 スライドを開く・閉じる
PAR56489_TP_V
PowerPoint 2021の基本操作

▲アイコンをダブルクリック

## 作業を終了する



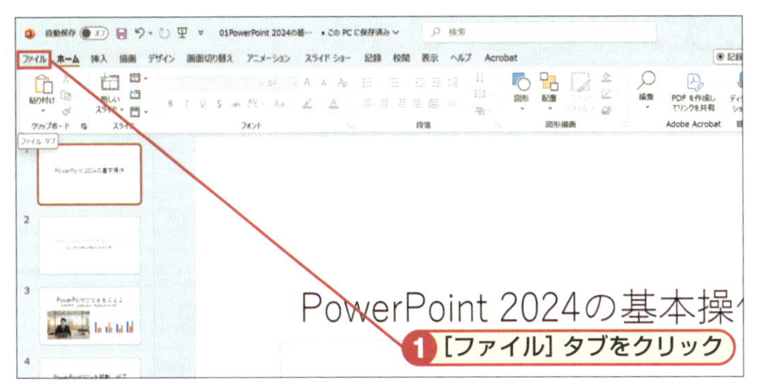

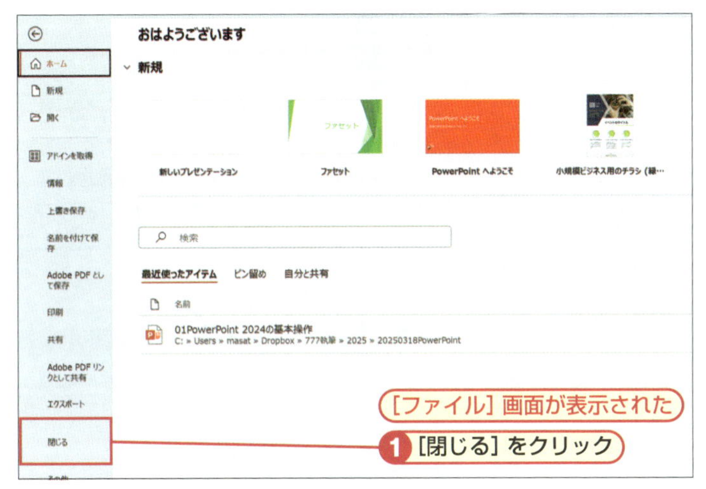

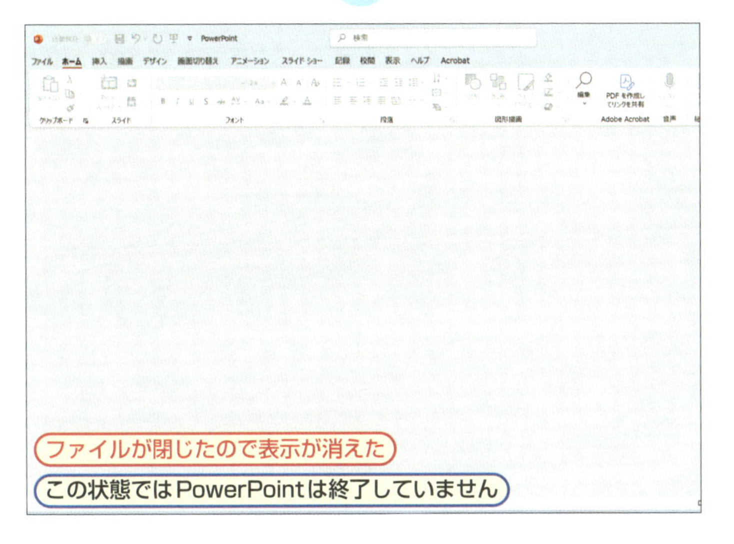

### 手順1 [ファイル] 画面を表示する

[ファイル] タブをクリックしてファイル画面を表示します。

### 便利技 作業中にほかのファイルを開く

作業中にほかのファイルを開くには、[ファイル] → [開く] をクリックします。[ファイルを開く] 画面が表示されるので、左の手順と同様の操作でファイルを開くことができます。

### 手順2 [ファイル] 画面が表示された

いま開いているファイルを閉じるので、[閉じる] をクリックしてください。

### 裏技 旧バージョンのスライドを開く

PowerPoint2024は、旧バージョンのPowerPointで作ったスライドを開くことができます。ただし、PowerPoint2007より前のバージョンで作られたファイルは「互換モード」という状態で開きます。互換モードでは、PowerPoint2024の新機能が使えない場合があります。

### 手順3 ファイルが閉じた

開いていたファイルは、閉じました。そのため、画面に表示されているファイルの表示は消えましたが、まだ、PowerPointは終了していません。

### メモ 内容変更したファイルを閉じる

スライドを保存しないでファイルを閉じようとすると、保存を促す画面が表示されます。スライドを保存する場合は [保存]、保存しない場合は [保存しない]、閉じる操作を中止する場合は [キャンセル] をクリックします。

SECTION

キーワード▶ヘルプ／Microsoft Search

# 10 操作に困ったときは調べることができる

PowerPointの機能や用語がわからない場合は、ヘルプ機能を利用してみましょう。[ヘルプ] タブの [ヘルプ] をクリックすると、画面右に [ヘルプ] 画面が表示されます。また、検索ボックスに調べたいキーワードを入力すると、関連するヘルプ項目を閲覧できます。

## 操作方法を調べる

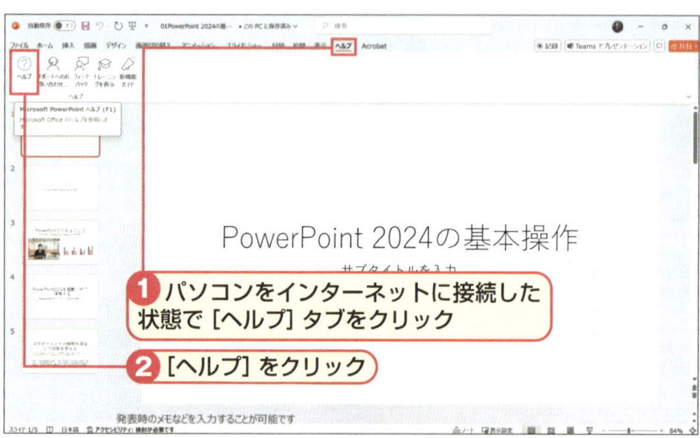

### 手順1 ヘルプを使う

パソコンをインターネットに接続した状態で [ヘルプ] タブをクリックしてください。[ヘルプ] タブのリボンが表示されます。表示されたリボンの [ヘルプ] をクリックしてください。

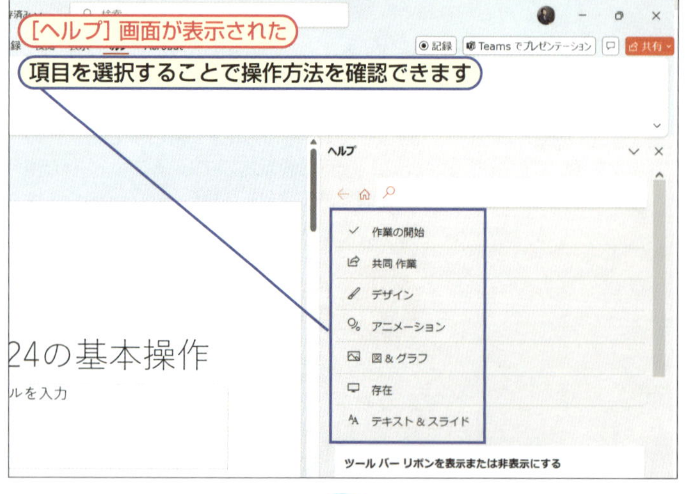

### 手順2 [ヘルプ] 画面が表示された

表示された各項目をマウスでクリックすることで操作方法が表示されるので、操作を確認できます。

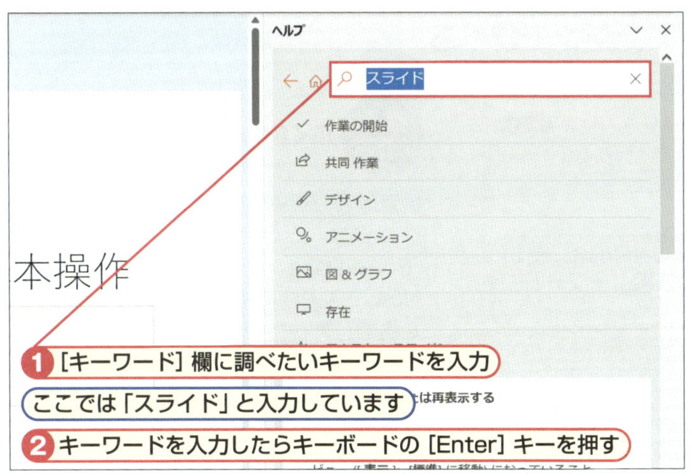

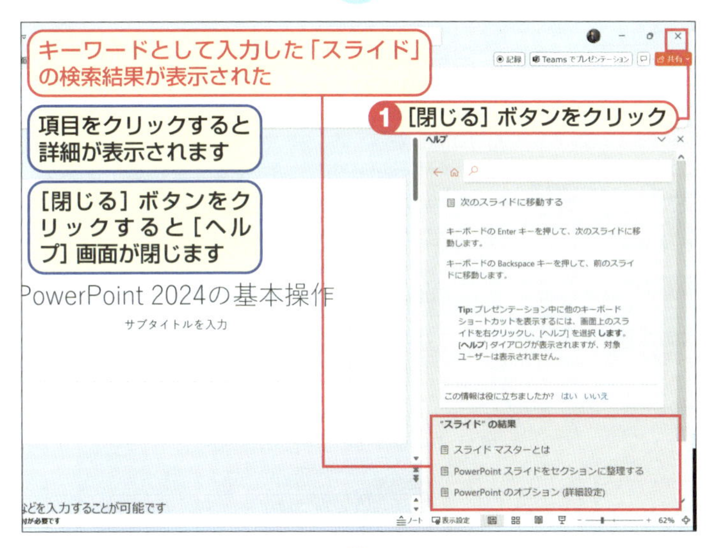

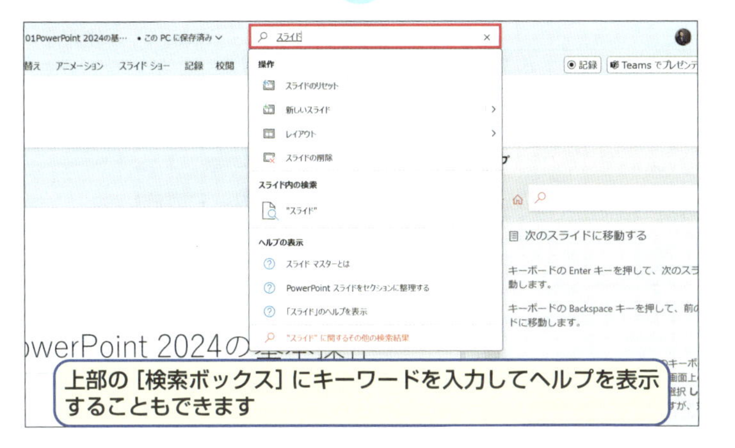

## 手順3 キーワードで検索する

ヘルプ画面の [キーワード] 欄に調べたいキーワードを入力してください。ここでは「スライド」と入力しています。キーワードを入力できたら続けてキーボードの [Enter] キーを押してください。

## 手順4 検索結果が表示された

「スライド」の検索結果が表示された。表示された項目をクリックするとその項目の詳細が表示されます。[閉じる] をクリックして [ヘルプ] 画面が閉じてください。

## 手順5 OSの機能で検索する

タイトルバー上部の [検索ボックス] にキーワードを入力してヘルプを表示することもできます。

## 検索エンジンで調べる

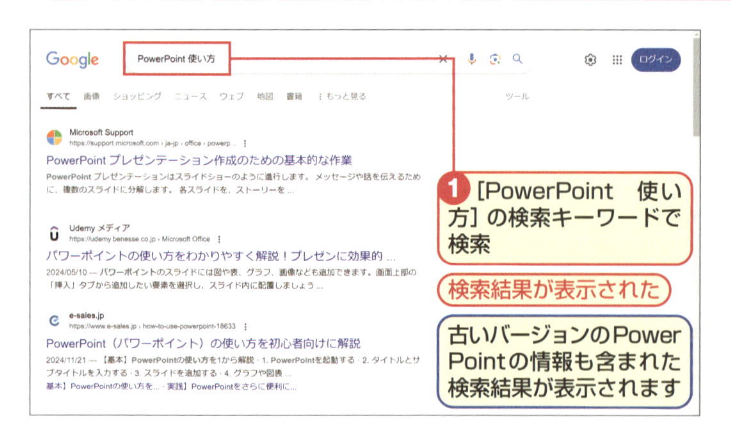

### 手順1 広く検索してみる

検索は入力する検索語で結果が大きく変わります。ここでは、よく入力される「PowerPoint　使い方」を検索キーワードとして入力して、検索エンジン（Google）で検索しました。表示された検索結果には、古いバージョンのPowerPointの情報も含まれた検索結果が表示されます。

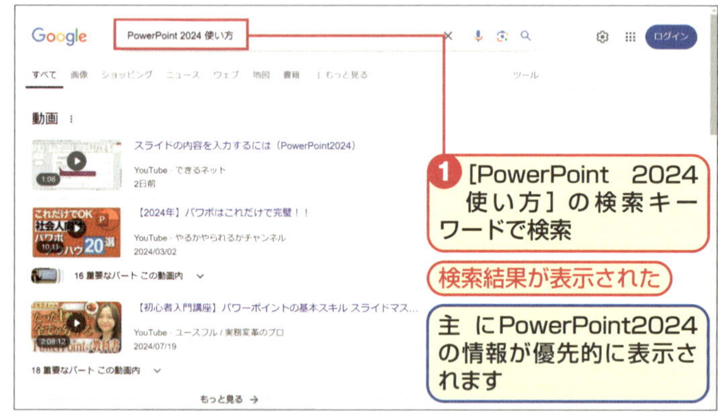

### 手順2 バージョンを絞ってみる

ここでは、検索キーワードとして「PowerPoint　2024　使い方」を入力して検索エンジン（Google）で検索しました。検索結果では、PowerPoint2024の情報が優先的に表示されました。PowerPoint　2024固有の情報が必要な場合は2024を忘れずに加えましょう。

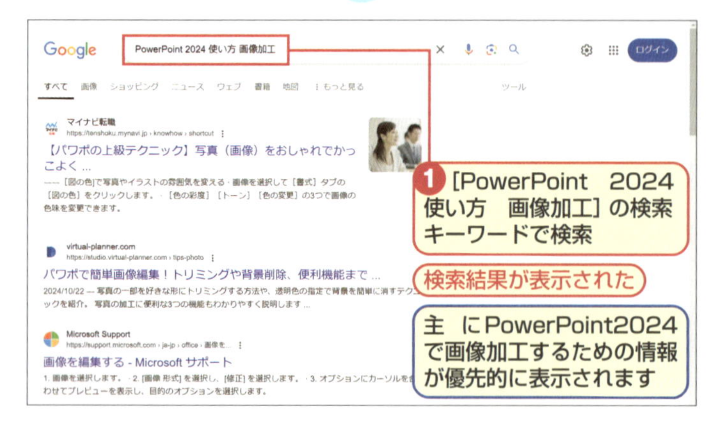

### 手順3 ピンポイントで検索する

ここでは、「PowerPoint　2024　使い方　画像加工」を検索キーワードとして入力して検索エンジン（Google）で検索しました。表示された検索結果では、主にPowerPoint2024で画像加工するための情報が優先的に表示されます。

### メモ 検索キーワードの使い方

PowerPointのヘルプ機能以外にも、検索エンジンで使用法を調べることが可能です。ただし、欲しい情報をピンポイントで取得するためには、検索キーワードをしっかり定める必要があります。

# 練問題

この章の解説を参考にして、以下の問題に挑戦してみましょう。

## 問題1 PowerPointの起動に関する出題①

PowerPointをタスクバーにピン留めして、タスクバーのボタンから起動できるようにしてください。

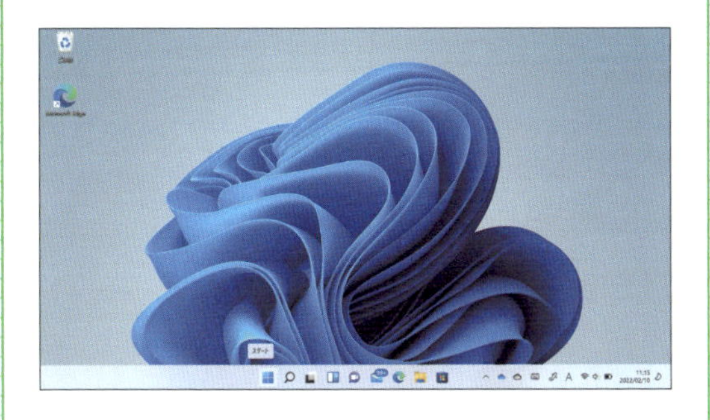

HINT スタートメニューに表示されるアプリ名を右クリックします。

## 問題2 PowerPointの起動に関する出題②

問題1でピン留めしたPowerPointをタスクバーから外してください。

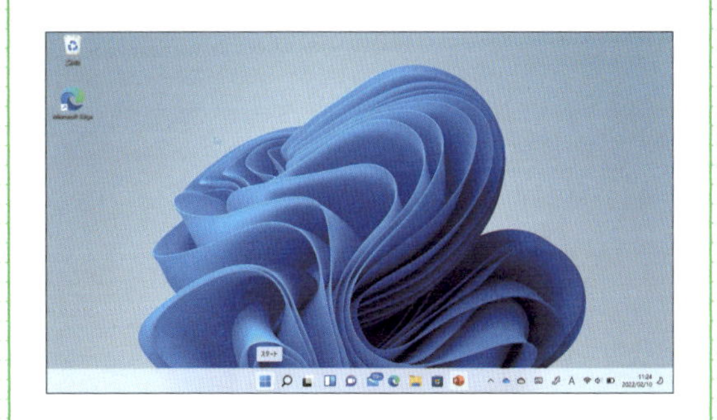

HINT タスクバーのアイコンを右クリックします。

## 問題3 リボンやタブの表示方法に関する出題

リボンのタブだけが表示されるように設定してください。

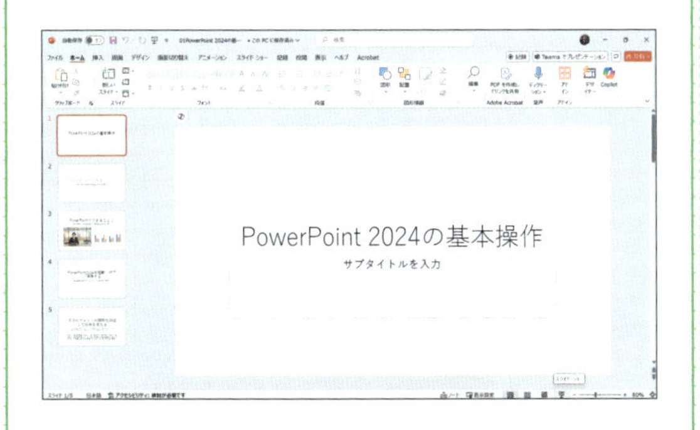


HINT タイトルバーに表示されているボタンを使います。

## 問題4 ファイルの操作に関する出題

PowerPointを終了せずにファイルを閉じてください。

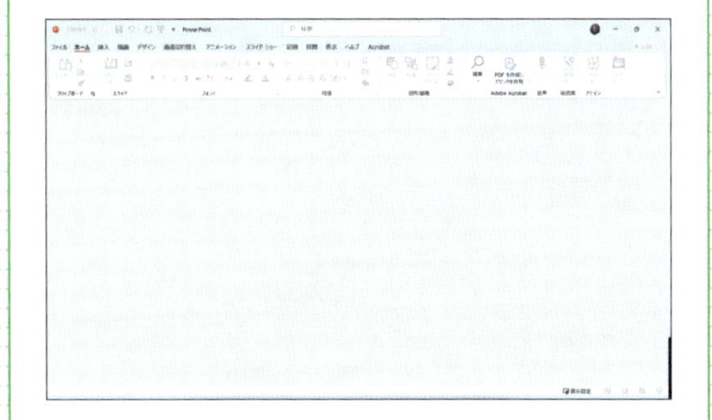

HINT 画面右上の［閉じる］ボタンをクリックするとPowerPointが終了してしまいます。

解答は次のページ

練習問題は解けましたか。以下の解答例と照らし合わせてみましょう。

## 解答1 参照：SECTION02

❶［スタート］ボタンをクリック
❷［PowerPoint］を右クリック
❸［その他］をクリック
❹［タスクバーにピン留めする］をクリック

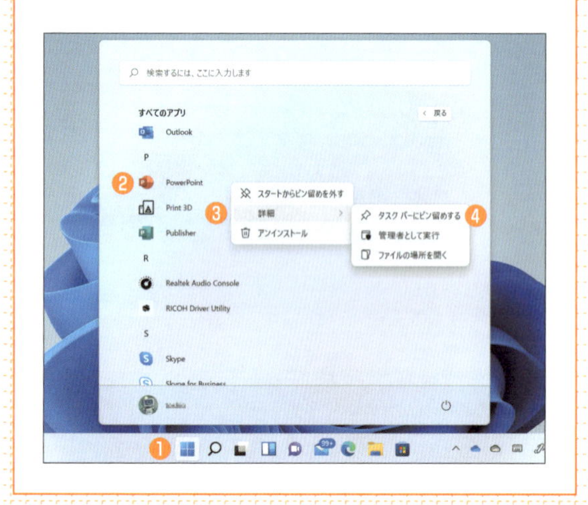


## 解答2 参照：SECTION02

❶タスクバーのボタンを右クリック
❷［タスクバーからピン留めを外す］をクリック

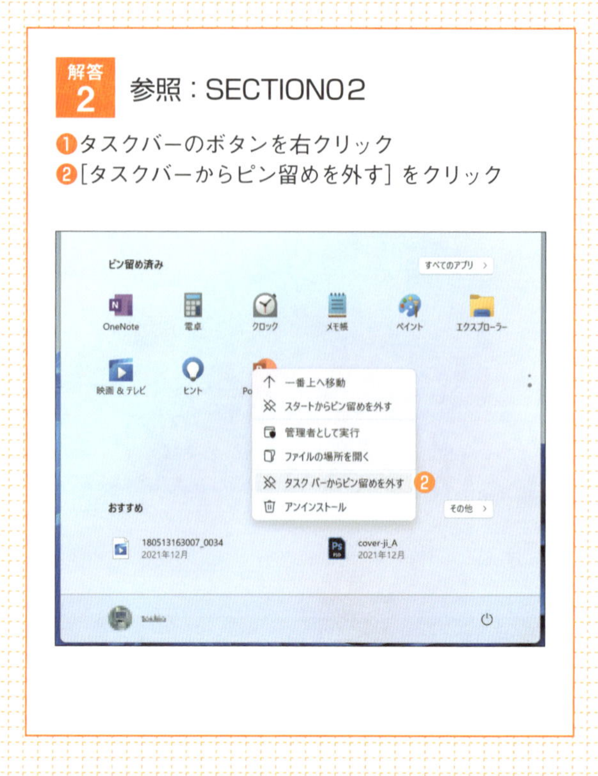


## 解答3 参照：SECTION08

❶［リボンの表示オプション］をクリック
❷［タブのみを表示する］をクリック

## 解答4 参照：SECTION09

❶［ファイル］タブをクリック
❷［閉じる］をクリック

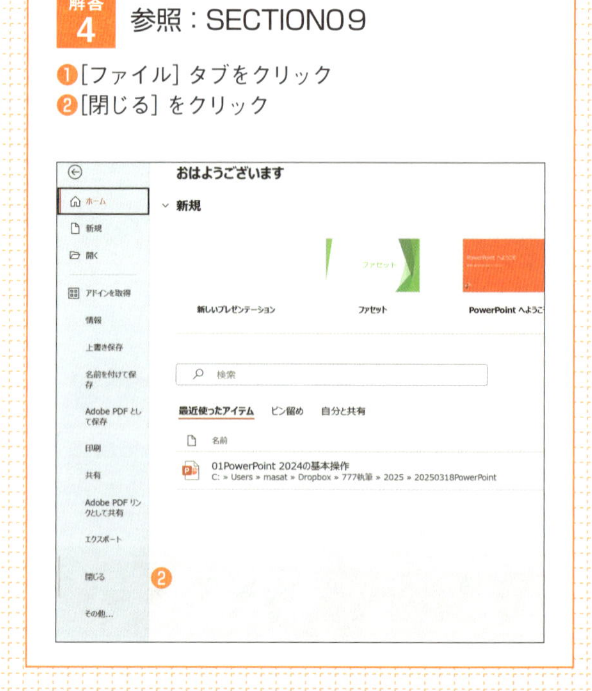

# 2章

## スライド作成の流れと操作

2章では、スライドのデザインやレイアウトを決め、実際に表紙や箇条書きのスライドを作成しながら全体の骨組みを作っていきます。スライドの追加や削除、順番の変更などはいつでも変更できますし、文字や画像の配置や配色もあとから変更することもできます。まずは発表する内容などをおおまかに入力し、少しずつ作成していきましょう。

SECTION 11

キーワード▶プレゼンテーション/スライド/新規作成

# 新しいプレゼンテーションを作り始める

新しいプレゼンテーションのスライドを作成してみましょう。PowerPointを起動するとスタート画面が表示されるので、スライドのテーマを選択します。このとき、白紙またはテンプレート(ひな形)から選択できます。

## 白紙のスライドを作成する

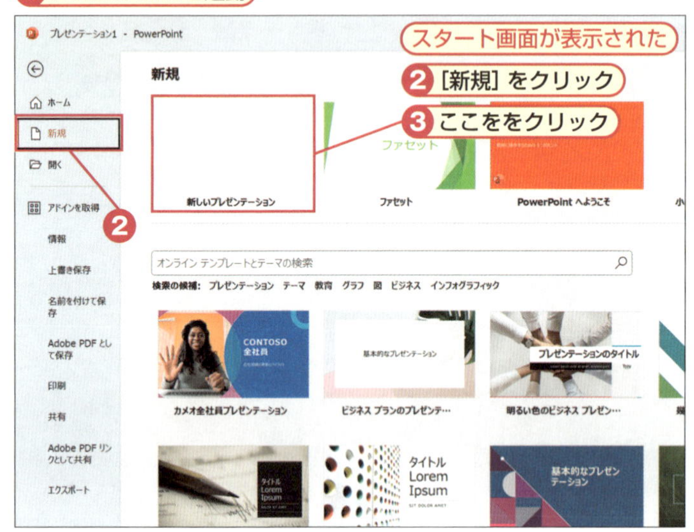

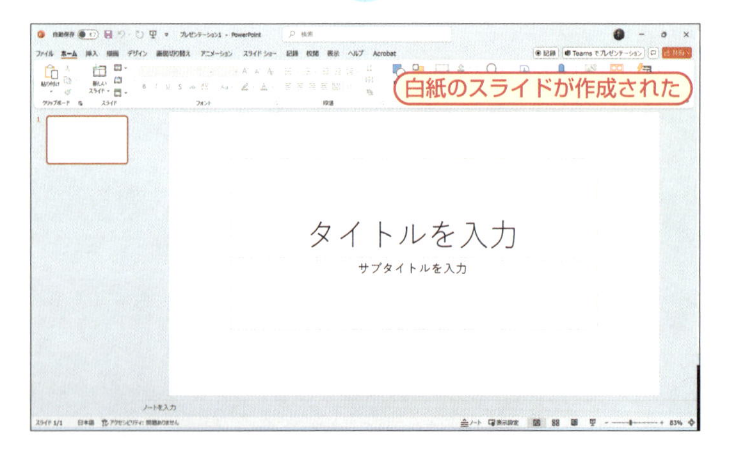

### 手順1 スタート画面を表示する

PowerPointを起動します。PowerPointのスタート画面が表示されたら、[新規]をクリックして[新しいプレゼンテーション]をクリックします。

### メモ スライドのイメージを早めに決めておくと効率的

スライドのテーマはいつでも変更できますが、テーマを変更するとフォントやグラフの色、プレースホルダーの配置などがテーマに従って変更されます。早めにデザインイメージを決めておくと、途中でテーマを変更することなくプレゼンテーションを作成できるので、効率よく作業を進めることができます。

### 手順2 スライドが作成された

白紙のスライドが作成されました。

# テンプレートからスライドを作成する

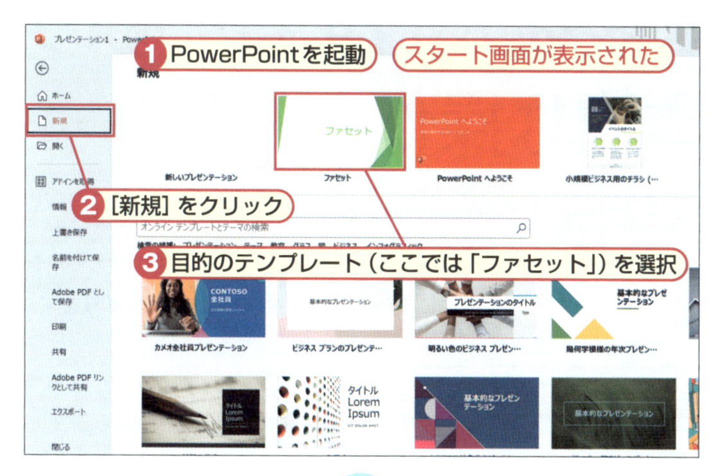

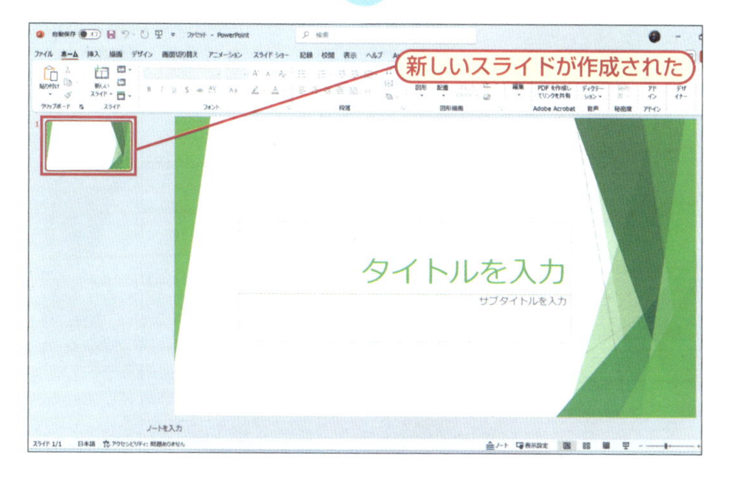

## 手順1 スライドのテンプレートを選択する

PowerPointを起動して、スタート画面が表示されました。[新規] をクリックして、目的のテンプレート（ここでは「ファセット」）をクリックして選択してください。

### メモ テンプレートを利用する

「テンプレート」とは、スライドの配色や書式があらかじめ設定されているひな形のことです。スライドは白紙から作成することもできますが、テンプレートを改良すると統一感のあるきれいなスライドを手軽に作成できます。

## 手順2 スライドのバリエーションを選択する

[バリエーション] を選択してクリックして、[作成] をクリックします。

### メモ バリエーションを選択する

「バリエーション」とは、配色や背景のデザインを組み合わせたものです。選択後でも変更が可能です。

## 手順3 スライドが作成された

新しいスライドが作成されました。

### 便利技 テンプレートを追加する

スタート画面に表示されるテンプレートは、マイクロソフトが提供しているテンプレートの一部です。インターネットに接続されている状態でスタート画面の上部にある検索ボックスにキーワードを入力すると、一覧にないテンプレートが表示されます。表示されたテンプレートをダウンロードすることで利用することができます。

SECTION キーワード▶プレースホルダー／文字入力／枠線

# 12 文字や図表を入力するための枠の基本的な操作を知る

手順解説動画

PowerPointのスライド内には、文字や表、グラフなどを挿入するための枠があります。この枠のことを「プレースホルダー」といい、プレースホルダーは、プレースホルダーそのものが選択されている状態と、プレースホルダー内に文字などを入力できる状態があります。

## プレースホルダーを選択する

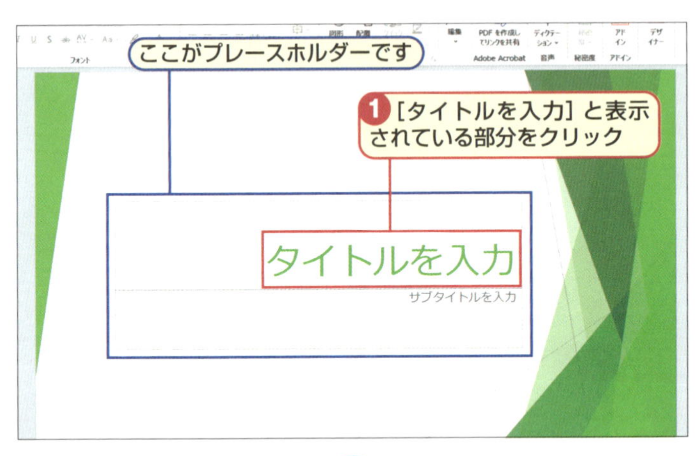

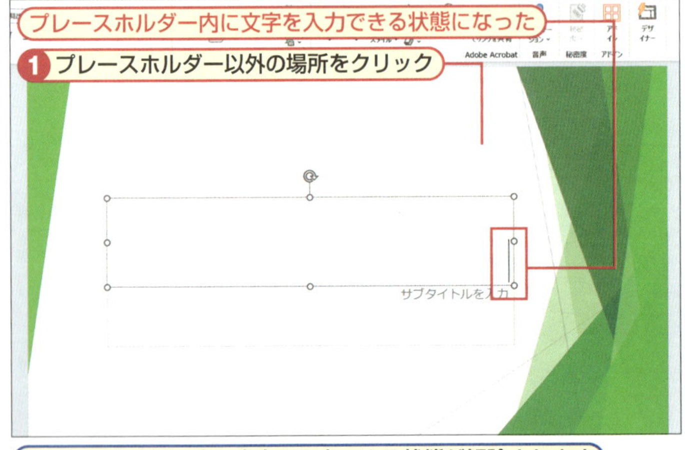


プレースホルダー内に文字を入力できる状態が解除されます

### 手順1 プレースホルダー内をクリックする

[タイトルを入力] と表示されている部分をクリックします。

### 手順2 プレースホルダー内にカーソルが表示された

文字を入力できる状態になりました。プレースホルダー以外の場所をクリックすると、入力状態が解除されます。

### メモ プレースホルダーとは

文字などのデータを入力するための領域を指します。文字を入力するプレースホルダーと、文字のほかに表やグラフ、図などを挿入できるコンテンツプレースホルダーがあります。コンテンツプレースホルダーには、「テキストを入力」と表記され、表やグラフなどを挿入するためのアイコンが表示されます。

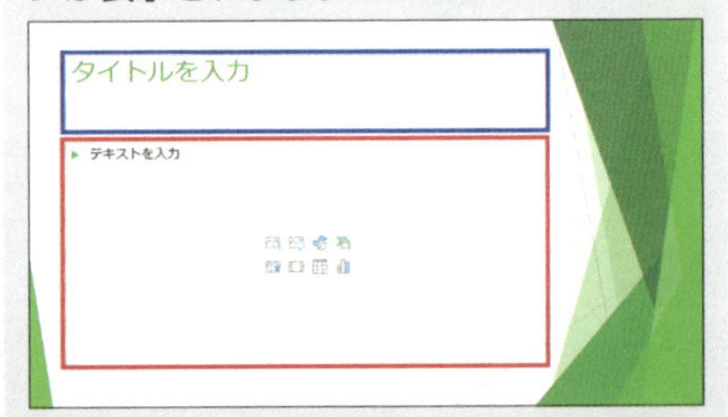


青枠…プレースホルダー
赤枠…コンテンツプレースホルダー

## プレースホルダーを移動する

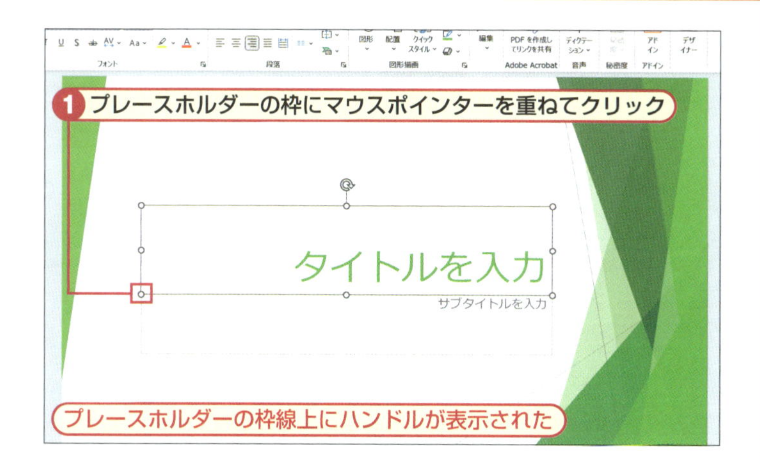

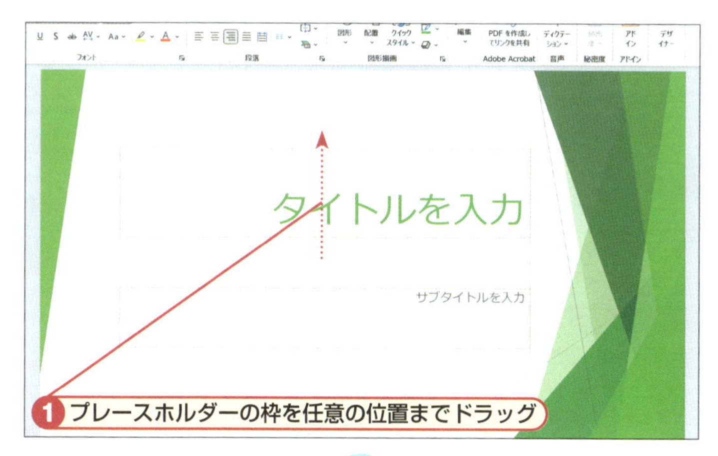

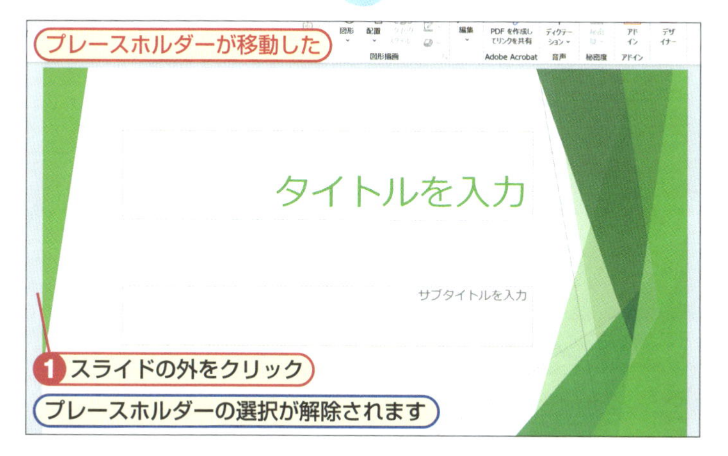

### 手順1 枠線を選択する

プレースホルダーの枠にマウスポインターを重ねてクリックしてください。

**メモ プレースホルダーを選択する**

「プレースホルダーを移動する」「プレースホルダーの枠線に色を付ける」など、プレースホルダーそのものを編集するには、プレースホルダーを選択します。プレースホルダーを選択するには、プレースホルダーの枠線にマウスポインターを重ねてクリックします。プレースホルダーが選択されると、プレースホルダーの枠線が実線になります。

### 手順2 プレースホルダーが選択された

プレースホルダーの枠線上にハンドルが表示されました。プレースホルダーの枠を任意の位置までドラッグします。

**メモ プレースホルダーの選択を解除する**

プレースホルダーが選択されている状態で、プレースホルダー以外の場所をクリックします。なお、スライドの外をクリックすると、ほかのプレースホルダーをクリックしてしまうミスを防ぐことができるので安心です。

### 手順3 プレースホルダーが移動した

スライドの外をクリックしてください。これで、プレースホルダーの選択が解除されます。

## プレースホルダーのサイズや向きを変更する

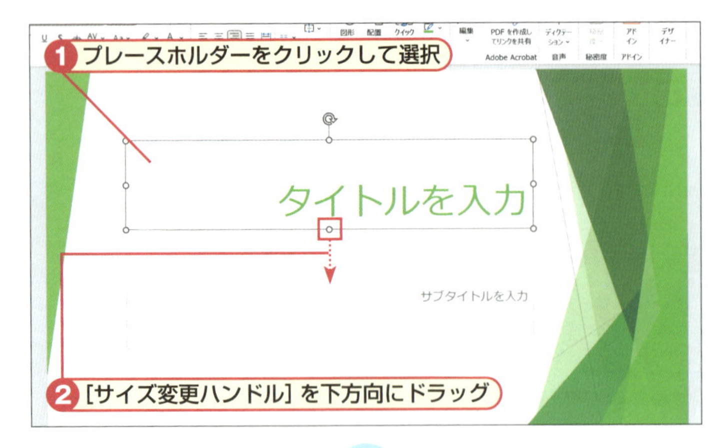
1 プレースホルダーをクリックして選択
タイトルを入力
サブタイトルを入力
2 [サイズ変更ハンドル] を下方向にドラッグ

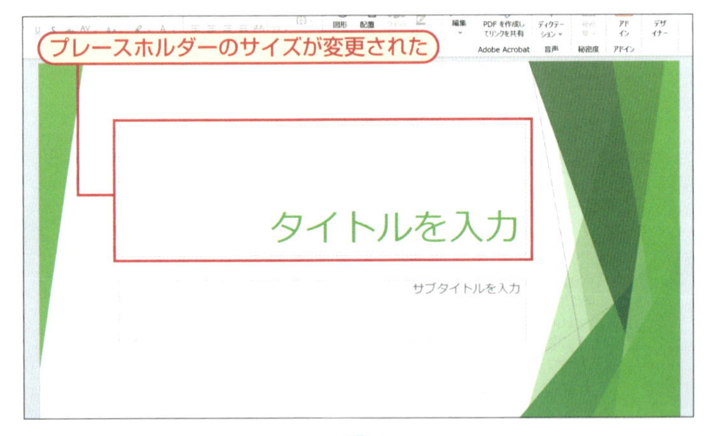
プレースホルダーのサイズが変更された
タイトルを入力
サブタイトルを入力

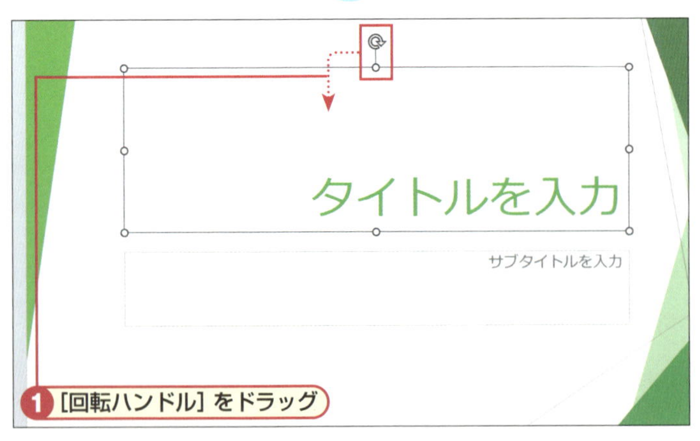
タイトルを入力
サブタイトルを入力
1 [回転ハンドル] をドラッグ

### 手順1 サイズ変更ハンドルをドラッグする

プレースホルダーをクリックして選択します。続いて [サイズ変更ハンドル] を下方向にドラッグしてください。

**メモ プレースホルダーのサイズを変更する**

プレースホルダーを選択すると、プレースホルダーの各辺にサイズ変更ハンドルが表示されます。プレースホルダーをクリックしながらドラッグすると、プレースホルダーのサイズを変更できます。このとき、[shift] キーを押しながらドラッグすると、縦横比を保持しながら拡大／縮小できます。

### 手順2 プレースホルダーのサイズが変更された

プレースホルダーのサイズが拡大されました。

**メモ プレースホルダーを回転する**

プレースホルダーを選択すると、プレースホルダーの上辺の中央に回転ハンドルが表示されます。これをドラッグすると、プレースホルダーを回転できます。

### 手順3 プレースホルダーを回転する

[回転ハンドル] を回転するようにドラッグしてください。

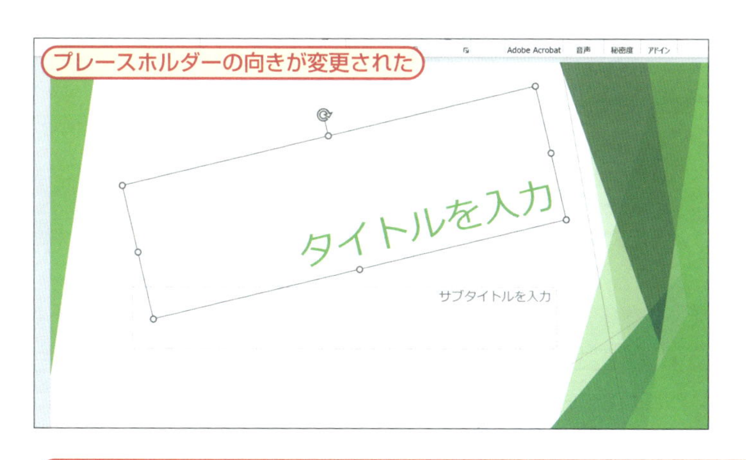
プレースホルダーの向きが変更された
タイトルを入力
サブタイトルを入力

**プレースホルダーが回転した**

プレースホルダーが回転して向きが変更されました。

**プレースホルダーを削除する**

プレースホルダーを選択して、キーボードの［Delete］キーを押します。

## プレースホルダーを削除する

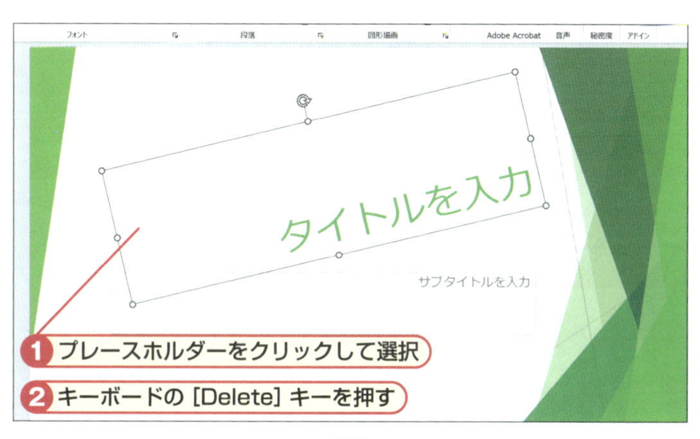
タイトルを入力
サブタイトルを入力
1 プレースホルダーをクリックして選択
2 キーボードの［Delete］キーを押す

**削除するプレースホルダーを選択する**

プレースホルダーをクリックして、キーボードの［Delete］キーを押します。

**操作を取り消したいときは**

「プレースホルダーを間違えて移動してしまった」「削除してしまった」といった場合は、［Ctrl］＋［Z］キーを押すと直前の操作を取り消すことができます。

画面からプレースホルダーが削除された
サブタイトルを入力

**プレースホルダーが削除された**

画面からプレースホルダーが削除されました。

**プレースホルダーの色や枠線の太さを変更する**

プレースホルダーは、通常の図形と同様に、色や枠線の太さなどを変更できます。プレースホルダーの色や枠線の太さを変更するには、プレースホルダーを選択し、［書式］タブにある［図形の塗りつぶし］や［図形の枠線］から目的の色や太さを設定します（SECTION50参照）。

# 13 表紙のスライドを作ってみよう

SECTION11の手順で新しいプレゼンテーションを作成すると、1ページ目には表紙用のスライドが自動的に作成されます。ここにはタイトルとサブタイトル用のプレースホルダーがあらかじめ用意されているので、それぞれ入力してみましょう。

## スライドのタイトルを入力する

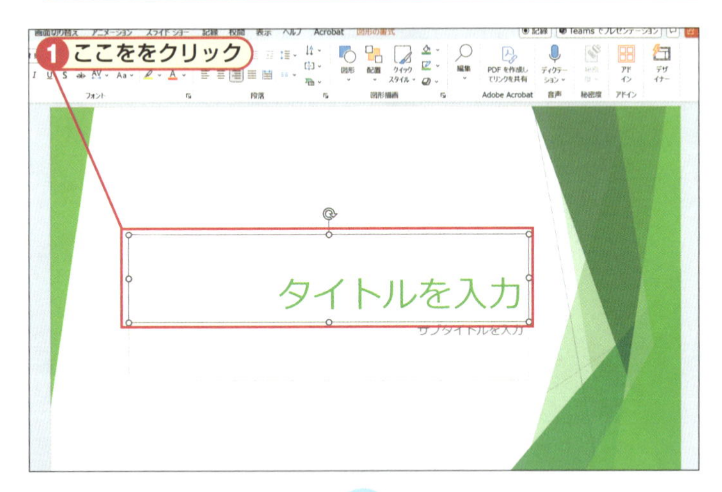

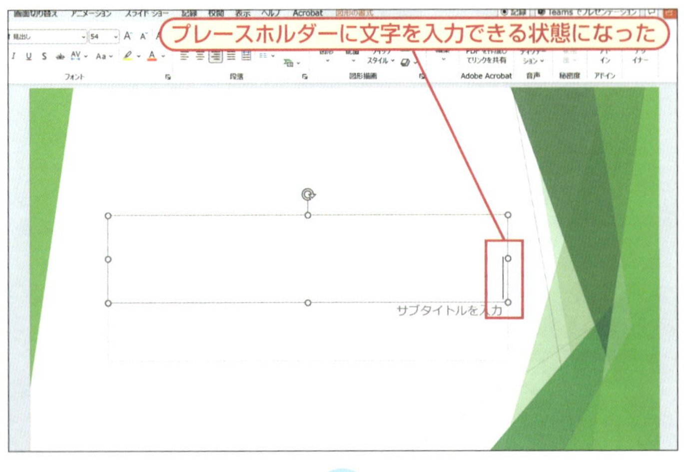

### プレースホルダー内にカーソルを移動する

［タイトルを入力］と表示されているプレースホルダーをクリックして選択します。

### 表紙のスライドを作成する

PowerPointでスライドを作成すると、最初にスライドが1枚だけ作成されます。これは表紙用のスライドになっていますが、本編のスライドはあとから追加できるので、まずはこの表紙用のスライドを作成してみましょう。表紙には2つのプレースホルダーが用意されており、タイトル用のプレースホルダーにはプレゼンテーション全体のタイトル、サブタイトルには会社名や発表者名などを入力します。タイトルやサブタイトルはあとから変更することもできます。

### プレースホルダー内にカーソルが表示された

プレースホルダーに文字を入力できる状態になりました。

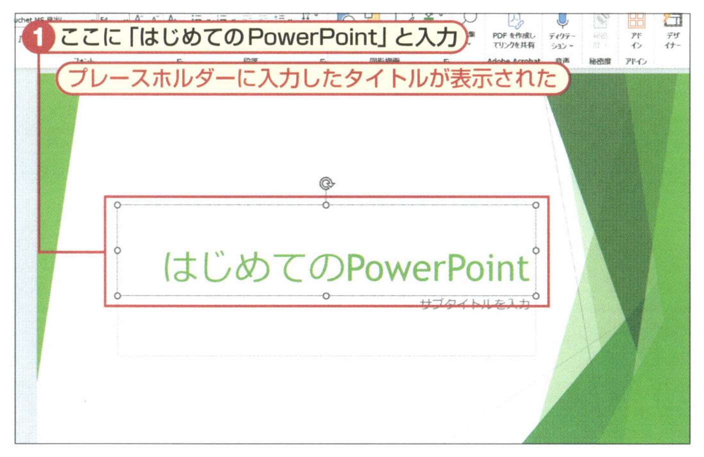

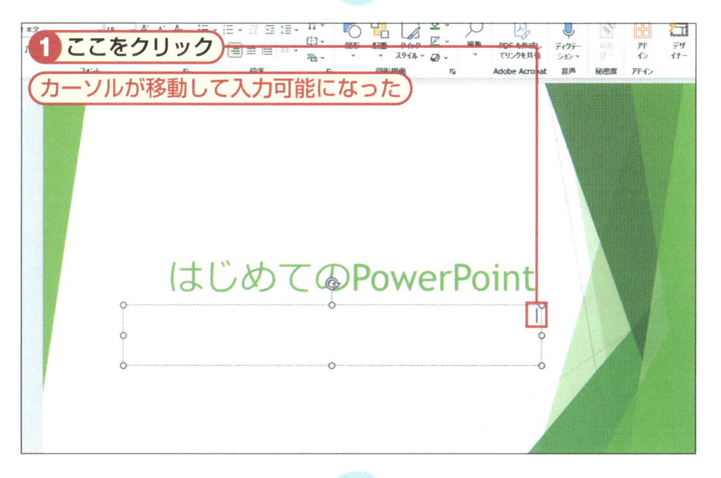

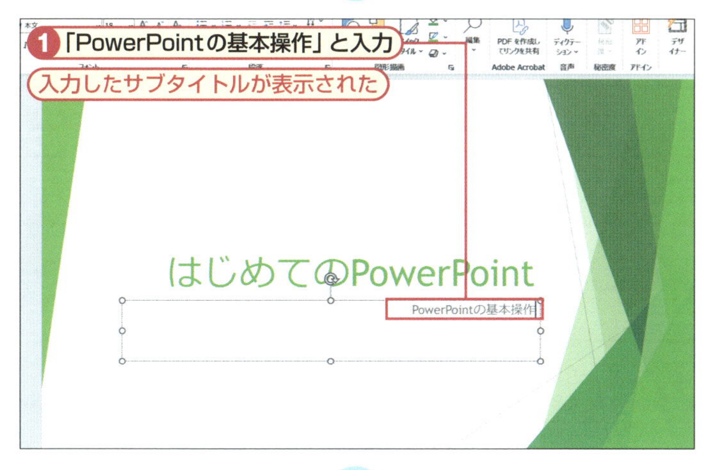

## 手順3 タイトルを入力する

プレースホルダーに「はじめてのPowerPoint」と入力してください。プレースホルダーに入力したタイトルが表示されます。

## 手順4 サブタイトルを入力する

[サブタイトルを入力] と表示されているプレースホルダーをクリックします。
するとカーソルが移動して入力できるようになりました。

## 手順5 サブタイトルが入力された

「PowerPointの基本操作」と入力します。入力したサブタイトルが表示されました。

### メモ 自動的に書式が設定される

タイトルやサブタイトルを入力すると、スライドのテーマにしたがって書式が自動的に設定されます。

改行した

キーボードの［Enter］キーを押します。文字が改行されてカーソルが一段下に移動しました。

文字サイズの自動調整を解除する

PowerPointでは、文字がプレースホルダーにおさまらない場合、ホルダー内におさまるように文字のサイズや行間が自動的に調整されます。そのため、文字を入力していると、文字サイズが小さくなって読みにくくなってしまうことがあります。この場合は、プレースホルダーの左下に表示される［自動調整オプション］をクリックし、［このプレースホルダーの自動調整をしない］を選択することで文字サイズが自動調整されないようになります。

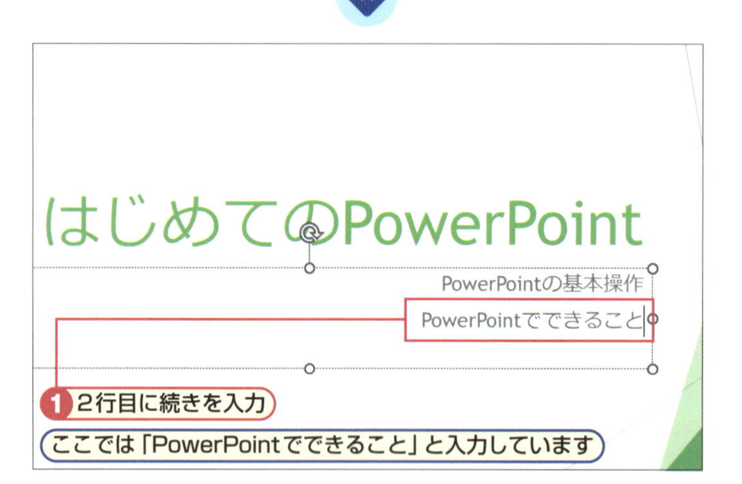

サブタイトルの続きを入力する

2行目に続きを入力してください。ここでは「PowerPointでできること」と入力しています。

## 文字の大きさを調整する

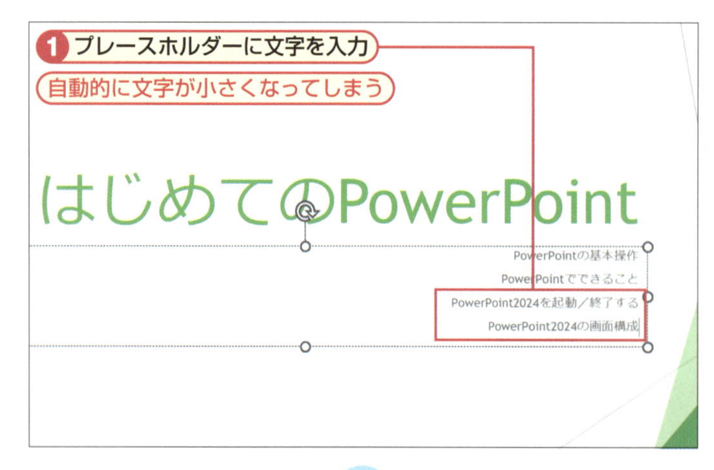

文字が小さくなってしまった

プレースホルダーに文字を入力してください。なお、文字を入力すると自動的に文字が小さくなってしまいました。

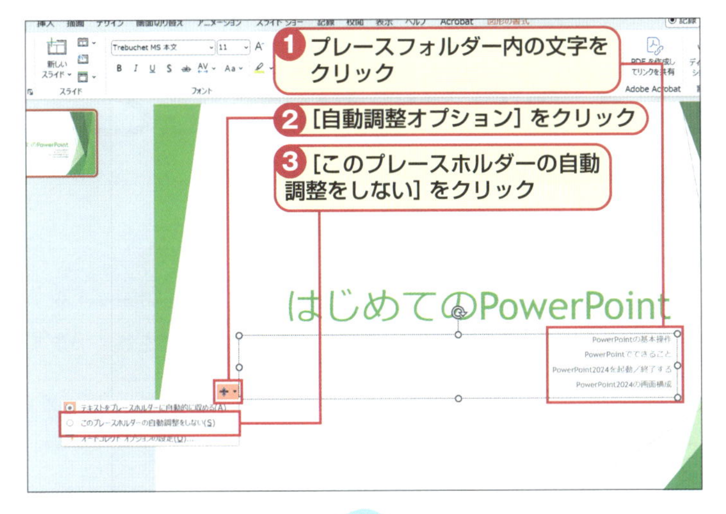
1 プレースフォルダー内の文字をクリック
2 [自動調整オプション] をクリック
3 [このプレースホルダーの自動調整をしない] をクリック
はじめてのPowerPoint

## 手順2 自動調整オプションを設定する

プレースホルダー内の文字をクリックして左側に表示される［自動調整オプション］をクリックして、表示されるメニューから［このプレースホルダーの自動調整をしない］をクリックします。

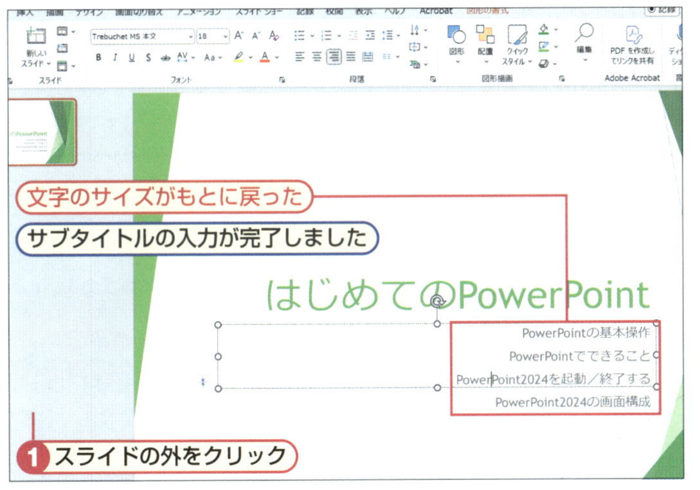
文字のサイズがもとに戻った
サブタイトルの入力が完了しました
はじめてのPowerPoint
PowerPointの基本操作
PowerPointでできること
PowerPoint2024を起動／終了する
PowerPoint2024の画面構成
1 スライドの外をクリック

## 手順3 文字のサイズがもとに戻った

サブタイトルの入力が完了しました。続いてスライドの外をクリックしてください。

### メモ コンテンツ

「コンテンツ」とは、プレースホルダーに入力する文字や表、グラフ、画像などのことを指します。

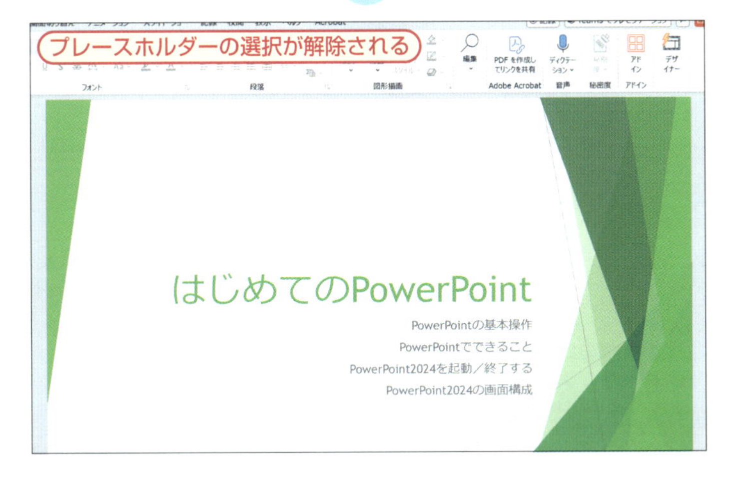
プレースホルダーの選択が解除される
はじめてのPowerPoint
PowerPointの基本操作
PowerPointでできること
PowerPoint2024を起動／終了する
PowerPoint2024の画面構成

## 手順4 プレースホルダーの選択が解除された

プレースホルダーの選択が解除されます。

SECTION

キーワード▶新しいスライド／レイアウト／コンテンツ

# 14 次のスライドの追加方法とレイアウトの変更方法

表紙のスライドを作成したら、次のスライドを追加しましょう。スライドは、[ホーム] タブの [新しいスライド] から追加できます。スライドのレイアウトは16種類用意されていますが、あとからレイアウトの変更や、スライドの順番を変更が可能です。

## 新しいスライドを追加する

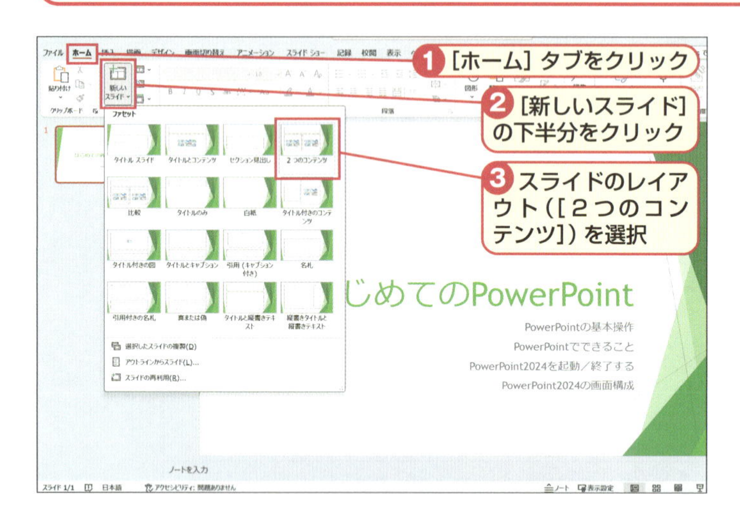

1 [ホーム] タブをクリック
2 [新しいスライド] の下半分をクリック
3 スライドのレイアウト（[2つのコンテンツ]）を選択
はじめてのPowerPoint

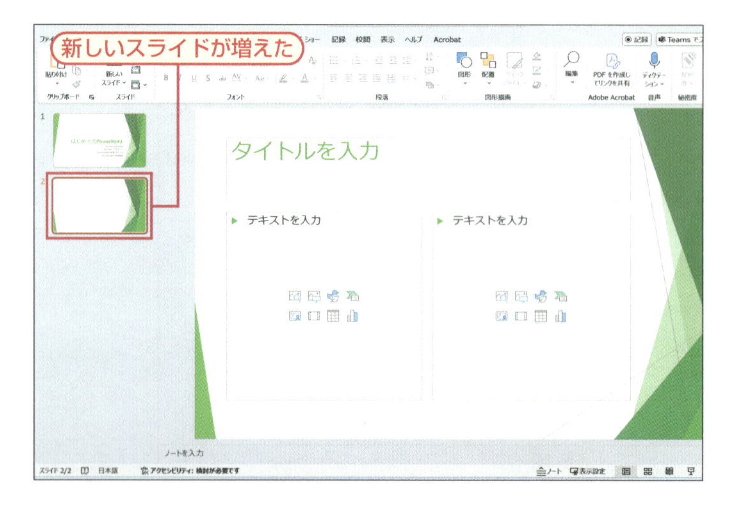

新しいスライドが増えた
タイトルを入力
テキストを入力
テキストを入力

### 手順1 スライドを増やす

[ホーム] タブをクリックして、[新しいスライド] の下半分をクリックして表示された中からスライドのレイアウト（[2つのコンテンツ]）を選択してください。

### メモ スライドを追加する

新しいスライドは、[ホーム] タブの [新しいスライド] から追加します。
①上半分をクリック
作業しているスライドと同じレイアウトのスライドが追加されます。ただし、[タイトルスライド] で作業している場合は [タイトルとコンテンツ] が追加されます。
②下半分をクリック
レイアウトを選択できます。

### 手順2 新しいスライドが追加された

新しいスライドが増えました。

### 便利技 右クリックで追加する

画面左のスライドペインに表示されているスライドを右クリックし、[新しいスライド] をクリックしてもスライドを追加できます。

# スライドのレイアウトを変更する

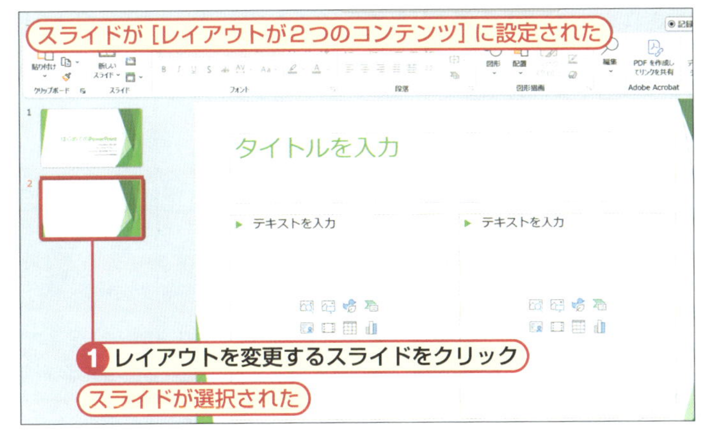

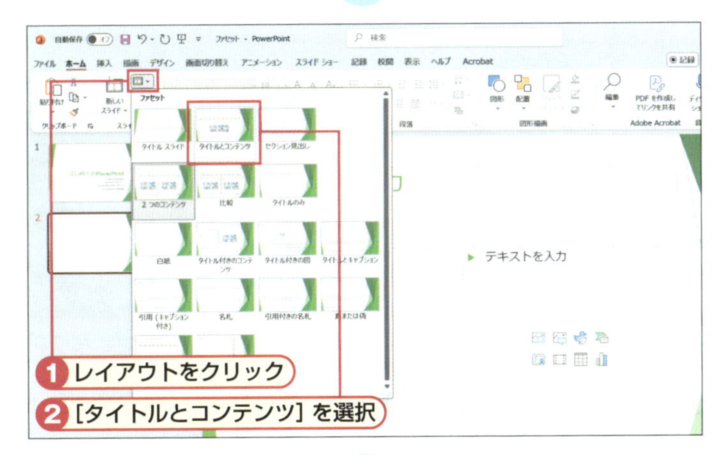

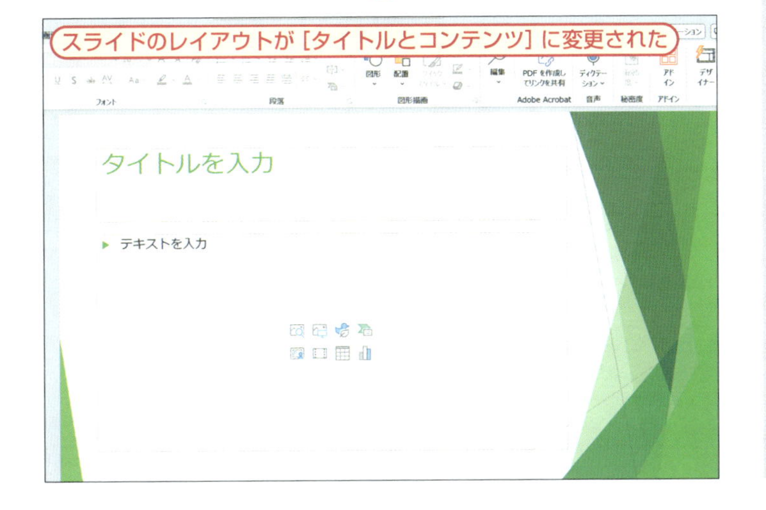

## スライドを選択する

スライドが［レイアウトが2つのコンテンツ］に設定されました。レイアウトを変更するスライドをクリックするとスライドが選択されました。

### スライドを選択する

スライドを選択するには、画面左のアウトラインペインにあるスライドのサムネイルをクリックします。

## スライドのレイアウトを選択する

［レイアウト］をクリックして、［タイトルとコンテンツ］を選択してください。

### レイアウトを変更する

スライドのレイアウトはあとから変更できます。ただし、文字や図表などが入力されているスライドのレイアウトを変更すると、文字や図表などの位置も変更されるので注意が必要です。

## レイアウトが変更された

スライドのレイアウトが［タイトルとコンテンツ］に変更された。

### プレースホルダーが足りない？

スライドには、レイアウトに従っていくつかのプレースホルダーが用意されています。プレースホルダーが足りない場合は、プレースホルダーを増やした新しいレイアウトを作成できます（SECTION34参照）。

## スライドのレイアウト一覧

PowerPointには、スライドの種類が16種類用意されています。なお、配色や文字のフォントなどは、テーマによって異なります。

### ▼タイトルスライド

プレゼンテーション全体の表紙となるスライドです。タイトルとサブタイトル用のプレースホルダーが用意されています。

### ▼タイトルとコンテンツ

タイトル用のプレースホルダーと1つのコンテンツプレースホルダーが用意されています。

### ▼セクション見出し

中表紙となるスライドです。プレゼンテーションの内容に区切りを付ける場合に使います。

### ▼2つのコンテンツ

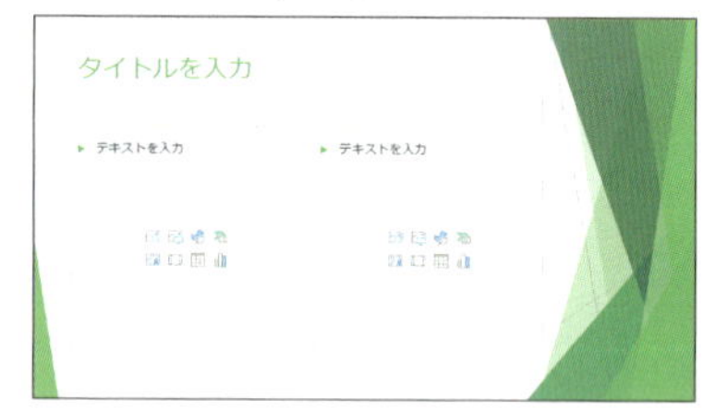


タイトル用のプレースホルダーと2つのコンテンツプレースホルダーが用意されています。

### ▼比較

「2つのコンテンツ」と似ていますが、コンテンツプレースホルダーに見出し用のプレースホルダーが用意されています。

### ▼タイトルのみ

タイトル用のプレースホルダーだけが用意されています。写真や図形を自由に配置したい場合などに使います。

### ▼白紙

「タイトルのみ」と同様の使い方をしますが、プレースホルダーが1つもありません。

### ▼タイトル付きのコンテンツ

表やグラフ、写真などに見出しとコメントを付けたいときに使います。

### ▼タイトル付きの図

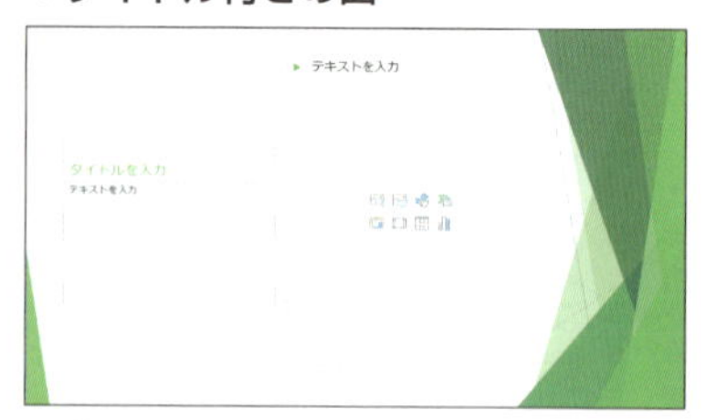


見出しとコメントが付いた画像を配置したいときに使います。

▼タイトルとキャプション

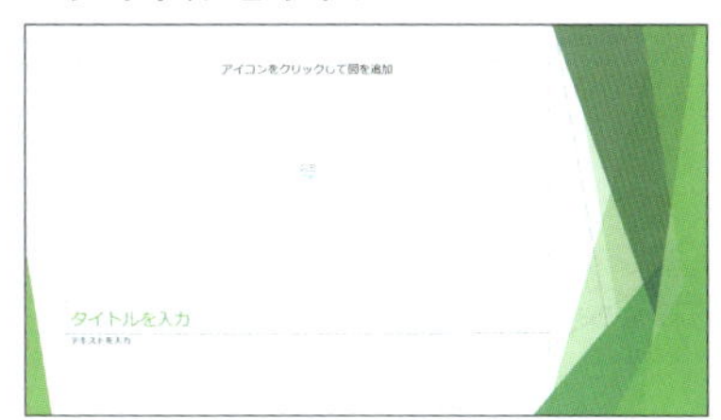


タイトルとコメント（箇条書きでない文章）のみのスライドを作成できます。

▼引用（キャプション付き）

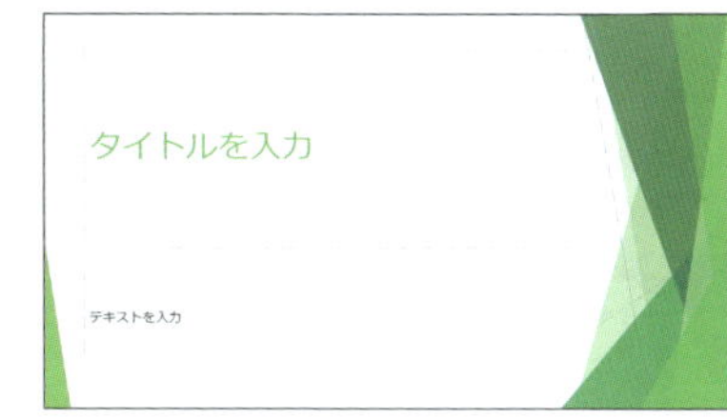


文章や画像などをウェブサイトなどから引用する場合に使います。引用を表示するプレースホルダーは「“」「”」で囲まれます。

▼名札

タイトルと文章を入力できます。

▼引用付きの名札

引用を表示するプレースホルダーは「“」「”」で囲まれます。

▼真または偽

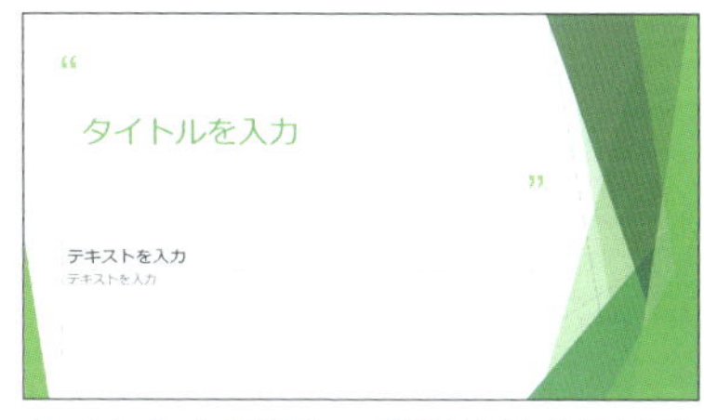


タイトルと見出し、文章を入力できます。

▼タイトルと縦書きテキスト

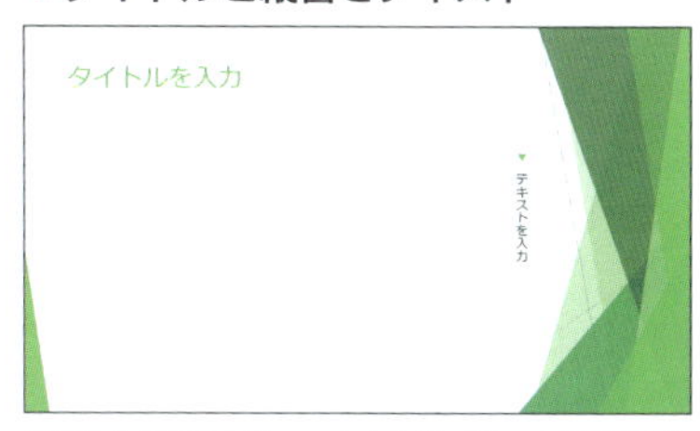


縦書き用のプレースホルダーが用意されているスライドです。

▼縦書きテキストと横書きテキスト

縦書きと横書き用のプレースホルダーが用意されているスライドです。

**メモ デザインのアイデアが表示される**

スライドを作成中、画面の右側に［デザインアイデア］が表示されることがあります。これらをクリックすると、デザインを変更できます。この画面が不要な場合は、［×］をクリックして閉じます。

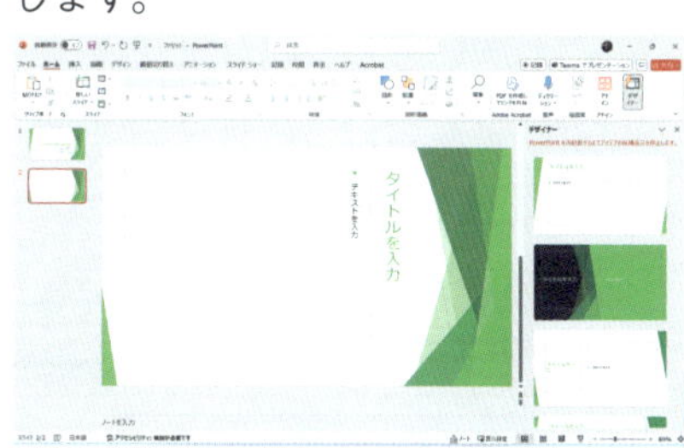

SECTION

キーワード▶スライド／箇条書き機能／改行

# 15 伝えたいことを簡潔にわかりやすく箇条書きで入力する

手順解説動画

スライド表記は箇条書きが適しています。PowerPointではコンテンツプレースホルダーに文字を入力すると、自動的に箇条書きが設定されるのですぐに箇条書きとして表記されます。

## 箇条書きを入力する

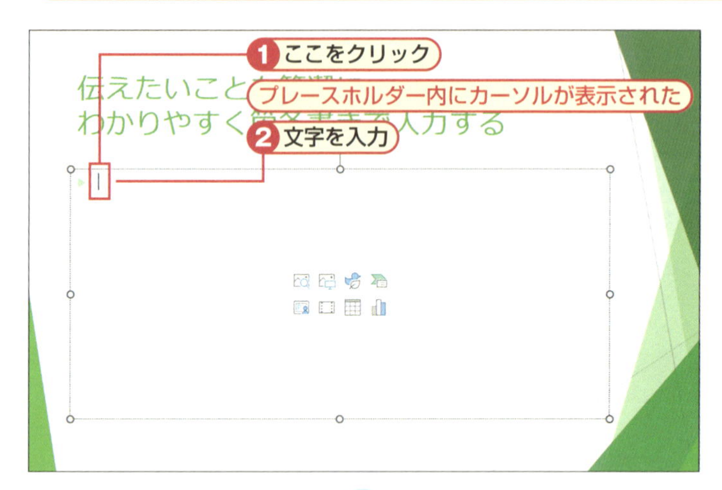

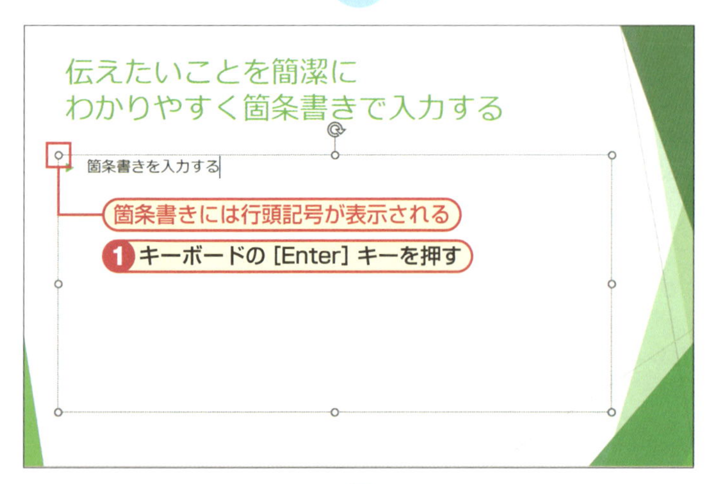

### 手順1 箇条書きを開始する

プレースホルダー内をクリックしてください。プレースホルダー内にカーソルが表示されましたので、文字を入力してください。

### メモ 箇条書きを入力する

箇条書きは、情報を簡潔に伝えることができるためプレゼンテーションに適しています。［タイトルとコンテンツ］レイアウトでは、2つ目のプレースホルダーに文字を入力すると、自動的に箇条書きになるよう設定されています。

### 手順2 箇条書きには行頭記号が表示された

キーボードの［Enter］キーを押してください。

### メモ 箇条書きを解除する

箇条書きを解除したい場合は、［ホーム］タブにある［箇条書き］をクリックします。

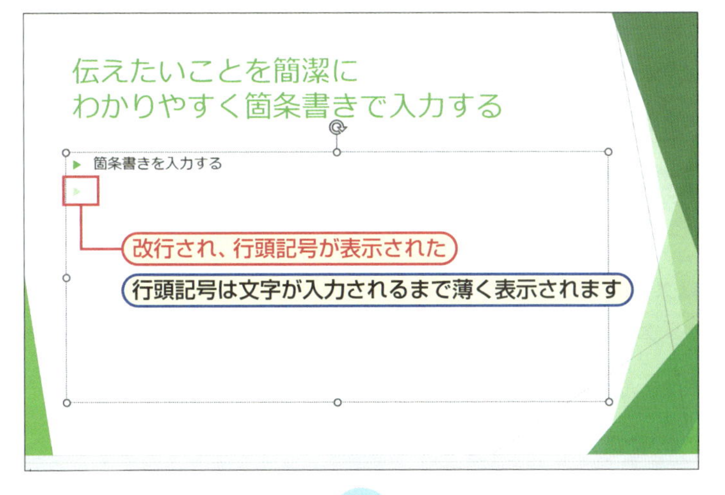

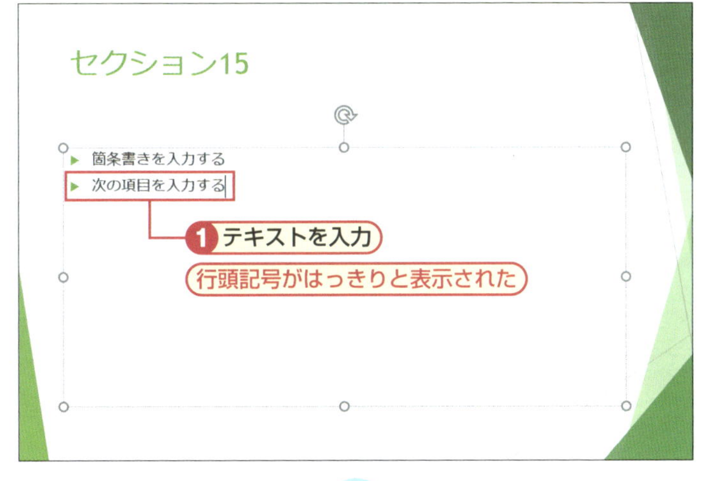

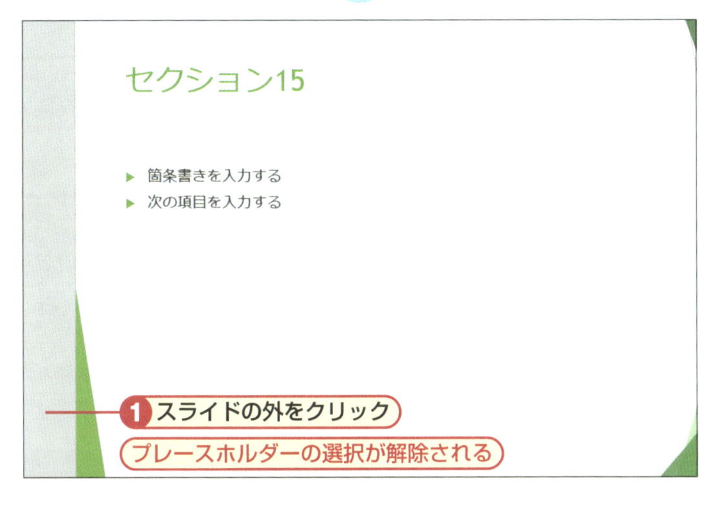

## 手順3 改行された

改行して行頭記号が表示されました。なお、行頭記号は文字が入力されるまでは薄く表示されます。

### メモ 行頭記号を変更する

行頭記号は、別の記号や番号に変更できます（SECTION30参照）。

## 手順4 次の項目を入力する

テキストを入力してください。行頭記号がはっきりと表示されました。

### メモ 箇条書きの途中で改行する

箇条書きの入力中に［Enter］を押すと、改行されて先頭に行頭文字が付きます。行頭文字を付けずに改行したい場合は、［Shift］+［Enter］キーを押します。

## 手順5 プレースホルダーの選択を解除する

スライドの外をクリックしてください。これで、プレースホルダーの選択が解除されます。

# 16 プレゼンテーションの骨組みを作成する

プレゼンテーションではスライドの一枚一枚の完成度も重要ですが、全体の構成が大切です。表示モードを［アウトライン表示］モードに切り替えると、スライドの文字だけが表示されます。グラフや画像などを気にせず全体の構成を意識しながら作成できます。

## 表示モードを切り替える

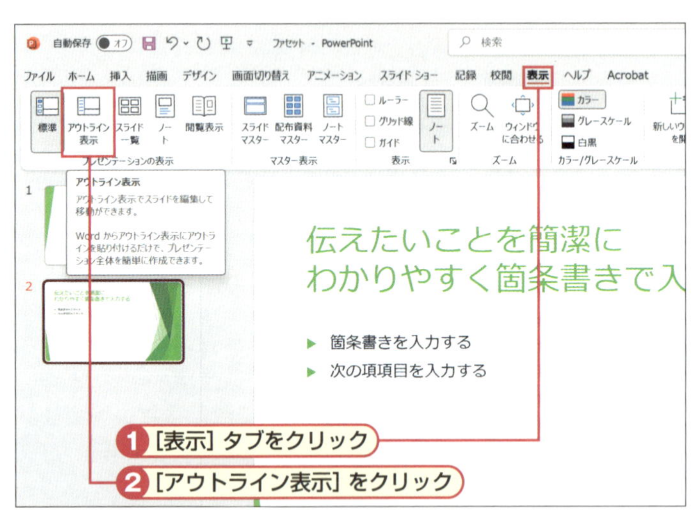

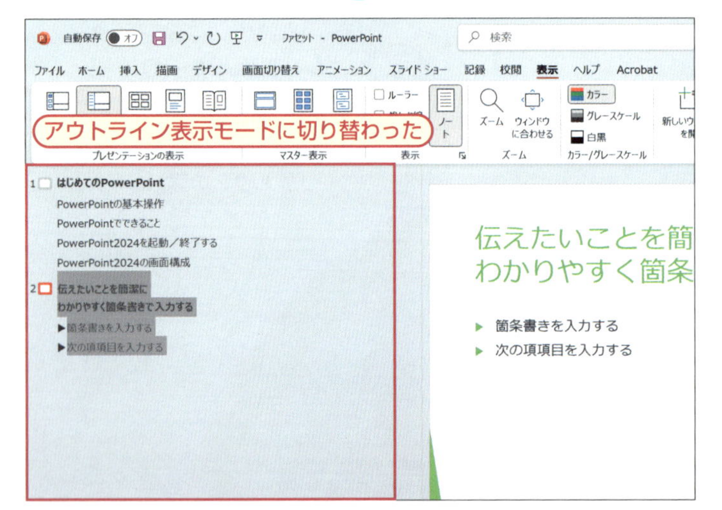

### 手順1 ［表示］タブを表示する

［表示］タブをクリックしてください。［アウトライン表示］をクリックします。

### メモ ［アウトライン表示］モードで編集する

［アウトライン表示］モードは、スライドの文字だけを表示する表示モードです。スライドに入力されているグラフや図形などを表示せずに作業できるため、全体の構成を考えながらプレゼンテーションを作成できます。

### 手順2 ［アウトライン表示］モードに切り替える

［アウトライン表示］モードに切り替わりました。

### メモ もとの表示モードに戻る

［アウトライン表示］モードからもとの表示モードに戻るには、［表示］タブの［標準］をクリックします。

## [アウトライン表示] モードでスライドを作成する

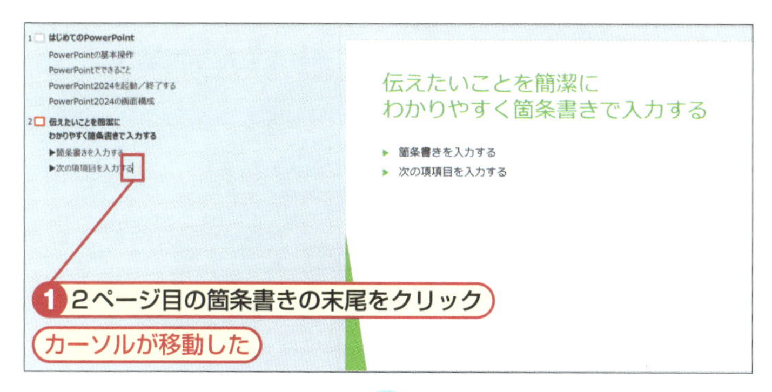

### 手順1 カーソルを移動する

2ページ目の箇条書きの末尾をクリックしてください。するとカーソルが移動しました。

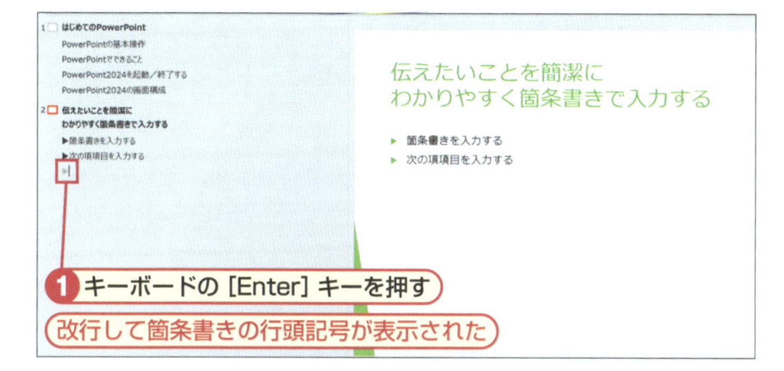

### 手順2 改行する

キーボードの [Enter] キーを押して改行します。改行して箇条書きの行頭記号が表示されました。

#### メモ [アウトライン表示] モードで項目を入力する

[アウトライン表示] モードでは、アウトラインペインにスライドのタイトルや箇条書きの内容が表示されます。段落の末尾をクリックしてカーソルを移動し、[Enter] キーを押すと項目が追加されます。このときは改行する前の項目と同じ階層レベルになります。階層レベルは自由に変更できます。

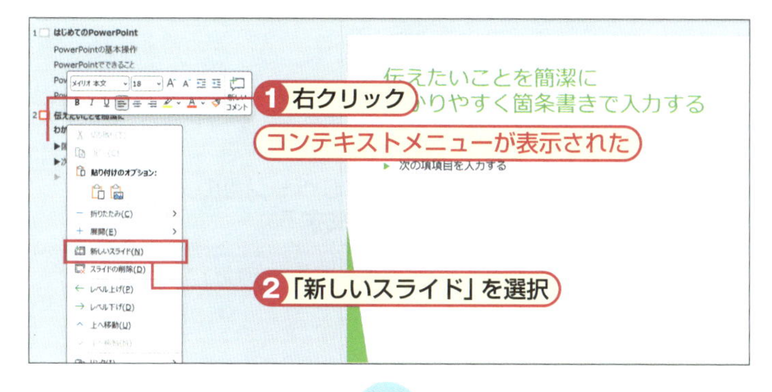

### 手順3 項目の階層レベルを上げる

右クリックしてください。するとコンテキストメニューが表示されます。メニューの [新しいスライド] を選択します。

#### メモ 階層レベルとは

「階層レベル」とは、箇条書きの階層関係のことを指します。

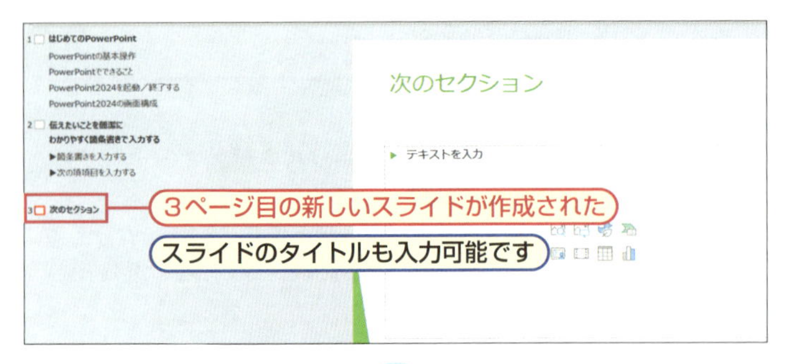

### 手順4 3ページ目の新しいスライドが作成された

スライドのタイトルも入力可能です。

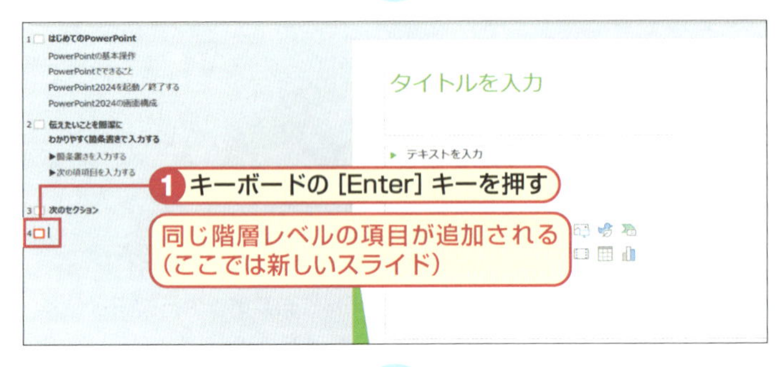

### 手順5 カーソルを移動する

キーボードの［Enter］キーを押します。同じ階層レベルの項目が追加されます（ここでは「新しいスライド」）。

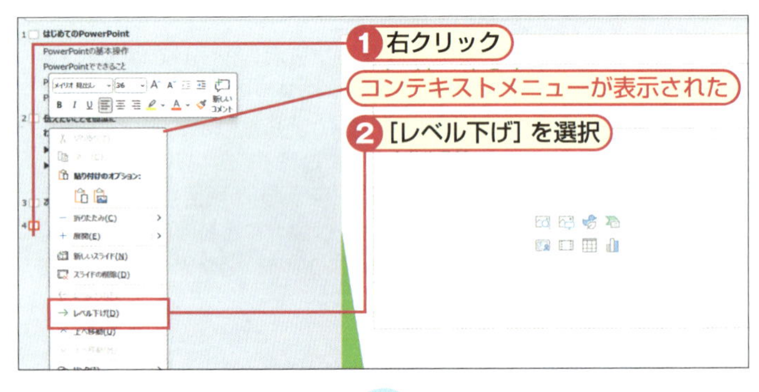

### 手順6 4ページのスライドを作成する

右クリックして、表示されるコンテキストメニューから［レベル下げ］を選択します。

**メモ 階層レベルを下げるショートカット**

Windows/Mac
［Tab］キー

### 手順7 5, 6ページ目のスライドを作成する

項目の階層レベルが下がりました。

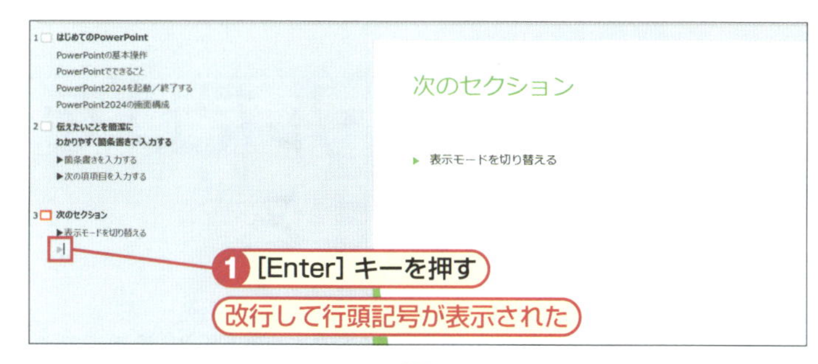
次のセクション
表示モードを切り替える
1 [Enter] キーを押す
改行して行頭記号が表示された

次のセクション
表示モードを切り替える
さらに次のセクション
1 項目を入力

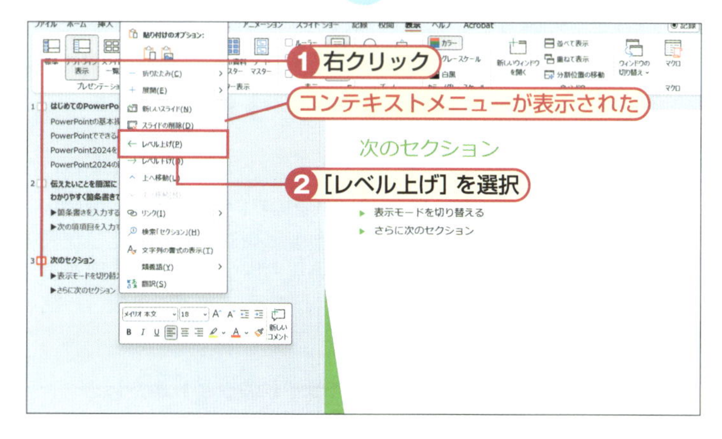
1 右クリック
コンテキストメニューが表示された
2 [レベル上げ] を選択
次のセクション
表示モードを切り替える
さらに次のセクション

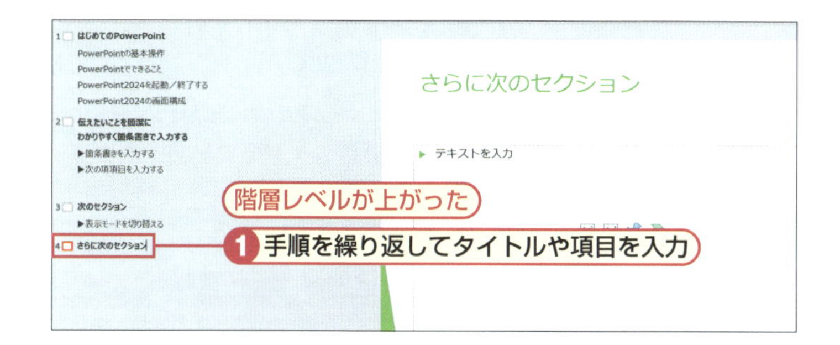
さらに次のセクション
テキストを入力
階層レベルが上がった
1 手順を繰り返してタイトルや項目を入力

## 手順8 カーソルを移動する

キーボードの [Enter] キーを押してください。これで、改行して行頭記号が表示されました。

## 手順9 スライドを作成する

項目を入力してください。

### メモ 階層レベルを上げるショートカット

Windows/Mac
[Shift] + [Tab] キー

## 手順10 [レベル上げ] を選択する

右クリックして表示されたコンテキストメニューから [レベル上げ] を選択してください。

### 便利技 Wordの文書からスライドを作成する

[ホーム] タブの [新しいスライド] の下半分をクリックし、[アウトラインからスライド] をクリックすると、Wordの文書を読み込むことができます。このとき、Wordの文書に見出しのスタイルを設定しておくと、見出しのレベルに応じてスライドのタイトルや項目が入力され便利です。

## 手順11 階層レベルが上がった

これまでの手順を繰り返して、タイトルや項目を入力してください。

# 17 アウトラインでタイトルだけを表示して構成を確認する

スライドの項目を一時的に非表示にしてタイトルだけを表示すると、全体の流れがわかりやすくなるので活用しましょう。タイトルだけを表示するには、アウトラインペインの任意の場所を右クリックし、[折りたたみ] をクリックします。

## スライドを折りたたむ

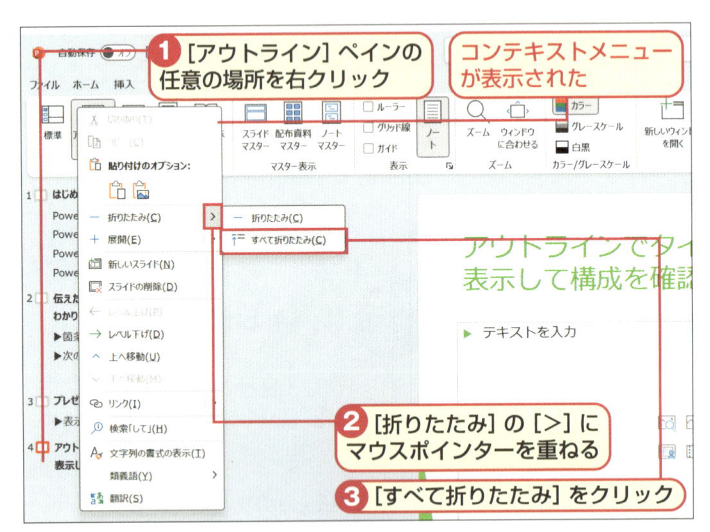

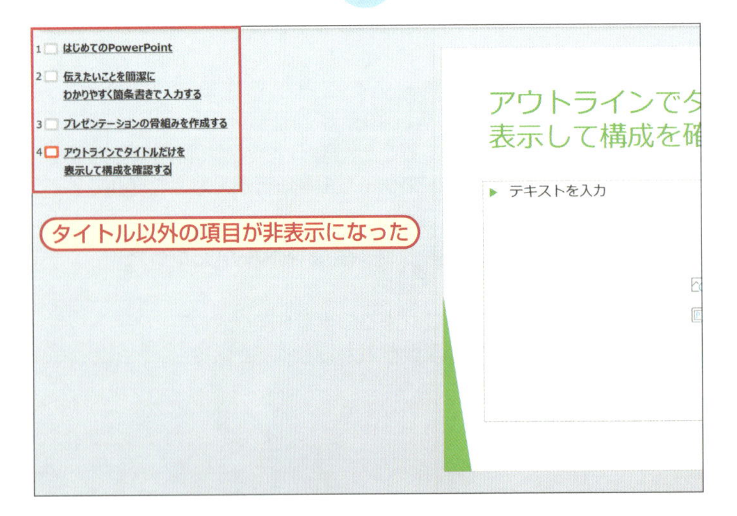

### 手順1 [アウトライン] ペインを右クリックする

[アウトライン] ペインの任意の場所を右クリックして表示されたコンテキストメニューの [折りたたみ] の [>] にマウスポインターを重ねるとさらにメニュー項目が表示されるので [すべて折りたたみ] をクリックしてください。

### メモ スライドを折りたたむ

右の手順に従うと、スライドのタイトルだけが表示されるので、全体の構成が把握しやすくなります。なお、タイトルだけが表示されている場合はタイトルに下線が設定され、項目が表示さ れている場合と区別できます。

### 手順2 スライドのタイトルだけが表示された

タイトル以外の項目が非表示になりました。

### 便利技 特定のスライドだけを折りたたむ

特定のスライドだけを折りたたむには、折りたたみたいスライドのアイコンをダブルクリックします。

## 折りたたんだスライドを展開する

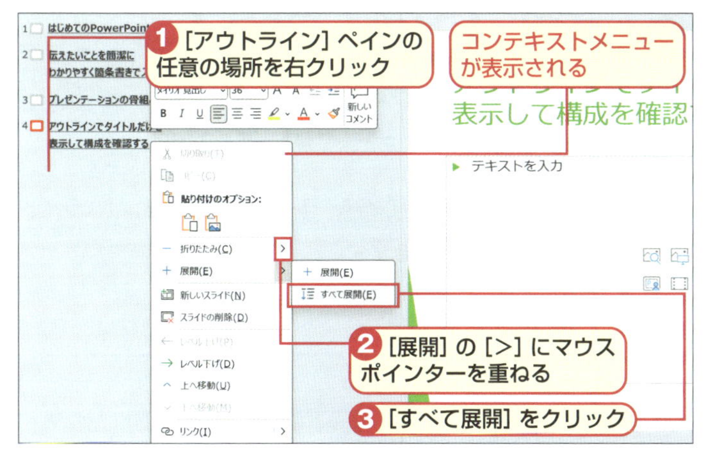

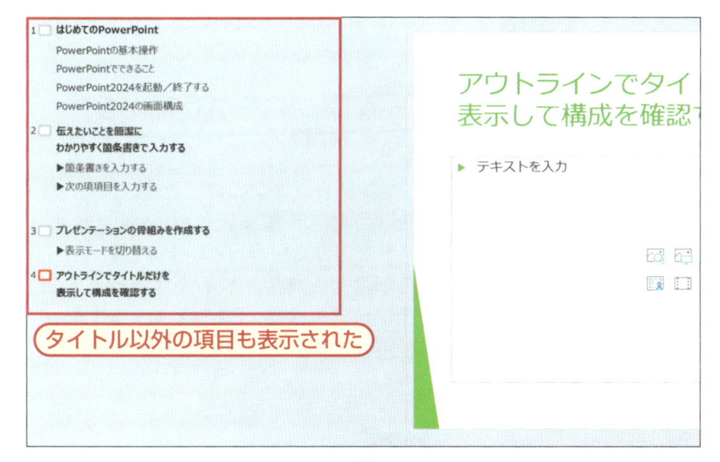

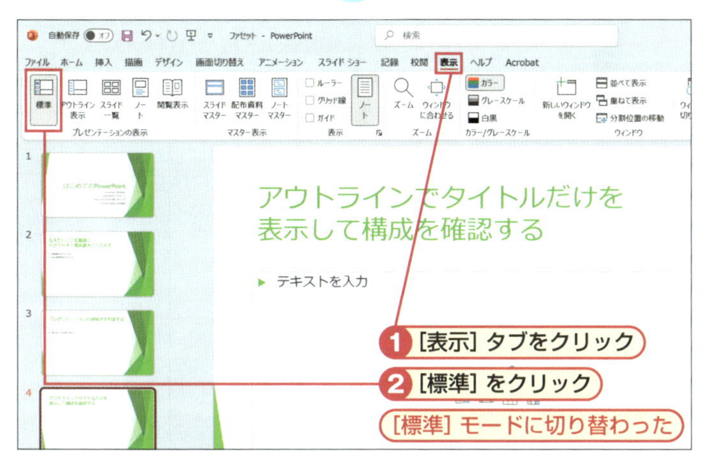

### 手順1 アウトラインペインを右クリックする

[アウトライン] ペインの任意の場所を右クリックして表示されるコンテキストメニューから [展開] の [>] にマウスポインターを重ねてさらに表示されるメニューから [すべて展開] をクリックします。

### 便利技 アウトラインペインのスライドをすべて折りたたむ

Windows
[Alt] + [Shift] + [1] キー

### 手順2 タイトル以外の項目も表示された

タイトル以外の項目も表示されました。

### 便利技 特定のスライドだけを展開する

すべてのスライドが折りたたまれているとき、折りたたみたいスライドのアイコンをダブルクリックすると、そのスライドだけ展開できます。

### 手順3 モードを戻す

[表示] タブをクリックして、[標準] をクリックします。これで、[標準] モードに切り替わります。

### メモ アウトラインにスライド上の文字が表示されない場合は?

[アウトライン表示] モードでは、プレースホルダーに入力されているタイトルや項目が表示されます。テキストボックスに入力されている文字は表示されません。なぜならテキストボックスは図形として扱われるためです。スライド上の文字が表示されない場合、文字がプレースホルダーに入力されているかどうか確認してください。

# 18 複数のスライドを一覧で表示して全体を確認する

アウトラインでプレゼンテーションの骨組みが作成したら、全体を確認します。[スライド一覧] モードでは、複数のスライドを一覧で表示できます。

## [スライド一覧] モードに切り替える

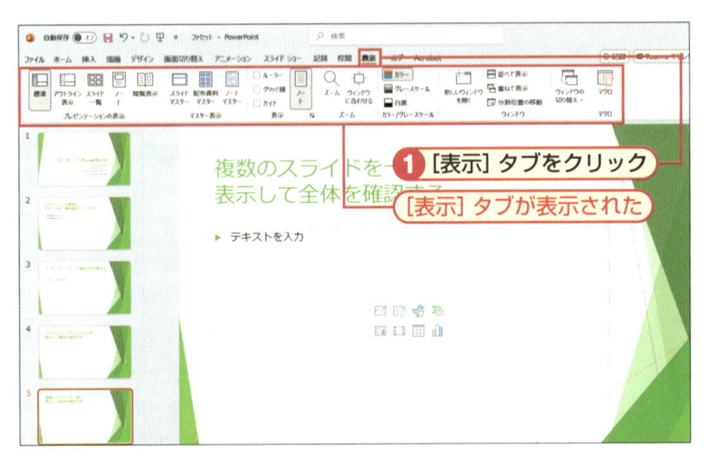

複数のスライドを一覧で
表示して全体を確認する
テキストを入力
1 [表示] タブをクリック
[表示] タブが表示された

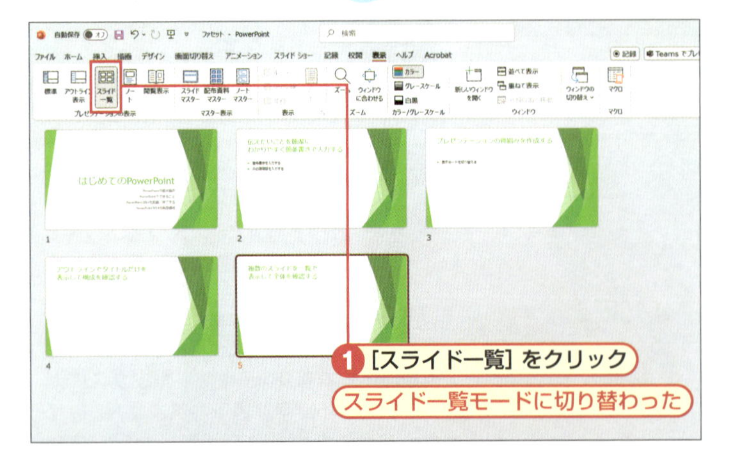

はじめてのPowerPoint
1 [スライド一覧] をクリック
スライド一覧モードに切り替わった

### 手順1 [表示] タブを表示する

[表示] タブをクリックして [表示] タブのリボンを表示してください。

### メモ [スライド一覧] モードを利用する

プレゼンテーションの構成を決めたり、内容を考えたい場合は [アウトライン表示] モードでの作業が適していますが、スライドの順番の入れ替えや不要なスライドの削除を行う場合は、[スライド一覧] モードが適しています。

### 手順2 スライド一覧モードに切り替える

[スライド一覧] をクリックしてください。スライド一覧モードに切り替わりました。

### メモ [標準] モードに戻る

[スライド一覧] モードからもとの表示モードに戻るには、[表示] タブの [標準] をクリックします。

## スライドの表示倍率を変更する

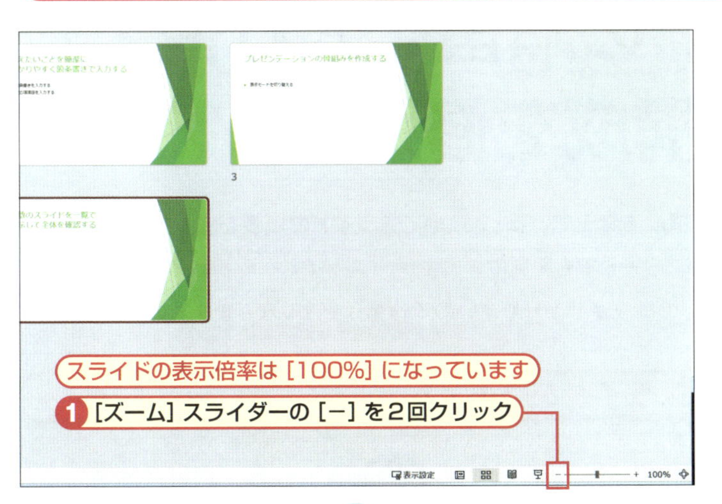

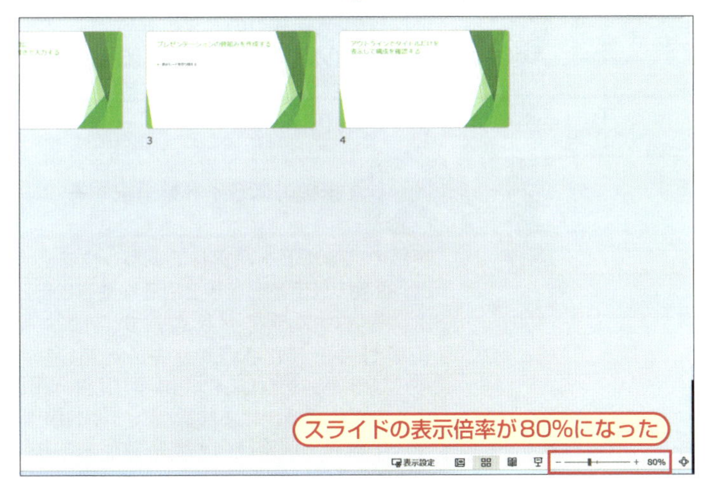

### 手順1 スライドを縮小表示する

スライドの表示倍率は［100%］になっています。そこで、［ズーム］スライダーの［−］を2回クリックしてください。

### メモ ズームスライダーを利用する

ステータスバーの右にあるズームスライダーは、［−］または［+］をクリックすると、10%単位で表示倍率を変更できます。ハンドルをドラッグして変更することもできます。

### 手順2 表示倍率が変更された

スライドの表示倍率が80%に縮小されました。

### 便利技 表示倍率を数値で指定する

表示倍率を数値で指定するには、［表示］タブの［ズーム］、またはステータスバー右端の表示倍率が表示されている部分をクリックします。［ズーム］画面が表示されるので、［指定］に目的の数値を入力して［OK］をクリックします。

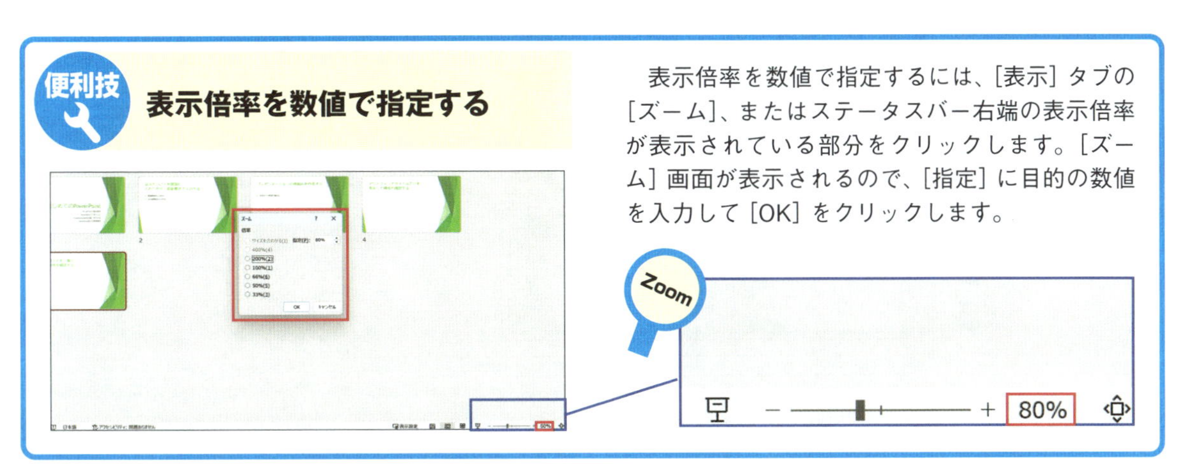

# 19 スライドの順番を入れ替えて全体の構成を修正する

手順解説動画

プレゼンテーションの構成を考えていると、途中でスライドの順番を変更したくなることもあるでしょう。［標準］モードでも変更できますが、［スライド一覧］モードに切り替えると、プレゼンテーションの構成がわかりやすいので作業しやすくなります。

## 複数のスライドを選択する

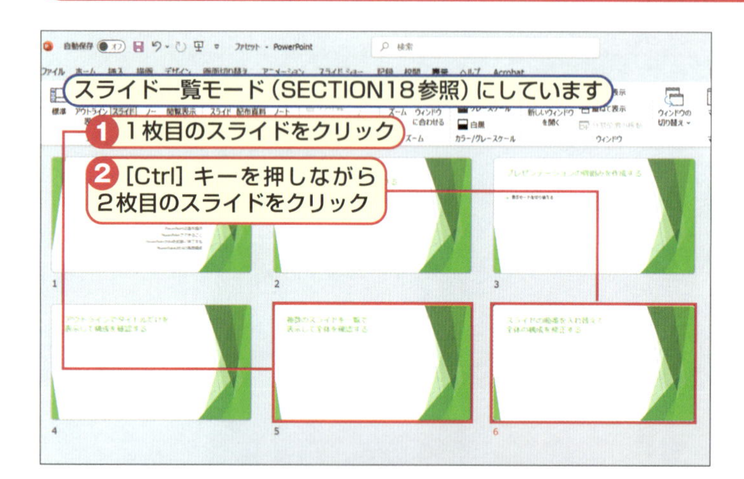

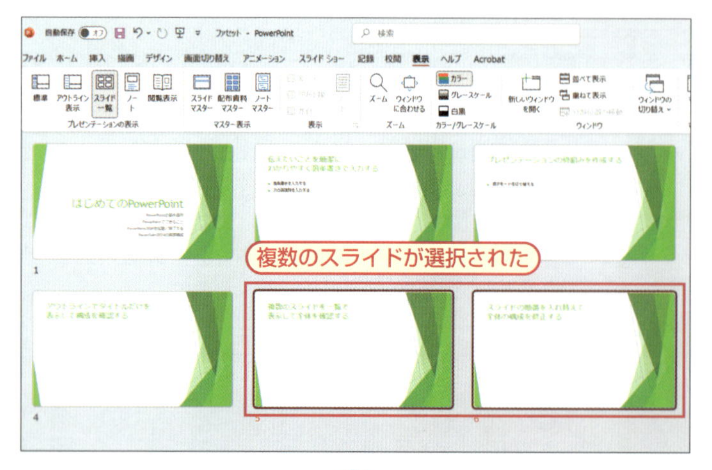

### 手順1 ［Ctrl］キーを押しながらスライドを選択する

スライド一覧モード（SECTION18参照）になったら、1枚目のスライドをクリックして選択して、キーボードの［Ctrl］キーを押しながら2枚目のスライドをクリックして選択します。

### 便利技 複数のスライドを選択する

複数のスライドを選択してドラッグすると、複数のスライドをまとめて移動できます。複数のスライドを選択するには、［Shift］キーまたは［Ctrl］キーを押しながらスライドをクリックします。［Shift］キーの場合は連続する複数のスライドが、［Ctrl］キーの場合は離れた位置にある複数のスライドを指定して選択できます。

### 手順2 2枚のスライドを選択した

複数のスライドが選択されました。

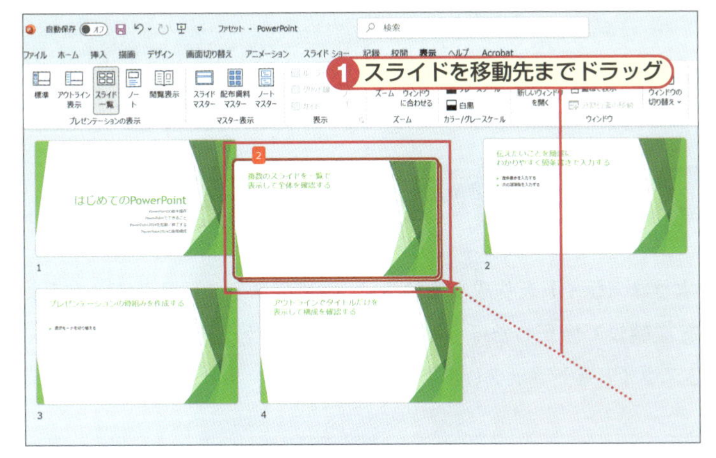

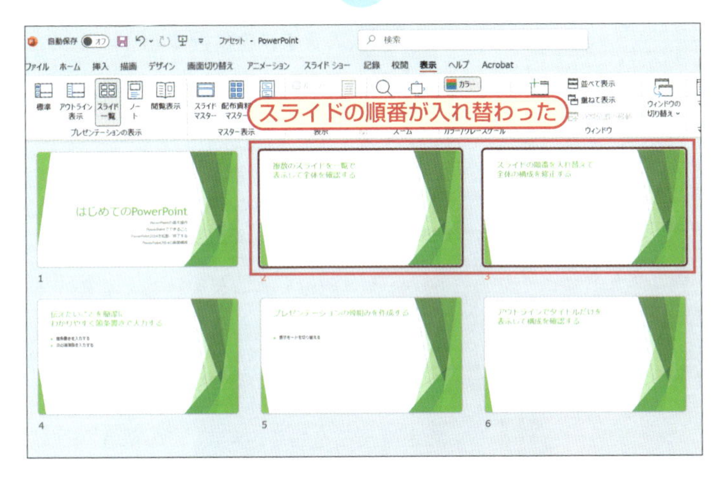

## 手順3 スライドを移動する

スライドを移動先までドラッグします。

### 裏技 表示モードを使い分ける

スライドの順番は、[標準] モードまたは [一覧表示] モードで入れ替えることができます。スライドの枚数が少ない場合は [標準] モード、スライドの枚数が多い場合は [一覧表示] モードで入れ替えると効率的です。

## 手順4 スライドが移動した

スライドの順番が入れ替わりました。

### メモ [標準] モードでスライドの順番を入れ替える

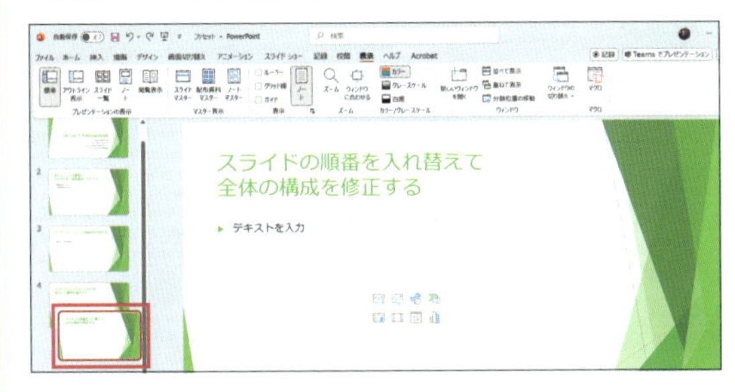


スライドの順番は、[標準] モードで変更することもできます。この場合、アウトラインペインで移動したいスライドをクリックして選択し、移動先までドラッグします。スライドの枚数が少ない場合は [標準] モードで移動する方が、表示モードを切り替える必要もなく効率的です。

# 20 転用したいスライドを複製し不要なスライドは削除する

既存のスライドと似たようなスライドを作成する場合は、白紙のスライドから作成するよりも、既存のスライドを複製して修正したほうが効率的です。スライドを複製するには、[Ctrl] キーを押しながらスライドをドラッグします。

## スライドを複製する

スライド一覧モード（SECTION18参照）にしています

1 複製したいスライドをクリック

スライドが選択された

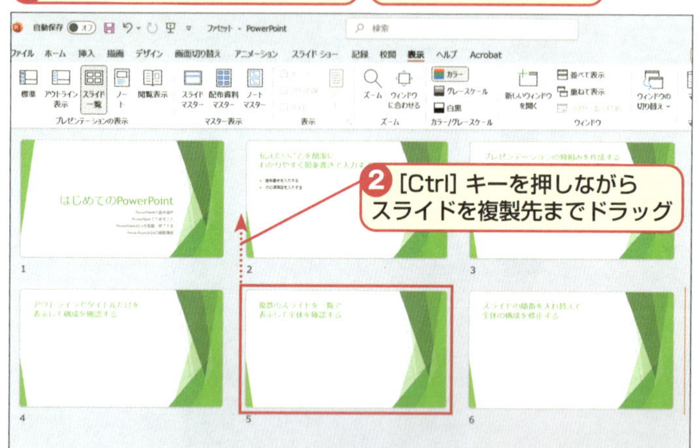

2 [Ctrl] キーを押しながら
スライドを複製先までドラッグ
はじめてのPowerPoint

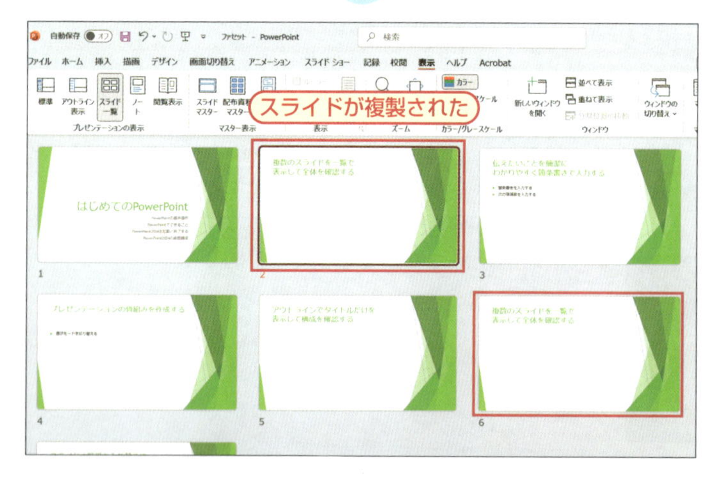

スライドが複製された
はじめてのPowerPoint

### 手順1 スライドを選択する

スライド一覧モード（SECTION18参照）にしください。複製したいスライドをクリックして選択します。キーボードの [Ctrl] キーを押しながらスライドを複製先までドラッグしてください。

### メモ [標準] モードでスライドを複製する

ここでは [スライド一覧] モードで解説していますが、[標準] モードでスライドを複製することもできます。この場合、アウトラインペインで複製したいスライドを選択し、[Ctrl] キーを押しながらドラッグします。

### 手順2 スライドをコピーできた

スライドが複製されました。

# スライドを削除する

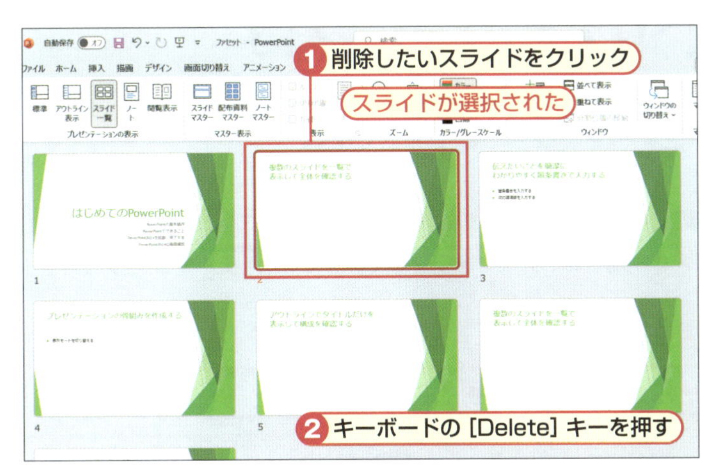

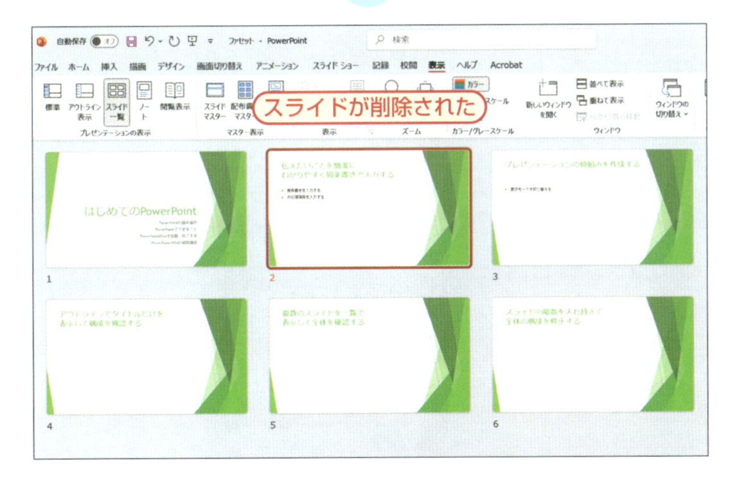

## 手順1 スライドを選択する

削除したいスライドをクリックして選択してください。選択できたらキーボードの[Delete] キーを押してください。

### メモ スライドを削除する

プレゼンテーションを作成していると、自然とスライドが増えてきます。スライドが多すぎると、スライドの内容を読み上げるだけのプレゼンテーションになってしまう恐れがあります。発表がメイン、スライドは補完的なものと考え、不要なスライドは思い切って削除しましょう。スライドを削除するには、不要なスライドを選択し、[Delete] キーを押します。

## 手順2 削除された

選択したスライドが削除されました。

## 便利技 スライドをショートカットメニューで複製する

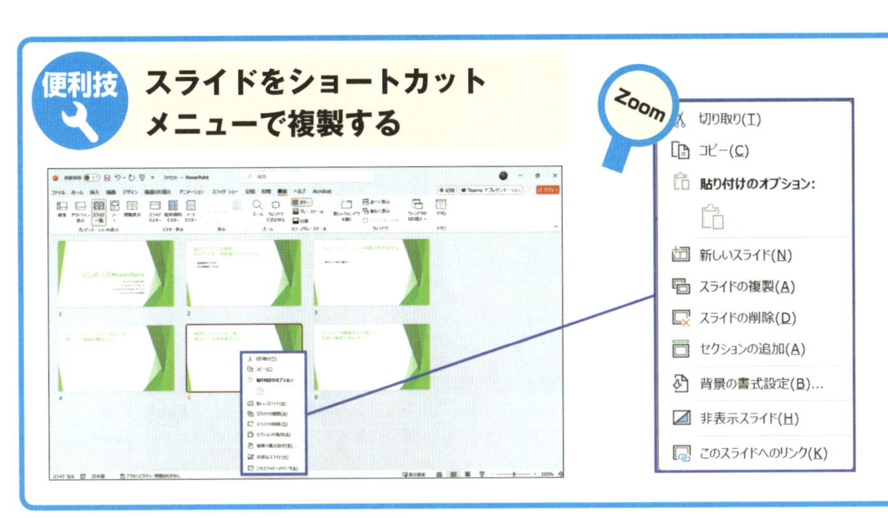


複製したいスライドを右クリックし、[スライドの複製]をクリックすることでもスライドを複製することが可能です。その後、目的の位置へドラッグして移動します。

# 21 スライドのデザインはいつでも変更できる

スライドの配色や文字のフォント、背景などの組み合わせを「テーマ」といいます。スライドのデザインが納得できない場合は、テーマを変更してみましょう。テーマは、[デザイン] タブから変更できます。

## テーマの一覧を表示する

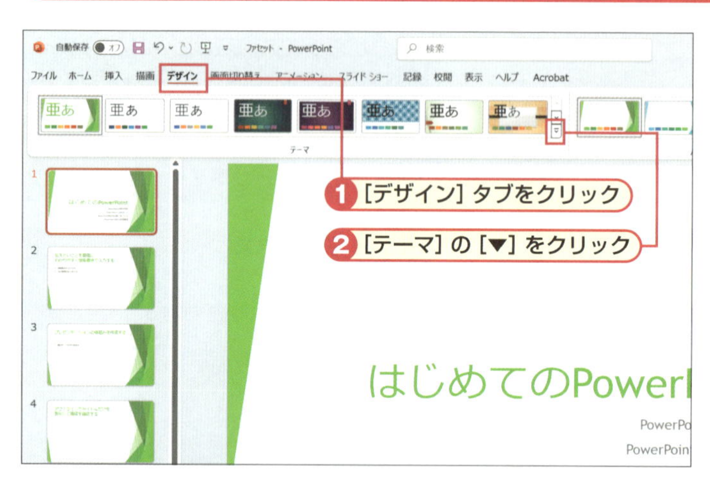

1 [デザイン] タブをクリック
2 [テーマ] の [▼] をクリック
はじめてのPower

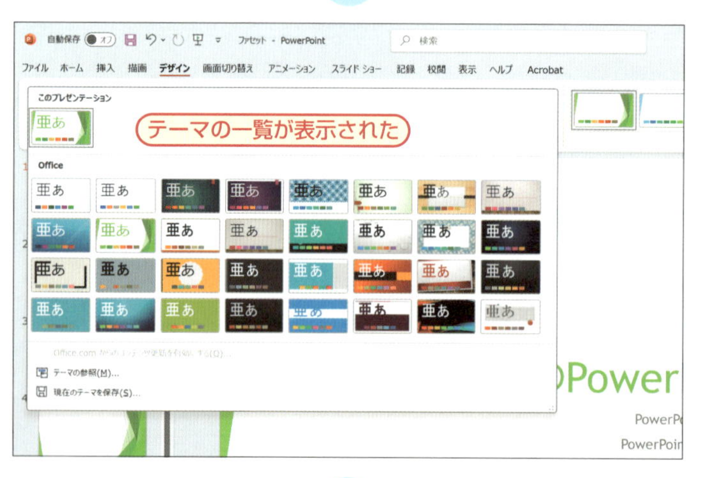

このプレゼンテーション
テーマの一覧が表示された
Office

### 手順1 [デザイン] タブを表示する

[デザイン] タブをクリックして、[テーマ] の [▼] をクリックしてください。

### メモ テーマとは

「テーマ」とは、スライドの配色や文字のフォント、背景などに統一感を持たせたデザインの組み合わせのことです。テーマは、いつでも変更できます。テーマを変更すると、表やグラフの配色なども変更されます。

### 手順2 テーマの一覧が表示された

利用できるテーマが一覧で表示されました。

### 便利技 テーマの一覧を表示しない

右の手順に従うと、テーマの一覧が表示されます。スライドが隠れてしまって変更後の結果を確認しにくい場合は、「>」をクリックすると、一覧を表示せずにテーマを選択できます

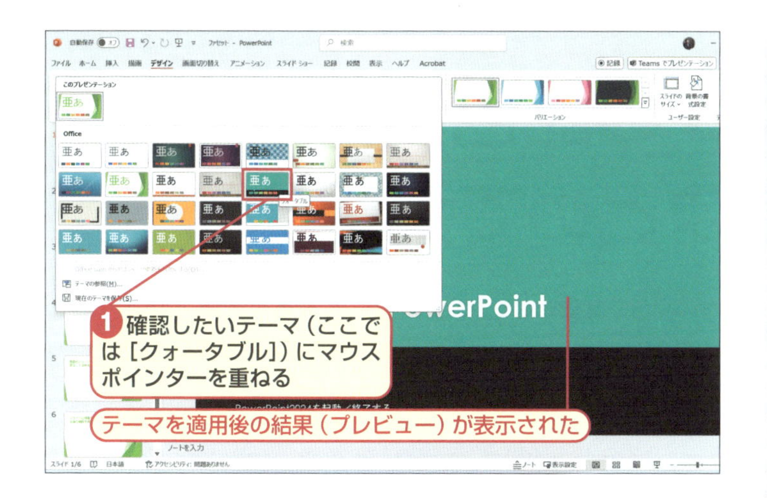

### テーマを確認する

確認したいテーマ（ここでは［クォータブル］）にマウスポインターを重ねるとテーマを適用後のプレビューが表示されます。

**テーマを変更する前に結果を確認する**

テーマの一覧でテーマにマウスポインターを重ねると、変更後の配色やフォントなどがスライドに反映（プレビュー表示）されます。



## テーマを変更する

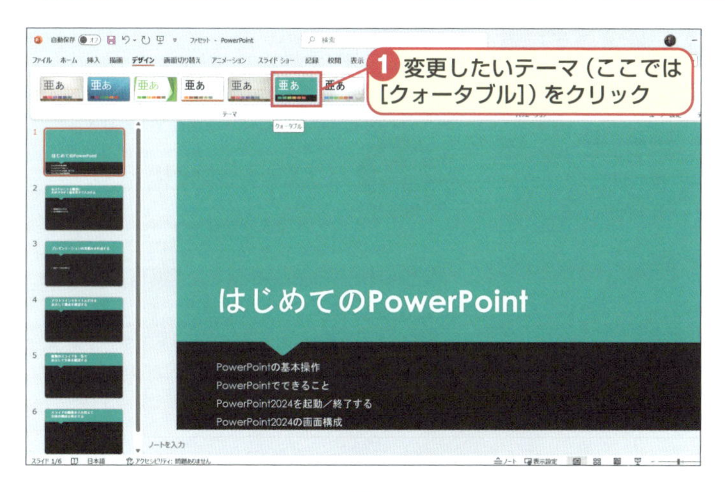

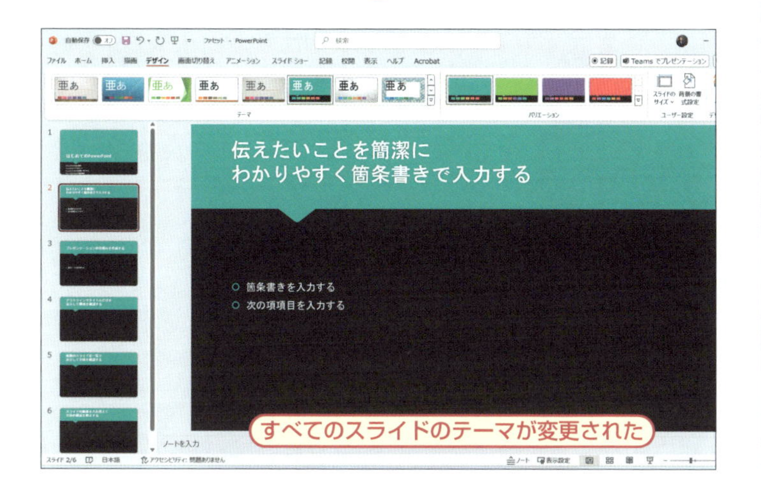

### 変更後のテーマを選択

変更したいテーマ（ここでは［クォータブル］）をクリックして選択します。

**特定のスライドだけテーマを変更する**

このSECTIONの手順に従うと、すべてのスライドのテーマが一括して変更されます。もし特定のスライドのテーマだけを変更したい場合は、テーマの一覧でテーマを右クリックし、［選択したスライドに適用］をクリックします。
ただし、1つのプレゼンテーションに複数のテーマが混在すると、統一感が失われてしまい見づらいプレゼンテーションになってしまいます。どうしても混在させたい場合は「休憩時間や質疑応答の時間に表示するスライドだけテーマを変更する」といった使い方をするとよいでしょう。

### テーマを変更する

すべてのスライドのテーマが変更されました。

# 22 デザインの配色と背景の模様をまとめて変更する

本SECTIONではテーマの配色や背景を変更します。テーマの配色や背景の組み合わせのことを「バリエーション」といいます。バリエーションはテーマによって異なりますが、バリエーションを変更すると、同じテーマでも異なる印象になります。

## バリエーションを変更する

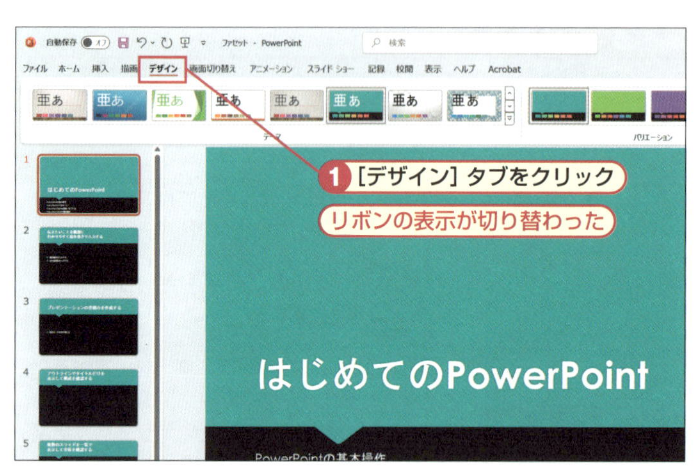

### 手順1 [デザイン] タブを表示する

[デザイン] タブをクリックしてリボンの表示を切り替えてください。

### メモ バリエーションとは

「バリエーション」とは、テーマの配色と背景の模様を組み合わせたものです。選択できるバリエーションはテーマによって異なりますが、テーマとバリエーションを組み合わせることでデザインの幅が広がります。

### 手順2 バリエーションをプレビューで確認する

確認したいバリエーションにマウスポインターを重ねえください。変更後の結果がプレビュー表示できます。

1 変更後のバリエーションをクリック
すべてのスライドのテーマの
バリエーションが変更された
はじめてのPowerPoint
PowerPointの基本操作
PowerPointでできること
PowerPoint2024を起動／終了する
PowerPoint2024の画面構成

## 手順3 バリエーションを選択する

変更後のバリエーションをクリックしてください。これで、すべてのスライドのテーマのバリエーションが変更されました。

### 便利技 バリエーションを変更する前に結果を確認する

バリエーションの一覧でバリエーションにマウスポインターを重ねると、変更後の配色と背景がスライドに反映されます（プレビュー表示）。クリックして決定する前にいくつかのバリエーションを確認して、最適だと思うバリエーションを選択しましょう。

## 便利技 スライドのサイズの縦横比を変更する

PowerPointでは、スライドの縦横比がパソコンやタブレットの画面に合わせて16：9のワイドスクリーンに設定されます。ワイドスクリーンに対応していないプロジェクターなどでスライドショーを実行する場合は、スライドの縦横比を4：3に変更することで最適な状態で投影できます。

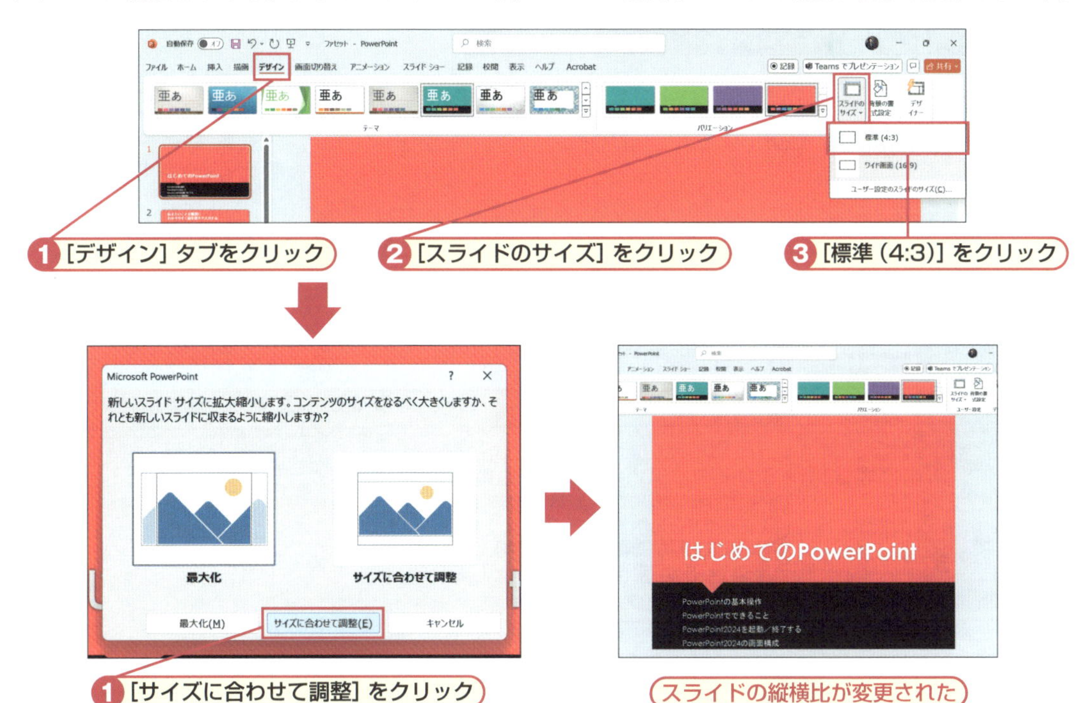

1 ［デザイン］タブをクリック
2 ［スライドのサイズ］をクリック
3 ［標準（4:3）］をクリック
Microsoft PowerPoint
新しいスライド サイズに拡大縮小します。コンテンツのサイズをなるべく大きくしますか、それとも新しいスライドに収まるように縮小しますか?
最大化
サイズに合わせて調整
最大化(M)
サイズに合わせて調整(E)
キャンセル
1 ［サイズに合わせて調整］をクリック
はじめてのPowerPoint
スライドの縦横比が変更された

# 23 デザインの配色やフォントだけをまとめて変更する

スライドの背景や図表に使われる色やフォントなどは、テーマごとに異なります。とくに色によって、スライドの印象は大きく変わります。たとえば、環境についてのプレゼンテーションでは、緑色などの自然に近い色が適しています。

## 配色の一覧を表示する

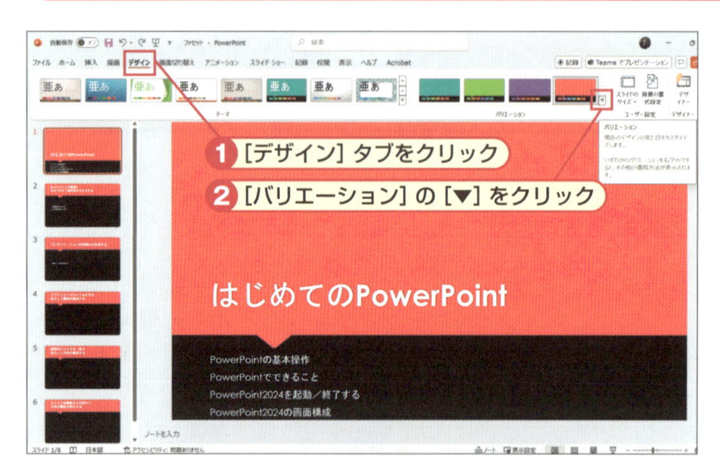

1 [デザイン] タブをクリック
2 [バリエーション] の [▼] をクリック
はじめてのPowerPoint
PowerPointの基本操作
PowerPointでできること
PowerPoint2024を起動／終了する
PowerPoint2024の画面構成

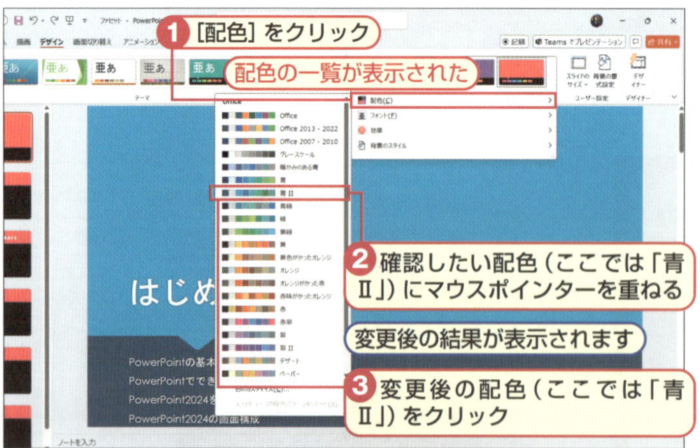

1 [配色] をクリック
配色の一覧が表示された
2 確認したい配色（ここでは「青Ⅱ」）にマウスポインターを重ねる
変更後の結果が表示されます
3 変更後の配色（ここでは「青Ⅱ」）をクリック

### 手順1 [デザイン] タブを表示する

[デザイン] タブをクリックして、[バリエーション] の [▼] をクリックしてください。

### メモ 配色を変更する

「配色」とは、スライドで使われる色の組み合わせのことです。配色を変更すると、テーマはそのままですが、文字やグラフ、図形などの色が一括で変更されます。バリエーションの変更と似ていますが、バリエーションの場合は背景の模様も同時に変更される点が異なります。

### 手順2 配色を確認する

[配色] をクリックすると配色の一覧が表示されます。ここから、確認したい配色（ここでは「青Ⅱ」）にマウスポインターを重ねると、変更後の結果がプレビューできます。変更後の配色（ここでは「青Ⅱ」）をクリックします。

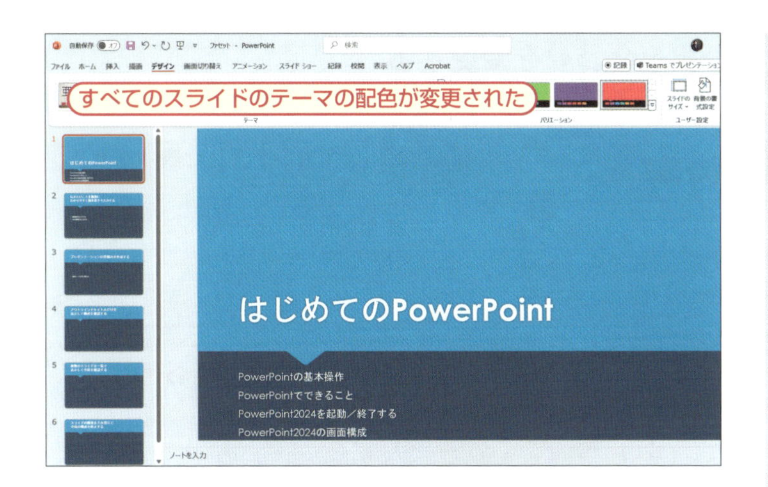

### 手順3 配色が変更された

すべてのスライドのテーマの配色が変更されました。

**メモ 配色を変更する前に結果を確認する**

配色の一覧で配色にマウスポインターを重ねると、変更後の結果がスライドに反映されます。クリックして決定する前にいくつかの配色をチェックしましょう。

## 背景のスタイルを変更する

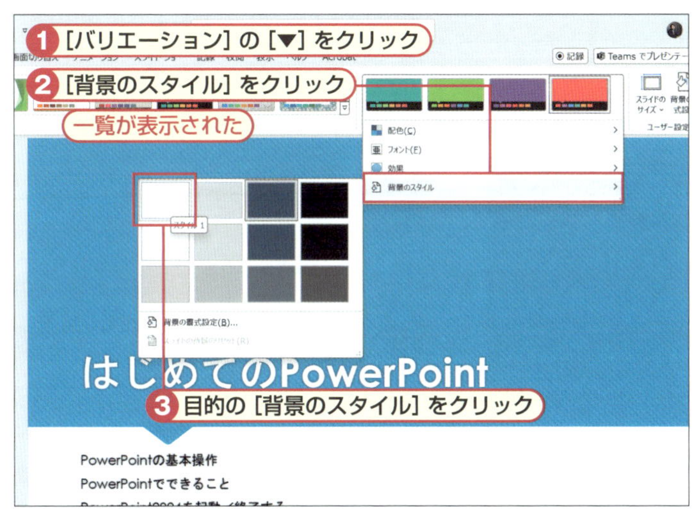

### 手順1 背景のスタイルを選択する

[バリエーション] の [▼] をクリックしてください。[背景のスタイル] をクリックすると一覧が表示されるので、目的の [背景のスタイル] をクリックします。

**便利技 オリジナルの配色を設定する**

配色に用意されていない色を使いたい場合、オリジナルの配色を設定することも可能です。配色の一覧で [色のカスタマイズ] をクリックするとスライドで使用されている配色の一覧が表示されるので、色を変更したい項目の▼をクリックし、表示される画面で色を作成して [OK] をクリックします。

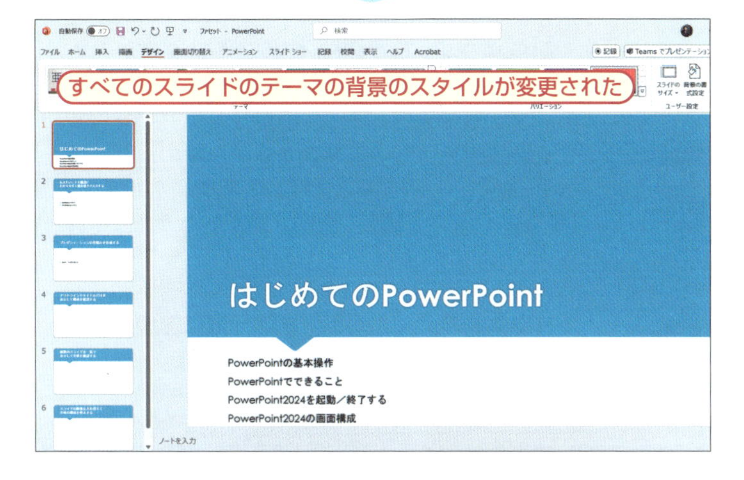

### 手順2 背景のスタイルが変更された

これで、すべてのスライドのテーマの背景のスタイルが変更されました。

## フォントの組み合わせを変更する

1 [デザイン] タブをクリック

2 [バリエーション] の [▼] をクリック

3 [フォント] をクリック

4 フォントの組み合わせをクリック

フォントの組み合わせの一覧が表示された

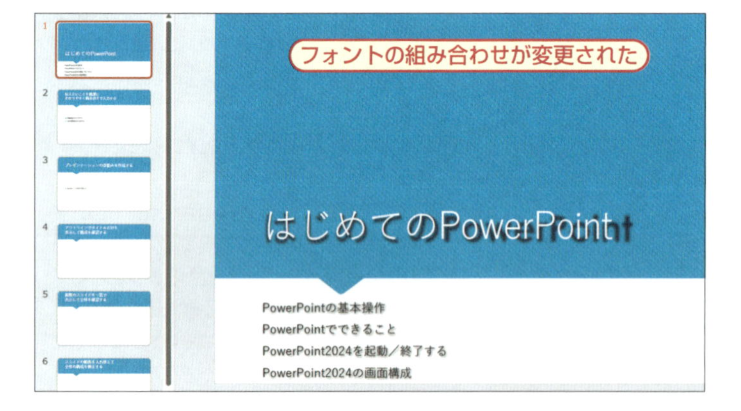

### 手順1 [デザイン] タブを表示する

[デザイン] タブを表示して、[バリエーション] の [▼] をクリックして表示されるメニューから [フォント] を選び、フォントの組み合わせをクリックします。

**メモ フォントの組み合わせを変更する**

フォントの組み合わせの一覧を表示すると、3つのフォント名が表示されます。一番上の英語のフォントは、アルファベットに使われるフォントです。真ん中がスライドのタイトルに使われるフォント、その下はスライドの箇条書きなどに使われるフォントです（例：Office、游ゴシック Light、游ゴシック）。

### 手順2 フォントが変更された

フォントの組み合わせが変更されました。

**メモ フォントを変更する前に結果を確認する**

フォントの組み合わせ一覧で組み合わせにマウスポインターを重ねると、変更後の結果がスライドに反映されます。

### 便利技 編集したテーマを保存する

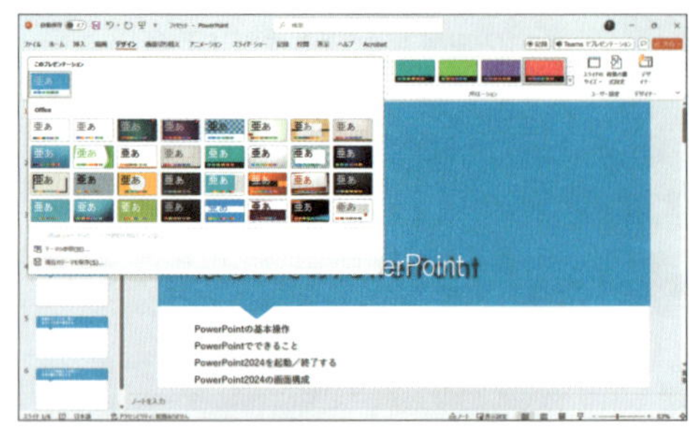

配色やフォントの組み合わせなどを変更したテーマを繰り返し使いたい場合は、オリジナルのテーマとして保存します。編集したテーマを保存するには、[デザイン] タブからテーマの一覧を表示し、[現在のテーマを保存] をクリックします。[現在のテーマを保存] 画面が表示されるので、保存先を変更せずに [ファイル名] にテーマの名前を入力し、[保存] をクリックします。次回以降、オリジナルのテーマがテーマの一覧に追加されているので、クリックすると適用できます。

# 練習題

この章の解説を参考にして、以下の問題に挑戦してみましょう。

## 問題1 スライドの作成に関する出題

白紙の新しいスライドを作成し、タイトルに「練習問題02」、サブタイトルに自分の名前を入力してください。

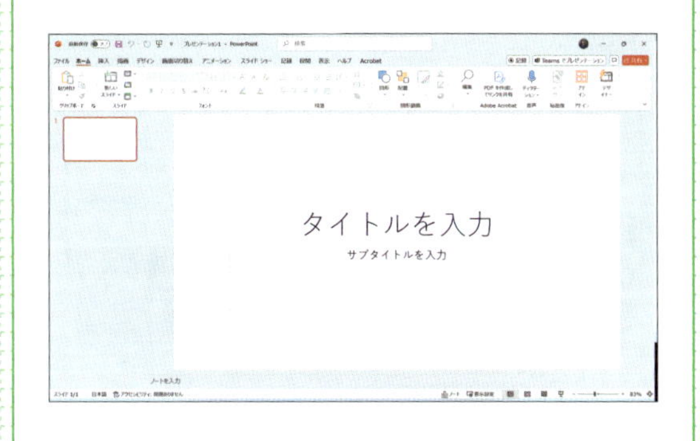


HINT PowerPointのスタート画面から白紙のプレゼンテーションを作成します。

## 問題2 デザインの変更に関する出題

問題1で作成したスライドにテーマ［ファセット］を設定してください。

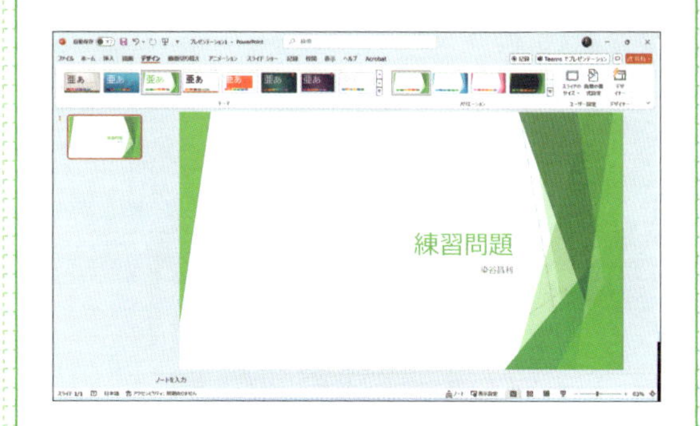


HINT テーマの一覧から設定したいテーマを選択します。

## 問題3 アウトラインの操作に関する出題①

問題2で作成したスライドをアウトライン表示モードに切り替え、新しいスライドを追加して、タイトルを「自己紹介」としてください。

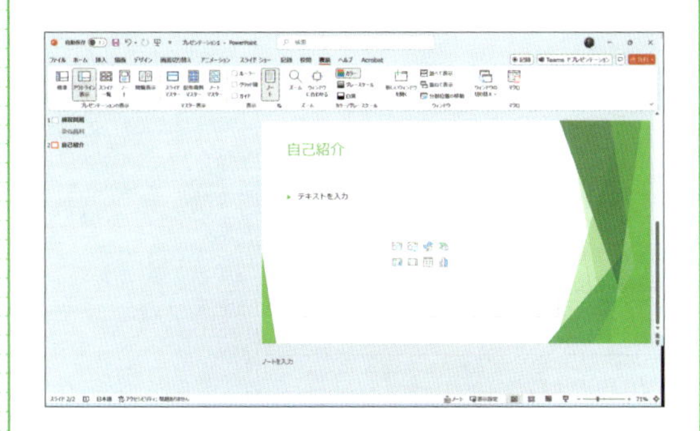


HINT アウトライン表示モードでは、[Shift]+[Tab]キーを使って段落レベルを下げることができます。

## 問題4 アウトラインの操作に関する出題②

問題3で作成したスライドに箇条書きで会社名を入力してください。

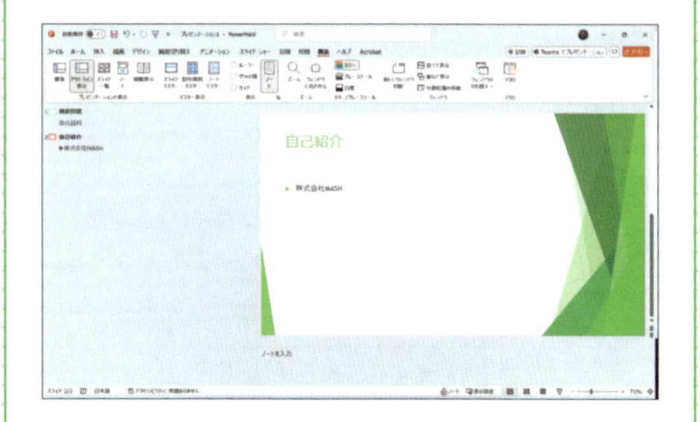


HINT アウトライン表示モードでは、[Tab]キーを使って段落レベルを上げることができます。

解答は次のページ

**練習問題は解けましたか。以下の解答例と照らし合わせてみましょう。**

## 解答 1　参照：SECTION11／13

❶ PowerPointを起動
❷［新しいプレゼンテーション］をクリック
❸タイトルに「練習問題」と入力
❹サブタイトルに名前を入力

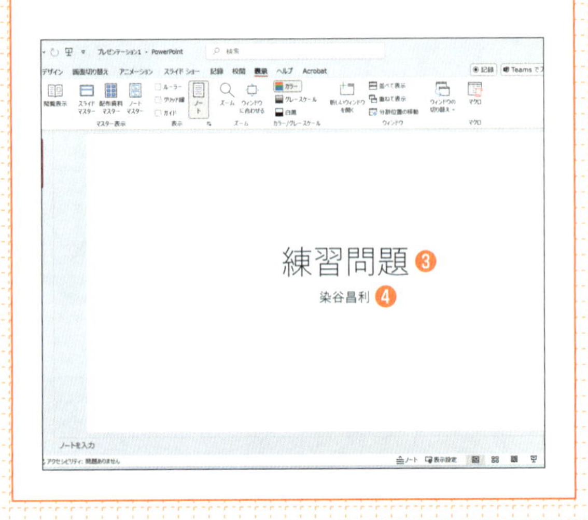


## 解答 2　参照：SECTION21

❶［デザイン］タブをクリック
❷テーマの一覧から［ファセット］をクリック

## 解答 3　参照：SECTION16

❶［表示］タブをクリック
❷［アウトライン表示］をクリック
❸アウトラインペインの名前の右側にカーソルを移動
❹［Enter］キーを押す
❺［Shift］+［Tab］キーを押す
❻「自己紹介」と入力

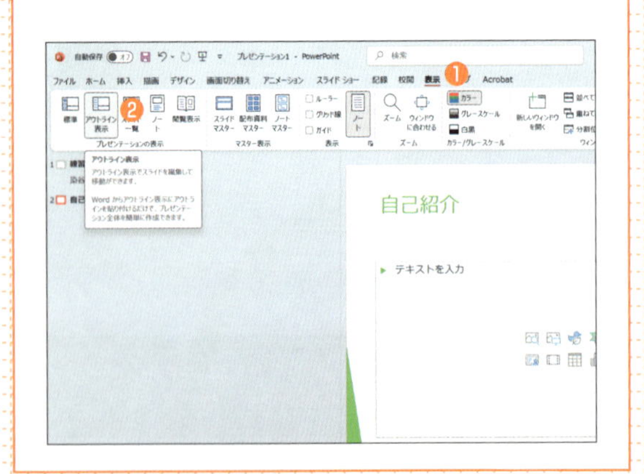


## 解答 4　参照：SECTION16

❶［自己紹介］の右側にカーソルを移動
❷［Enter］キーを押す
❸［Tab］キーを押す
❹会社名を入力

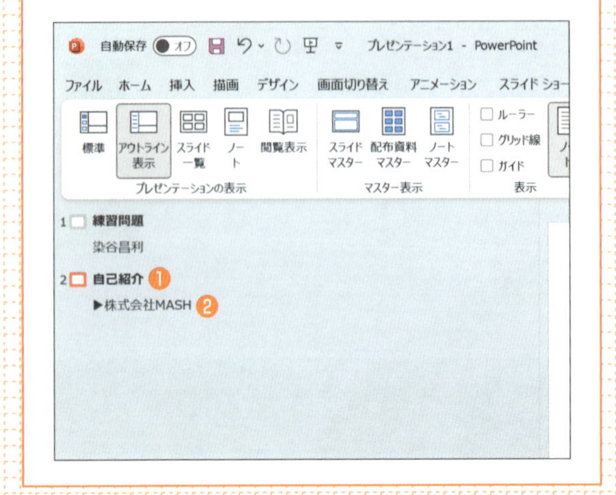

# 3章

## スライドを編集するには

3章では、2章で入力した内容を整えて見やすくします。フォントの種類やサイズ、色、箇条書きの表記などを変更しながら解説します。また、「スライドマスター」と呼ばれるスライドのベースとなるものについても事例を交えて紹介します。「スライドマスター」を編集すると、すべてのスライドに結果が反映されるので、例えばすべてのスライドの同じ場所に会社のロゴを表示することも可能です。

# 24 文字のフォントの種類を設定して印象を変える

フォントを変更するとスライドの印象も大きく変わります。フォントを変更する方法は、「プレースホルダー内の一部の文字のフォントを変更する方法」と「プレースホルダー内のすべての文字のフォントをまとめて変更する方法」の二通りの方法があります。

## プレースホルダー内の一部の文字のフォントを変更する

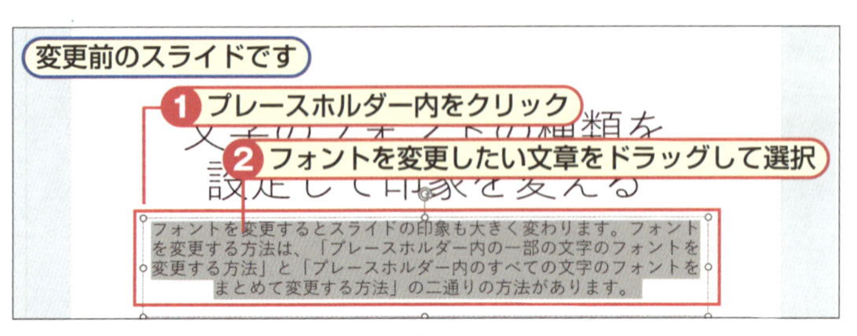

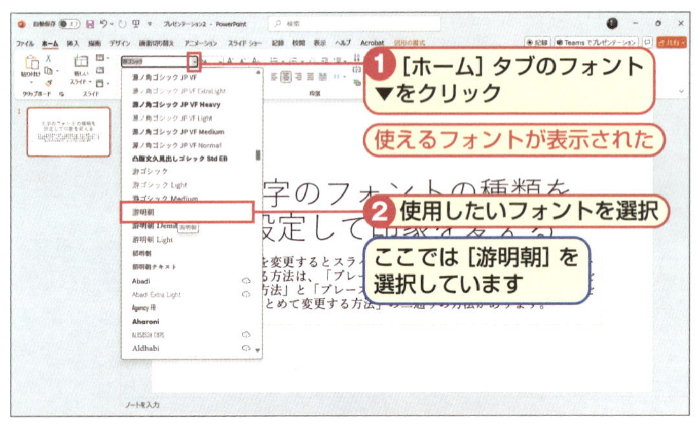

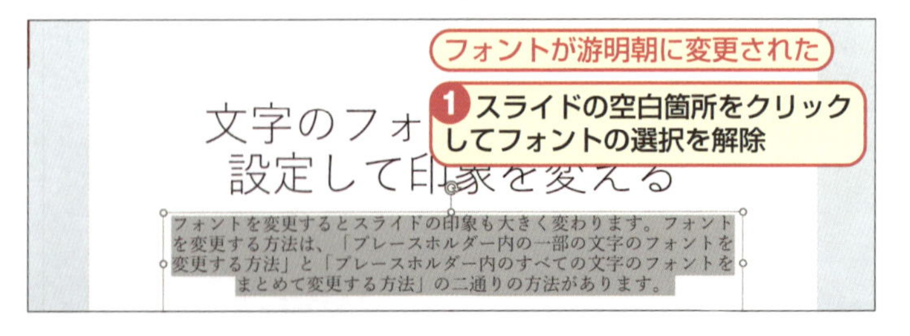

### 手順1 文字のフォントを変更してみよう

作成したスライドの文字の一部を選んでフォントを変更してみましょう。画面は変更をする前のスライドです。プレースホルダー内をクリックし、フォントを変更したい文章をドラッグして選択します。

### メモ フォントの種類

「フォント」とは、文字の書体のことです。よく使用される日本語のフォントは明朝体とゴシック体に大別されます。

| 文字見本 | ゴシック体　明朝体 |
|---|---|

### 手順2 フォントを選択する

[ホーム] タブに表示されているフォントの▼をクリックすると使用できるフォントが表示されます。フォントが多い場合はスクロールさせて使用したいフォントを選択します（ここでは游明朝を選択）。

### 手順3 フォントが変更された

フォントが [游明朝] に変更されました。変更が確認できたらスライドの空白箇所をクリックすることで選択範囲を解除できます。

# プレースホルダー内のすべての文字のフォントを変更する

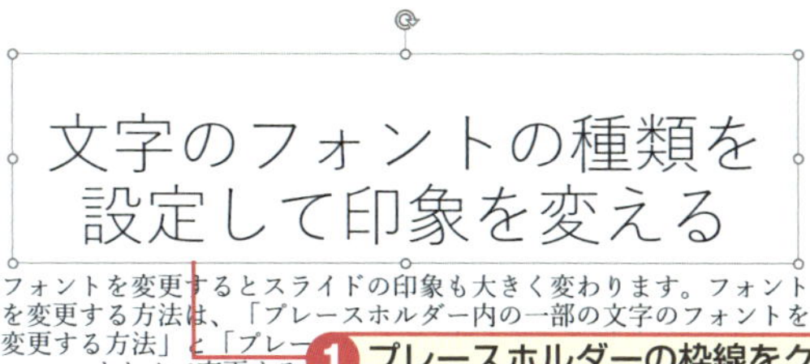

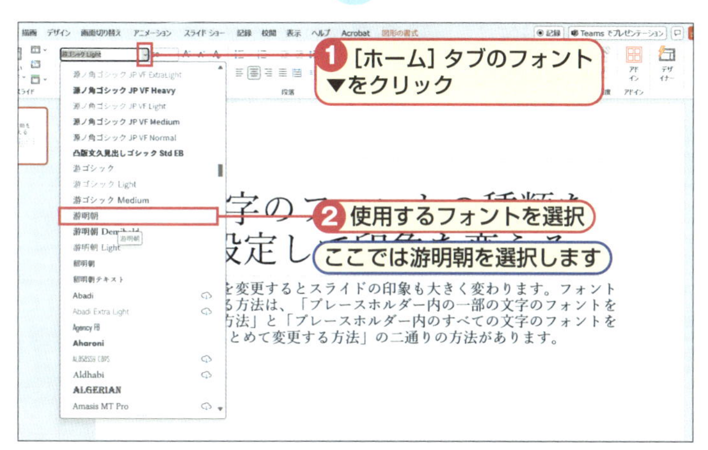

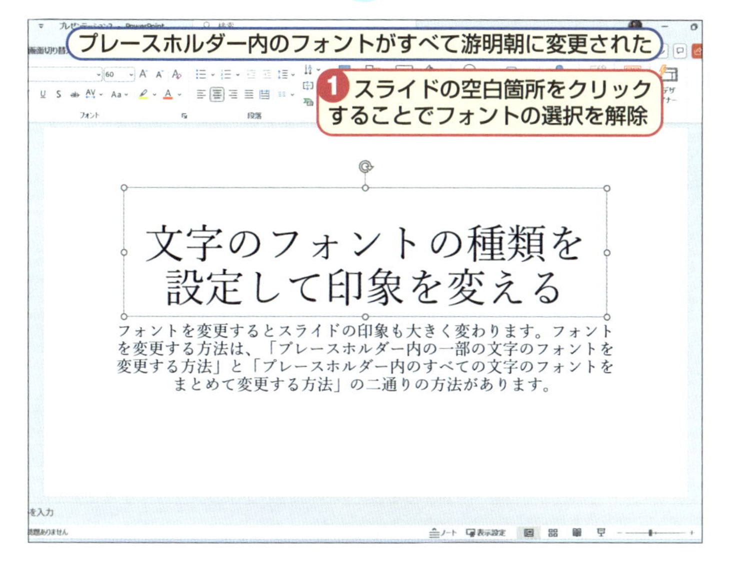

## 手順1 プレースホルダーを選択する

プレースホルダーの枠線をクリックすることでプレースホルダーが選択されます。選択されたプレースホルダーは実線で表示されます。

### 便利技 プレースホルダーの選択を解除する

プレースホルダーの選択を解除するには、プレースホルダー以外の場所をクリックします。

## 手順2 フォントを選択する

ホームタブのフォント▼をクリックし、使用したいフォントを選択します（ここでは游明朝を選択）。

### 便利技 プレースホルダー内のすべてのフォントを変更する

プレースホルダー内のすべてのフォントを変更する（一種類にする）場合は、こちらの方法が便利です。

## 手順3 フォントが変更された

プレースホルダー内のフォントがすべて游明朝に変更されました。変更が確認できたらスライドの空白箇所をクリックすることでフォントの選択を解除できます。

### 便利技 プレースホルダー全体のフォントの種類を変更する

プレースホルダーを選択してフォントの種類を設定すると、プレースホルダー内のすべての文字のフォントが変更されます。

# 25 フォントのサイズを調整してわかりやすくする

フォントのサイズは自由に変更できます。タイトルや見出しの文字を本文より大きく、注釈や補足事項は小さくすると、見やすくわかりやすいスライドになります。

## 文字のサイズを設定する

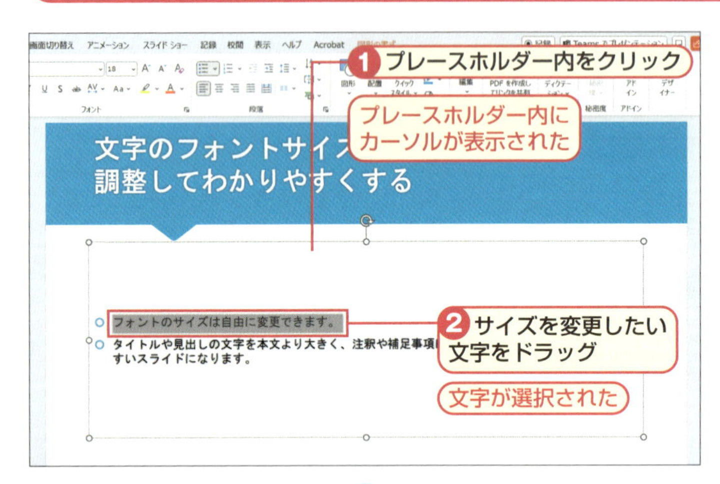

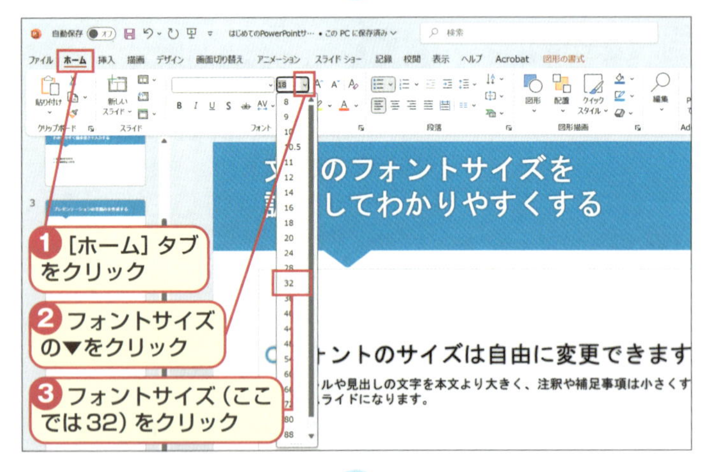

### 文字を選択する

プレースホルダー内をクリックして選択すると、プレースホルダー内にカーソルが表示されるので、サイズを変更したい文字をドラッグして選択してください。

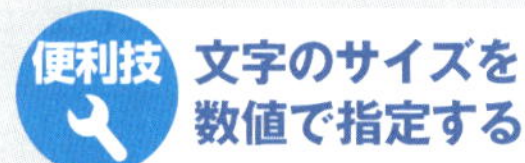

### 便利技 文字のサイズを数値で指定する

文字のサイズを数値で指定するには、［ホーム］タブの［フォントサイズ］欄に数値を入力します。（ここでは150）

### 文字サイズを変更する

［ホーム］タブをクリックしてフォントサイズの▼をクリックします。すると選択できるフォントサイズが表示されるので選択するサイズ（ここでは「32」）をクリックします。

文字のフォントサイズを
調整してわかりやすくする

フォントのサイズは自由に変更できます。

タイトルや見出しの文字を本文より大きく、注釈や補足事項は小さくすると、見やすいスライドになります。

文字のサイズが変更された

### 文字が大きくなった

選択した文字の文字サイズが変更されました。

### 文字サイズの単位

文字のサイズの単位は［ポイント］です。1ポイントは1/72インチで、およそ0.35ミリメートルです。

## プレースホルダー内のすべての文字のサイズを変更する

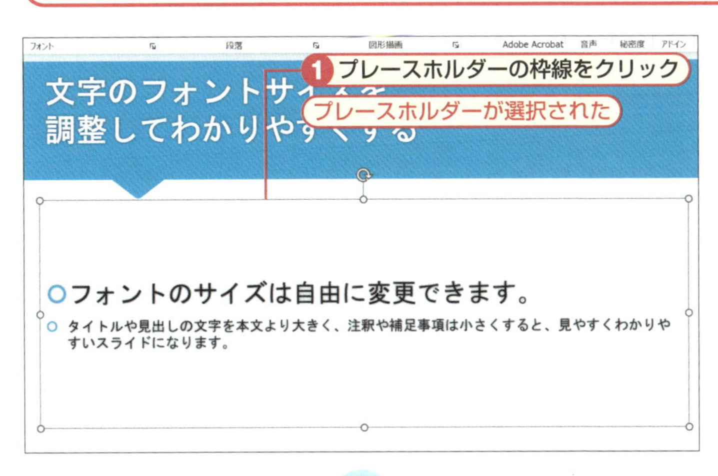

### プレースホルダーを選択する

全部の文字を変更するので、プレースホルダーの枠線をクリックしてプレースホルダーを選択してください。

### プレースホルダー全体の文字のサイズを変更する

プレースホルダーを選択して文字のサイズを設定すると、プレースホルダー内のすべての文字のサイズが変更されます。

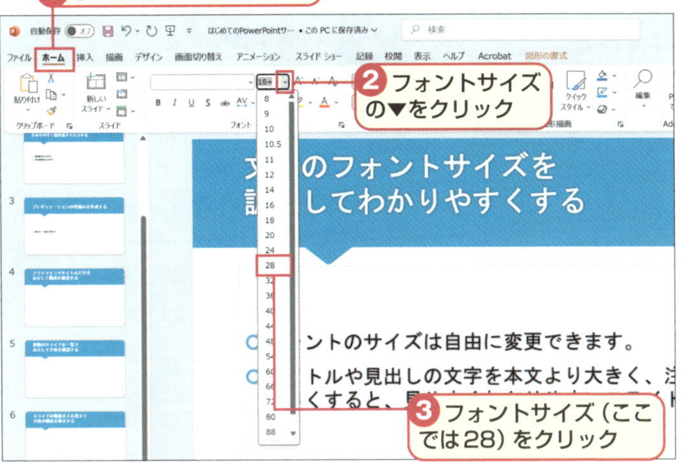


プレースホルダー内のすべての文字の大きさが変更された

### 文字サイズを28にする

すべての文字サイズを変更します。［ホーム］タブをクリックしてフォントサイズの▼をクリックするとフォントサイズが表示されるので、ここでは「28」をクリックして選択します。するとプレースホルダー内のすべての文字のサイズが選択した「28」に変更されます。

# 26 行間や段落間を調整して読みやすくする

手順解説動画

行と行の間隔が狭いと、読みにくいスライドになってしまいます。行と行の間隔は、PowerPointでは、「行間」と「段落間」という2つの設定があります。少しややこしいですが、正しく理解して読みやすいスライドを作成しましょう。

## プレースホルダー内の行間を変更する

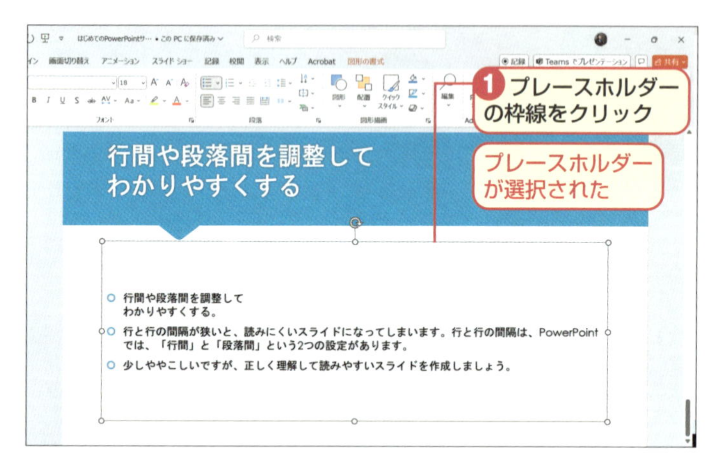

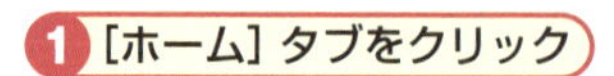


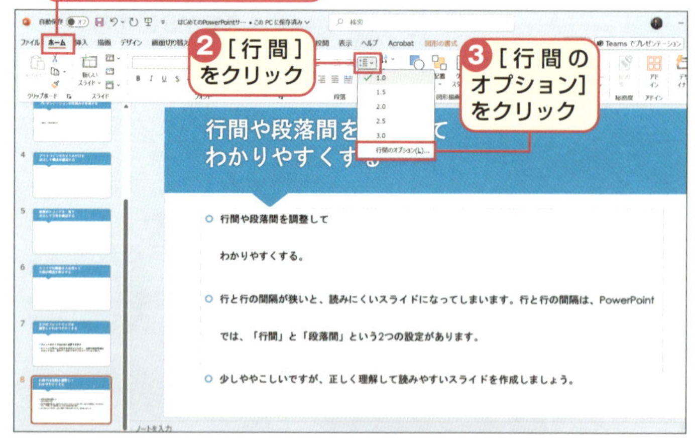

### 手順1 プレースホルダーを選択する

プレースホルダーの枠線をクリックしてプレースホルダーを選択します。

### メモ 行間と段落間

[行間] とは、一般的には行と行の間隔をいいますが、PowerPointの場合、文字の上端から次の行の文字の上端までの距離を指します。[段落] とは [Enter] キーを押して改行するまでの文字のまとまりを意味します。[段落間] とは、段落と段落の間の空白になります。なお、同じ段落内で改行したいときには、[Shift] + [Enter] キーを押します。

### 手順2 行間を調整する

[ホーム] タブをクリックして、表示される [行間] をクリックすると、選択できる行間が表示されますが、ここでは最後の [行間のオプション] をクリックしてください。

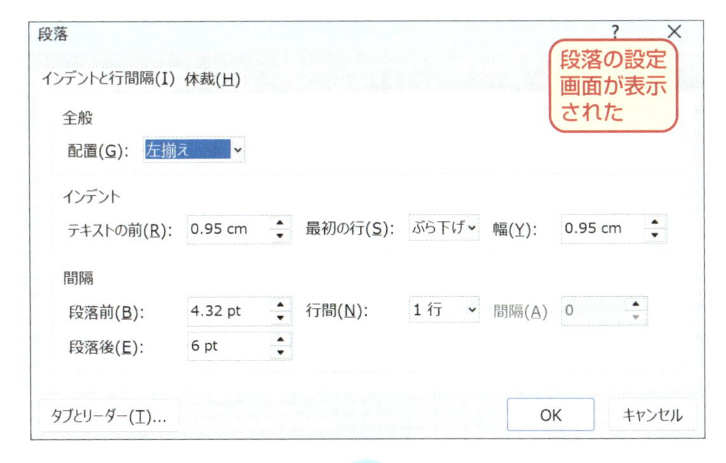

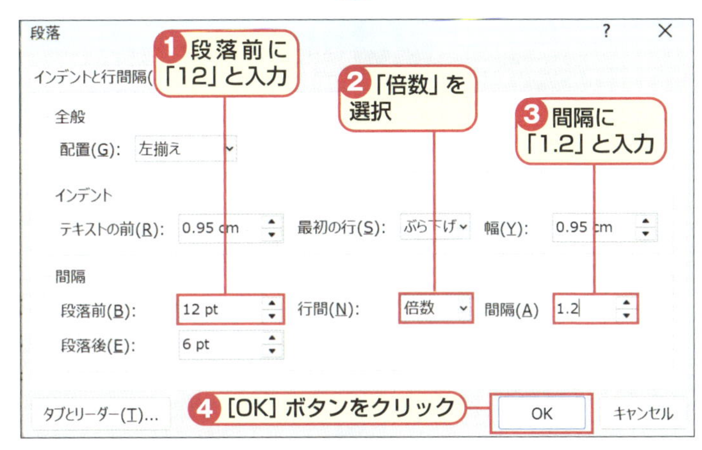

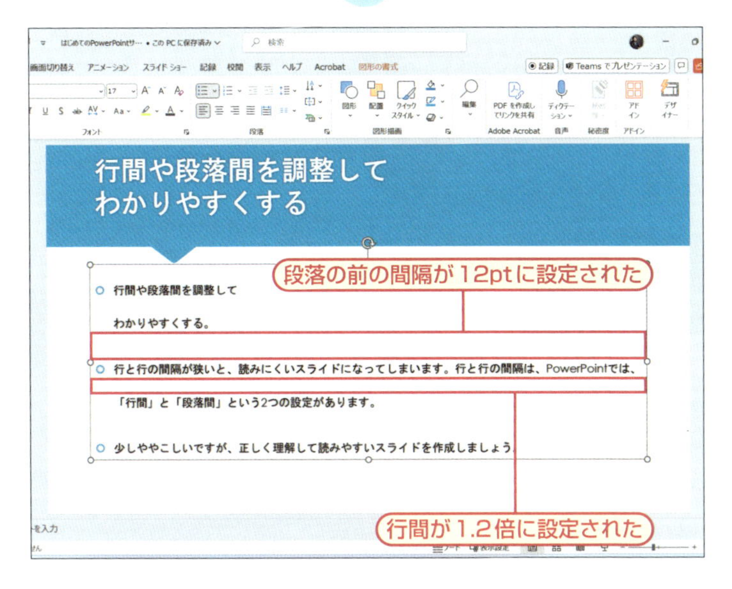

## [段落] 画面が表示された

[行間のオプション] をクリックすると段落の設定用に [段落] 画面が表示されます。

### 行間の単位の「倍数」とは

本SECTIONの手順では、行間の単位から「倍数」を選択しています。このとき、行間は1行の広さを基準としたときの [間隔] に入力した数値の倍数になります。たとえば、[間隔] に「1.2」と入力すると、行間は1行の1.2倍の広さになります。

## 段落を設定する

[段落] 画面の [間隔] の [段落前] に「12」と入力し、[行間] で「倍数」を選択、[間隔] に「1.2」と入力してください。入力できたら [OK] ボタンをクリックしてください。

## 間隔が狭くなった

段落の前の間隔が12ptに設定されました。また、行間も1.2倍に設定され、間隔が明らかに狭まりました。

### ボタンで行間を設定する

[ホーム] タブの [行間] をクリックし、表示されたメニューから行間を選択できます。

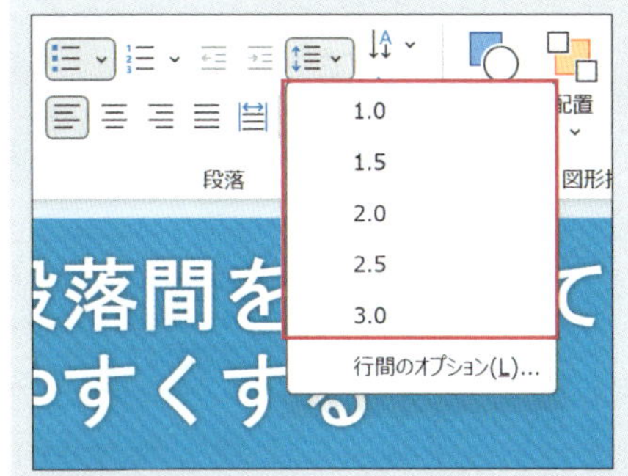

# 27 文字を中央や右端に揃えて見やすくする

手順解説動画

文字をプレースホルダー内の中央や右端、左端に揃えてみましょう。タイトルを中央に、表やグラフの出典や作成者を右端に配置すると、わかりやすいスライドになります。なお、中央揃えや右揃えなどは、段落ごとに設定されます。

## 一つの段落を中央に揃える

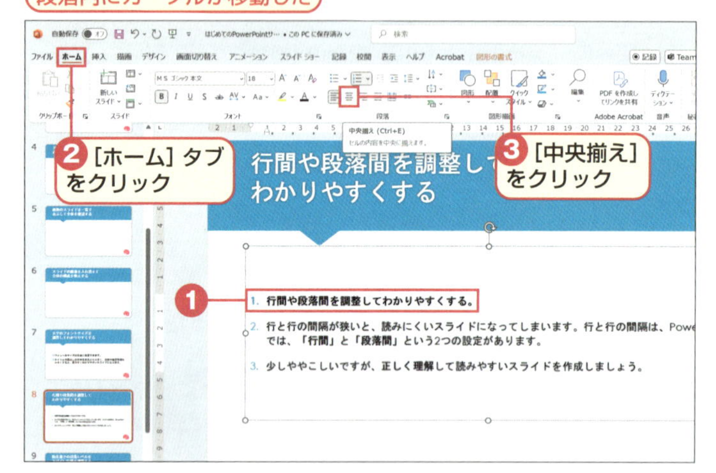

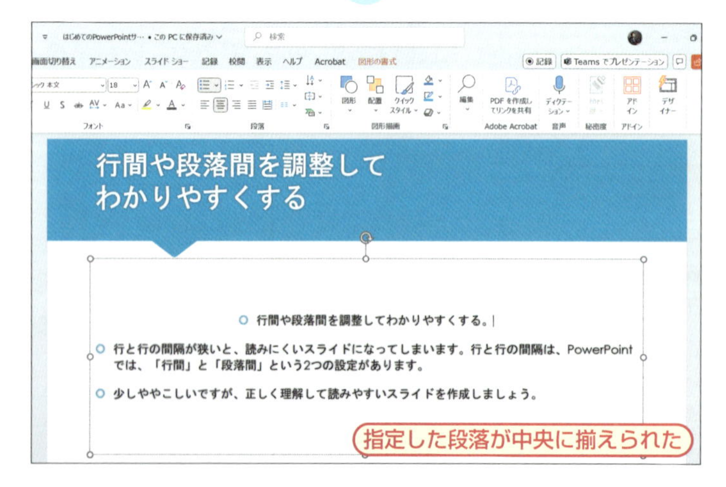

### 手順1 段落を選択する

左揃えが並ぶプレースホルダー内で中央揃えに設定する段落をクリックして選択、段落内にカーソルが移動しました。次に［ホーム］タブをクリックして［中央揃え］をクリックしてください。

### メモ 段落ごとに設定される

中央揃えや右端揃えは、カーソルがある段落全体に設定されます。［段落］とは、［Enter］キーを押して改行するまでの文字のまとまりを指します。

### 手順2 中央揃えになった

指定した段落が左揃えから中央揃えになりました。

### メモ 文字を右端に揃える

文字を右端に揃えるには［右揃え］を、均等に配置したい場合は［均等割り付け］をクリックします。

## プレースホルダー内のすべての段落を均等に配置する

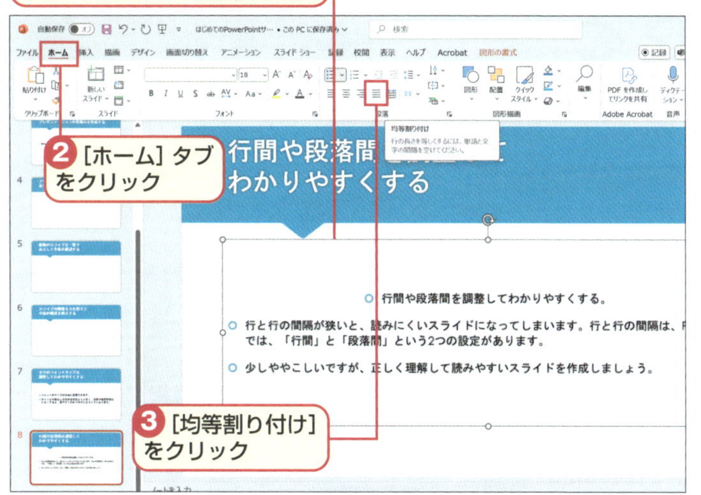

行間や段落間を調整して
わかりやすくする

- 行　間　や　段　落　間　を　調　整　し　て　わ　か　り　や　す　く　す　る　。
- 行と行の間隔が狭いと、読みにくいスライドになってしまいます。行と行の間隔は、PowerPoint では、「行間」と「段落間」という２つの設定があります。
- 少しややこしいですが、正しく理解して読みやすいスライドを作成しましょう。

プレースホルダー内の段落がすべて均等割り付けされた

### 手順1 プレースホルダーを選択する

プレースホルダー内のすべての段落を均等に配置するので、プレースホルダーの枠線をクリックしてプレースホルダーを選択します。選択できたら [ホーム] タブ、[均等割り付け] の順にクリックします。

### 時短 段落揃えショートカット

Windows
左揃え　：[Ctrl]＋[L] キー
中央揃え：[Ctrl]＋[E] キー
右揃え　：[Ctrl]＋[R] キー
両端揃え：[Ctrl]＋[J] キー
Mac
左揃え　：[⌘]＋[l] キー
中央揃え：[⌘]＋[e] キー
右揃え　：[⌘]＋[r] キー
両端揃え：[⌘]＋[j] キー

### 手順2 プレースホルダー内のすべての段落が均等になった

プレースホルダー内の段落がすべて均等割り付けになりました。

### 便利技 ミニツールバーを利用する

プレースホルダー内の文字を選択すると、すぐ横にミニツールバーが表示されます。ここには、フォントの種類や文字サイズ、段落の配置などを設定するためのボタンが配置されているので、これらをクリックすることでも書式を設定できます。

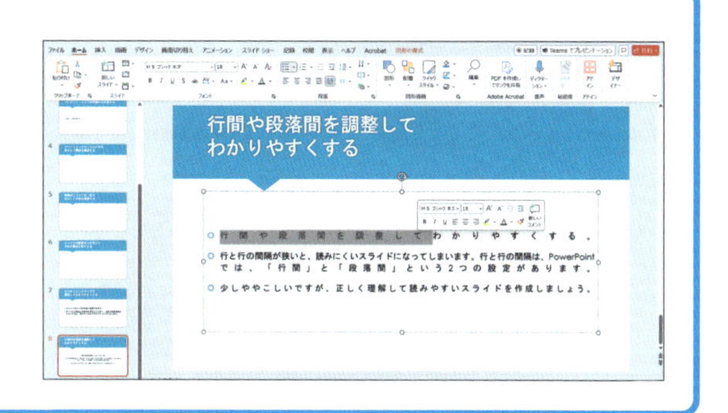

# 28 文字の色や太字を設定して目立たせる

フォントの色を変更することで重要な箇所を強調できます。また、太字や斜体を設定してほかの文章と区別すると、わかりやすいスライドになります。なお、書式を設定したい箇所が複数ある場合は、複数の箇所をまとめて選択し、一気に設定すると効率的です。

## 文字を太字に変更する

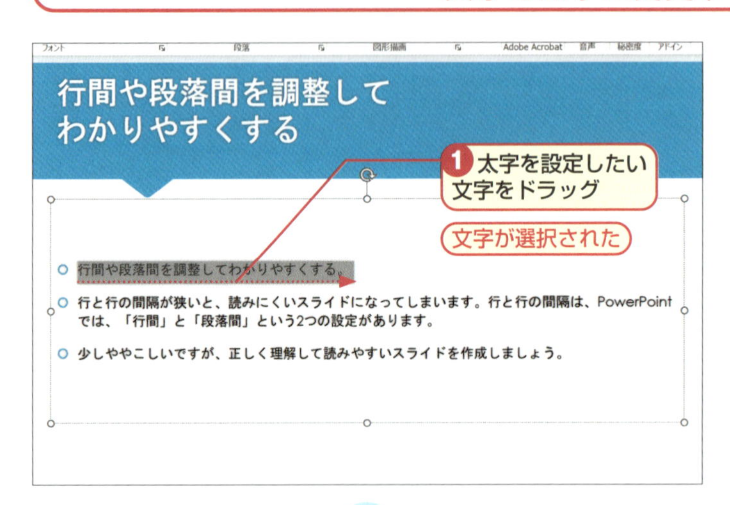

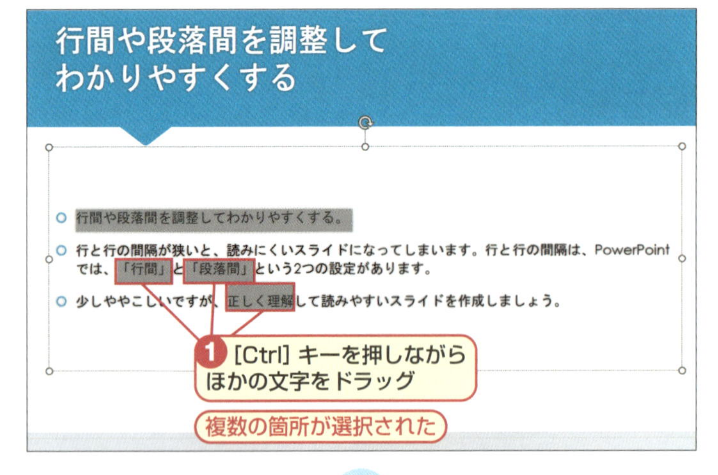

### 手順1 最初の文字を選択する

太字を設定したい文字をマウスでドラッグして選択してください。

### メモ 離れた箇所を選択する

文字上をドラッグすると文字を選択できます。文字を選択したあと、[Ctrl] キーを押しながらほかの箇所をドラッグすると選択部分を追加できます。

### 手順2 複数の文字を選択する

最初の文字が選択できたら、[Ctrl] キーを押しながら次の文字をマウスでドラッグしてください。[Ctrl] キーを押しながらマウスでドラッグすることで複数の箇所の文字を選択することができます。

### メモ 斜体や下線、文字の影を設定する

斜体や下線、文字の影は、[ホーム] タブにある [斜体] または [下線]、[文字の影] をクリックすると設定できます。また、複数の書式を組み合わせることもできます。

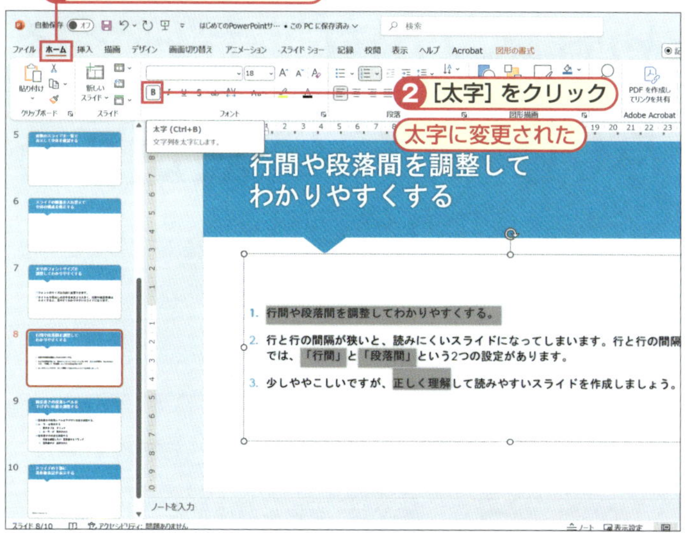

### 太字にする

文字が選択できたら［ホーム］タブをクリックして、［太字］をクリックすると選択した文字が太字に変更されます。

### 文字を装飾するショートカット

Windows
太字：[Ctrl]＋[B] キー
斜体：[Ctrl]＋[I] キー
下線：[Ctrl]＋[U] キー
Mac
太字：[⌘]＋[b] キー
斜体：[⌘]＋[i] キー
下線：[⌘]＋[u] キー

## 文字の色を変更する

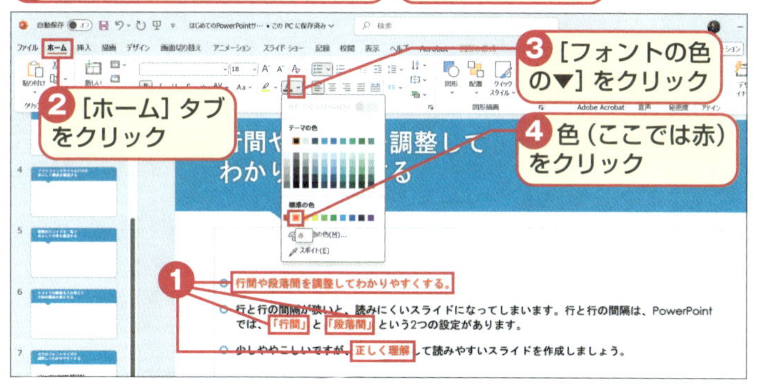

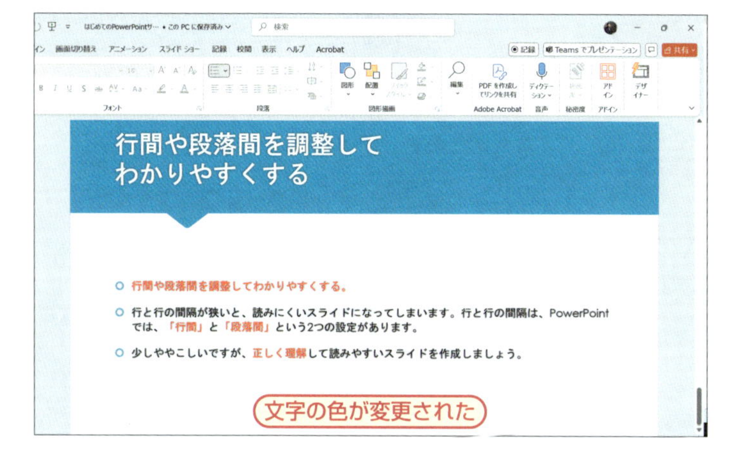

### 文字色を変える文字を選択する

色を変更する複数個所の文字を［Ctrl］キーとドラッグで選択して［ホーム］タブをクリック、フォントの色の［▼］をクリックして、表示されたメニューで「赤」をクリックします。

### 選択した文字が赤色になった

選択をした文字の文字色が赤色に変更されました。

### 太字や斜体、下線、文字の影を解除する

解除は、太字や斜体が設定されている文字を選択し、［ホーム］タブの各ボタンをクリックします。

### 文字を蛍光ペンで強調する

［ホーム］タブの［蛍光ペンの色］のをクリックし、表示される一覧から色を選択すると、文字の背景に色を設定できます。

# 29 文字に色やサイズの変更だけでは表現できないデザインを設定する

[ワードアートのスタイル] とは、影や縁などの効果が設定された特殊な書式のことです。文字の色やサイズの変更だけでは表現できないデザインを設定できます。

## 文字を立体的に見せる

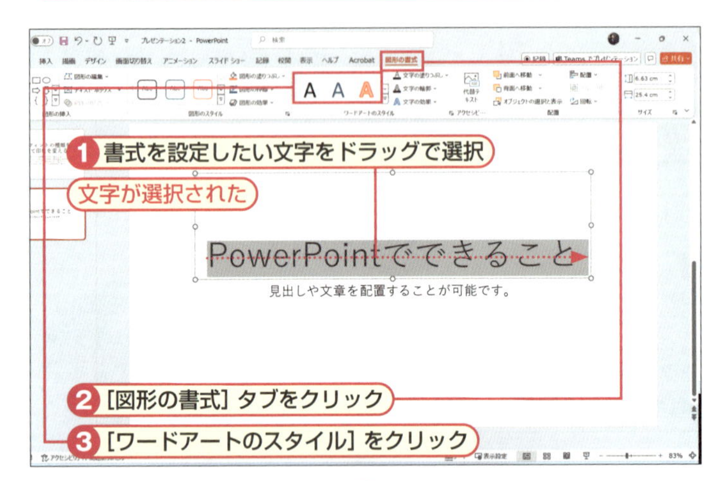

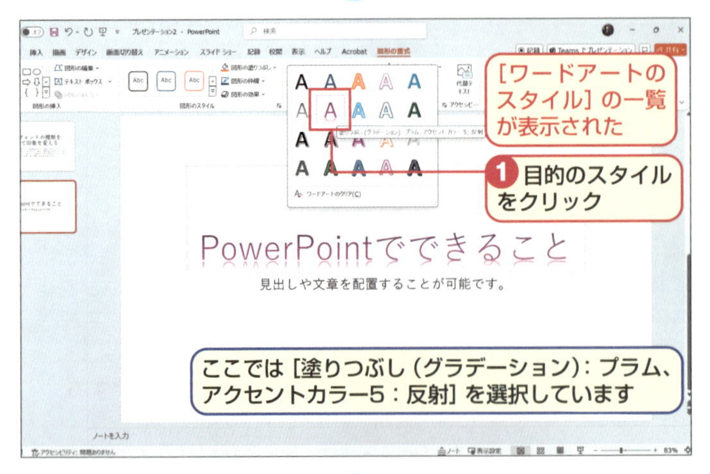

### 手順1 文字を選択する

書式を設定したい文字をマウスでドラッグして選択してください。選択できたら [図形の書式] タブをクリックして [ワードアートのスタイル] をクリックします。

### メモ ワードアートのスタイルを設定する

ワードアートのスタイルを設定するには、文字を選択し、[図形の書式] タブの [ワードアートのスタイル] にある▼をクリックします。スタイルの一覧が表示されるので、目的のスタイルをクリックします。

### 手順2 スタイルを選択する

[ワードアートのスタイル] が一覧で表示されました。この中から目的のスタイルを探してクリックしてください。ここでは、[塗りつぶし (グラデーション) : プラム、アクセントカラー5 : 反射] を選択しています

### メモ ワードアートのスタイルを解除する

ワードアートのスタイルを解除してもとに戻すには、ワードアートのスタイルが設定されている文字を選択し、ワードアートのスタイルの一覧から [ワードアートのクリア] をクリックします。

PowerPointでできること

見出しや文章を配置することが可能です。

ワードアートのスタイルが設定された

### 手順3 スタイルが設定された

ワードアートから選択したスタイルが文字に設定されました。

## 文字を変形する

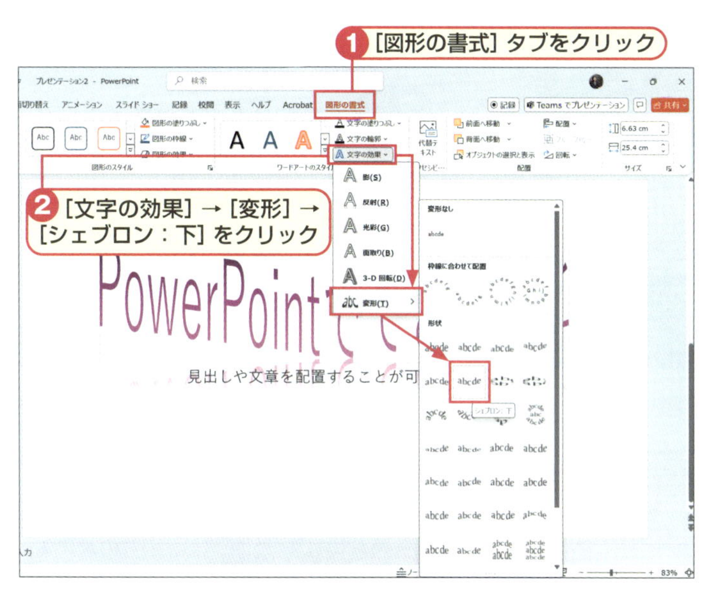

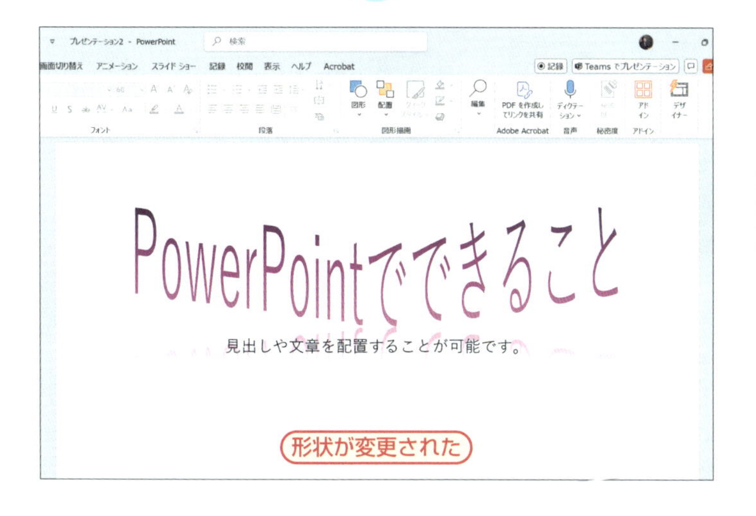

### 手順1 文字を変形する

[図形の書式] タブをクリックして、[文字の効果] → [変形] → [シェブロン：下] をクリックします。また、[書式] タブにある [文字の効果] → [変形] をクリックすると表示される一覧からは、ほかにも波形や円形などに文字を変形できます。

### メモ [挿入] タブからワードアートを挿入する

ワードアートは、[挿入] タブの [ワードアート] をクリックして挿入することもできます。この機能はあらかじめ入力されている文字にワードアートのスタイルを設定するのではなく、新しく文字を入力してワードアートを設定する場合に利用します。

### 手順2 文字が変形した

文字の形状が変更されました。なお、変形した文字をもとに戻すには、変形した文字を選択し、[文字の効果] → [変形] → [変形なし] をクリックします。

# 30 箇条書きの行頭記号を番号に変更する

通常、プレースホルダーに文字を入力すると自動的に箇条書きが設定され、先頭に［・］や［■］などの行頭記号が表示されます。この記号は、テーマによって異なります。スライドの内容に合わせて、ほかの記号や番号に変更しましょう。

## 行頭記号の種類を変更する

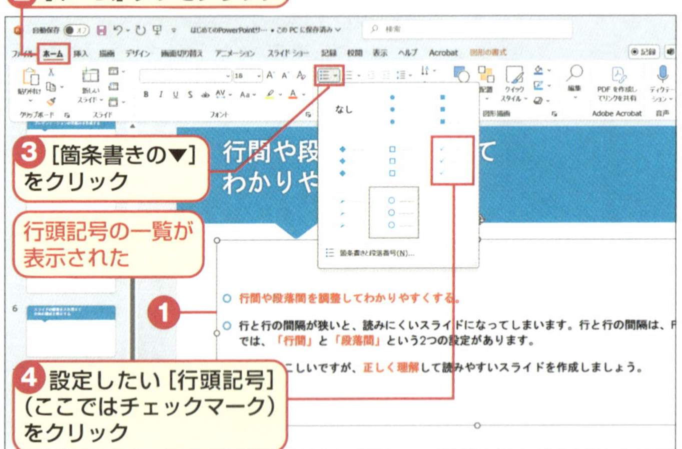

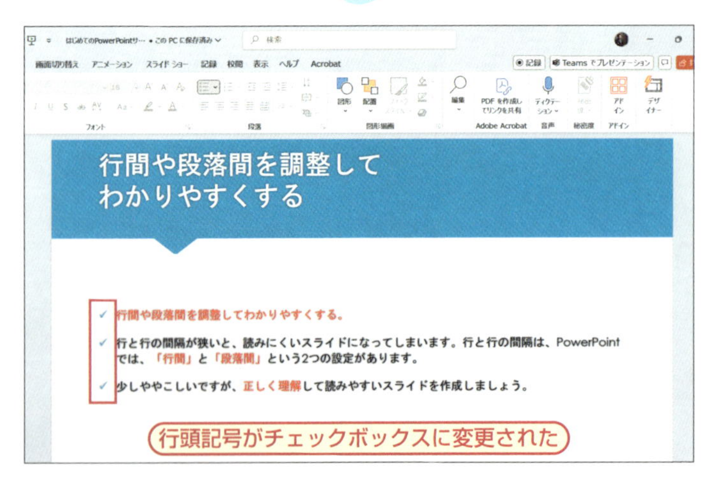

### 手順1 行頭記号を変更する

プレースホルダーの枠をクリックしてプレースホルダーを選択して、［ホーム］タブをクリック、［箇条書きの▼］をクリックすると行頭記号の一覧が表示されます。一覧から設定したい［行頭記号］（ここではチェックマーク）をクリックして選択します。

### メモ 記号と番号を使い分ける

多くの場合、箇条書きでは先頭に記号または番号が付きます。記号は、複数の項目を並べる場合に適しています。番号は、順位や手順を表現する場合に適しています。スライドの内容に合わせて、記号または番号を使い分けましょう。

### 手順2 変更できた

行頭記号が丸からチェックボックスに変更されました。

### メモ 特定の箇条書きの行頭記号を変更する

プレースホルダーを選択して行頭記号を変更すると、プレースホルダー内のすべての箇条書きが変更されます。特定の箇条書きの行頭記号を変更したい場合は、変更したい箇条書きだけを選択します。

## 段落番号を設定する

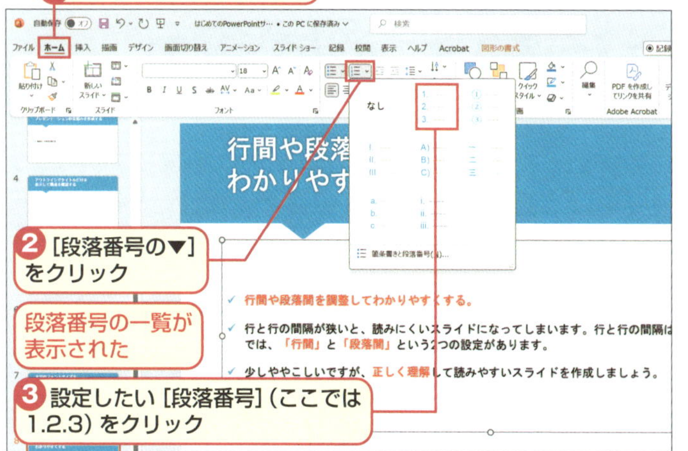

行間や段落間を調整して
わかりやすくする

1. 行間や段落間を調整してわかりやすくする。
2. 行と行の間隔が狭いと、読みにくいスライドになってしまいます。行と行の間隔は、PowerPoint では、「行間」と「段落間」という2つの設定があります。
3. 少しややこしいですが、正しく理解して読みやすいスライドを作成しましょう。

段落番号に変更された

### 手順1 段落番号を設定する

[ホーム] タブをクリックして表示された [段落番号の▼] をクリックすると段落番号の一覧が表示されます。その中から設定したい [段落番号] (ここでは 1.2.3) をクリックします。

### メモ 行頭記号や段落番号のない箇条書きを入力する

箇条書きでは、[ホーム] タブの [箇条書き] または [段落番号] のいずれかが押下されている状態になっています。クリックして解除すると、行頭記号や段落番号のない箇条書きになります。

### 手順2 変更された

行頭記号が段落番号に変更されました。

### メモ 行頭記号または段落番号のサイズを変更する

行頭記号または段落番号は、サイズを変更しようとしても選択できません。これらのサイズを変更するには、[ホーム] タブの [箇条書き] または [段落番号] の▼をクリックし、[箇条書きと段落番号] をクリックします。[箇条書きと段落番号] 画面が表示されるので、[箇条書き] または [段落番号] タブをクリックし、[サイズ] に目的のサイズをパーセントで入力して [OK] をクリックします。

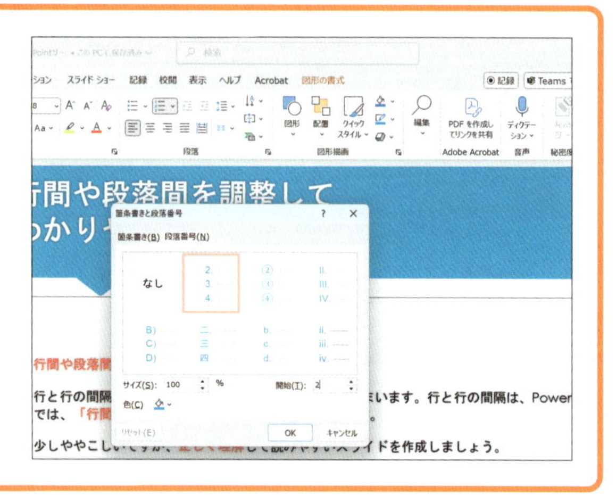

SECTION キーワード▶段落レベル／ルーラー／インデント位置　サンプル番号 03sec31

# 31 箇条書きの段落レベルを下げずに位置を調整する

箇条書きの位置を調整したい場合、段落レベルを下げると文字サイズが変わってしまいます。［スペース］キーを使って空白で調整しようとしてもきれいに揃わないことがあります。インデントの位置を調整すると、段落レベルを変更せずに位置を調整できます。

## ルーラーを表示する

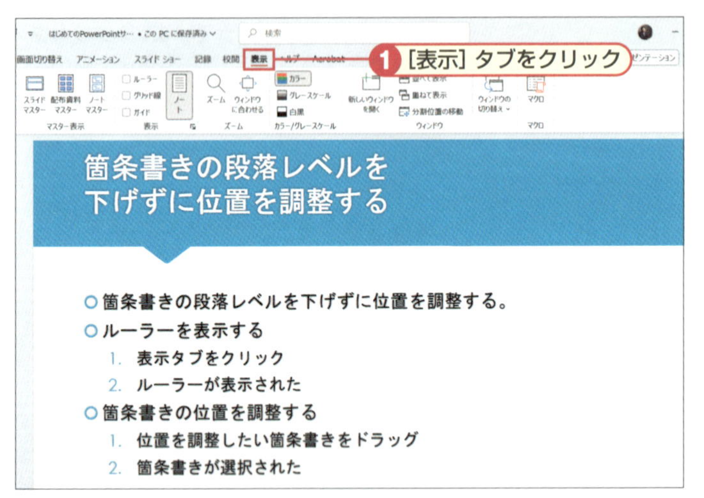

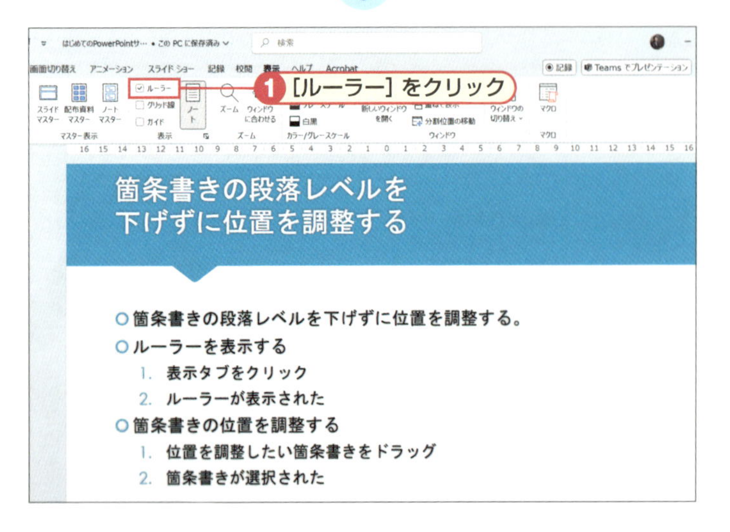

### 手順1 ［表示］タブに切り替える

［表示］タブをクリックしてリボンを切り替えてください。

### メモ インデントの位置を調整する

箇条書きの位置を下げようとして［Tab］キーを押すと、段落レベルが下がります。ですが、段落レベルが下がると、文字サイズも小さくなってしまいます。段落レベルを変更せずに箇条書きの位置を調整するには、インデントの位置を調整します。

### 手順2 ルーラーを表示する

インデントの位置を確認するために必要なルーラーを表示しましょう。［ルーラー］をクリックしてください。

### メモ ルーラーとは

スライドペインの上端と左端に表示される定規のことです。上端のルーラーを［水平ルーラー］、左端のルーラーを［垂直ルーラー］といいます。ルーラーは、［表示］タブの［ルーラー］をクリックすると、表示／非表示を切り替えることができます。

# 箇条書きの位置を調整する

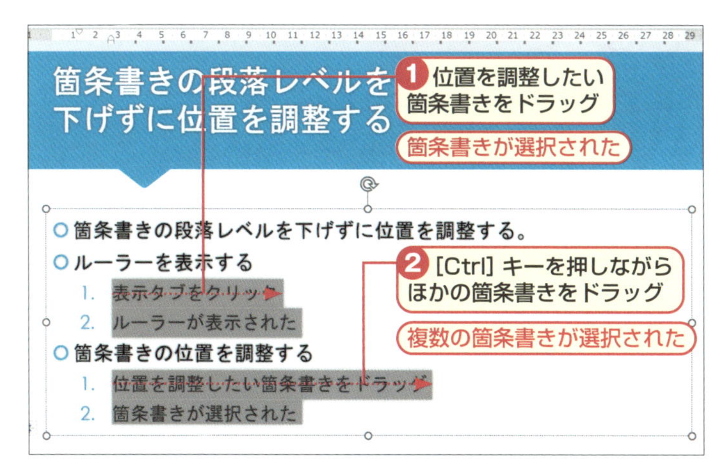

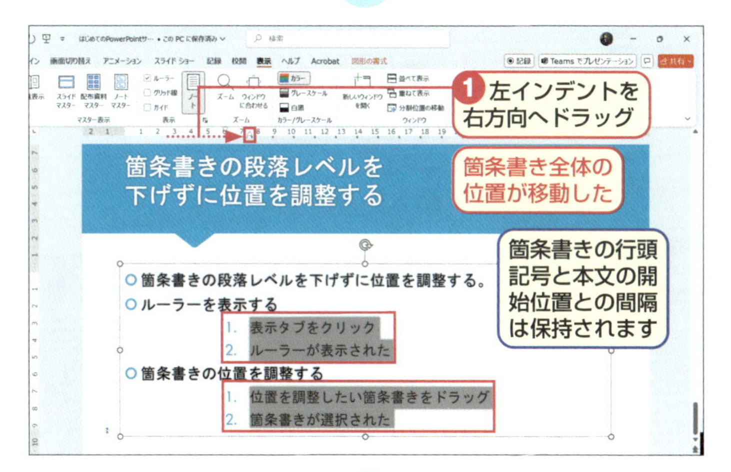

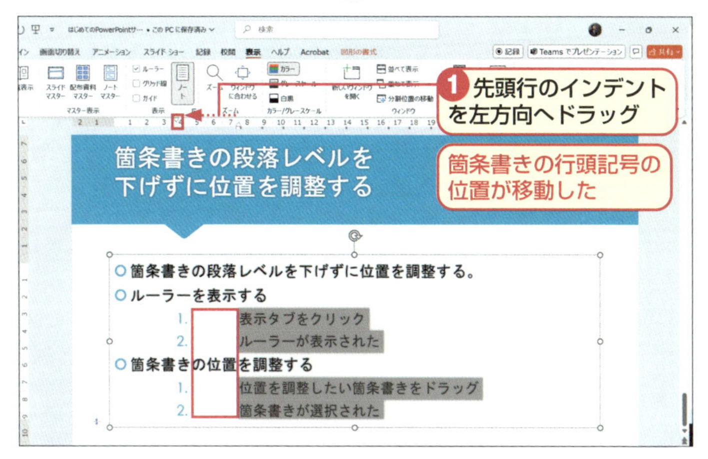

## 手順1 箇条書きを選択する

最初に位置を調整したい箇条書きをマウスでドラッグして選択してください。続いて [Ctrl] キーを押しながらほかの箇条書きをドラッグで選択します。これで、複数の箇条書きが選択できました。

### メモ 複数の箇条書きにまとめて設定する

[Ctrl] キーを押しながら複数の箇条書きをドラッグして選択すると、複数の箇条書きの位置をまとめて調整できます。

## 手順2 インデントを調整する

左インデントを右方向へドラッグしてください。これで、箇条書き全体の位置が移動しました。なお、箇条書きの行頭記号と本文の開始位置との間隔は保持されます。

### メモ インデントマーカー

インデントマーカーは、次の3種類があります。

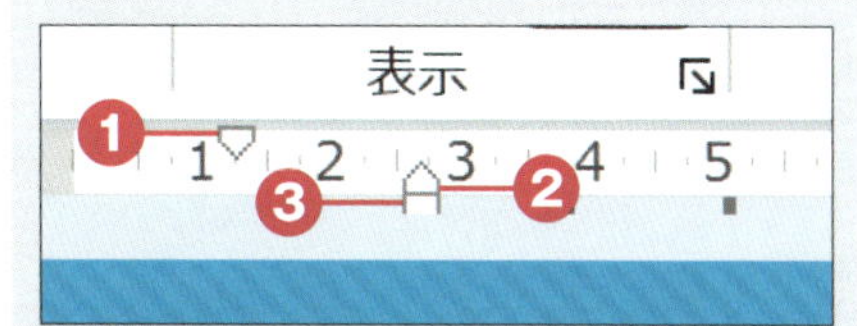


❶ [先頭行のインデント] は、行頭記号の位置を示します。
❷ [ぶら下げインデント] は、箇条書きの本文の開始位置を示します。
❸ [左インデント] は、先頭行インデントとぶら下げインデントの間隔を保持したまま、箇条書き全体の位置を調整できます。

## 手順3 行頭記号の位置を調整する

先頭行のインデントを左方向へドラッグしてください。これで、箇条書きの行頭記号の位置が移動しました。

# 32 タブを使って段落の位置を調整する

箇条書きの先頭位置を調整したい場合はインデントを使います。一方、項目どうしの間隔を揃えたい場合は、タブを使います。「タブ」は、特殊な空白です。[スペース] キーを使って入力する空白と異なり、幅を調整できるという特長があります。

## 項目間にタブを入力する

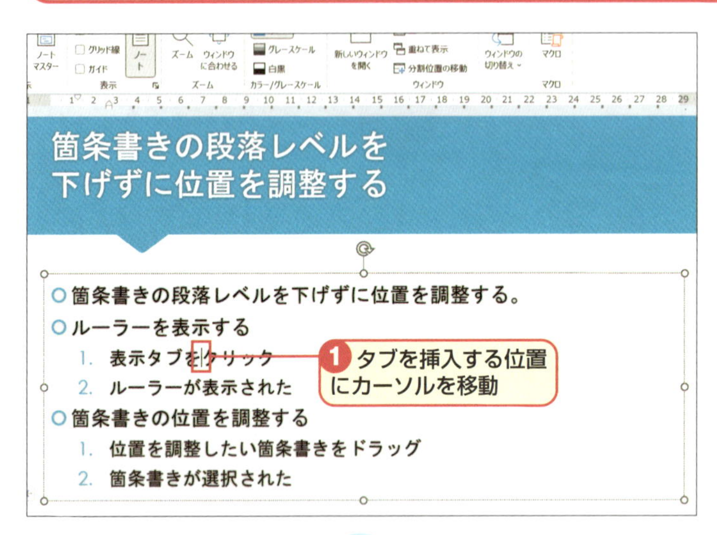

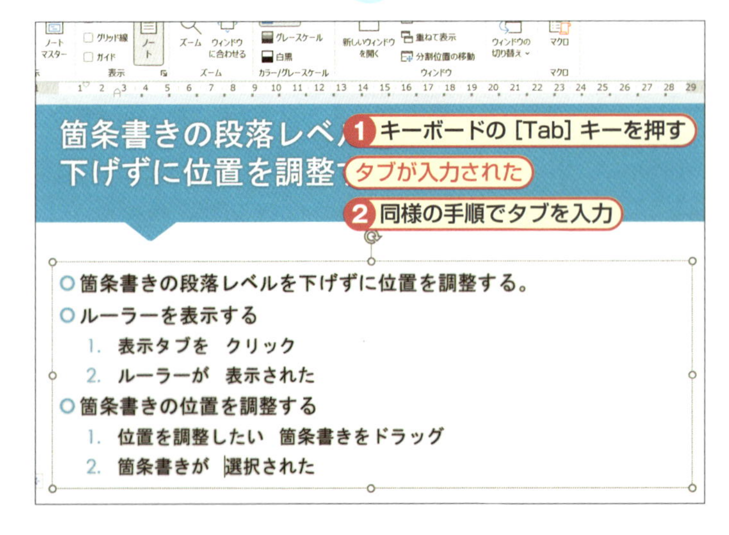

### 手順1 タブを入れる場所を選択する

最初にタブを挿入する位置にカーソルを移動します。なお、タブは [Tab] キーで挿入するので [TAB] や [Tab] と表記される場合もあります。

### メモ タブを入力する

[タブ] は、空白を作るための特殊な文字です。[スペース] キーを押すと入力される空白と異なり、空白の幅を調整できるため、文頭の位置や文字間をきれいに揃えられます。タブを入力するには、文章の途中でキーボードの [Tab] キーを押します。

### 手順2 キーボードからタブを挿入する

タブを入れる位置にカーソルを移動したらキーボードの [Tab] キーを押して、挿入します。なお、タブは画面設定によって記号が表示される場合もありますが、通常は空白で表示されます。以降、画像と同様の手順でタブを入力してください。

### メモ ルーラー

「ルーラー」とは、スライドペインの上端と左端に表示される定規を指します(SECTION31 参照)。

## タブの位置を揃える

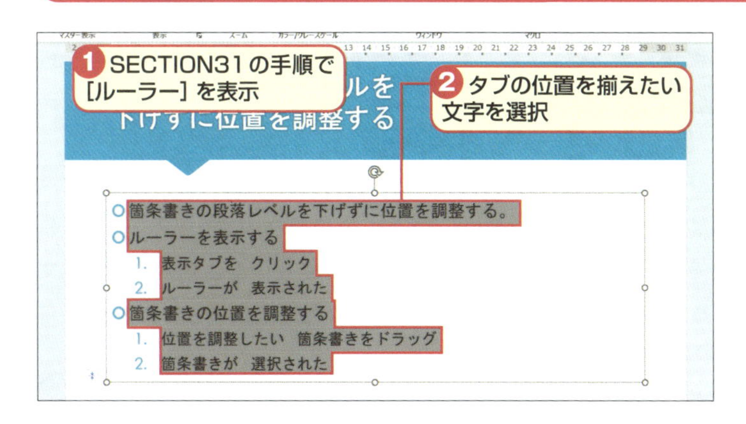

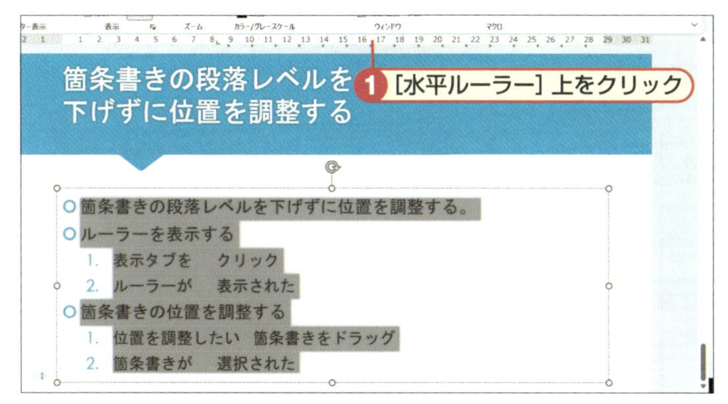

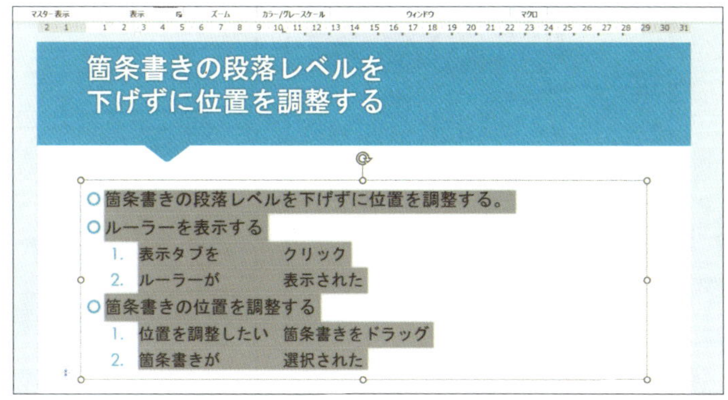


[水平ルーラー]上に[タブ]マーカーが表示された

[タブ]マーカーの位置で文字が揃いました

### 手順1 ルーラーを表示する

タブの調整をするにはタブの可視化が必要です。可視化にはルーラーを使います。そこで、SECTION31の手順で[ルーラー]を表示してください。続いてタブの位置を揃えたい文字を選択します。

### 便利技 タブの種類を変更する

[水平ルーラー]の左端にあるタブの記号をクリックすると、タブの種類を変更できます。タブには下記の4種類あります。

①└：左揃え ②┴：中央揃え
③┘：右揃え ④┴：小数点揃え

### 手順2 ルーラーを選択する

文字の選択ができたら、[水平ルーラー]上にマウスカーソルを移動してクリックしてみましょう。

### 便利技 箇条書きの先頭にタブを入力する

箇条書きの先頭で[Tab]キーを押すと、タブが入力されず、段落レベルが下がります。タブを入力するには、[Ctrl]+[Tab]キーを押します。

### 手順3 マーカーが表示された

[水平ルーラー]上でマウスをクリックすると[水平ルーラー]に[タブ]マーカーが表示されます。これでタブが可視化されました。そして[タブ]マーカーの位置で文字が揃いました。

### メモ [タブ]マーカーを削除する

[タブ]マーカーを削除するには、[水平ルーラー]上のタブマーカーを、[水平ルーラー]の外へドラッグします。

# 33 すべてのスライドの同じ場所に会社のロゴを入れる

すべてのスライドに同じ画像（会社のロゴなど）を表示したい場合、1枚1枚のスライドに配置していては非効率です。そのような時はスライドマスターを使いましょう。スライドマスターに画像を配置すると、すべてのスライドの同じ場所に自動的に配置されます。

## スライドマスターとは

「スライドマスター」とは、すべてのスライドのもとになるスライドです。スライドマスターに文字や画像を配置すると、すべてのスライドの同じ場所に同じ文字や画像が配置されます。

### 通常のスライドを編集する例

スライドマスター

通常のスライド

通常のスライドに図形を配置すると……

図形はそのスライドにだけ配置されます

### スライドマスターを編集する例

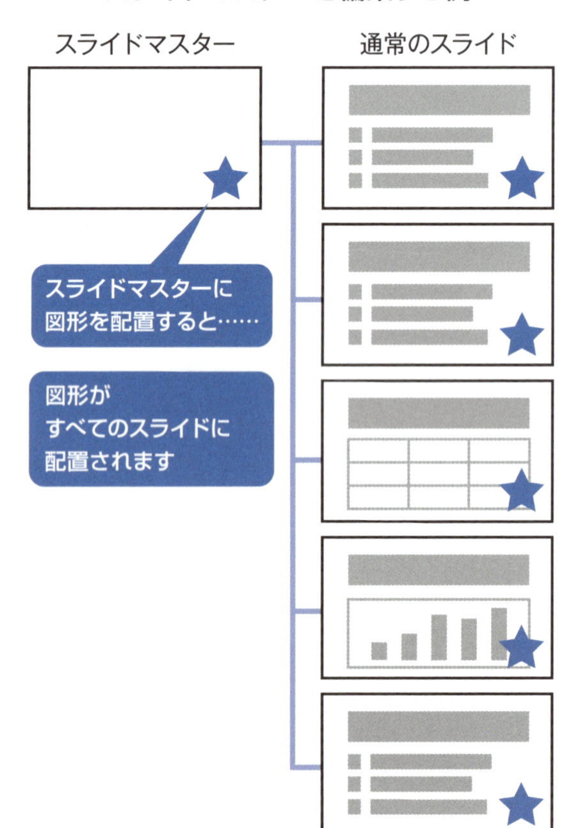

## スライドマスターを表示する

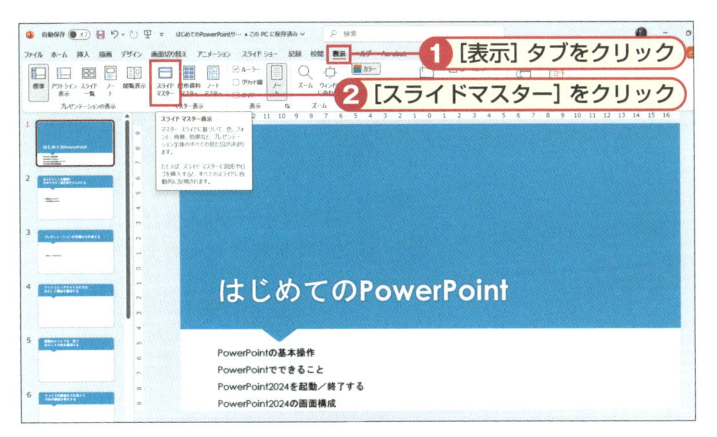

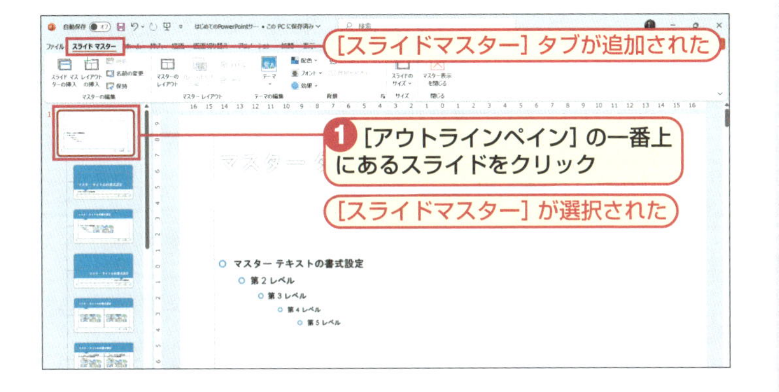

### 手順1 [スライドマスター] を表示させる

最初に [表示] タブをクリックしてください。リボンの表示が切り替わったら [スライドマスター] をクリックします。

**メモ [スライドマスター] のスライドを選択する**

[スライドマスター] のスライドを選択するには、[表示] タブの [スライドマスター] をクリックし、[スライドマスター] 画面に切り替えます。次に、[アウトラインペイン] の一番上にあるスライドをクリックします。

### 手順2 スライドマスターを選択する

メニューに [スライドマスター] タブが追加されました。続いて [アウトラインペイン] の一番上にあるスライドをクリックして選択します。これで、スライドマスターが選択できました。

## スライドマスターに会社のロゴを配置する

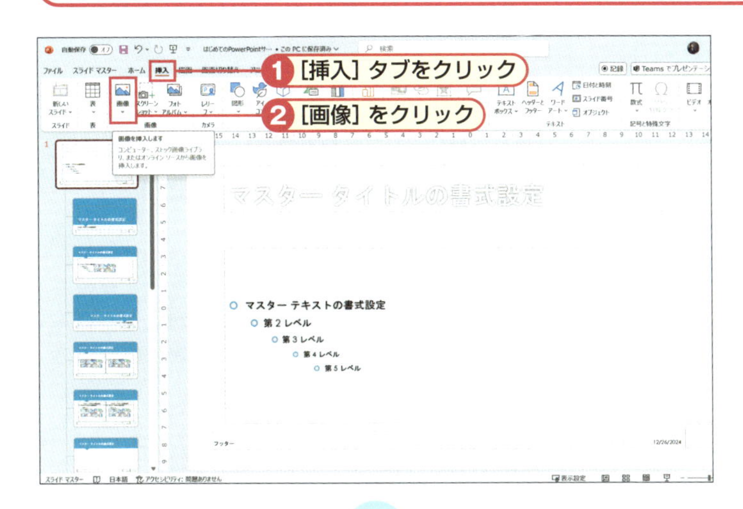

### 手順1 ロゴを挿入する

[挿入] タブをクリックしてください。続いて挿入メニューの [画像] をクリックしてください。

**メモ スライドマスターの操作を間違えた場合は？**

スライドマスターに配置されているプレースホルダーを移動したり削除したりしてしまうと、すべてのスライドに反映されてしまうので注意が必要です。もし間違えて移動や削除をしてしまった場合は、[Ctrl] + [Z] (Mac : [⌘] + [z]) キーを押して操作を取り消しましょう。

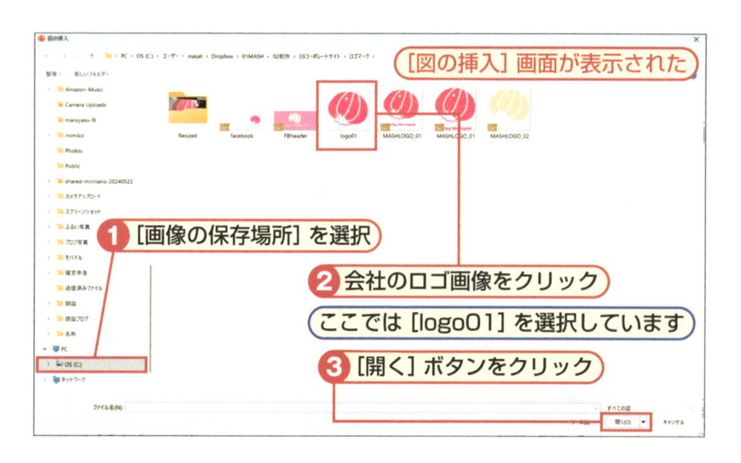

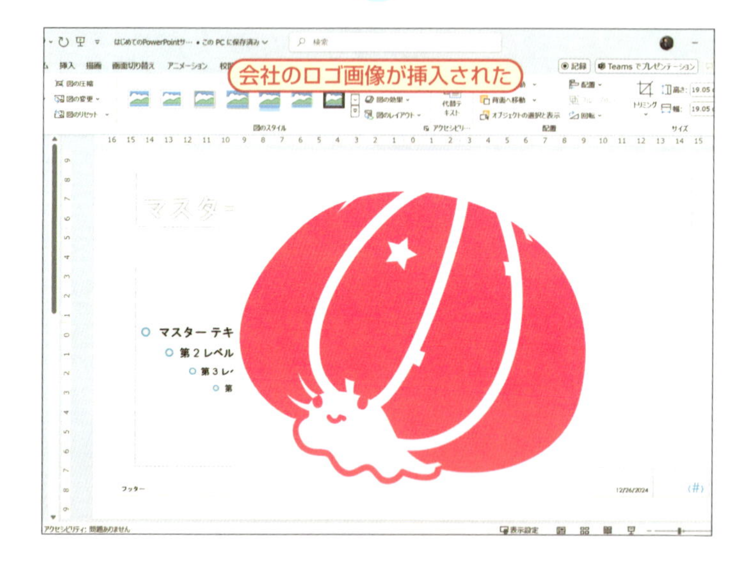

## ロゴを選択する

事前に用意した画像を保存したフォルダーを選択して、会社のロゴ画像を選択します。ここでは [logo01] を選択します。[開く] ボタンをクリックします。

### スライドマスターが反映されないこともある

スライドマスターを編集すると、原則的にすべてのスライドに影響します。ただし、テーマによっては、スライドマスターの編集結果が反映されないこともあります。

## ロゴが表示された

スライドにロゴ画像が挿入されました。なお、大きさはこれから調整します。

### 特定のレイアウトにだけ会社のロゴを配置する

スライドマスター画面のアウトラインペインには、レイアウトの一覧が表示されるのでレイアウトを選択すると、そのレイアウトのデザインだけを変更できます。たとえば、[タイトルとコンテンツ] のレイアウトに会社のロゴを配置すると、すべての [タイトルとコンテンツ] スライドには会社のロゴが表示され、ほかのスライドには表示されません。

## ロゴ画像のサイズや位置を調整する

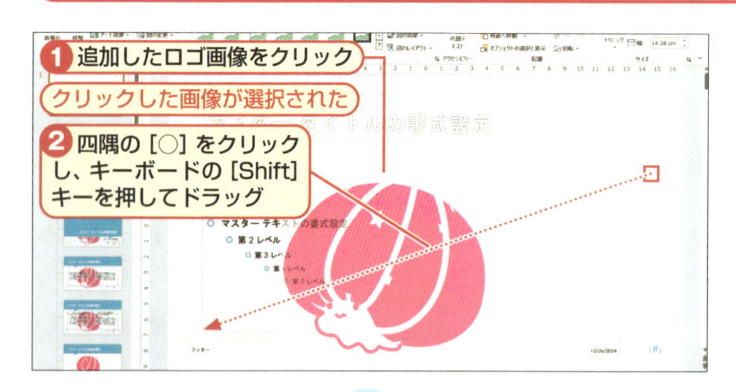

## ロゴの大きさを調整する

追加したロゴ画像をクリックして選択します。すると、画像の四隅に [○] が表示されるのでマウスでクリックし、キーボードの [Shift] キーを押したまま斜め下方向にドラッグしてください。

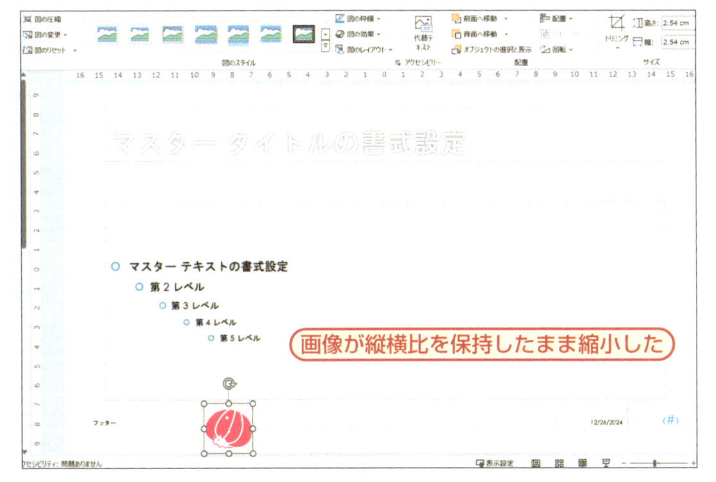

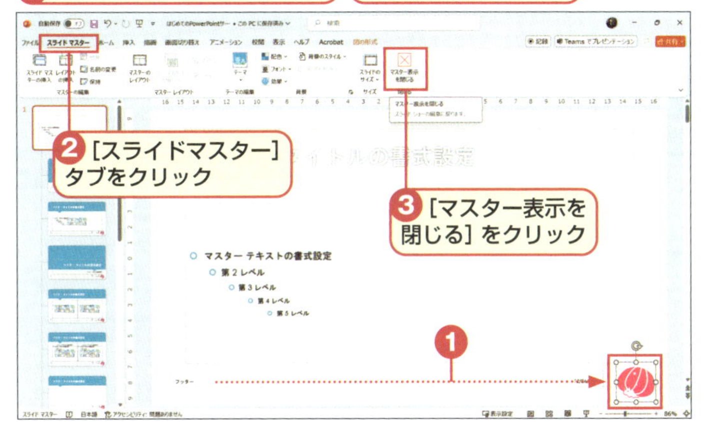

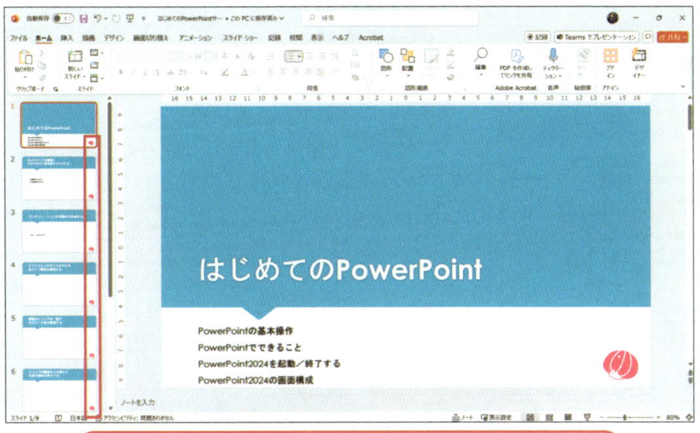

## 手順2 ロゴが小さくなった

画像が縦横比を保持したまま縮小されました。なお、[shift] キーを押さないと縦横比も変更できます。

### メモ スライドマスターに配置した画像を削除する

スライドマスターに配置した画像は、通常のスライドの編集画面からは削除できません。[表示] タブの [スライドマスター] をクリックして再度スライドマスターを表示し、スライドマスターに配置した画像を削除します。

## 手順3 位置を調整する

ロゴ画像をマウスでクリックして右方向へドラッグして、画像の位置を調整してください。[スライドマスター] タブをクリックして [マスター表示を閉じる] をクリックします。

### メモ スライドを確認する

左の手順に従ってスライドマスターに画像を配置すると、すべてのスライドの同じ場所に画像が配置されます。

## 手順4 ロゴの配置が完了した

すべてのスライドの同じ場所にロゴ画像が配置されました。

# 34 スライドにプレースホルダーを追加する

スライドを作成していると、プレースホルダーが足りないことがあります。この場合、スライドマスター上でプレースホルダーを複製します。ここでは、[2つのコンテンツ] レイアウトに追加し、3つのプレースホルダーを持つ新しいレイアウトとして保存します。

## レイアウトを複製する

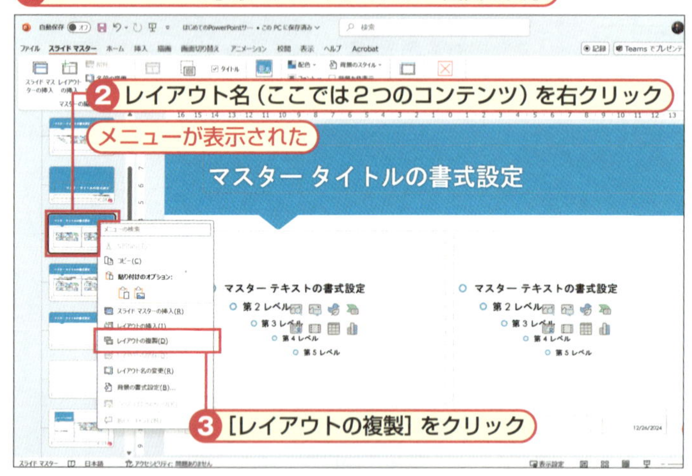

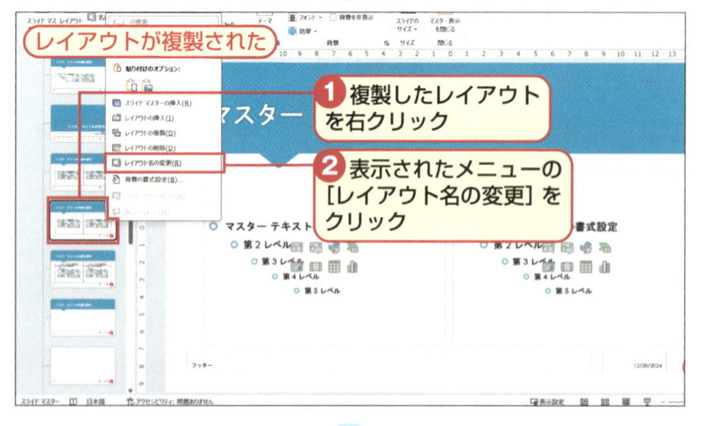

### 手順1 複写もとを選択する

スライドマスター画面を表示してください。レイアウト名（ここでは2つのコンテンツ）を右クリックしてください。メニューが表示されるので [レイアウトの複製] をクリックします。

### 便利技 プレースホルダーはスライドマスターで複製する

プレースホルダーを追加したい場合、通常のスライド上で複製することもできます。ただしこの場合、スライドのテーマを変更したときに複製には適用されないなど、使い勝手がいいとはいえません。スライドマスター上で複製した場合は反映されるので、スライドマスター上で複製します。

### 手順2 複製ができた

レイアウトが複製されました。コンテンツが増えています。続いて複製したレイアウトを右クリックして表示されたメニューの [レイアウト名の変更] をクリックしてください。

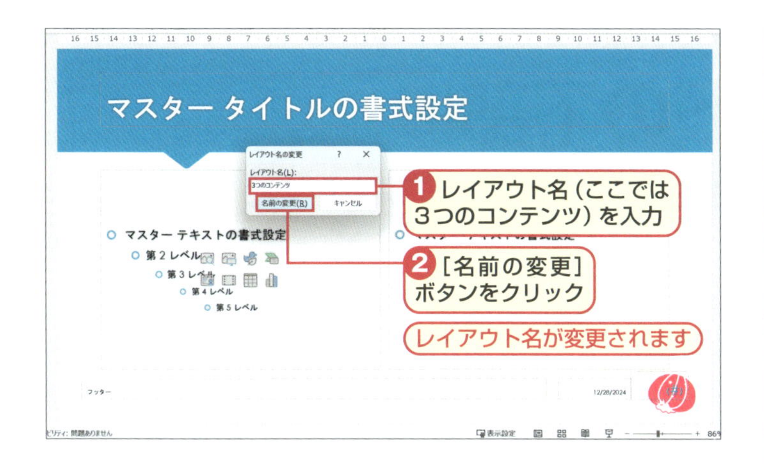

## 手順3 レイアウト名を変更する

レイアウト名を入力します。ここでは「3つのコンテンツ」を入力しています。続いて［名前の変更］ボタンをクリックします。これで、レイアウト名が変更されます。

### メモ プレースホルダーの位置やサイズを変更する

プレースホルダーは、図形と同様の手順で位置やサイズを変更できます。図形の編集については、5章を参照してください。

## プレースホルダーを追加する

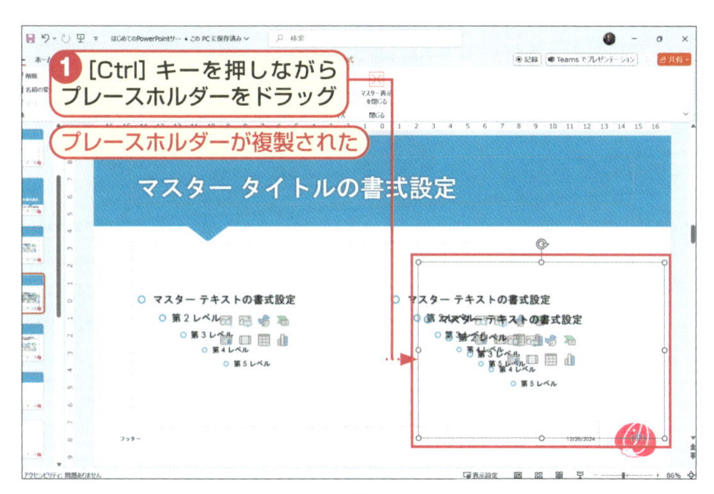

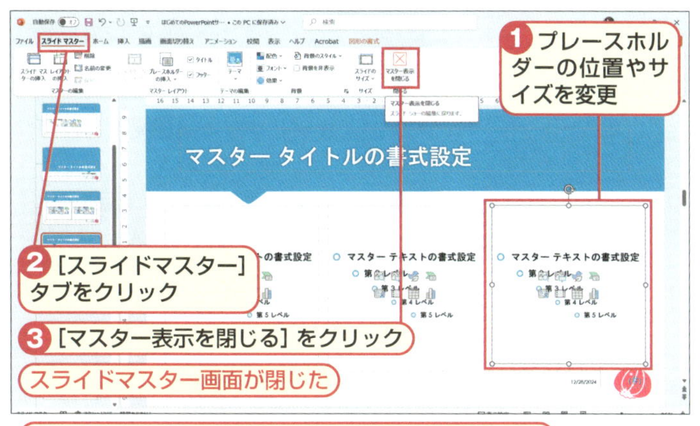


プレースホルダーを追加したレイアウトが作成された

## 手順1 プレースホルダーを複製する

キーボードの［Ctrl］キーを押しながらプレースホルダーをドラッグします。これで、複製されました。

## 手順2 プレースホルダーを調整する

プレースホルダーの位置やサイズを変更します。これで、プレースホルダーを追加したレイアウトができました。［スライドマスター］タブの［マスター表示を閉じる］をクリックするとスライドマスター画面が閉じます。

### メモ プレースホルダーとテキストボックスの違い

スライドに文字入力する場合、通常はプレースホルダーに入力します。似た機能にテキストボックスがあります。「プレースホルダーはテーマに応じた書式があらかじめ設定されているが、テキストボックスは設定されていない」「プレースホルダーの文字はアウトライン表示モードで表示されるが、テキストボックスの文字は表示されない」などの違いがあります。

# 35 スライドの下部に著作権表記を表示する

すべてのスライドの下部に著作権表記を表示してみましょう。フッター機能を利用することですばやく設定できます。「フッター」とは下部に表示する情報のことで、WordやExcelにもある機能なのですが、PowerPointの場合は少し変わっています。

## [ヘッダーとフッター] 画面を表示する

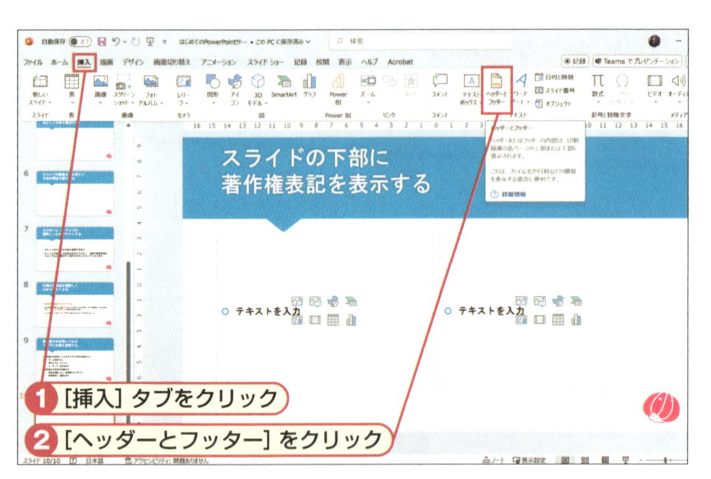

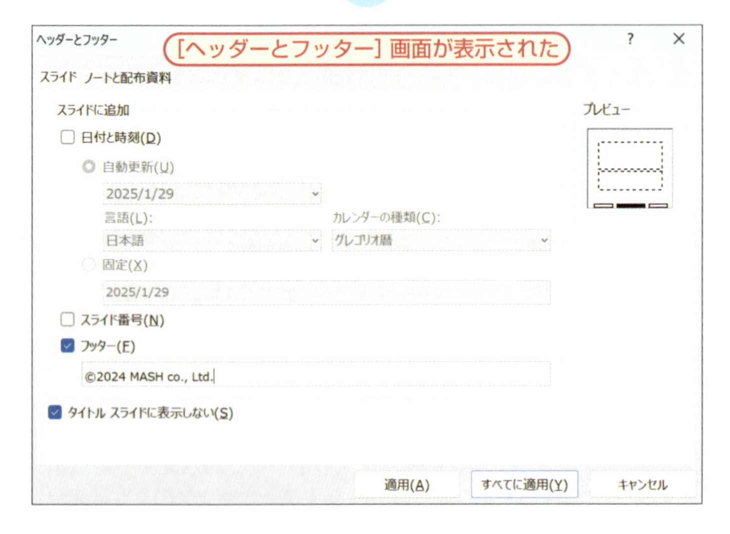

### 手順1 ヘッダーとフッターを挿入する

[挿入] タブをクリックして、[ヘッダーとフッター] をクリックしてください。

### メモ PowerPointのヘッダーとフッター

ページの上部に表示する情報を [ヘッダー]、下部に表示する情報を [フッター] といいます。ただしPowerPointの場合、フッターはありますがヘッダーはありません。スライドのテーマによっては、フッターが上部や右端に表示されます。

### 手順2 画面が表示された

[ヘッダーとフッター] 画面が表示されました。

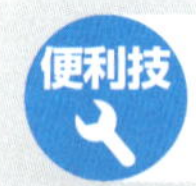

### 便利技 表紙にフッターを表示しない

表紙のスライドのフッターを表示したくない場合は、[ヘッダーとフッター] 画面の [タイトルスライドに表示しない] をクリックしてチェックを付けます。

© 2022 MASH Co., Ltd.
☑ タイトル スライドに表示しない(S)

## フッターに著作権表記を表示する

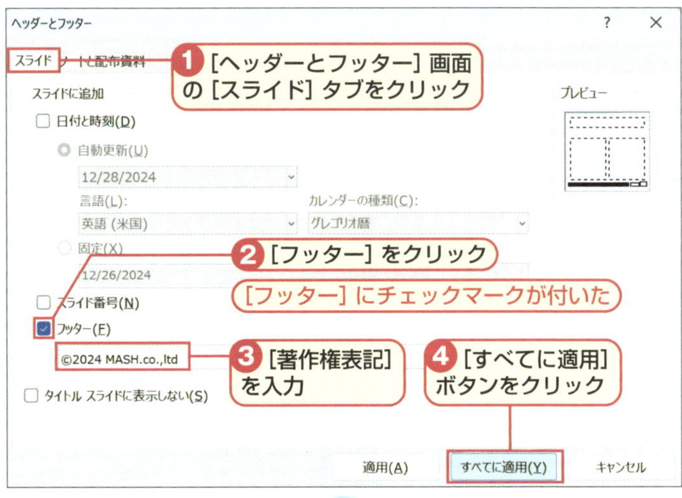

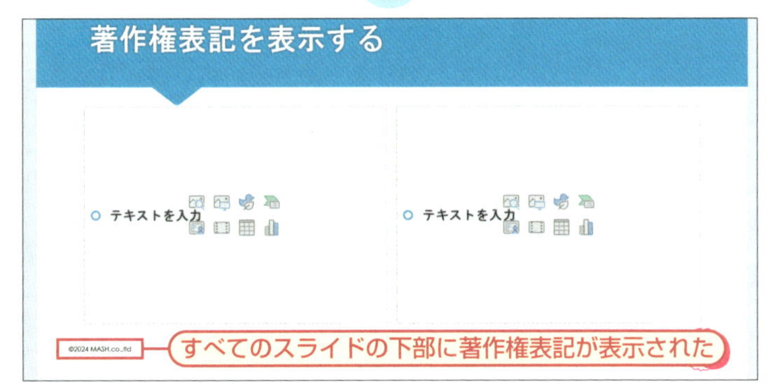

### [ヘッダーとフッター] 画面で設定をする

[スライド] タブをクリックします。[フッター] をクリックしてチェックマークを表示させます。続けて [著作権表記] に「©2024 MASH Co., Ltd.」を入力します。[すべてに適用] ボタンをクリックします。

### 特定のスライドにだけフッターを表示する

特定のスライドにだけ表示したい場合は、フッターを表示したいスライドを選択して [ヘッダーとフッター] 画面を表示し、フッターを入力します。その後、[すべてに適用] ではなく [適用] をクリックします。

### フッターができた

これで、すべてのスライドの下部にフッターとして著作権表記が表示されます。

## フッターの書式を変更する

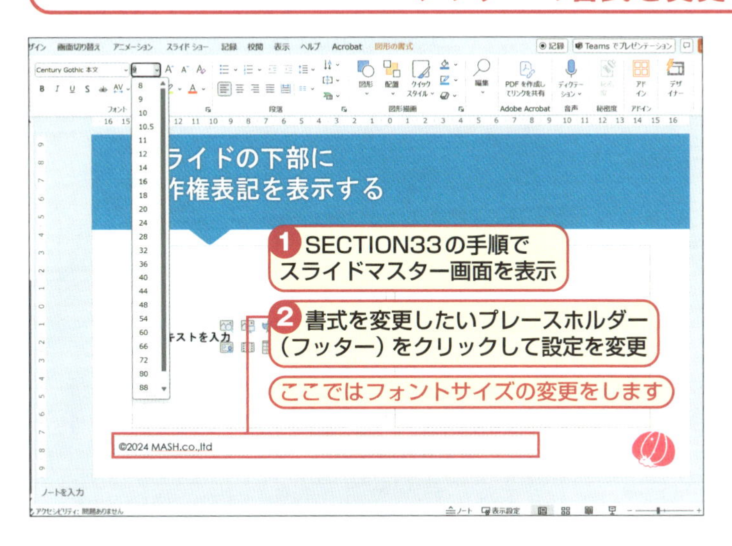

### フッターを整える

SECTION33の手順でスライドマスター画面を表示してください。書式を変更したいプレースホルダー (フッター) をクリックしてサイズの変更をしました。

### フッターに日付を表示する

フッターに日付を表示するには、[ヘッダーとフッター] 画面を表示し、[日付と時刻] をクリックしてチェックマークを付けます。[自動更新] を選択すると、スライドを編集した日付が設定されます。

## 最初から完全を目指さない

PowerPointに限った話ではありませんが、完成度のハードルを上げ過ぎてしまうといつまで経ってもスライドが完成しません。最初のうちはあまり装飾にこだわり過ぎず、シンプルで構いませんので、相手に伝わるということを第一目標にしてスライドを作成してみましょう。

私も時を経るにつれて、資料の見せ方が変わっています。参考までに私の過去から現在にかけてのスライドの変遷を掲載します。

インターネットで情報発信する際の基礎知識を学ぼう！

「鳥取メディア研究部 〜ぼくらが伝える、鳥取」第一回講座

2017年6月24日
鳥取メディア研究部
株式会社MASH

なぜインターネットを活用するのか

－失敗のリスクが小さい（特に金銭面）

インターネットでの発信は無料でも可能
かかるのは自分の手間だけ

－距離の概念がない

世界中にサービスの情報を届けることができる

－結果として自分の得意分野で勝負できる

独自性や他人との違いがインターネット上で生き残る秘訣
ニッチな情報ほど、その情報求めている層に支持される

▲2017年に使用していたスライド

リスクマネジメントとしての情報発信力を身につけよう
情報発信にまつわる10の誤解

2018年10月24日
さいたま市産業創造財団
株式会社MASH

お金を使わないと集客できないと思っていませんか？

■ 集客の方法は大きく分けて２つ
- 有料か無料か

■ 有料（広告・宣伝）
- 面白さ・インパクト・商品の価値の提供
- コマーシャルやPR記事、検索結果上部枠への優先表示

■ 無料（広報・PR）
- 有益さ、悩みの解消、情報の価値の提供
- ブログやSNSでの自己発信
- 取材などによるメディア掲載

19

▲2018年に使用していたスライド

Information!

ブログ・SNS・動画を中心とした
インターネット発信術の基礎を学ぼう

MASH.inc all rights reserved

ABILITY
SLIDE 17

情報発信できる人は本当に少ない

つい欲しくなる文章力、クリックしたくなるアイキャッチ、
飽きさせないトーク力は反復の賜物
専門用語を一般的な言葉に翻訳し、わかりやすく伝えられることは能力
企業のホームページよりもアクセス数の多い個人ブログは珍しくない

発信力は集客や収益に直結できる能力

情報発信ができれば集客が容易
広告収入、販売手数料収入を得る機会の増加
目的を一緒にするコミュニティを構築し、適切なサービスを提供する
クラウドファンディングで共感者を増やす
発信力を活かして、企業のサポートをおこなう

MASH.inc all rights reserved

▲現在使用しているスライド

いくつもスライドを完成させることで自分のスキルが向上するのはもちろん、新しいテンプレートのデザインを見つけたり、スライドを見る相手の属性（性別や年齢、職種）に応じたりしてスライドのデザインは変化します。

試行錯誤しながら、その時点の最適なスライドを作成してみてください。

# 練習問題

この章の解説を参考にして、以下の問題に挑戦してみましょう。

## 問題1 文字の書式に関する出題

スライドのタイトルに斜体と下線を設定してください。

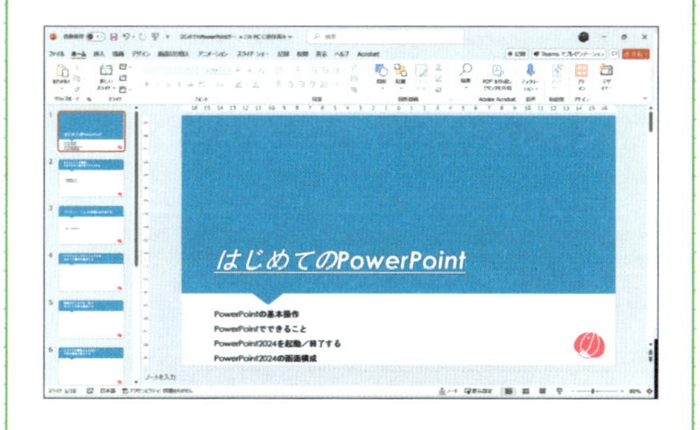


HINT　[ホーム] タブにあるボタンを使います。

## 問題2 箇条書きの行頭記号に関する出題

箇条書きの行頭記号の種類を [四角形の行頭文字] にして、サイズを50%に設定してください。

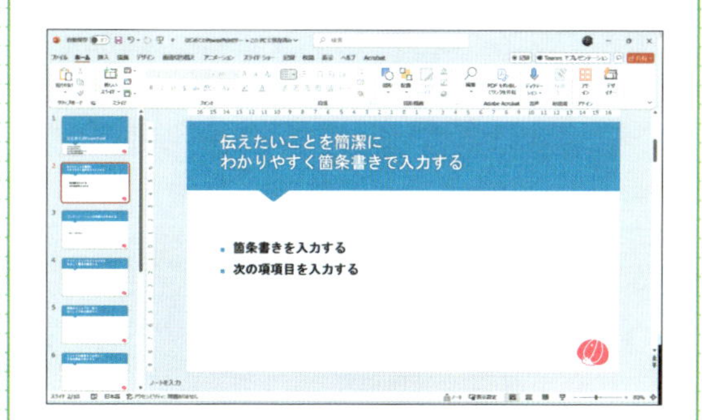


HINT　[箇条書きと段落番号] 画面から設定します。

## 問題3 タブに関する出題

箇条書きの項目の間にタブが入力されています。タブの位置を下図のように調整してください。

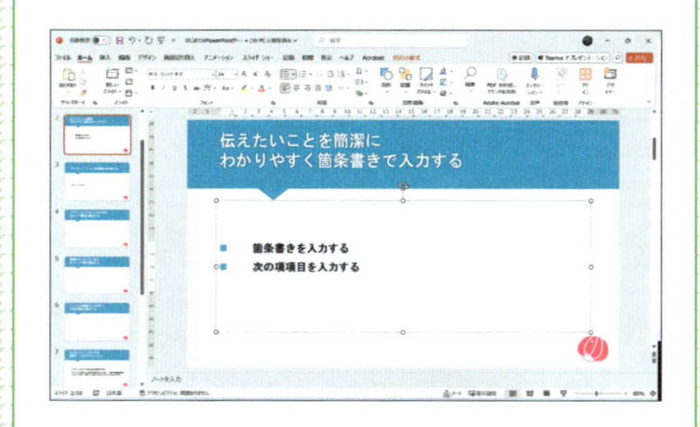


HINT　水平ルーラーを表示してタブの位置を設定します。

## 問題4 ヘッダーとフッターに関する出題

すべてのスライドの下部に [株式会社秀和システム]」と表示されるようにしてください。ただし1ページ目のタイトルスライドには表示されないようします。

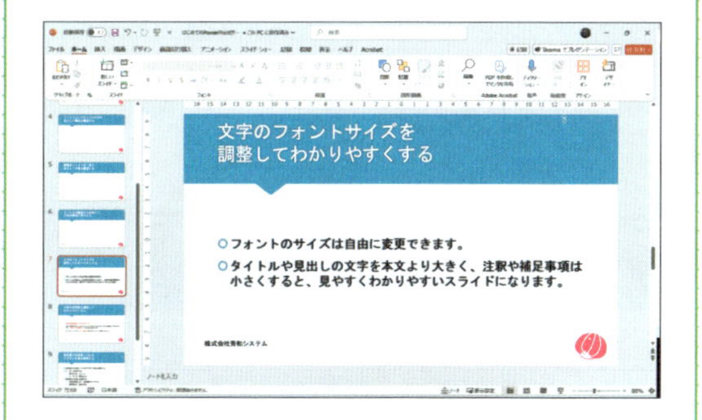


HINT　フッターを設定します。

解答は次のページ

**練習問題は解けましたか。以下の解答例と照らし合わせてみましょう。**

## 解答 1　参照：SECTION28

❶タイトルが入力されているプレースホルダーを選択
❷［ホーム］タブをクリック
❸［斜体］ボタンをクリック
❹［下線］ボタンをクリック

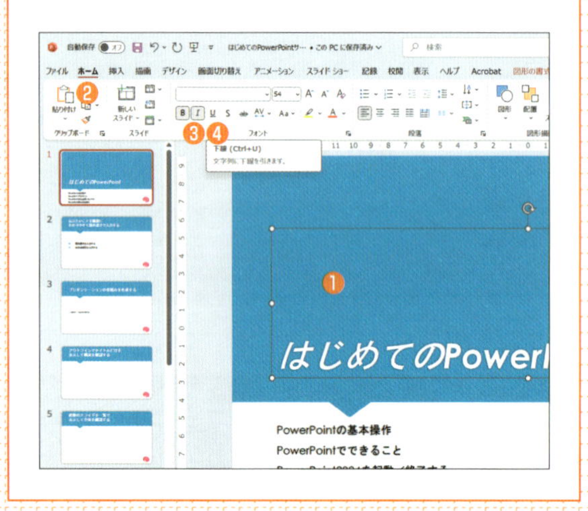


## 解答 2　参照：SECTION30

❶箇条書きが入力されているプレースホルダーを選択
❷［ホーム］タブの［箇条書き］をクリック
❸［箇条書きと段落番号］をクリック
❹［四角形の行頭文字］をクリック
❺［サイズ］に「50」と入力
❻［OK］ボタンをクリック

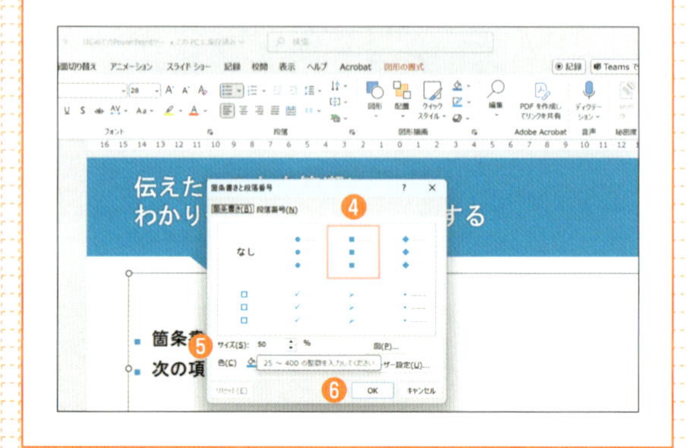


## 解答 3　参照：SECTION32

❶［表示］タブをクリック
❷［ルーラー］をクリック
❸タブの位置を調整する文字を選択
❹水平ルーラー上をクリック
❺タブマーカーをドラッグして位置を調整

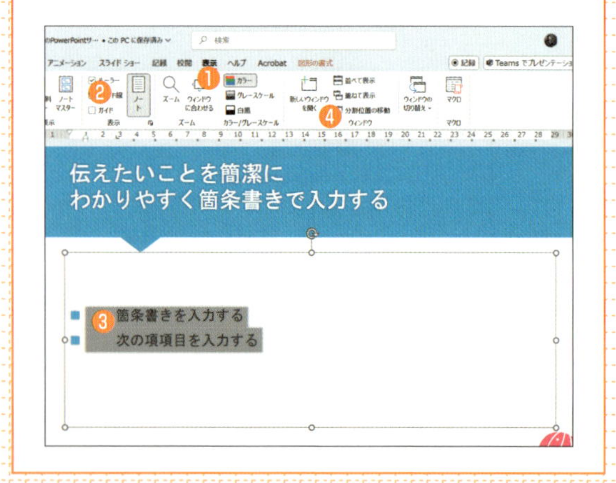


## 解答 4　参照：SECTION35

❶［挿入］タブの［ヘッダーとフッター］をクリック
❷［フッター］をクリックしてチェックを付ける
❸入力欄に「株式会社秀和システム」と入力
❹［タイトルスライドに表示しない］クリックしてチェックを付ける
❺［すべてに適用］ボタンをクリック

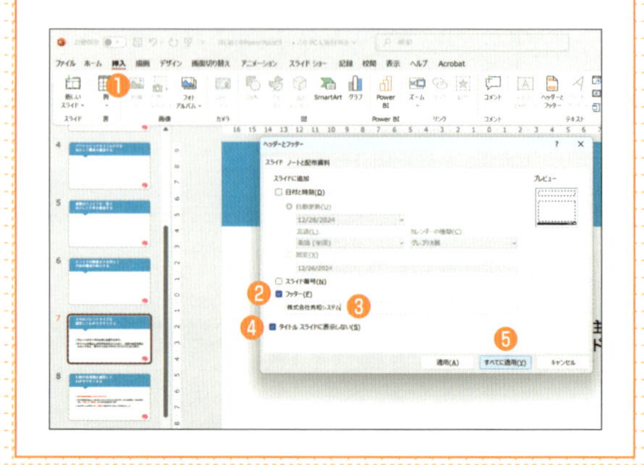

# 4章

## スライドに表やグラフを挿入するには

4章では、スライドに表やグラフを挿入する方法について解説します。プレゼンテーションでは、情報を簡潔に伝えることが大切です。表やグラフを上手に利用することで、文字や言葉だけでは伝えることが難しいデータの推移や分布、大きさといった情報を視覚的に表現できます。なお、表やグラフの作成が得意なアプリとしてExcelがあります。顧客の情報や製品の性能表、販売データなどをExcelで管理している場合は、そのデータを利用してPowerPointでグラフ化することもできます。

# 36 表を使って情報を整理する

手順解説動画

情報を整理して伝えるには、表が効果的です。スライドに表を挿入するには、コンテンツプレースホルダーの［表の挿入］をクリックし、表の行数と列数を指定します。行や列はいつでも追加／削除ができるので、まずはおおまかなイメージで作り始めましょう。

## スライドに表を挿入する

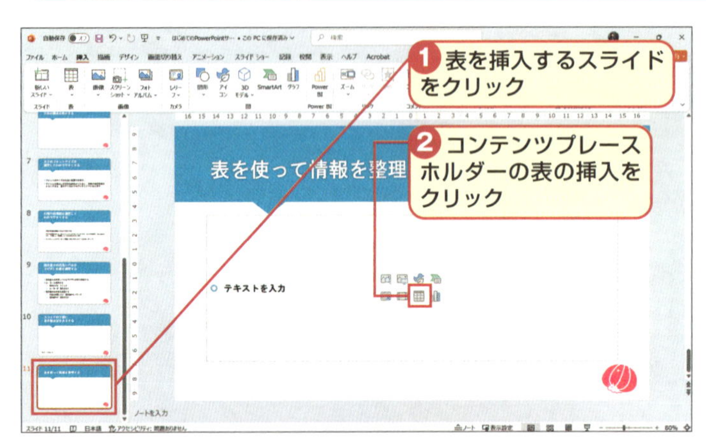

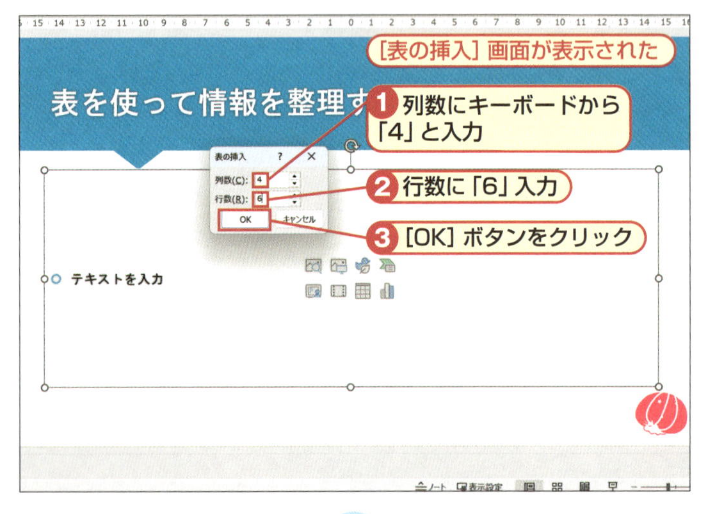

### 手順1 表をスライドに挿入する

ここでは、表を挿入するスライドを選択してクリックしてください。続いてコンテンツプレースホルダーの表の挿入をクリックしてください。

### 便利技 2つの表を作成する

1枚のスライドに2つの表を作成したい場合は、レイアウトが［2つのコンテンツ］または［比較］のスライドを作成します。

### 手順2 表のサイズを入力する

［表の挿入］画面が表示されました。ここで、表の行と列を設定できます。最初に［列数］にキーボードから「4」と入力してください。続いて［行数］を選択して「6」入力します。行数と列が正しく入力できたら［OK］ボタンをクリックします。

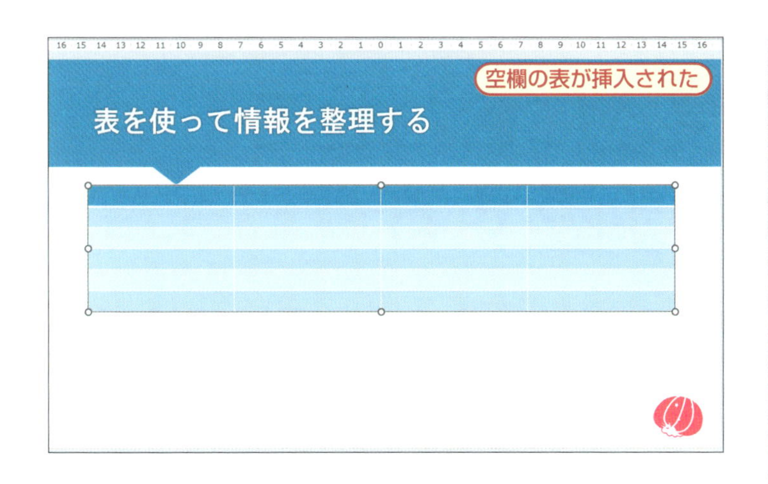

## 表が挿入された

4列×6行の空欄の表ができました。

### ドラッグ操作で表を挿入する

[挿入] タブにある [表] をクリックし、表示されるマス目で表の列数と行数を指定しても表を挿入できます。

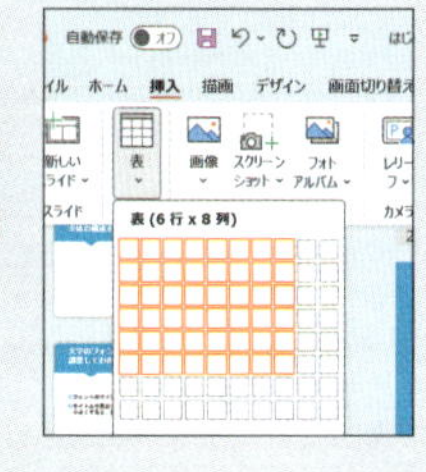


## 表に文字を入力する

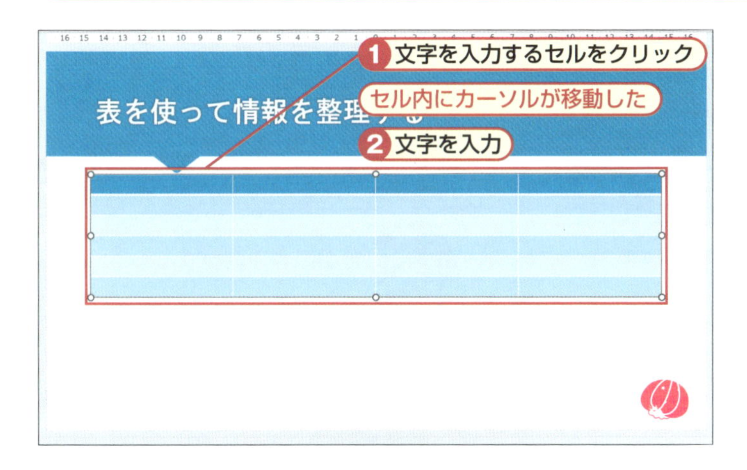

## 表に入力する

空の表に文字を入力します。入力するセルをクリックして選択します。セル内にカーソルが移動したら、キーボードから文字を入力してください。コピー&ペーストでも入力できます。

### セルを移動する

[セル] とは、表のマス目のことです。表内のセルは、次の操作で移動できます。

・マウス操作で移動する
　目的のセルをクリックします。
・キー操作でクリックする
　[Tab] キーを押すと右隣、[Shift]+[Tab] キーを押すと左隣のセルへ移動します。カーソルキー ([↑] [↓] [←] [→] キー) で移動することもできます。

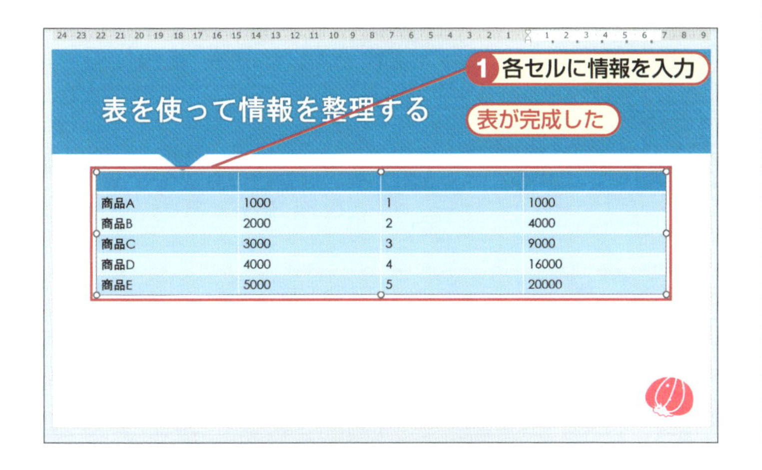

## セルを埋める

続けて各セルに情報を入力して、表を完成しましょう。

# 37 文字の長さに合わせて列の幅を調整する

初期設定では、表の列の幅や行の高さは同じです。たとえば、文字の長さに合わせて列の幅を変更すると、見やすい表になります。列の幅や行の高さはドラッグして変更できるので直感的に操作できます。複数の列の幅を揃えることもできます。

## 列の幅を変更する

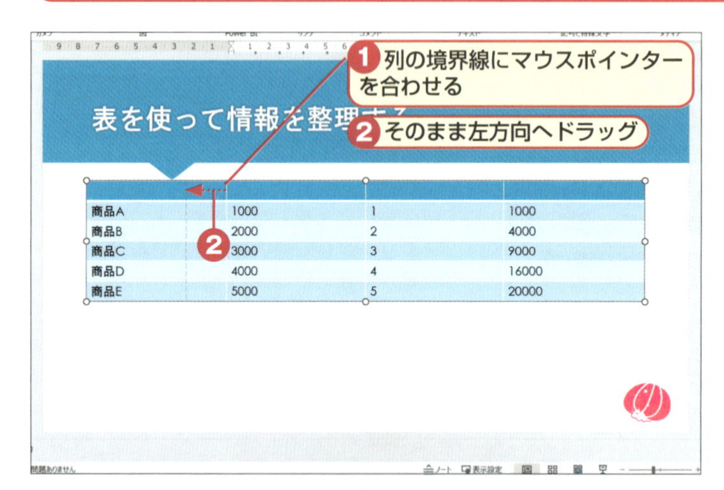

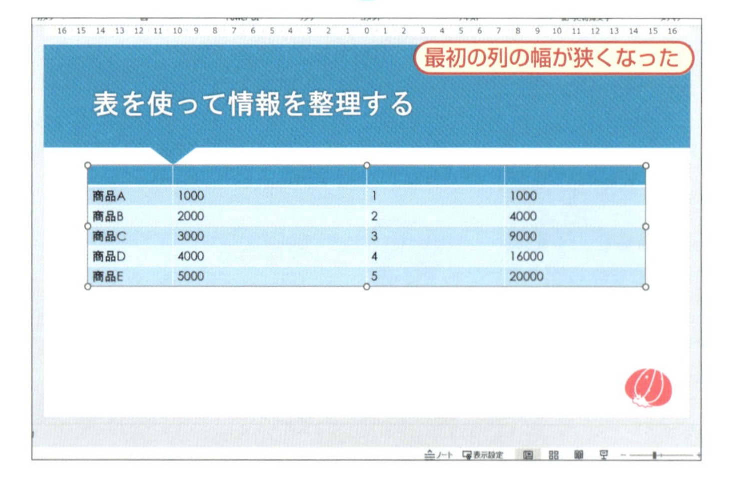

### 手順1 列の幅を変える

表の列幅を変えてみましょう。最初に列の境界線にマウスポインターを合わせてください。境界線を選択（マウスカーソルの形が変わったら）したら、そのまま左方向へドラッグしてください。

### メモ 行の高さを変更する

行の高さを変更するには、行の境界線にマウスポインターを合わせます。カーソルの形が変わったら、上下にドラッグします。

### 手順2 列の幅が変わった

境界線のドラッグを終える（マウスのボタンを離す）と、左側の列の列幅だけが狭くなりました。境界線のドラッグすることで広くすることもできます。

### 便利技 列の幅や行の高さを自動的に調整する

列や行の境界線をダブルクリックすると、セル内の文字の幅や高さに合わせて列の幅や行の高さが自動的に調整されます。

# 複数の列の幅を揃える

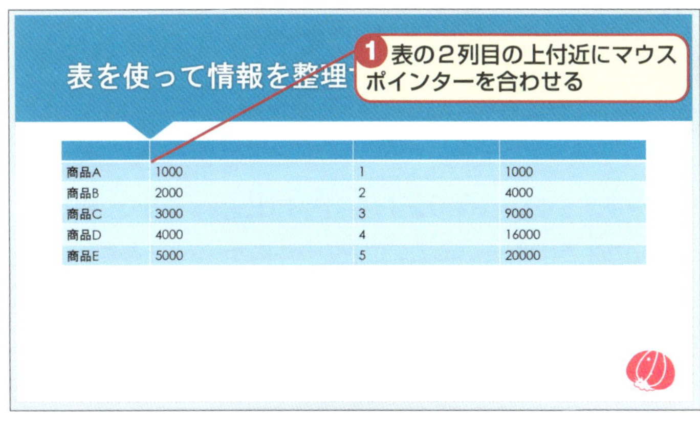

## 列を選択する

この表の一部を選択します。最初に表の2列目の上付近にマウスポインターを合わせてください。

### 複数の行を選択する

表の左端付近にマウスポインターを合わせると、カーソルの形が変化します。この状態で上下にドラッグすると、複数の行を選択できます。

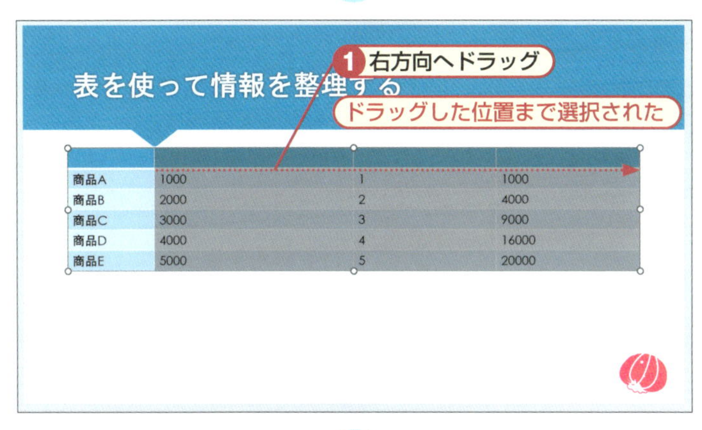

## 2から4列を選択する

2列目の上付近にマウスポインターを合わせたら、そのまま右方向へマウスをドラッグしてください。ここでは表の右までドラッグしています。ドラッグした位置までの列が選択されました。

### 複数の行の高さを揃える

複数の行の高さを揃えるには、複数の行を選択し、[テーブルレイアウト] タブの [高さを揃える] をクリックします。

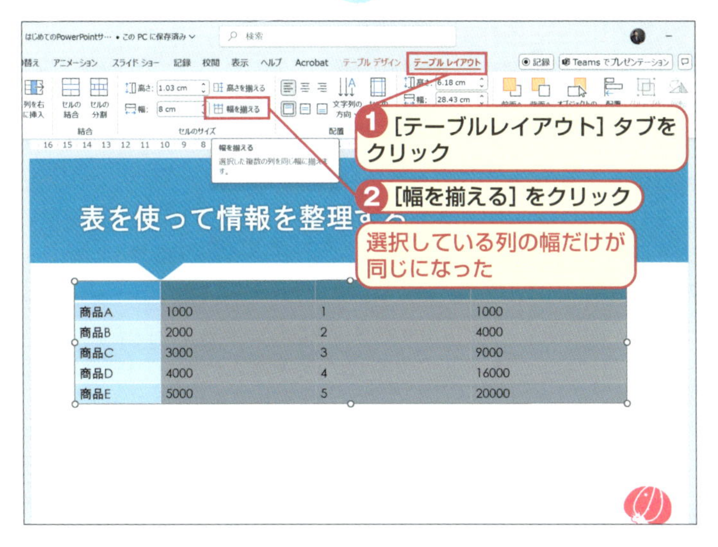

## 選択した列の幅を揃える

列の選択ができたので [テーブルレイアウト] タブをクリックして、表示された [幅を揃える] をクリックしてください。選択している列の幅だけが同じ幅になりました。

### 行の高さや列の幅を数値で指定する

行の高さや列の幅を数値で指定するには、目的のセルをクリックしてカーソルを移動し、[テーブルレイアウト] タブにある [高さ] または [幅] に数値を入力します。単位はセンチメートルです。

# 38 行を後から追加する

表を作成していると、行や列が不足することがありますが、行や列は追加できるので作り直す必要はありません。行や列を追加するには、追加したい位置のセルにカーソルを移動し、[テーブルレイアウト] タブから新しい行や列を挿入します。また、不要な行や列は削除できます。

## 行を挿入する

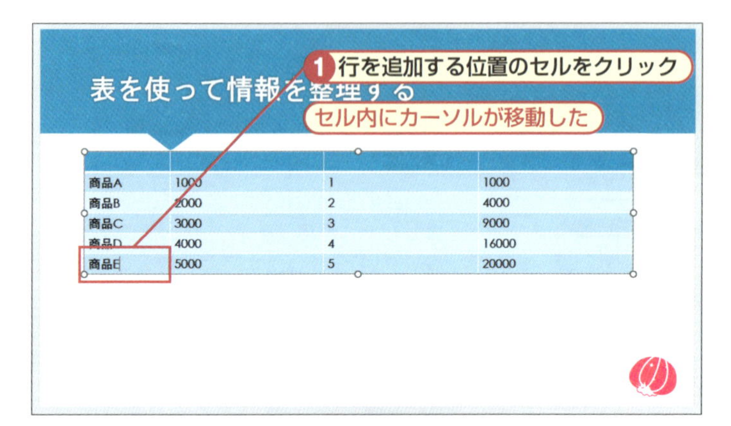

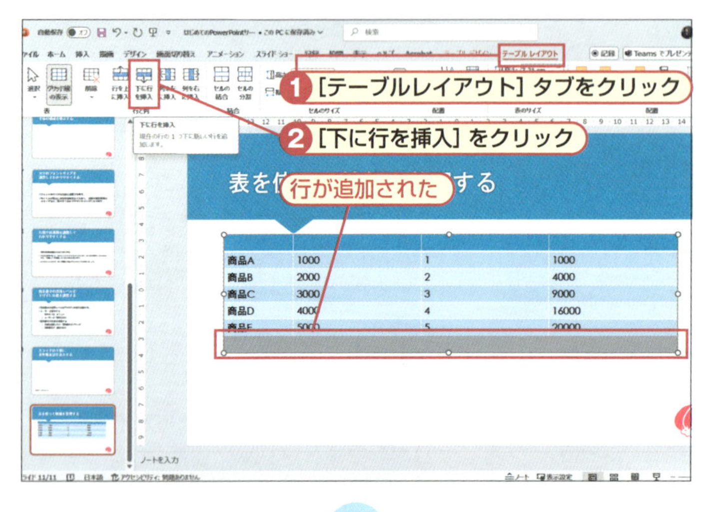

### 手順1 行の追加

表を作ってからデータが増えて行不足になったら行を追加しましょう。最初に行を追加する位置のセルをクリックして選択します。選択したセル内にカーソルが移動しました。

### メモ 行を挿入する

行を挿入するには、行を挿入したい位置のセルをクリックし、[テーブルレイアウト] タブの [上に行を挿入] または [下に行を挿入] をクリックします。

### 手順2 行を下に挿入する

セルの選択ができたら [テーブルレイアウト] タブをクリックして、表示された [下に行を挿入] をクリックすると選択した行の下に行が増えます。

### メモ 列を挿入する

列を挿入するには、列を挿入したい位置のセルをクリックし、[テーブルレイアウト] タブの [左に列を挿入] または [右に列を挿入] をクリックします。

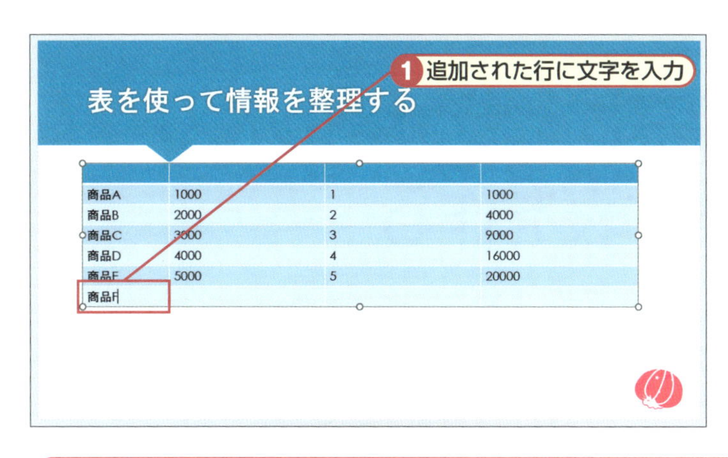


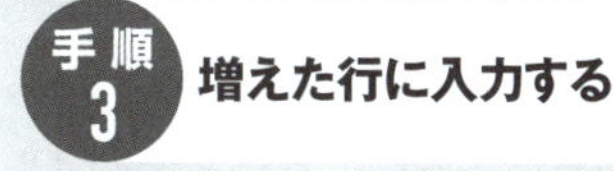

### 手順3 増えた行に入力する

ここでは最も下に行が追加されました。追加された行に文字を入力します。

## 行を削除する

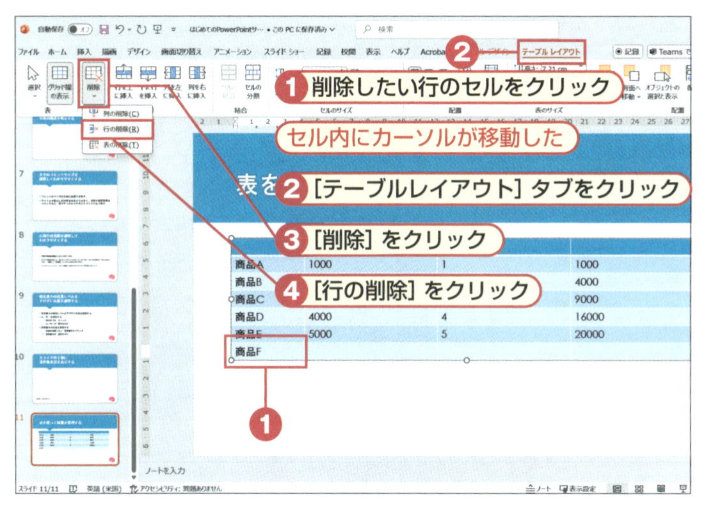

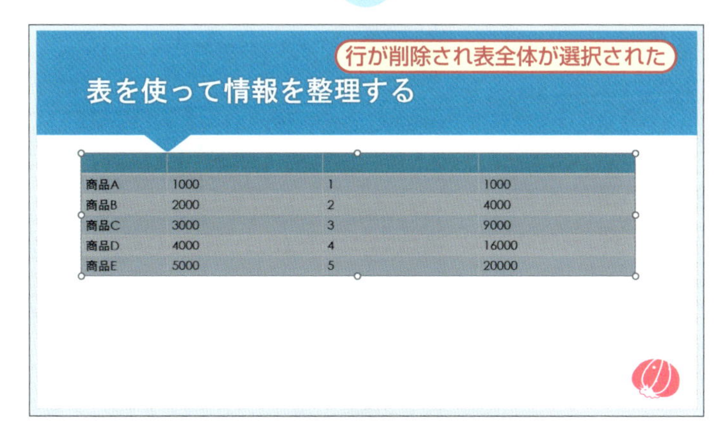


### 手順1 行を削除する

不要な行を削除しましょう。削除したい行のセルをクリックして選択します。セルが選択できたら［テーブルレイアウト］タブをクリックして表示された［削除］をクリックするとメニューが表示されますので、［行の削除］をクリックしてください。

### メモ 列を削除する

列を削除するには、削除したい列のセルをクリックし、［テーブルレイアウト］タブの［削除］→［列の削除］をクリックします。列を削除すると、データが左方向にずれます。

### 手順2 行が削除された

行が削除され、表全体が選択されました。

### メモ 表を削除する

表そのものを削除するには、表内のセルをクリックし、［テーブルレイアウト］タブの［削除］→［表の削除］をクリックします。または、表の外枠をクリックします。表が選択されるので、［Delete］キーを押します。

# 39 セルをつなげたり分割したりして少し複雑な表を作る

見出しや共通する項目が入ったセルは、結合すると見やすくなります。また、1つのセルを分割することもできます。手書きで表を作るときは、表の構成をあらかじめ決めておかないと修正が面倒ですが、PowerPointならば修正しながら作ることができるので便利です。

## 複数のセルを結合する

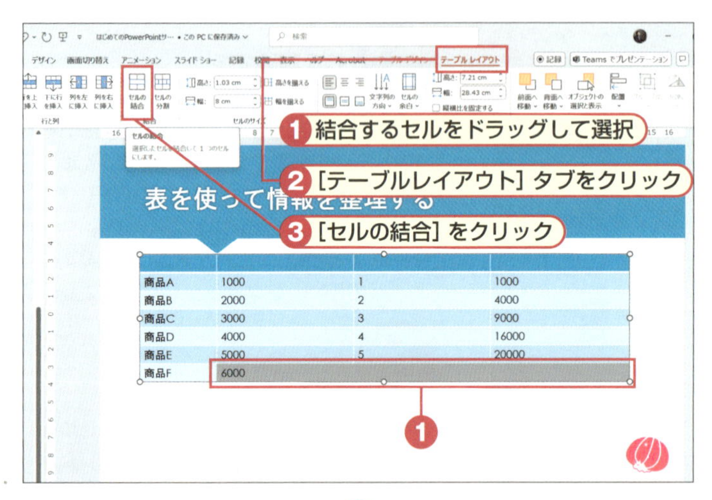

### 手順1 セルを結合する

複数のセルを結合して1つのセルにできます。結合するセルをドラッグして選択してください。[テーブルレイアウト] タブをクリックして表示された [セルの結合] をクリックします。

### メモ 複数のセルを選択する

複数のセルを選択するには、選択したいセル上をドラッグします。

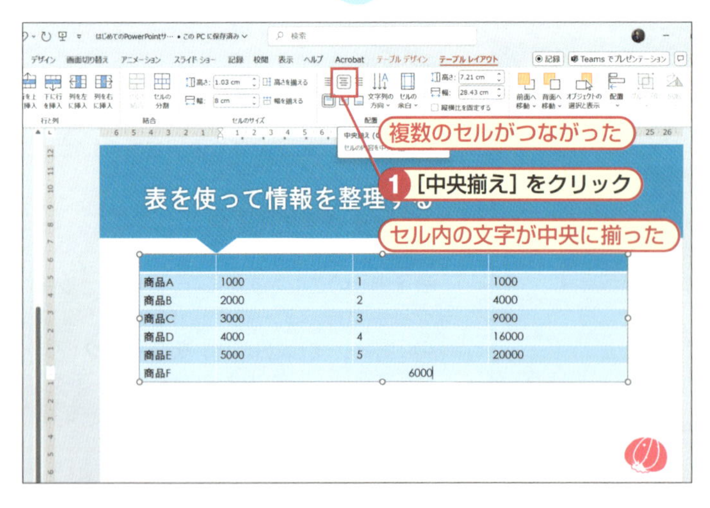

### 手順2 セルが結合された

複数のセルがつながって1つになりました。他のセルと大きさが異なるので見た目を整えましょう。[中央揃え] をクリックしてください。セル内の文字が中央に揃い見やすくなりました。

### メモ 結合する場所を間違えた場合

結合するセルを間違えた場合は、[Ctrl]＋[Z]（Mac：[⌘]＋[z]）キーを押すと取り消すことができます。または、分割して元に戻します。

# セルを分割する

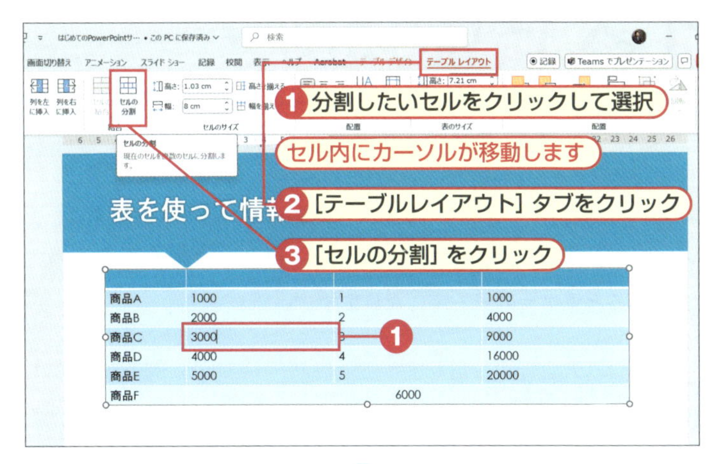

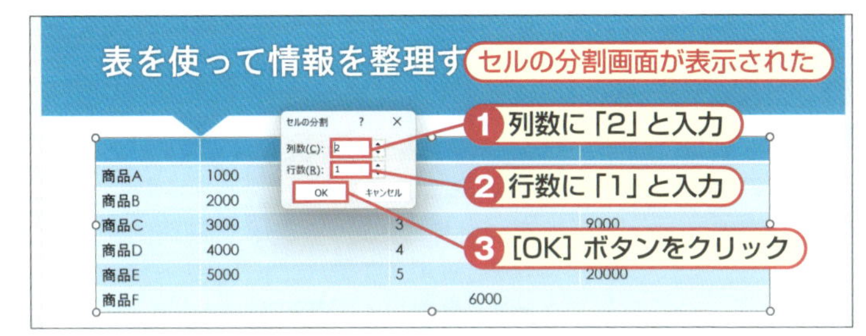

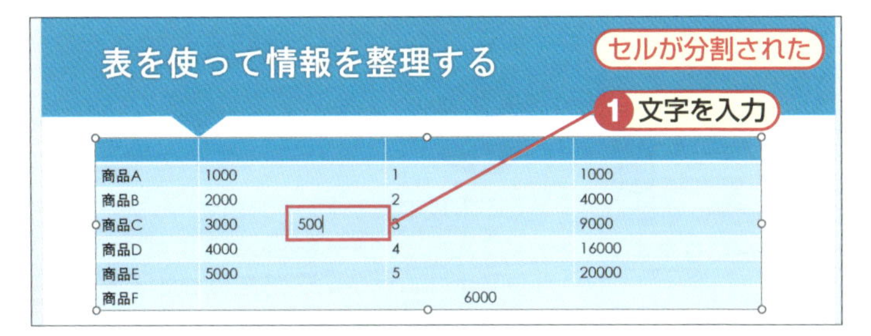

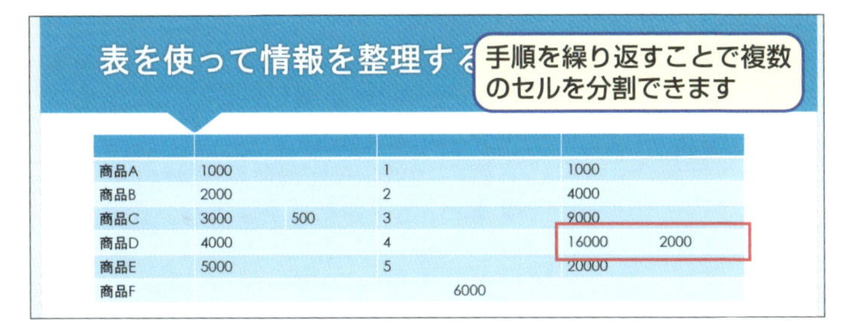

## 手順1 セルを選択する

分割したいセルをクリックして選択してください。セル内にカーソルが移動すれば、選択できています。[テーブルレイアウト] タブをクリックして表示された [セルの分割] をクリックしてください。

### メモ セルを分割する

セルを分割するには、分割したいセルをクリックしてカーソルを移動し、[テーブルレイアウト] タブの [セルの分割] をクリックします。[セルの分割] 画面が表示されるので、分割後の行数と列数を入力し、[OK] をクリックします。

## 手順2 分割を設定する

[セルの分割] 画面が表示されます。列数に「2」、行数に「1」と入力して [OK] ボタンをクリックしてください。

### メモ 分割する数を間違えた場合

分割する数を間違えた場合は、[Ctrl] + [Z] ([⌘] + [z]) キーを押すと取り消すことができます。

## 手順3 分割できた

選択したセルが分割されました。続いて文字を入力してください。

## 手順4 さらに分割する

これまでの手順を繰り返すことで複数のセルを分割することができます。

# 40 表のサイズやセル内の文字の位置を調整する

表の内容によっては、スライドに余白ができます。サイズを調整してバランスを整えましょう。表のサイズは、ドラッグ操作ですぐに変更できます。また、表のサイズを変更したら、セル内の文字の配置も調整すると見栄えのする表になります。

## 表のサイズを変更する

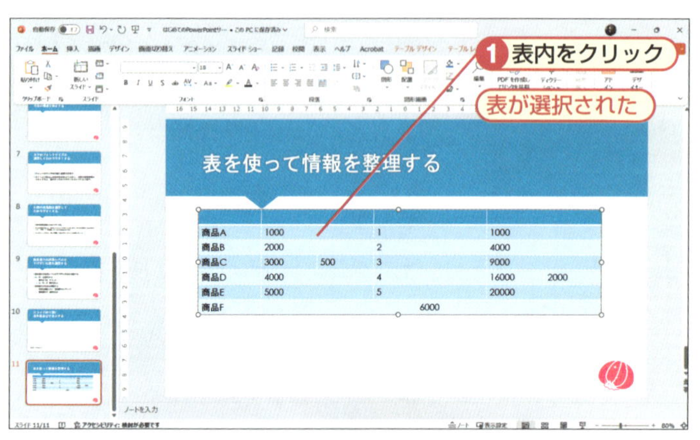

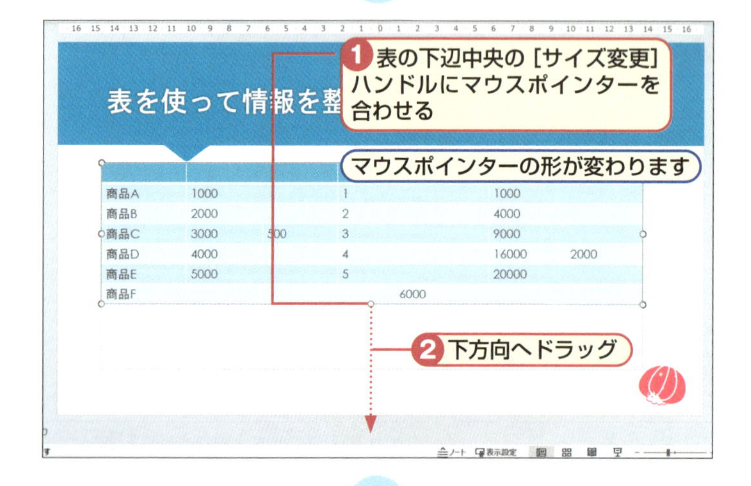

### 手順1 表を選択する

表の大きさを変更するために表内をクリックして表を選択してください。

### 便利技 表のサイズを変更する

表の外枠の四辺中央および四隅に表示される［サイズ変更ハンドル］をドラッグすると、表のサイズを変更できます。このとき、［Shift］キーを押しながらドラッグすると、表の縦横比を保ったままサイズを変更できます。

### 手順2 表を大きくする

表の下辺中央の［サイズ変更］ハンドルにマウスポインターを合わせてください。マウスポインターの形が変わったら下方向へドラッグしてください。

### 便利技 表を移動する

表の外枠にマウスポインターを合わせるとカーソルの形が変化します。この状態でドラッグすると、表を移動できます。このとき、［Shift］キーを押しながらドラッグすると、水平または垂直方向へ移動します。

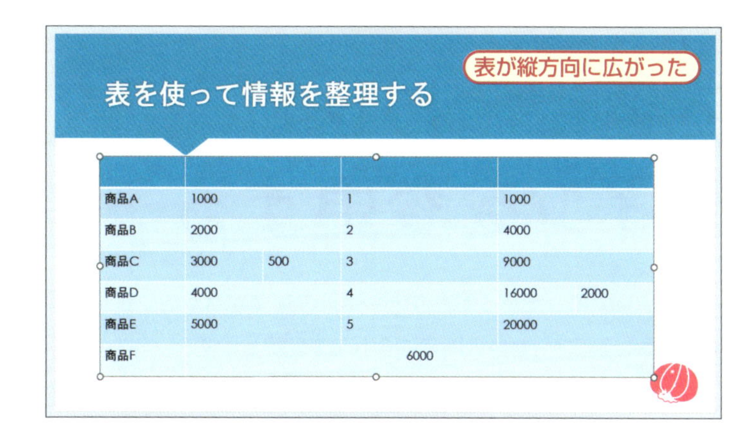

### 表が広がった

下方向にドラッグした分だけ表が縦方向に広がりました。

#### セル内の文字の配置を設定する

表を拡大するとセルの高さも広がりますが、初期状態では文字は上揃えに設定されているため、バランスがよくありません。[レイアウト] タブの [配置] にあるボタンからセル内の位置を変更できます。

## セル内の文字をセルの上下中央に配置する

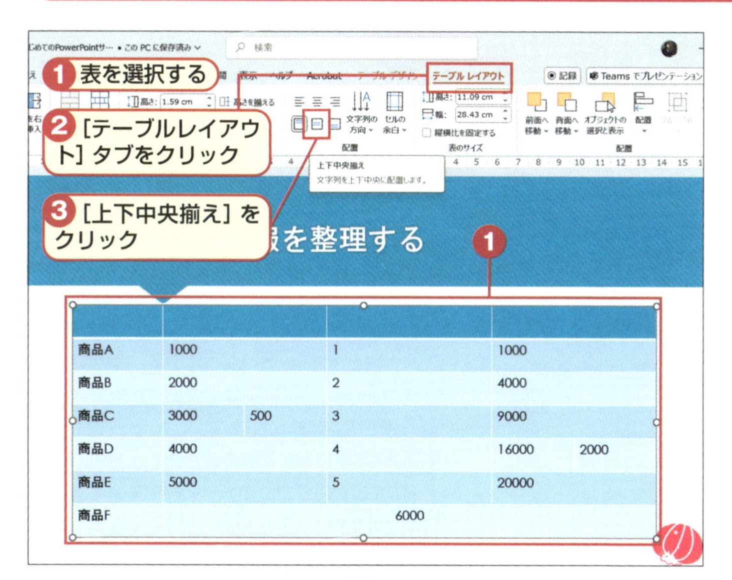

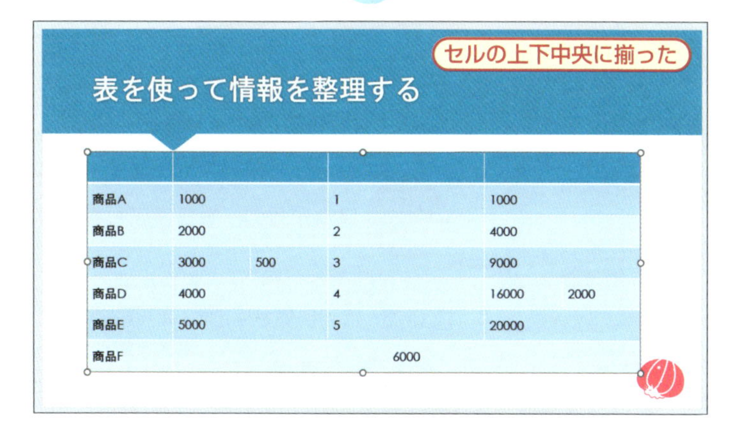

### 上下中央に文字を配置する

文字の表示を整えましょう。表をクリックして選択してください。[テーブルレイアウト] タブをクリックして表示される [上下中央揃え] をクリックしてください。

#### 表の文字サイズを変更する

表のサイズを変更しても文字のサイズは変更されません。文字のサイズを変更するには、表を選択し、[ホーム] タブの [フォントサイズ] から目的のサイズをクリックします。このとき、表全体の文字のサイズが変更されます。特定の文字のサイズを変更したい場合は、サイズを変更したい文字をドラッグして選択してから手順を行います。

### 文字が上下中央に揃った

セル内の文字表示が上下中央に揃いました。

# 41 発表の内容に合わせて表のデザインを変更する

表を作成すると、スライドのテーマにしたがって表の色や罫線の種類が自動的に設定されます。色などによって印象が異なるので、発表の内容に合わせて変更します。

## 表のスタイルを変更する

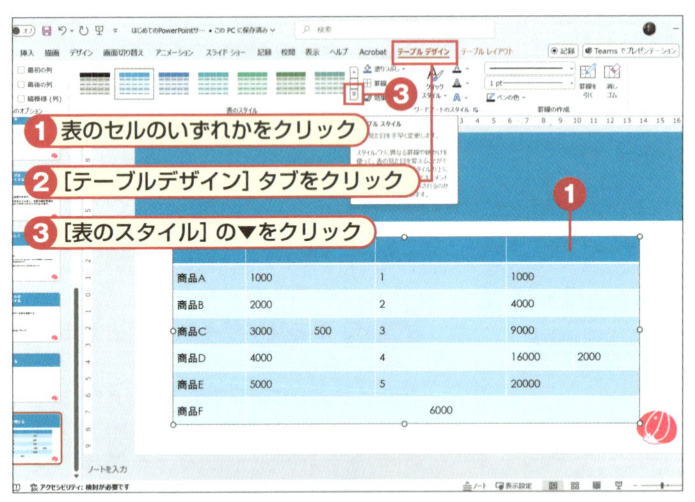

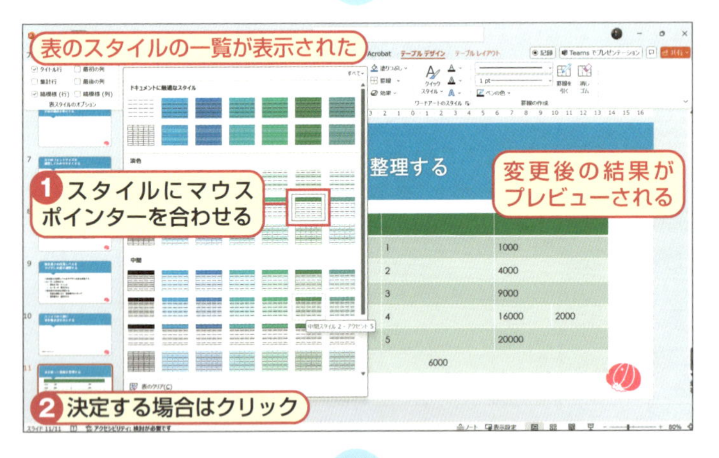

### 手順1 表を選択する

表のセルのいずれかをクリックして選択します。[テーブルデザイン] タブをクリックして表示された [表のスタイル] の▼をクリックしてください。

### メモ 表のスタイルを設定する

[スタイル] とは、セルの色や罫線の種類など、複数の書式をまとめたものです。表にはスライドのテーマに沿った色などがあらかじめ設定されますが、後からでも変更可能です。セルの色などが異なるとスライドの印象も異なるので、表のスタイルを変更し、発表内容に合わせて調整しましょう。

### 手順2 スタイルを選択する

表のスタイルの一覧が表示されます。スタイルにマウスポインターを合わせてください。変更後の結果がプレビューされます。

### メモ スタイルの一覧を表示しない

スライドが隠れてしまって変更後の結果を確認しにくい場合は、▼（真ん中のアイコン）をクリックすると、一覧を表示せずにスタイルを選択できます。

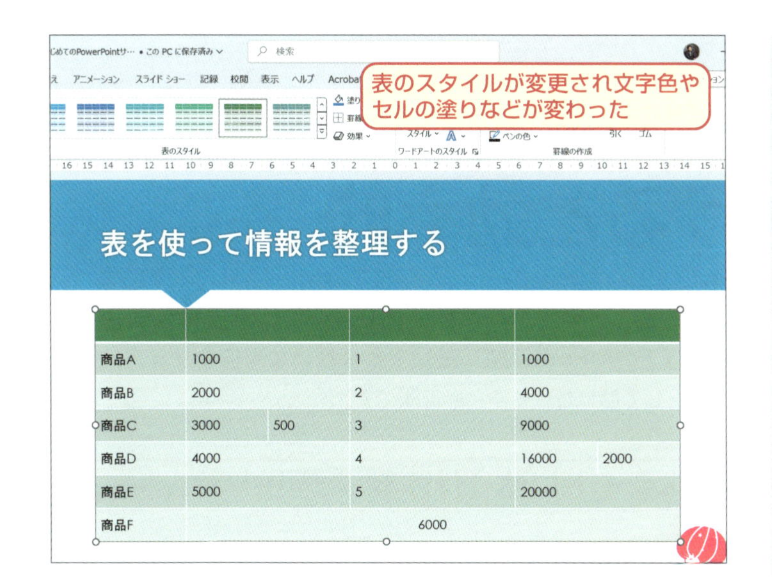

## スタイルが変更された

表のスタイルが変更され文字色やセルの塗りなどが変わりました。スタイルなら簡単に表のイメージを変更できます。

### タイトル行のデザインを無効にする

表のスタイルを設定すると、先頭行がタイトル行と認識され、タイトル行のデザインが自動的に設定されます。先頭行にタイトル行のデザインを設定したくない場合は、[デザイン] タブの [表スタイルのオプション] にある [タイトル行] をクリックしてチェックマークを外します。

# セルの色を変更する

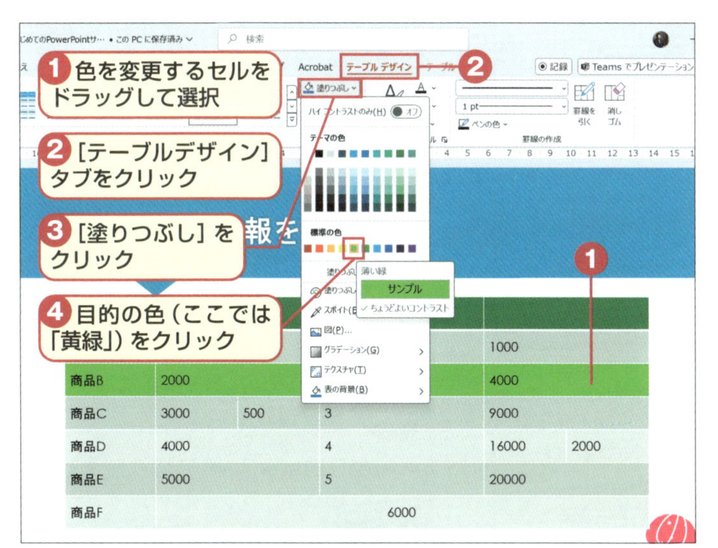

## セルを選択する

色を変更するセルをドラッグして選択してください。[テーブルデザイン] タブをクリックして表示された [塗りつぶし] をクリックします。目的の色（ここでは黄緑）をクリックします。

### セルや罫線を個別に変更する

表のスタイルを設定すると、セルや罫線の色、罫線の種類などがまとめて設定されます。個別に設定したい場合は、[デザイン] タブの [塗りつぶし] や [罫線] をクリックすると変更できます。

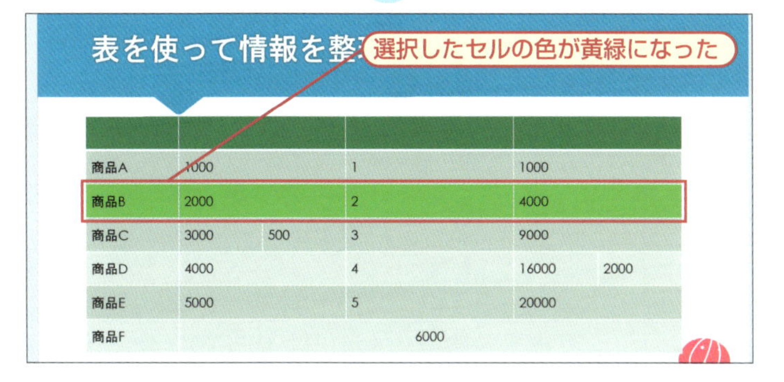

## セルの色が変わった

最初に選択したセルの色が黄緑に変わりました。

# 42 表はExcelで作って貼り付けると効率的

Officeは、WordやExcel、PowerPoint間の連携機能に優れています。表の作成はExcelが得意なので、Excelで作ってPowerPointに貼り付けるときれいな表になります。また、Excelの機能を保持した表として貼り付けることも可能です。

## Excelの表をスライドに貼り付ける

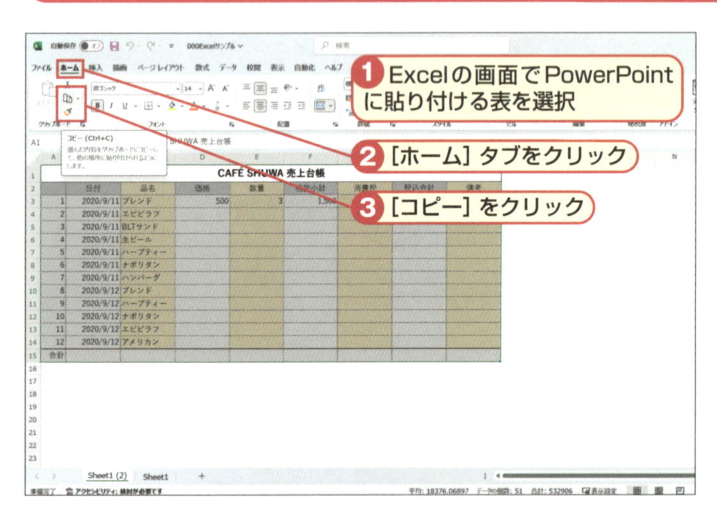

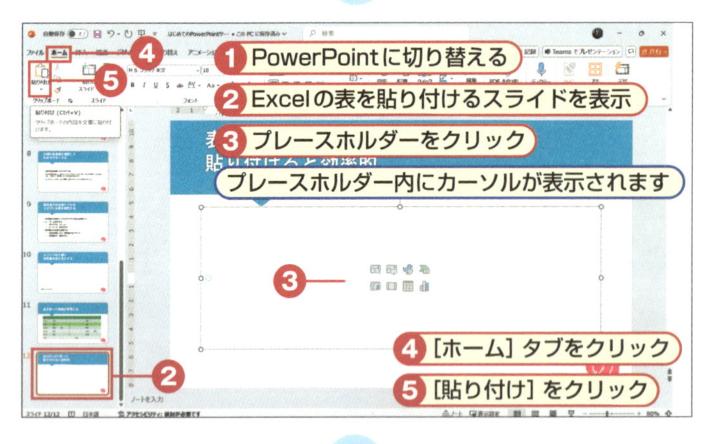

### 手順1 Excelを起動する

最初にExcelの画面でPowerPointに貼り付ける表を選択してください。Excelで［ホーム］タブをクリックしてから［コピー］をクリックします。これで、Excelの表がコピーできました。

### メモ Excelの操作

Excelの操作については、本書では割愛します。

### 手順2 表をPowerPointに貼り付ける

ExcelからPowerPointに切り替えてください。Excelの表を貼り付けるスライドを表示します。プレースホルダーをクリックしてプレースホルダー内にカーソルを表示します。［ホーム］タブの［貼り付け］をクリックしてください。

### 時短 コピーと貼り付けのショートカット

Windows
コピー：[Ctrl]＋[C] キー
貼り付け：[Ctrl]＋[V] キー
Mac
コピー：[⌘]＋[c] キー
貼り付け：[⌘]＋[v] キー

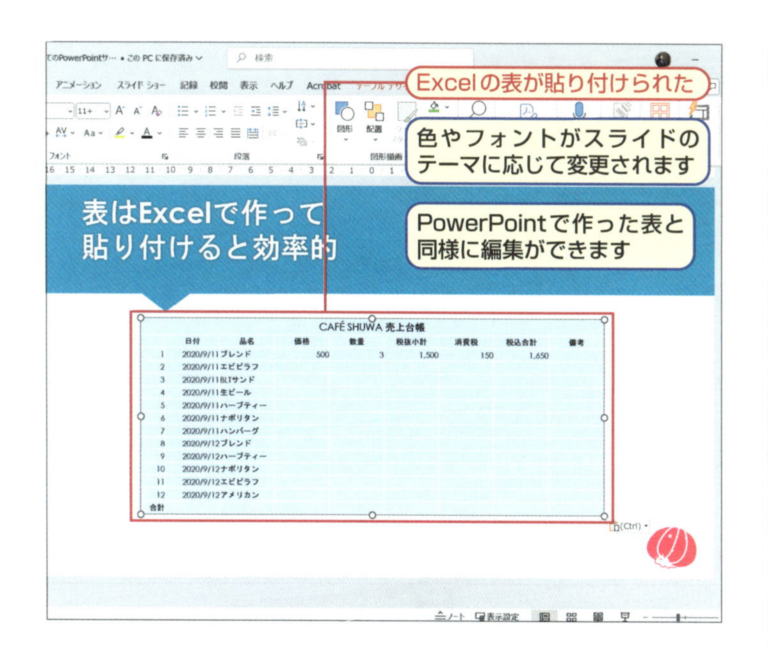

### 手順3 Excelの表が貼り付けられた

Excelで作った表が貼り付けられました。表の色やフォントは、スライドのテーマに応じて自動的に変更されます。なお、この表もPowerPointで作った表と同様に編集ができます。

### メモ Excelの表がPowerPointのデザインに変更される

Excelの表をスライドに貼り付けると、スライドのテーマに沿って配色やフォントなどが変更されます。Excelで作ったときのデザインに戻したい場合は、表の右下に表示される［貼り付けのオプション］をクリックし、［元の書式を保持］をクリックします。

## Excelの表のデザインに戻す

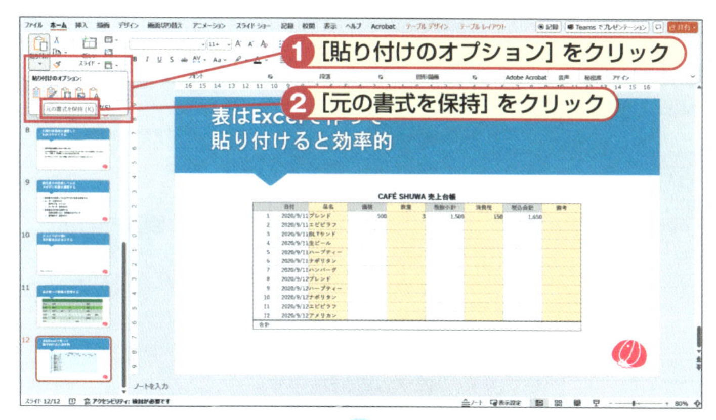

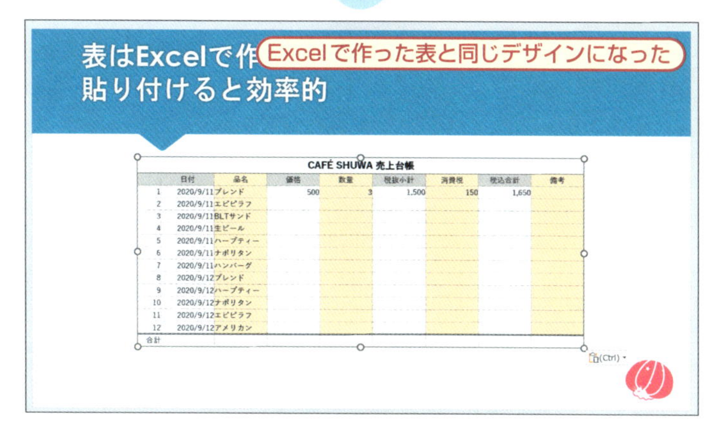

### 手順1 デザインをExcelに戻す

Excelのデザインに戻すには、［貼り付けのオプション］をクリックして［元の書式を保持］をクリックしてください。

### メモ 貼り付けた表を削除する

貼り付けるスライドを間違えた場合は、貼り付けた表を削除します。貼り付けた表を削除するには、表を選択して［Delete］キーを押します。表を削除してもコンテンツプレースホルダーは削除されないので安心です。

### 手順2 Excelの表に戻った

Excelで作りPowerPoint貼り付けた表がExcelと同じデザインに戻りました。

## Excelの機能を利用できる表を貼り付ける

### Excelの表をコピーする

最初にExcelの画面でPowerPointに貼り付ける表を選択して、［ホーム］タブをクリックして表示される［コピー］をクリックしてください。

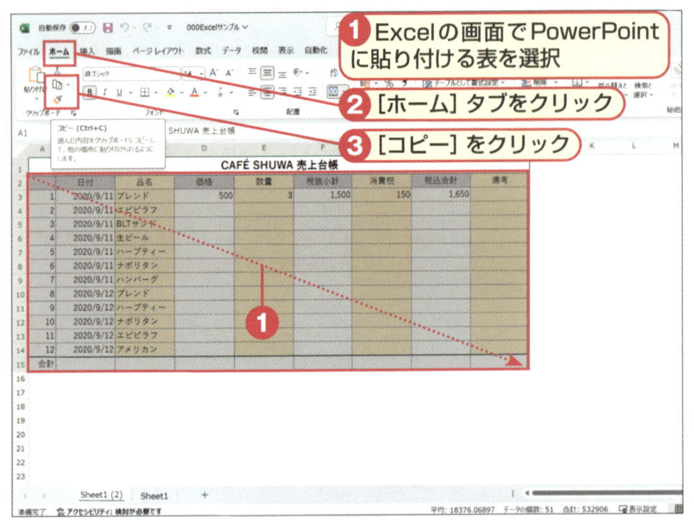

### PowerPointに貼り付ける

Excelの機能を利用できる表を貼り付けるには、Excelの画面で表をコピーしたあと、PowerPointの画面で［貼り付け］の下半分をクリックし、［形式を選択して貼り付け］をクリックします。

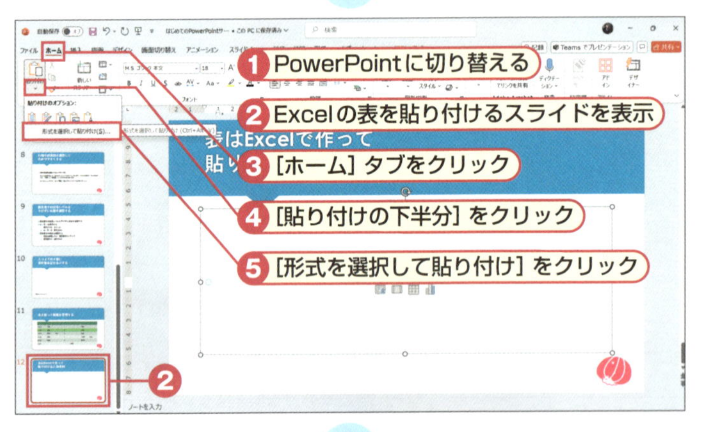

### Excelの機能を利用できる表を貼り付ける

［形式を選択して貼り付け］画面が表示されるので、［貼り付け］を選択し、［Microsoft Excelワークシートオブジェクト］を選択します。貼り付けた表をダブルクリックすると、Excelの機能を使って表を編集できます。

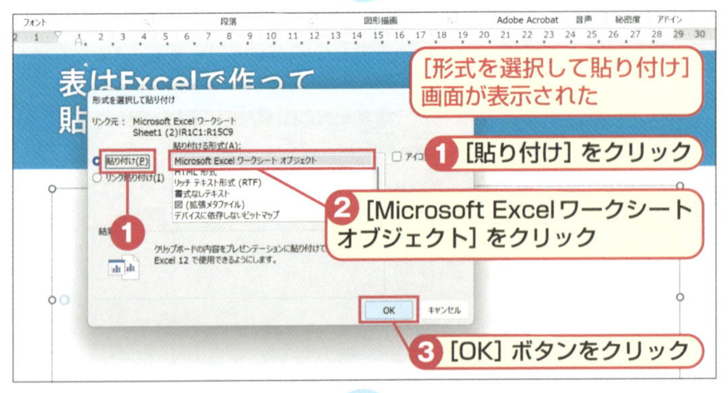

### ［タイトルのみ］のレイアウトを使う

Excelの機能を利用できる表は、コンテンツプレースホルダーの中には貼り付けることができません。そのため、ここではコンテンツプレースホルダーがない［タイトルのみ］のレイアウトを使っています。

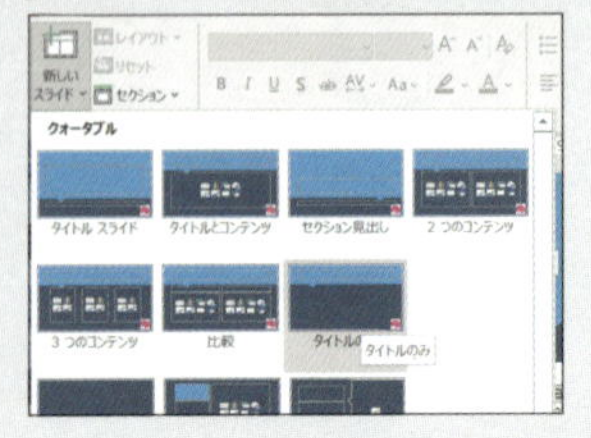

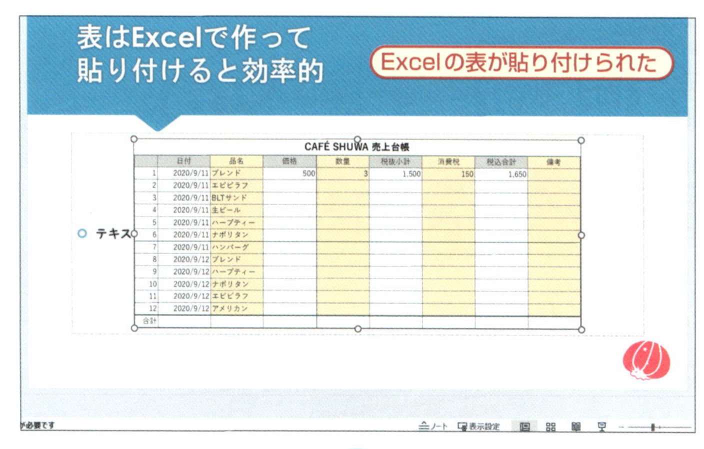

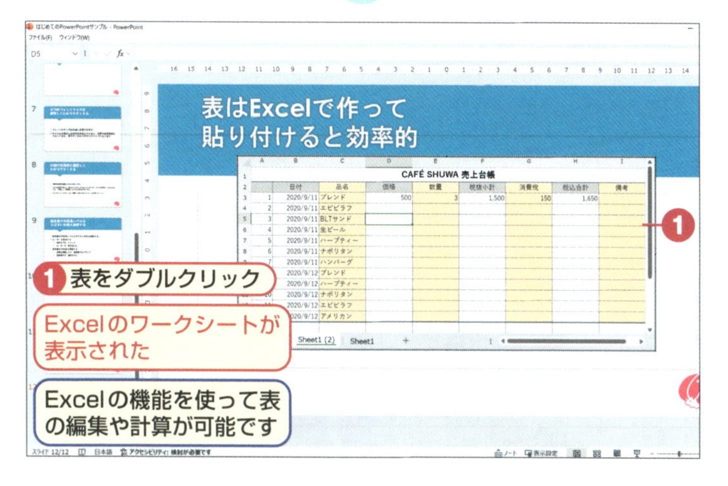

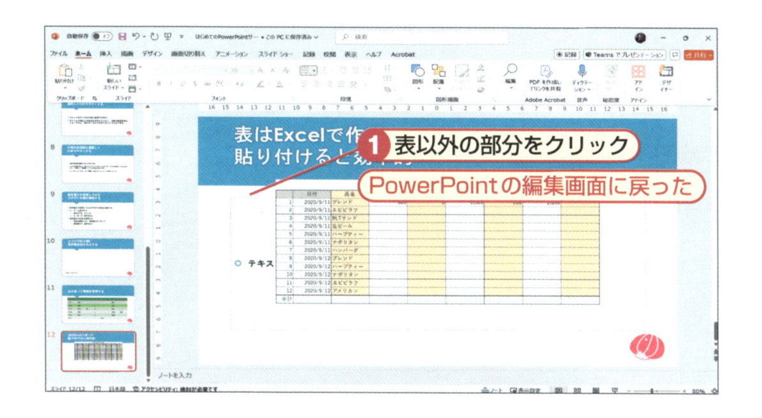

## 手順4 Excelの機能を使える表が貼り付けられた

Excelの機能を利用できる表が貼り付けられました。

## 手順5 Excelの機能を使う

貼り付けた表をダブルクリックしてください。Excelのワークシートが表示されました。これで、PowerPointの中でExcelの機能を使って表の編集や計算ができるようになりました。

### 便利技 Excelと連動した表を貼り付ける

[形式を選択して貼り付け] 画面で [リンク貼り付け] を選択すると、もとのExcelの表と連動した表を貼り付けることができます。これを [リンク貼り付け] といいます。リンク貼り付けでは、Excelでもとの表を編集すると、スライドに貼り付けた表にも編集結果が反映されます。Excelで頻繁に更新する表を使う場合に利用します。

なお、もとのExcelファイルを捨ててしまうと編集できなくなるので、しっかり保管しておきましょう。

## 手順6 PowerPointに戻る

Excelの機能を使える状態からPowerPointの編集画面に切り替えてみます。Excelで作った表以外の部分をクリックするとPowerPointの編集画面に戻りました。

SECTION

キーワード▶グラフの種類／グラフエリア／グラフスタイル

# 43 グラフを使ってデータの推移や割合を表現する

グラフを使うとデータの推移や割合、分布などがわかりやすくなるため、プレゼンテーションではよく利用します。PowerPointは、棒グラフや折れ線グラフ、円グラフといったグラフのほか、散布図や株価、等高線といった特殊なグラフを作ることもできます。

## グラフを構成する要素

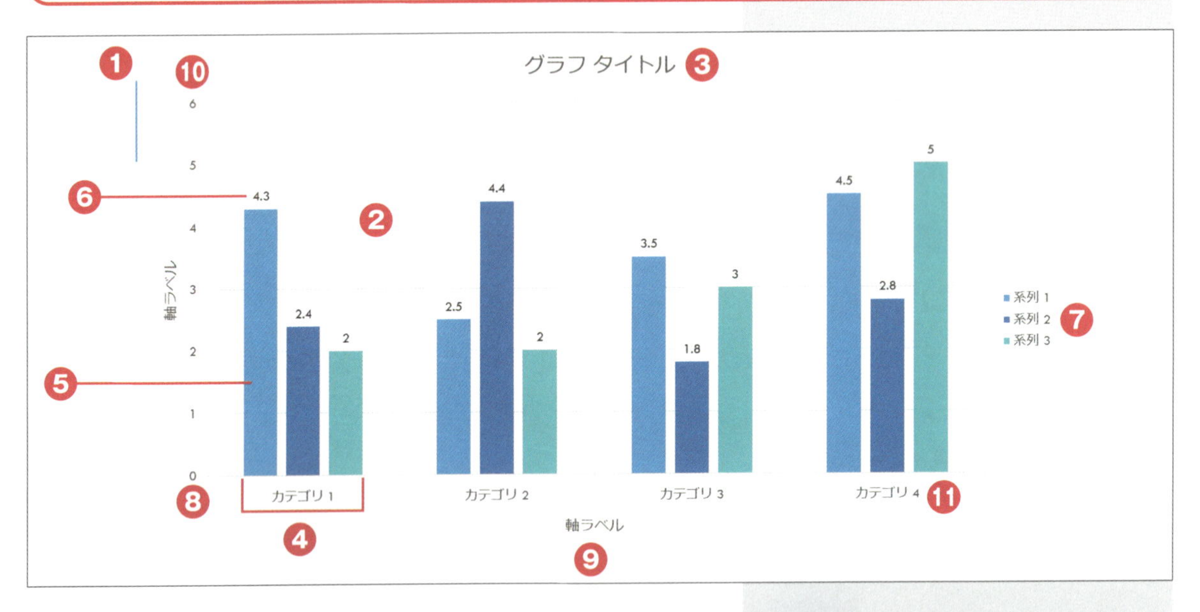


| 要素名 | 説明 |
|---|---|
| ❶グラフエリア | グラフタイトルや凡例を含む、グラフ全体 |
| ❷プロットエリア | グラフの領域 |
| ❸グラフタイトル | グラフのタイトル |
| ❹データ系列 | もとの表の1行または1列ごとのデータのまとまり |
| ❺データマーカー | 棒グラフの棒や折れ線グラフの線といった図形 |
| ❻データラベル | データマーカーの数値 |
| ❼凡例 | データマーカーに対応する名前 |
| ❽目盛線 | グラフを見やすくするために引かれる線 |
| ❾軸ラベル | 軸が意味するもの |
| ❿縦（値）軸 | グラフの数値を表すための縦線 |
| ⓫横（項目）軸 | グラフの項目を並べる横線 |

### 便利技 グラフの要素名を確認する

マウスポインターをグラフの要素に合わせると、グラフの要素名を確認できます。

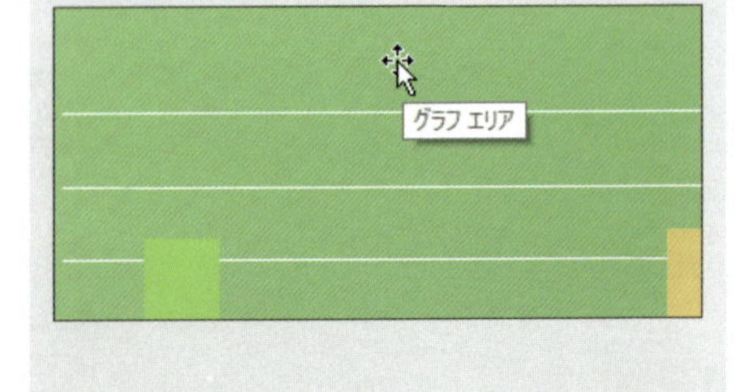

## PowerPointで作成できる主なグラフ

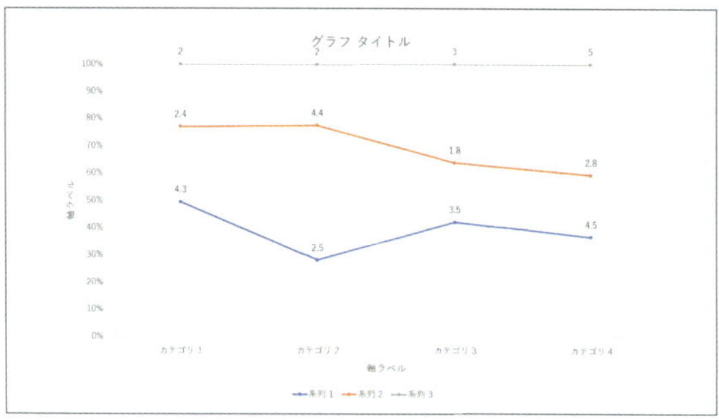


▲折れ線グラフ

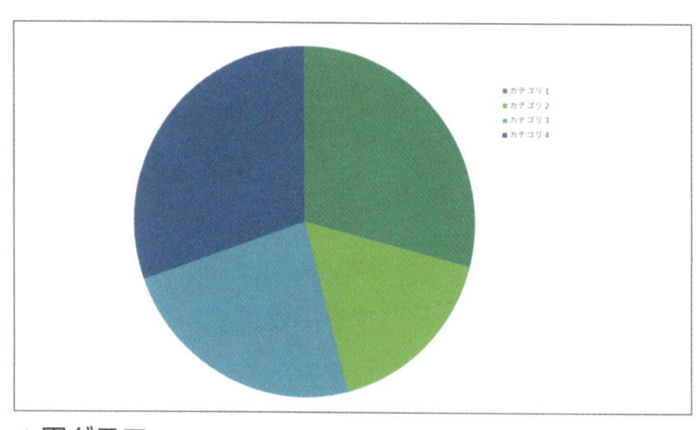

▲円グラフ

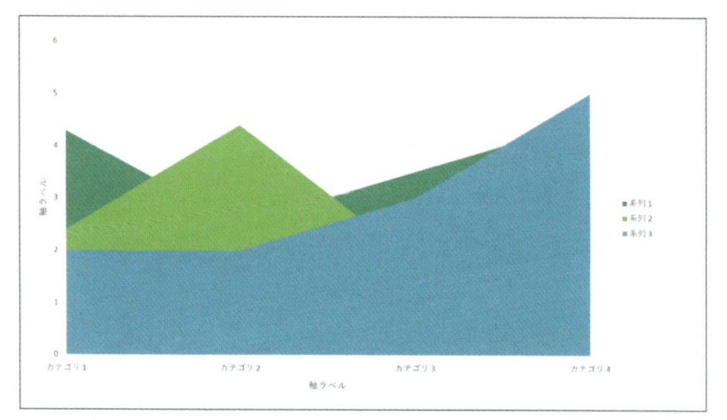

▲面グラフ

▲散布図

| 種類 | 説明 |
| --- | --- |
| 縦棒 | 数値を縦棒で表します。一定期間のデータの変化や項目の比較を示します |
| 折れ線 | 数値を点で表し、点と点を線で結びます。一定期間のデータの変化を示します |
| 円 | 数値の合計を円で表し、データの割合を示します。ひとつのデータを扱う円グラフと複数のデータを扱うドーナツグラフがあります |
| 横棒 | 数値を横棒で表します。項目を比較して示します |
| 面 | 数値を面で表します。時間の経過による合計値の変化を示します |
| 散布図 | データの分布や集中具合を示します。数値を点で表し、2つのデータを比較する散布図と、面積を加えることで3つのデータを比較するバブルグラフがあります |
| マップ | 国や地域、都道府県別に値を比較します |
| 株価 | 株価の高値、安値、終値などをローソク足で表します。株価の変動を示します |
| 等高線 | 数値を地図の等高線のように表します。データの最適値を示します |
| レーダー | 数値を同心円上に配置し、線で結びます。データのバランスを示します |
| ツリーマップ | 矩形を組み合わせ、データの割合を示します |
| サンバースト | 階層構造を持つデータの割合を示します |
| 箱ひげ図 | データを四分位に分け、データのばらつきを示します |
| ウォーターフォール | データが加算または減算されたときの変化を示します |
| じょうご | 過程におけるデータの変化を示します。通常、データは次第に減少し、じょうごに似た形になります |

# 44 スライドにグラフを挿入してグラフの種類を変更する

PowerPointでグラフを作成するには、まずサンプルのグラフを挿入し、次にグラフのデータを編集する2段階の操作が必要です。まずはサンプルのグラフを挿入してみましょう。グラフがイメージと合わない場合は、あとからグラフの種類を変更することも可能です。

## サンプルのグラフを挿入する

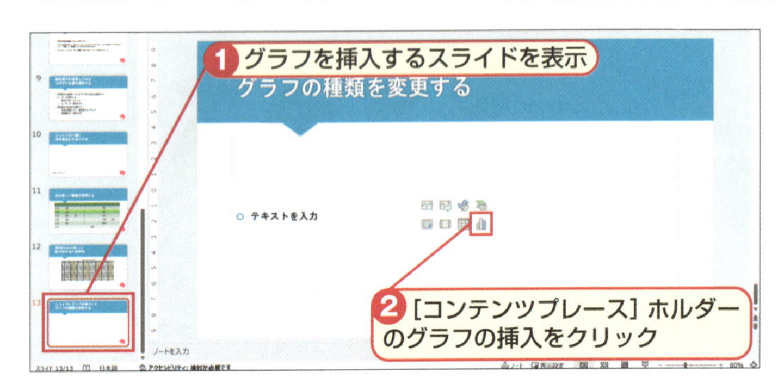

[グラフの挿入] 画面が表示された

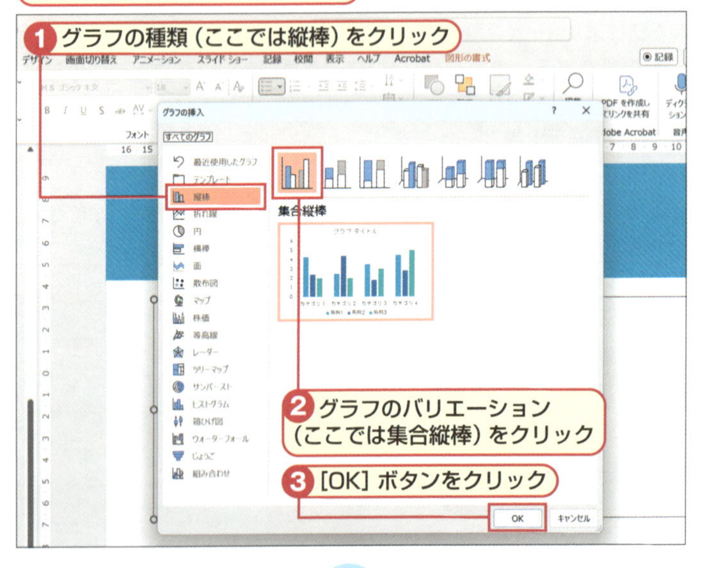

### 手順1 グラフを入れるスライドを表示する

グラフを挿入するスライドを表示して [コンテンツプレース] ホルダーのグラフの挿入をクリックします。

### メモ [挿入] タブからグラフを挿入する

左の手順のほか、[挿入] タブの [グラフ] をクリックしてもグラフを挿入できます。

### 手順2 グラフを挿入する

[グラフの挿入] 画面が表示されたら [グラフの種類] (ここでは縦棒) をクリックします。[グラフのバリエーション] (ここでは集合縦棒) をクリックして [OK] ボタンをクリックしてください。

### 便利技 Excelのグラフを貼り付ける

スライドにExcelのグラフを貼り付けられます (SECTION48参照)。

### メモ グラフのデザインはテーマによって異なる

[グラフの挿入] 画面には、作成されるグラフがプレビュー表示されます。このグラフの色などは、テーマによって異なります。

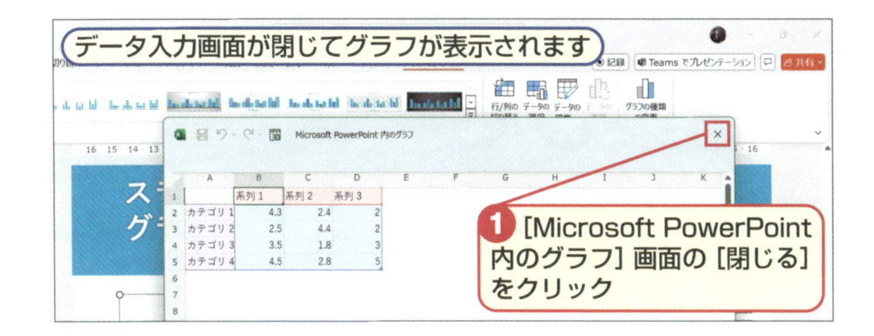

## グラフが表示される

グラフの元になるデータを編集する[Microsoft PowerPoint内のグラフ]画面が表示されているので[閉じる]をクリックするとデータ入力画面が閉じてグラフが表示されます

# グラフの種類を変更する

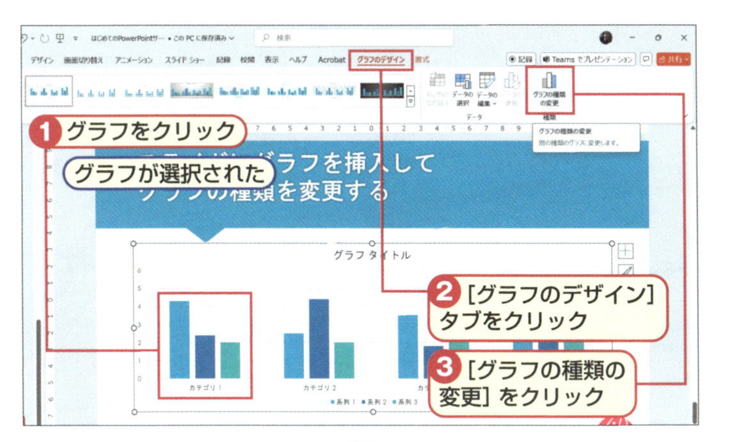

## 別のグラフ形式に変える

縦棒から円グラフに変更するので、グラフをクリックして選択します。グラフが選択されたら[グラフのデザイン]タブをクリックして表示された[グラフの種類の変更]をクリックします。

### サンプルのグラフが挿入される

グラフを挿入すると、サンプルのグラフが挿入されます。ワークシートのデータを編集すると連動してグラフも変化します。

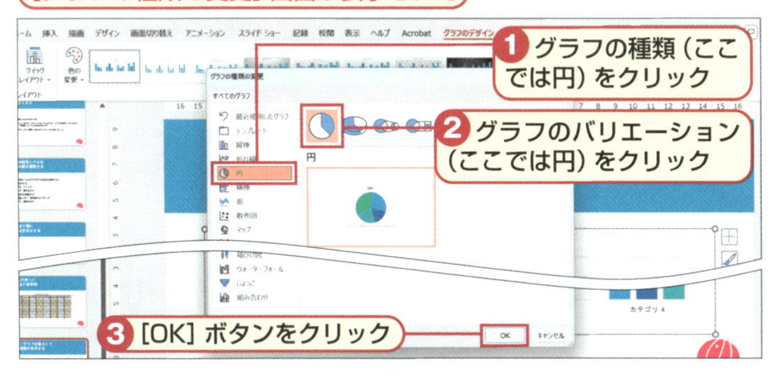

## 円グラフを選択する

[グラフの種類の変更]画面が表示されました。[グラフの種類](ここでは円)をクリックして[グラフのバリエーション](ここでは円)をクリックして[OK]ボタンをクリックします。

### グラフの種類を変更する

グラフの種類を変更するには、グラフを選択し、[デザイン]タブの[グラフの種類の変更]をクリックします。[グラフの種類の変更]画面が表示されるので、目的のグラフの種類を選択します。

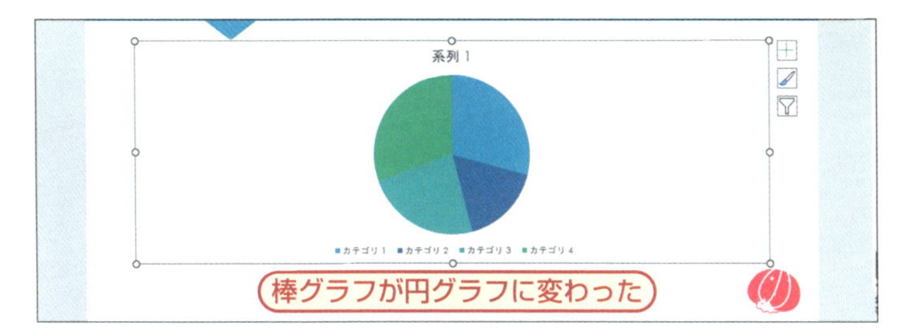

系列 1
棒グラフが円グラフに変わった

## 円グラフが表示された

最初の棒グラフが円グラフに変わりました。この手順で自由にグラフの形式を変更できます。

# 45 データを編集してグラフを仕上げていく

SECTION44の手順でサンプルのグラフを挿入したら、データを編集してグラフを仕上げていきましょう。データの編集は、[Microsoft PowerPoint内のグラフ] というExcelに似た画面で行います。これは、PowerPointがExcelの機能の一部を使ってグラフを作成するためです。

## グラフのデータを修正する

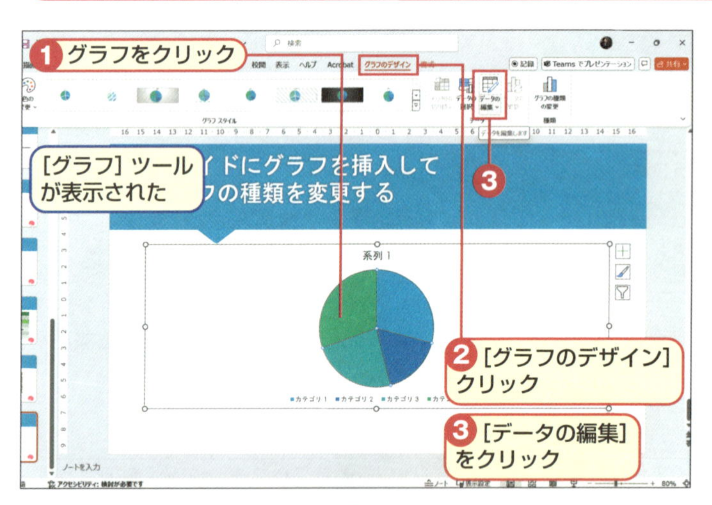

データの編集画面が表示された

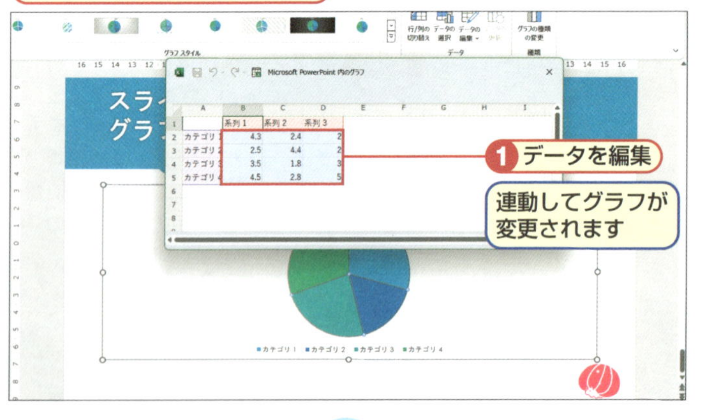

### 手順1 データを修正するグラフを選択する

修正するグラフをクリックして選択すると [グラフ] ツールが表示されます。[グラフのデザイン] をクリックして、[データの編集] をクリックしてください。

**メモ グラフを選択する**

グラフを選択するには、まずグラフをクリックします。グラフの外枠が表示されるので、外枠をクリックします。

### 手順2 データを修正する

データの編集画面が表示されました。ここで、データを編集してください。すると連動してグラフが変更されます。

**メモ グラフのデータを編集する**

グラフのデータを編集するには、グラフを選択し、[グラフのデザイン] タブにある [データの編集] をクリックします。

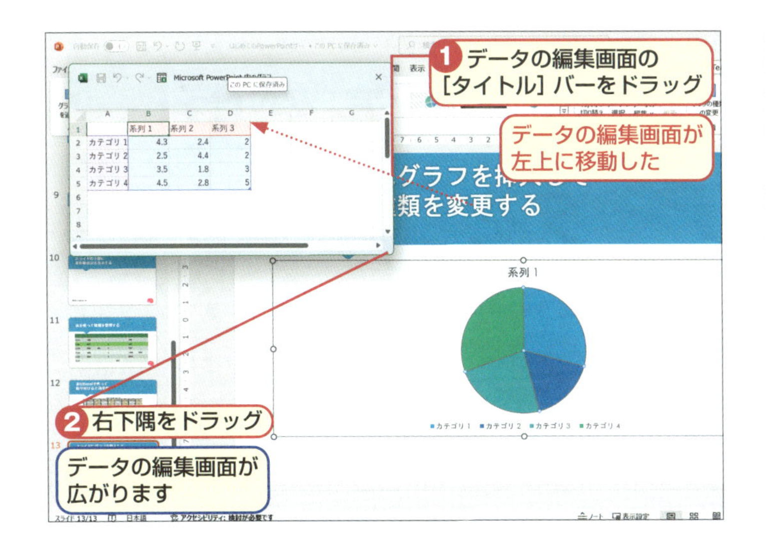

### データ編集画面を広げる

データの編集画面の［タイトル］バーをドラッグして表示位置を左上に移動します。続いてデータの編集画面の右下隅を斜め下にドラッグしてデータの編集画面を広げます。

### グラフ化される領域

データの編集画面で青色の枠線で囲まれている領域がグラフ化されます。不要なデータが入力されている場合は、青色の枠線の右下隅にマウスポインターを合わせて内側にドラッグします。また、外側にドラッグすると、グラフ化する領域を広げることができます。

## データを編集する

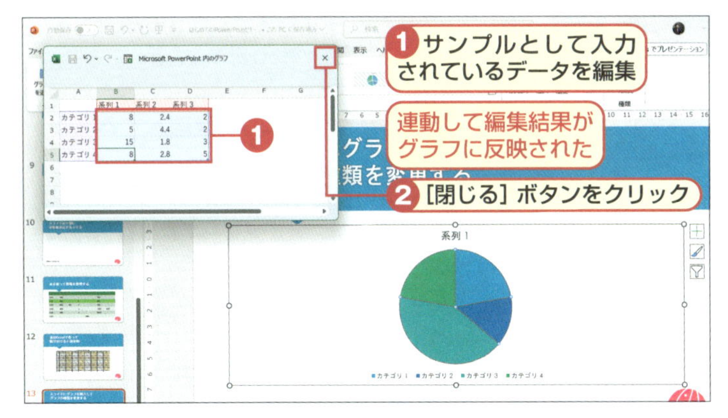

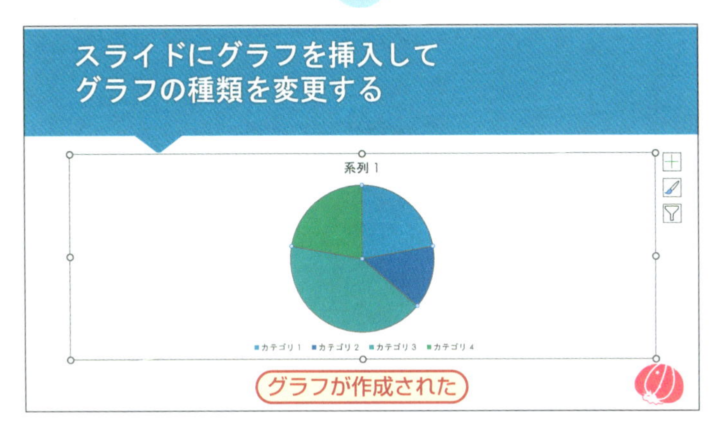

### データを修正する

サンプルとして入力されているデータを編集します。連動してグラフも変化します。修正が終わった［閉じる］ボタンをクリックします。

### グラフのデータをExcelで編集する

［Microsoft PowerPoint内のグラフ］画面ではグラフのデータを編集できますが、この画面ではExcelの機能の一部しか使えません。グラフのデータを関数で計算したい場合は、Excelを使って編集します。Excelを使って編集するには、グラフを選択し、［デザイン］タブの［データの編集］の下半分をクリックして［Excelでデータを編集］をクリックしてください。

### グラフができた

円グラフが作成されました。

# 46 グラフのデザインを変更し特定のデータを目立たせる

グラフで使われている色やフォントは、テーマによって自動的に設定されますが、プレゼンテーションのイメージに合わせて自分で調整しましょう。本SECTIONでは、グラフのスタイルを変更したあと、目立たせたいデータの色だけを変更します。

## グラフのスタイルを変更する

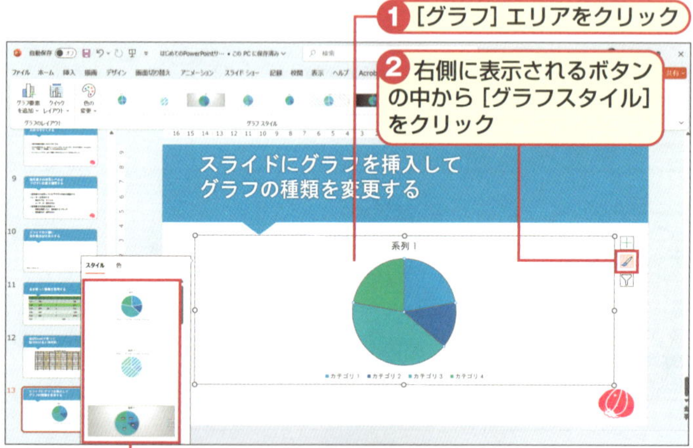

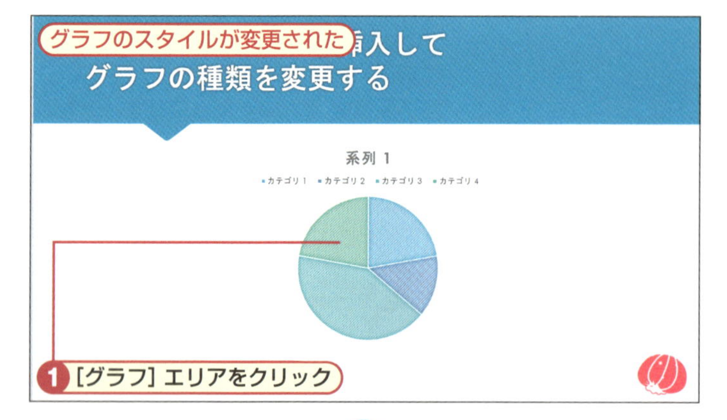

### 手順1 グラフを選択する

[グラフ] エリアをクリックして選択します。右側に表示されるボタンの中から [グラフスタイル] をクリックすると、[グラフのスタイル] が表示されるので希望のスタイルをクリックします。

### メモ グラフエリアを選択する

グラフの付近にマウスポインターを合わせると、[グラフエリア] と表示されます。この状態でクリックすると、グラフエリアを選択できます。

### 手順2 スタイルが変更された

グラフのスタイルが変更され印象が大きく変わりました。細部を変更するのでグラフエリアをクリックしてください。

### メモ グラフのスタイルを変更する

[グラフのスタイル] とは、グラフの色やフォントなどの書式を組み合わせたもののことです。スタイルを変更すると、グラフの見た目を大きく変えることができます。

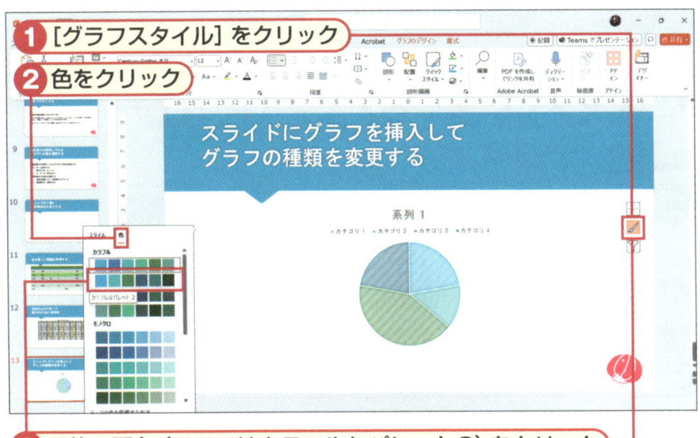

### 手順3 色も変更する

[グラフスタイル] をクリックして表示された [グラフのスタイル] 画面で [色] をクリックします。すると色が表示されるので目的の配色（ここでは [カラフルなパレット2]）をクリックします。[グラフスタイル] をクリックしてグラフスタイルの一覧を非表示にします。

### メモ [デザイン] タブからグラフのスタイルを設定する

[デザイン] タブの [グラフスタイル] からグラフのスタイルを設定することもできます。

## 特定のデータを目立たせる

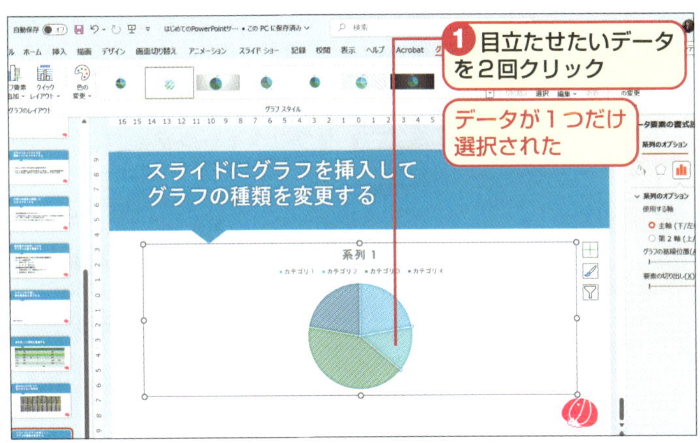

### 手順1 データを選択する

目立たせたいデータを2回クリックしてください。これで、データが１つだけ選択されます。

### メモ 目立たせたデータを元に戻す

目立たせたデータの色を元に戻すには、[書式] タブの [リセットしてスタイルに合わせる] をクリックします。

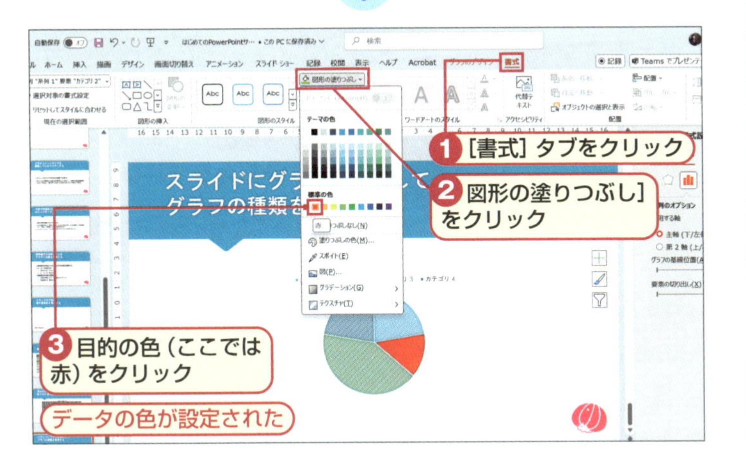

### 手順2 目立たせる

[書式] タブをクリックして、[図形の塗りつぶし] をクリックして表示されるメニューで目的の色（ここでは赤）をクリックしてください。データの色が赤に設定されました。

# 47 グラフに表示する要素を整理する

グラフには、凡例や数値などの情報を表示できます。ただし、すべて表示すると煩雑な印象になります。表示する情報を整理することで、わかりやすいグラフになります。グラフに表示／非表示する項目は、[グラフ要素] をクリックすると表示される一覧から選択します。

## 表示されるグラフ要素を設定する

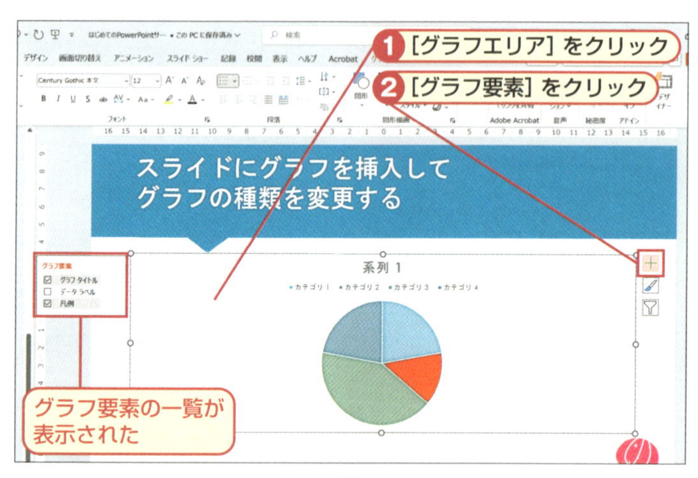

1 [グラフエリア] をクリック
2 [グラフ要素] をクリック
スライドにグラフを挿入して
グラフの種類を変更する
系列 1
グラフ要素の一覧が
表示された

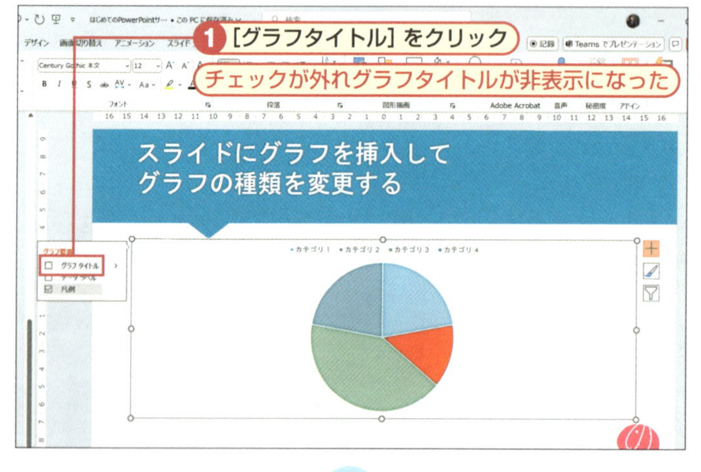

1 [グラフタイトル] をクリック
チェックが外れグラフタイトルが非表示になった
スライドにグラフを挿入して
グラフの種類を変更する

### グラフ要素を表示する

最初に [グラフエリア] をクリックして選択します。右側に表示される [グラフ要素] ボタンをクリックします。するとグラフ要素の一覧が表示されます。

#### グラフタイトルを非表示にする

グラフタイトルは、本来は大切な要素です。ただし、スライドのタイトルと重複する場合など、情報が重複すると煩雑な印象になるため非表示にすることをおすすめします。

### タイトルを非表示にする

グラフ要素の [グラフタイトル] をクリックすると□の中のチェックが外れ、グラフタイトルが非表示になりました。

#### グラフ要素の表示／非表示を切り替える

グラフを選択すると右側に表示される [グラフ要素] をクリックすると、グラフ要素の一覧が表示されます。チェックマークが付いているグラフ要素が表示されているものです。チェックボックスをクリックしてチェックマークを外すと非表示になります。

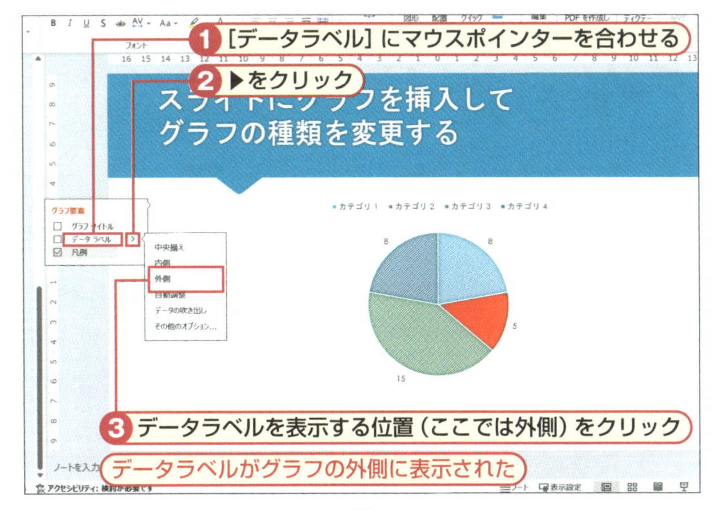

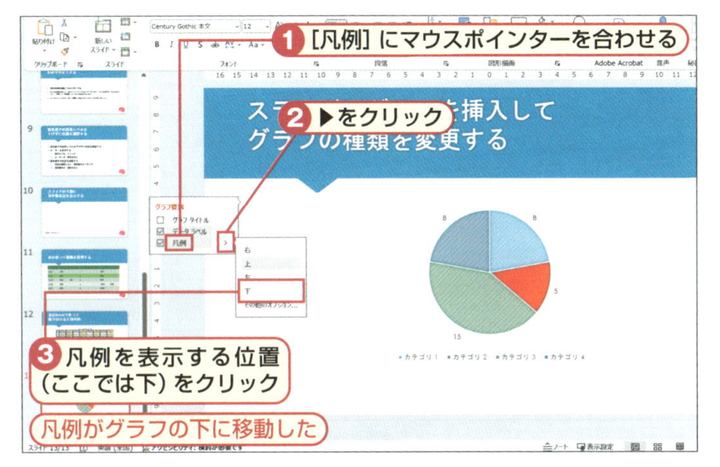

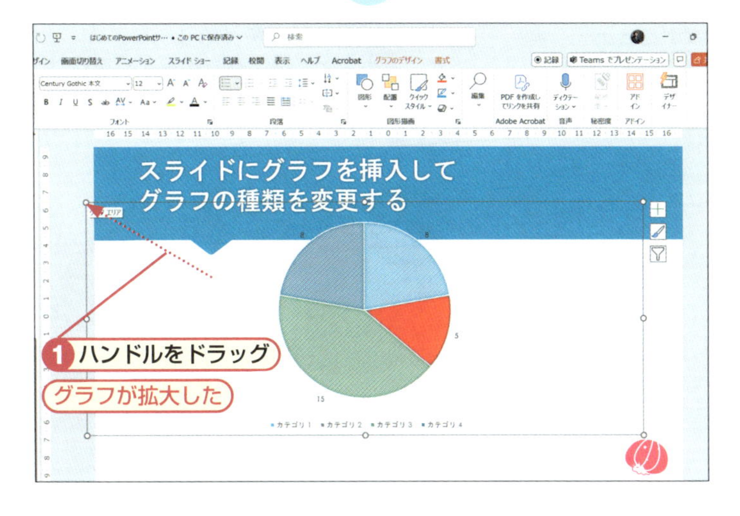

## 手順3 データラベルを設定する

[データラベル] にマウスポインターを合わせると▶が表示されるのでクリックします。メニューが表示されるのでデータラベルを表示する位置（ここでは [外側]）をクリックします。データラベルがグラフの外側に表示されました。

### メモ グラフ要素の位置を調整する

グラフ要素の位置を調整する場合は、位置を調整する要素をクリックすると枠線が表示されます。枠線にマウスポインターを合わせるとカーソルの形が変わるのでドラッグするとグラフ要素を移動できます。

## 手順4 凡例を設定する

続いて [凡例] にマウスポインターを合わせます。▶が表示されるのでクリックして、表示されるメニューで凡例を表示する位置（ここでは [下]）をクリックします。凡例がグラフの上から下に移動しました。

### メモ ガイド線が表示される

PowerPointでは、プレースホルダーやグラフなどを移動すると、ガイド線が表示されます。ガイド線を目安に、簡単にほかの図形と位置や間隔を揃えることができます（SECTION55参照）。

## 手順5 グラフを大きく

グラフエリアのハンドルをマウスで外側にドラッグします。するとグラフが拡大しました。

### メモ グラフを拡大／縮小する

グラフの周囲に表示されるハンドルをドラッグすると拡大／縮小できます。グラフエリアの大きさに対応して、グラフの大きさも連動します。

# 48 Excelで作ったグラフを貼り付けることもできる

スライドには、Excelで作ったグラフを貼り付けることもできます。ここでは、Excelで作ったグラフをPowerPointのスライドに貼り付けて配色を変更する方法と、Excelの機能を保持したグラフとして貼り付ける方法について解説します。

## Excelのグラフをスライドに貼り付ける

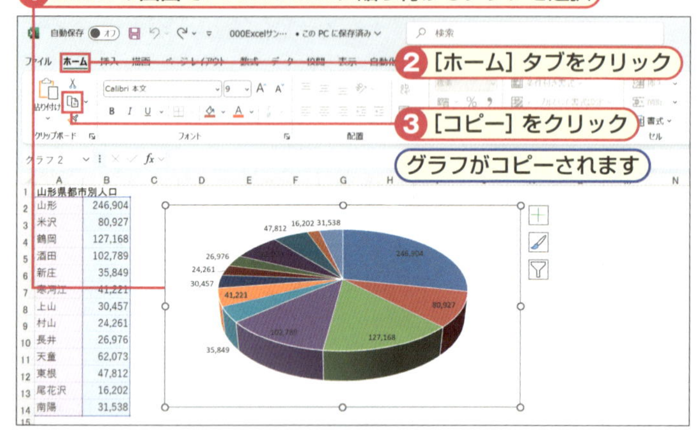

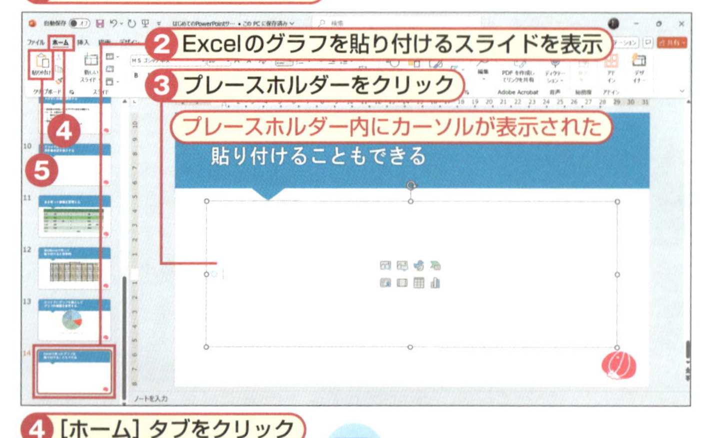

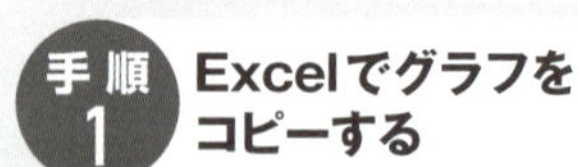

### 手順1 Excelでグラフをコピーする

Excelの画面でPowerPointに貼り付けるグラフを選択して、［ホーム］タブをクリックし、［コピー］をクリックします。これで、グラフがコピーできました。

### メモ キー操作でコピーする

ボタンを使ってグラフをコピーしていますが、ショートカットキーも使えます。

### 手順2 PowerPointにグラフを貼り付ける

PowerPointに切り替えます。Excelのグラフを貼り付けるスライドを表示して、プレースホルダーをクリックします。プレースホルダー内にカーソルが表示されたら［ホーム］タブをクリックして［貼り付け］をクリックしてグラフを貼り付けます。

### 時短 コピーと貼り付けのショートカット

Windows
コピー：［Ctrl］+［C］キー
貼り付け：［Ctrl］+［V］キー
Mac
コピー：［⌘］+［c］キー
貼り付け：［⌘］+［v］キー

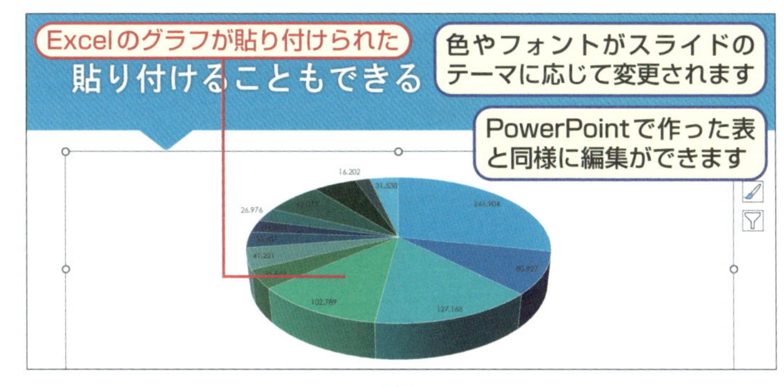

## PowerPointにグラフを貼り付けた

Excelのグラフがスライドに貼り付けられました。色やフォントはスライドのテーマに応じて変更されます。また、PowerPointで作った表と同様に編集ができます。

### グラフのスタイルを変更する

Excelのグラフをスライドに貼り付けると、スライドのテーマに沿って配色やフォントなどが変更されます。プレゼンテーションのイメージに合わせて調整します。グラフのスタイルを変更すると、テーマに沿った配色を設定できます。

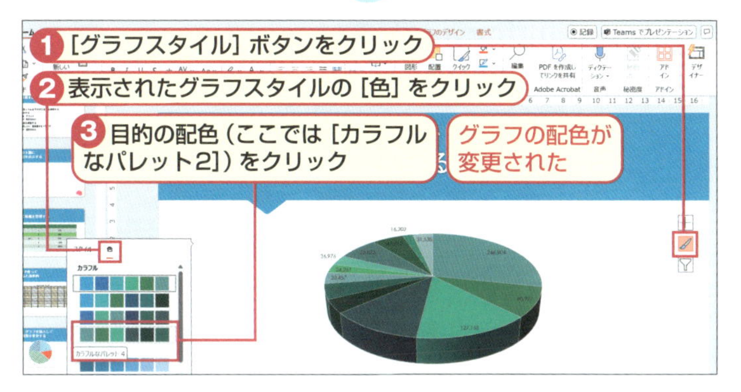

## PowerPointで色を変更する

[グラフスタイル] ボタンをクリック、表示されたグラフスタイルの [色] をクリックして、目的の配色(ここでは [カラフルなパレット2]) をクリックするとグラフの配色が変更されます。

### グラフを拡大/縮小する

グラフの周囲に表示されるハンドルをドラッグすると、グラフエリアが拡大/縮小します。グラフエリアの大きさに対応して、グラフの大きさも拡大/縮小します。

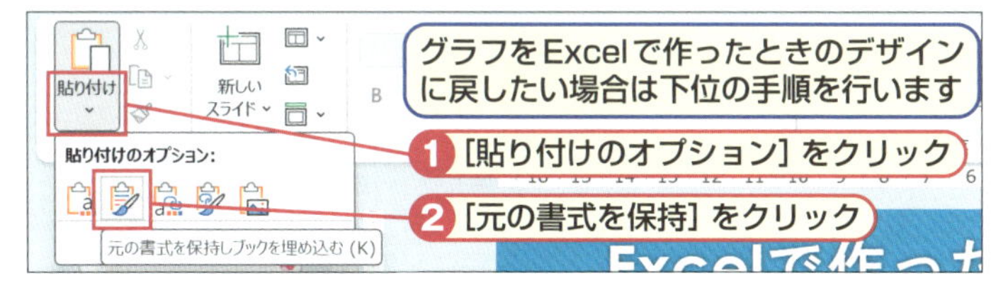

## Excelのグラフのデザインに戻す

Excelで作ったときのデザインに戻したい場合は、グラフの右下に表示される [貼り付けのオプション] をクリックし、[元の書式を保持] をクリックします。

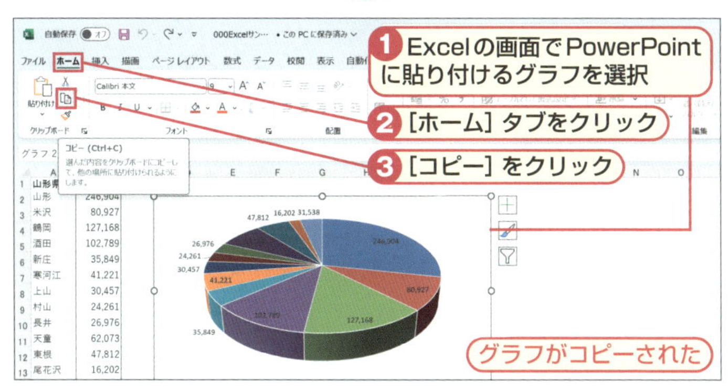

## Excelのグラフをコピーする

Excelの画面でPowerPointに貼り付けるグラフを選択して、[ホーム] タブをクリック表示された [コピー] をクリックしてグラフをコピーします。

## 形式を選択して貼り付ける

PowerPointに切り替えて、Excelのグラフを貼り付けるスライドを表示します。ここでは、コンテンツプレースホルダーがないレイアウトを使用します。[ホーム] タブをクリックして、[貼り付け] の下半分をクリックし [形式を選択して貼り付け] をクリックします。

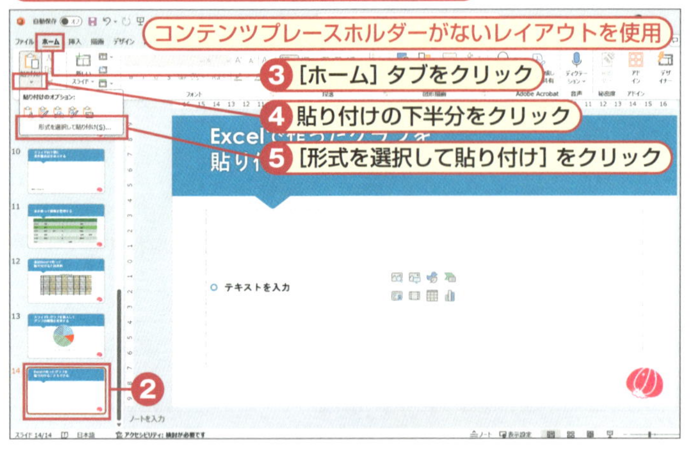

## Microsoft Excel グラフオブジェクトを選ぶ

[形式を選択して貼り付け] 画面が表示されます。[貼り付け] をクリックして、[Microsoft Excelグラフオブジェクト] をクリックし、[OK] ボタンをクリックします。

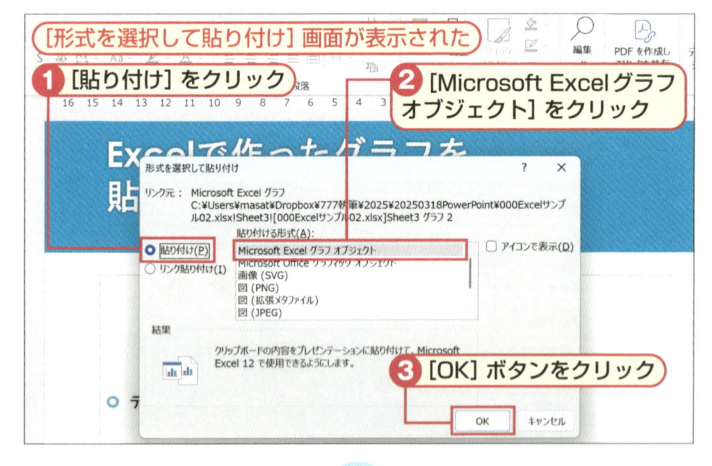

### [タイトルのみ] のレイアウトを使う

Excelの機能を利用できるグラフは、コンテンツプレースホルダーの中には貼り付けることができません。そのため、ここではコンテンツプレースホルダーがない [タイトルのみ] のレイアウトを使っています。

## Excelのままのグラフを使う

Excelのグラフが貼り付けられました。サイズや位置を調整して、グラフをダブルクリックしてください。このグラフはExcelの機能を使って編集ができます。

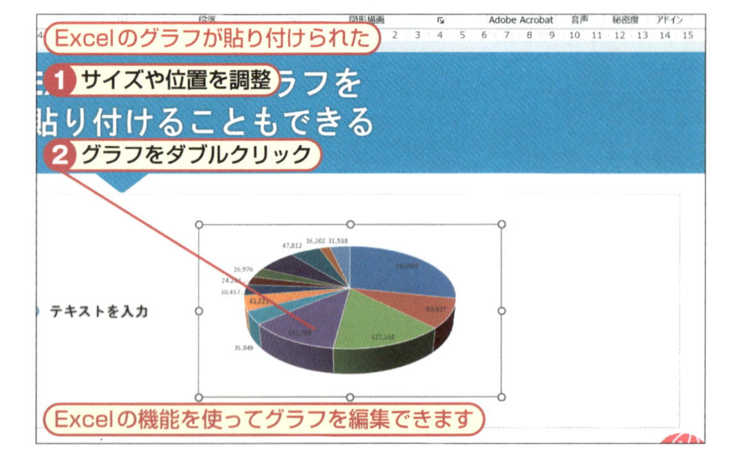

# 練習問題

この章の解説を参考にして、以下の問題に挑戦してみましょう。

## 問題1 表の書式に関する出題

表のセル内で左上に寄って配置されている文字を、セル内の上下中央に配置してください。

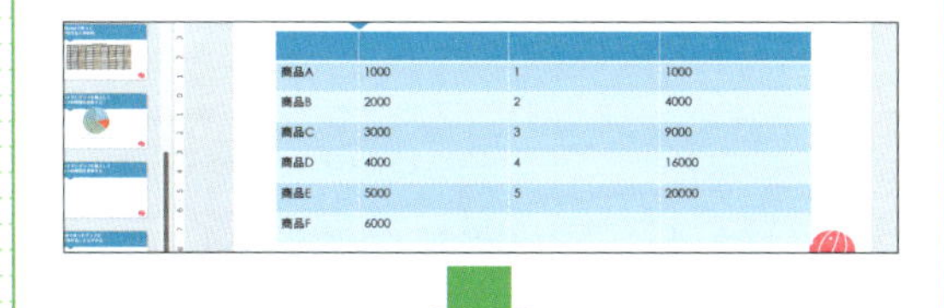


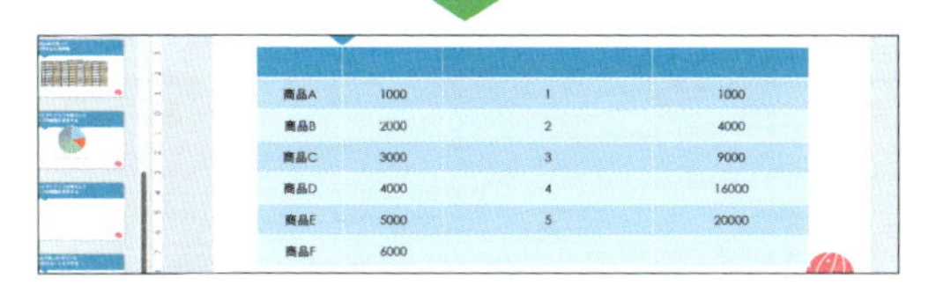


HINT 表を選択し、[レイアウト] タブにあるボタンを使います。

## 問題2 表のレイアウトに関する出題

問題1で使った表の1列目の幅を文字の幅に合わせてください。2～4列の幅を同じにしてください。

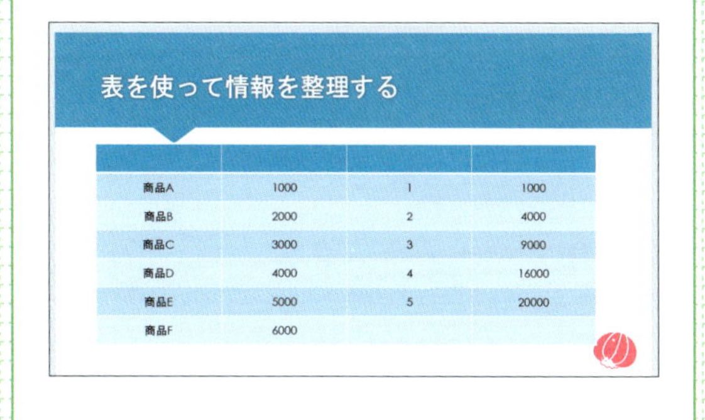


HINT ドラッグ操作と [レイアウト] タブのボタンを使います。

## 問題3 グラフの種類に関する出題

縦棒グラフを円グラフに変更してください。

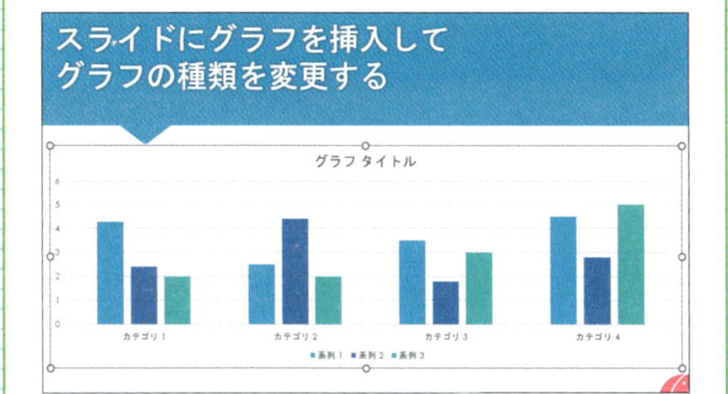


HINT [デザイン] タブのボタンを使います。

## 問題4 グラフの要素に関する出題

問題3で使ったグラフにデータラベルを表示してください。このとき、データラベルがグラフの外側に表示されるようにしてください。

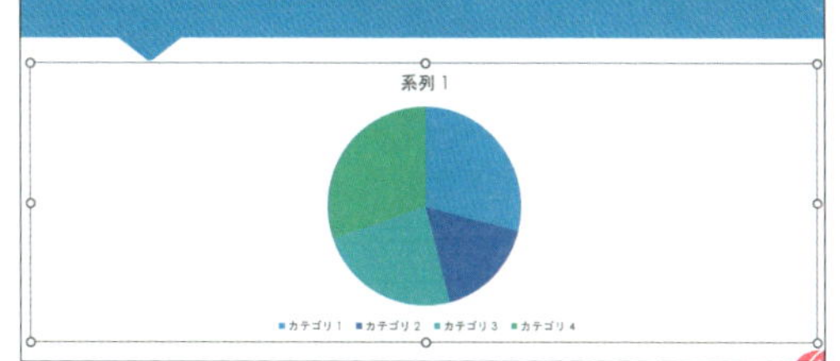


HINT グラフを選択すると右側に表示される [グラフ要素] ボタンを使います。

解答は次のページ

練習問題は解けましたか。以下の解答例と照らし合わせてみましょう。

## 解答1　参照：SECTION40

❶表をクリックして選択
❷[テーブルレイアウト] タブをクリック
❸[上下中央] をクリック

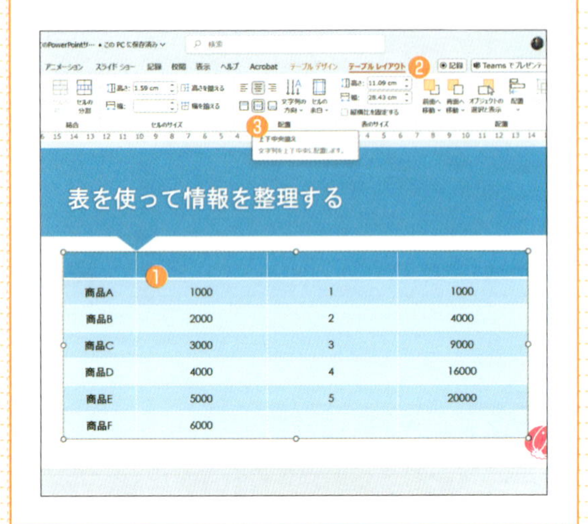


## 解答2　参照：SECTION37

❶1列目と2列目の境界線を左方向へドラッグ
❷2、3列の文字をドラッグして選択
❸[テーブルレイアウト] タブをクリック
❹[幅を揃える] をクリック

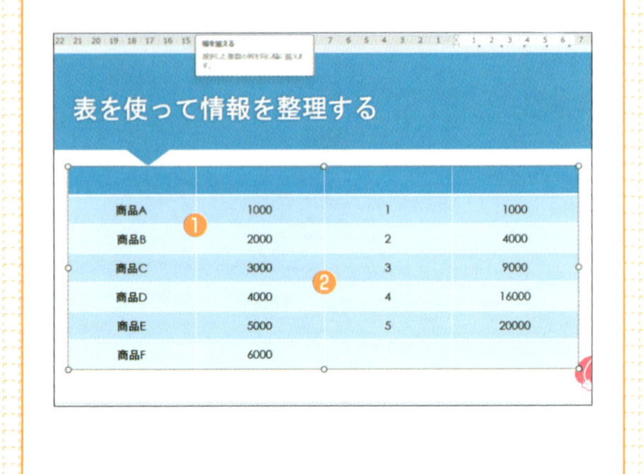


## 解答3　参照：SECTION44

❶グラフをクリックして選択
❷[グラフのデザイン] タブをクリック
❸[グラフの種類の変更] をクリック
❹種類から [円] を選択
❺バリエーションから [円] を選択
❻[OK] ボタンをクリック

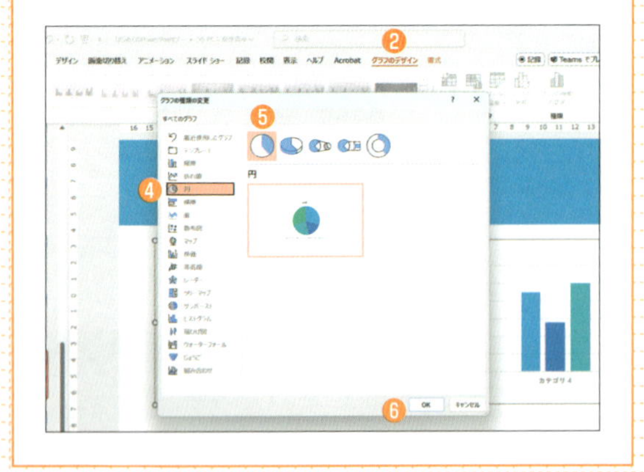

## 解答4　参照：SECTION47

❶グラフをクリック
❷グラフの右側に表示されるボタンの中から [グラフ要素] をクリック
❸[データラベル] にマウスポインターを合わせる
❹▶をクリック
❺[外側] をクリック

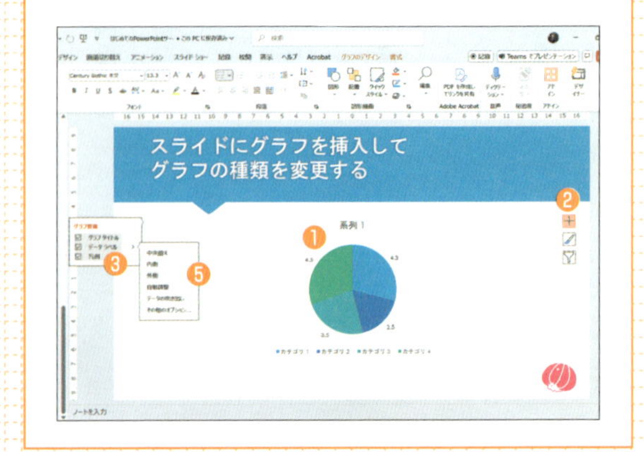

# 5章

## スライドで使う図形を作成するには

5章では、図形を作成する方法について解説します。図形は文字では表現できない情報を伝えることができるので、プレゼンテーションではよく利用されます。PowerPointでは、四角形や円形、矢印などの図形を簡単に作成することができます。複数の図形を並べる際にもガイド線が表示されるので、きれいに揃えることも簡単です。さらにSmartArtという機能を使うことで、組織図など、自分で作るのは少し面倒な図形を手軽に作成できます。

# 49 図形を作って文字では表現できない情報を伝える

図形は文字だけでは表現が難しい情報を伝えることができるため、プレゼンテーションでよく使われます。PowerPointでは、四角形や円形といった基本的な図形のほか、矢印や星形、吹き出しなどを作成できます。作成した図形は、あとからほかの図形に変更可能です。

## 長方形を作成する

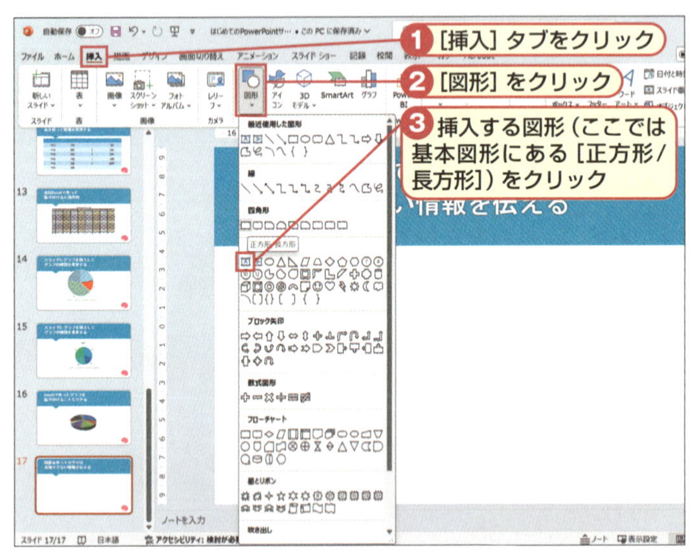

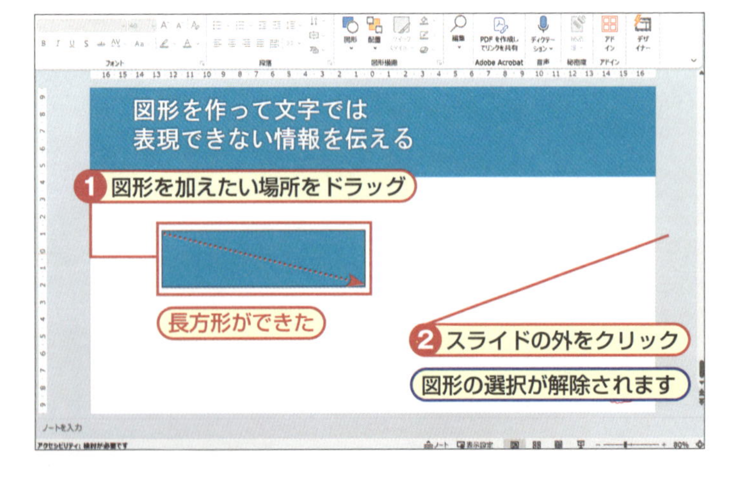

### 手順1 挿入する図形を選択する

[挿入] タブの [図形] をクリックすると一覧が表示されます。ここでは、基本図形にある [正方形/長方形]）をクリックしましょう。

### メモ 図形を作成する

図形を作成するとき、スライド上をクリックすると既定のサイズの図形が作成されます。ドラッグすると、任意のサイズの図形になります。また、[Shift] キーを押しながらドラッグすると、縦横比を維持したまま図形を作成できます。

### 手順2 場所を選択する

図形を加えたい場所をドラッグすると長方形ができます。続いてスライドの外をクリックして図形の選択を解除します。

### メモ 図形の作成を中止する

図形の作成を中止したい場合は、図形を作成する前に [Esc] キーを押します。

# 図形を変更する

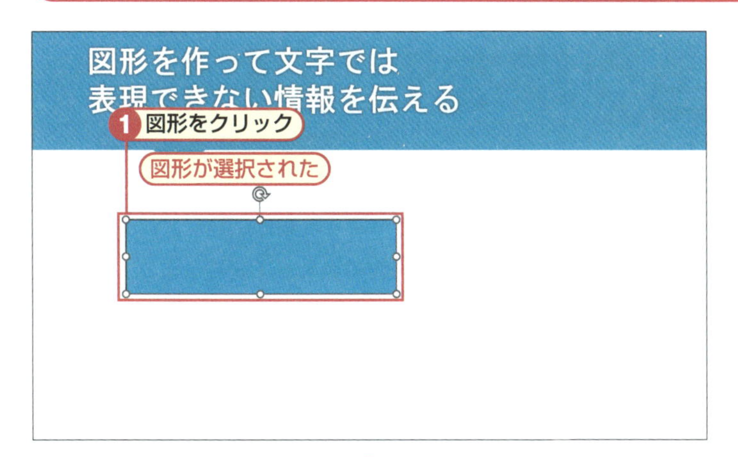

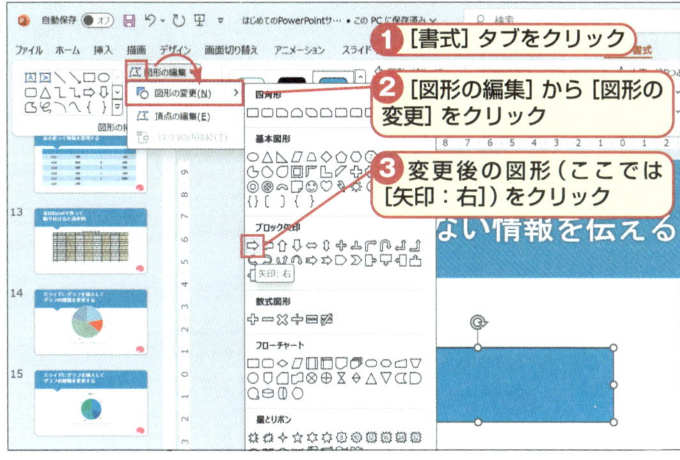

図形を作って文字では
表現できない情報を伝える

長方形が矢印に変わった

## 図形を選択する

図形をクリックして選択します。

### 図形を削除する

図形を削除するには、図形をクリックして選択し、[Delete] キーを押します。

## 図形を変形させる

[書式] タブをクリックして [図形の編集] から [図形の変更] をクリックして変形させます。ここでは、変更後の図形として [矢印：右] をクリックしています。

### 図形のハンドル

図形を選択すると、周囲にハンドルが表示されます。各ハンドルの役割は次のとおりです。

❶サイズ変更ハンドル：ドラッグすると図形を拡大／縮小できます。
❷回転ハンドル：ドラッグすると図形を回転できます。
❸調整ハンドル：ドラッグすると図形を変形できます。

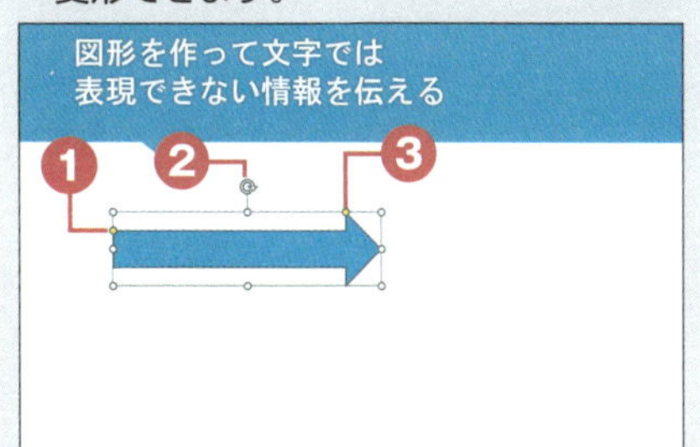

## 矢印ができた

長方形が矢印に変形できました。

SECTION
50

# 図形の色や線を変更する

図形を作成すると、スライドのテーマにしたがって色や線が自動的に設定されます。色や線はあとからいつでも変更できるので、スライドの内容に合わせて変更しましょう。ただし、スライドの統一感から離れすぎないように注意しましょう。

## 図形の色を変更する

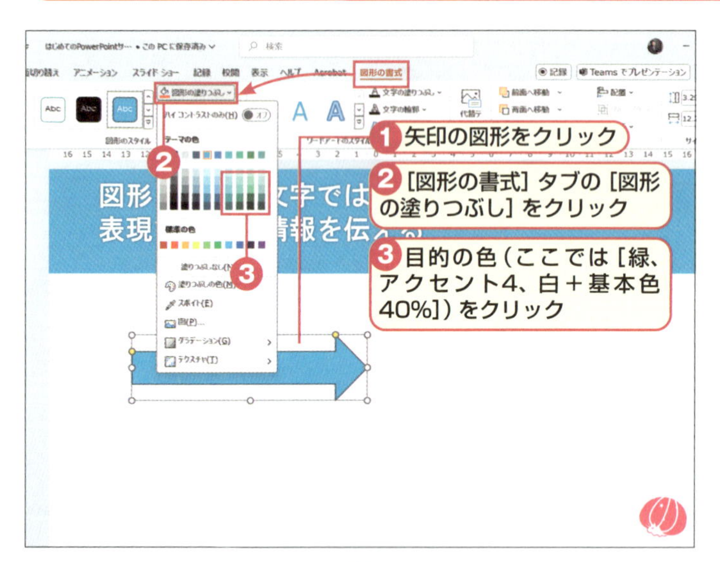
図形の書式
図形の塗りつぶし
テーマの色
標準の色
塗りつぶしなし(N)
スポイト(E)
図(P)...
グラデーション(G)
テクスチャ(T)
1 矢印の図形をクリック
2 [図形の書式] タブの [図形の塗りつぶし] をクリック
3 目的の色（ここでは [緑、アクセント4、白＋基本色40%]）をクリック

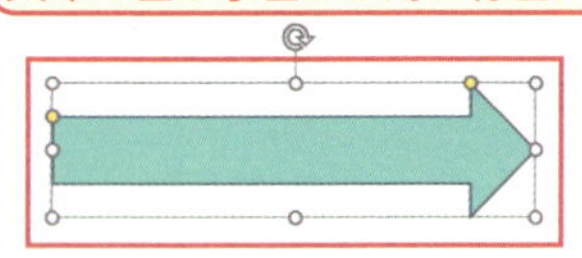
図形を作って文字では
表現できない情報を伝える
矢印の色が水色から薄い緑色に変わった

### 図形を選択する

ここでは、矢印の図形をクリックして選択します。[図形の書式] タブの [図形の塗りつぶし] をクリックして目的の色（ここでは [緑、アクセント4、白＋基本色40%]）をクリックしてください。

### 図形の色を変更する

図形を作成すると、スライドのテーマにしたがった色が自動的に設定されます。図形の色を変更するには、図形を選択し、[図形の書式] タブの [図形の塗りつぶし] から目的の色をクリックします。

### 色を変更できた

選択した図形（矢印）の色が水色から薄い緑色に変わりました。

### 図形の色をなくす

図形の色をなくして線だけにするには、図形を選択し、[図形の書式] タブの [図形の塗りつぶし] から [塗りつぶしなし] をクリックします。

## 図形の線を設定する

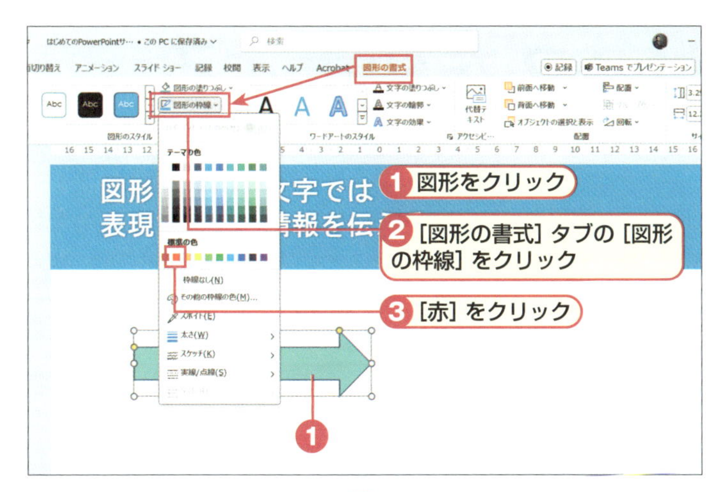

図形を作って文字では
表現できない情報を伝える

枠線が赤になった

### 線を設定する

変更する図形をクリックして選択します。[図形の書式] タブの [図形の枠線] をクリックして、表示されるメニューの [赤] をクリックしてください。

### 図形の枠線をなくす

図形の枠線をなくしたい場合は、図形を選択し、[図形の書式] タブの [図形の枠線] から [枠線なし] をクリックします。

### 線の色が変わった

枠線の色が赤色に変わりました。

### 図形の色や線をまとめて設定する

図形を選択し、[図形の書式] タブの [図形のスタイル] からは、図形の色と線をまとめて設定できます。スタイルを設定した方が統一感のあるスライドになりますが、特定の図形を目立たせたい場合などは、個別に色や線を設定するとよいでしょう。

### 色を設定し直したいときは

図形の色や線を設定し直したい場合は、[Ctrl] + [Z] (Mac : [⌘] + [z]) キーを押します。操作が取り消されるので、設定し直すことができます。

### 図形の線の太さや種類を設定する

図形の線の太さや種類は、図形を選択し、[図形の書式] タブの [図形の枠線] をクリックすると表示される一覧から設定できます。

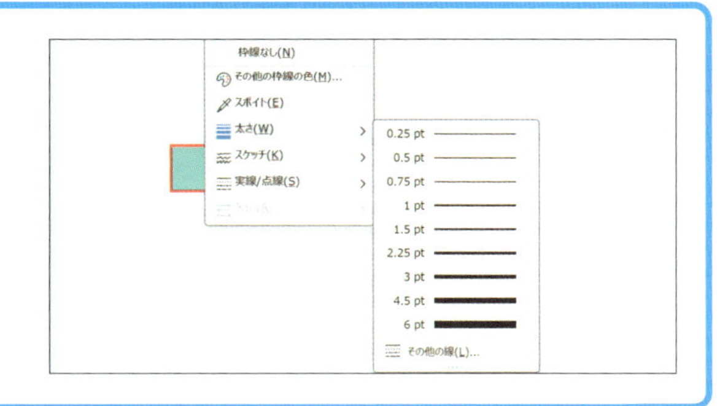

# 51 図形のサイズを変更する

図形をクリックして選択すると、周囲に［サイズ変更ハンドル］が表示されます。これをドラッグすると、図形を拡大／縮小できます。また、［図形の書式］作業ウィンドウでは、拡大率を数値で指定することもできます。

## 図形を拡大する

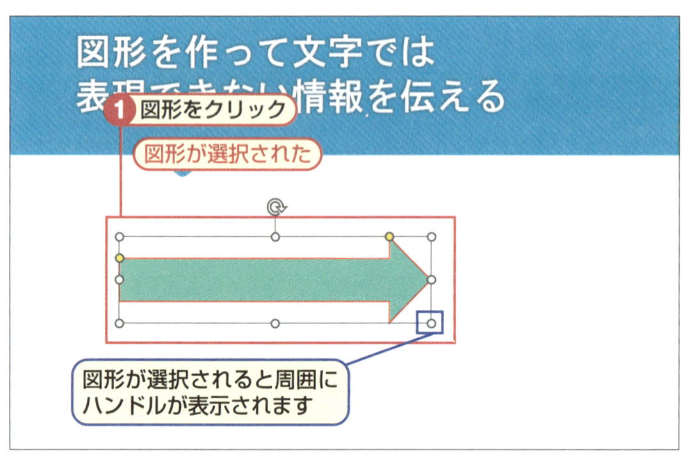

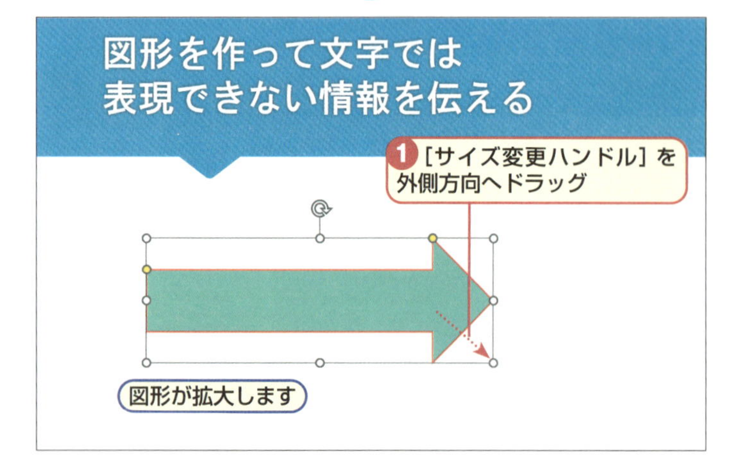

### 手順1 大きさを変える図形を選択する

図形をクリックして選択してください。選択した図形の周囲に［ハンドル］が表示されます。

### メモ 縦横比を保持したままサイズを変更する

［Shift］キーを押しながら［サイズ変更ハンドル］をドラッグすると、図形の縦横比を保持したままサイズを変更できます。

### 手順2 拡大してみる

［サイズ変更ハンドル］を外側方向へドラッグすると 図形が拡大します。

### メモ 図形を拡大する

図形を拡大するには、図形を選択し、［サイズ変更ハンドル］を外側方向へドラッグします。

## 図形を50%のサイズに縮小する

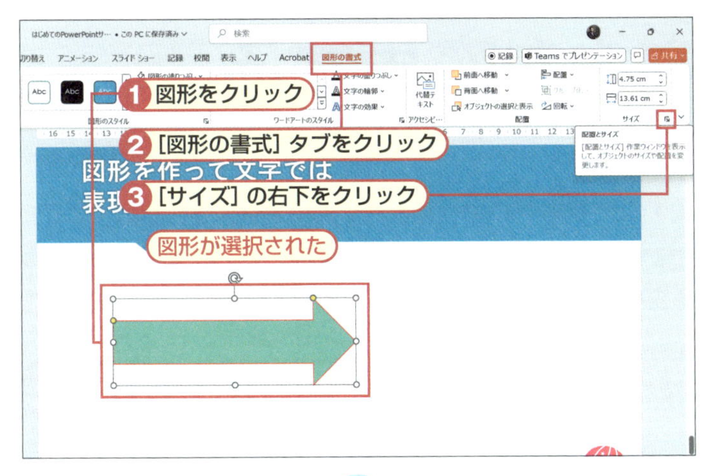

### 手順1 図形を選択する

図形をクリックして選択してください。続いて [図形の書式] タブをクリックして、[サイズ] の右下をクリックします。

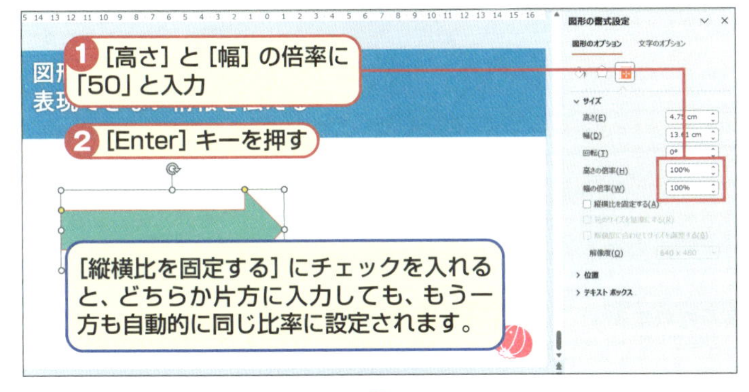

### 手順2 図形の書式設定を使う

[図形の書式設定] 作業ウィンドウが表示されるので、[高さ] と [幅] の倍率に「50」と入力して、キーボードの [Enter] キーを押してください。なお、[縦横比を固定する] にチェックを入れると、どちらか片方に入力しても、もう一方も自動的に同じ比率に設定されます。

#### メモ 図形の拡大率を数値で指定する

ドラッグ操作では直感的に図形のサイズを変更できますが、「もとの図形の1.5倍の大きさにしたい」「半分にしたい」など、図形のサイズを正確に設定したいこともあるでしょう。この場合、図形を選択し、[図形の書式] タブにある [サイズ] をクリックします。[図形の書式設定] 作業ウィンドウが表示されます。[縦横比を固定する] をクリックしてチェックマークを付け、[高さの倍率] または [幅の倍率] に目的の拡大率を入力します。なお、高さまたは幅だけを拡大／縮小したい場合は、[縦横比を固定する] のチェックマークを外します。

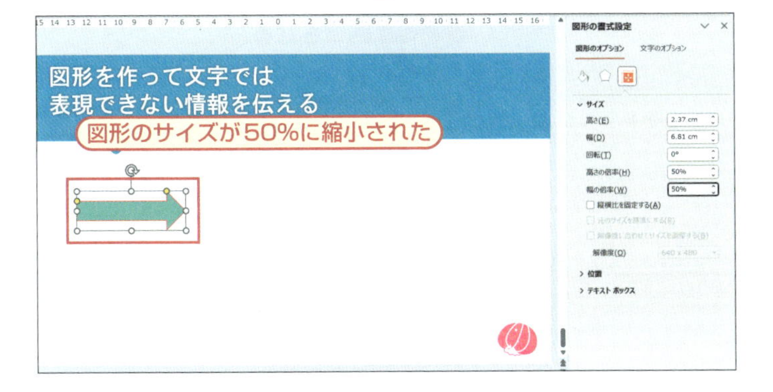

### 手順3 縮小された

図形のサイズが50%に縮小されました。

# 52 図形の向きを変更する

図形をクリックして選択すると、図形の上辺に［回転ハンドル］が表示されます。これをドラッグすると、図形を回転できます。また、［書式］タブの［回転］からは、図形を90度ずつ回転または上下／左右を反転できます。

## 図形を回転する

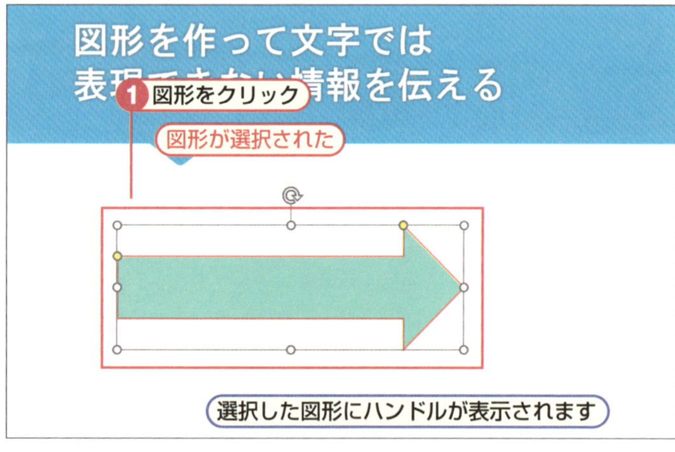

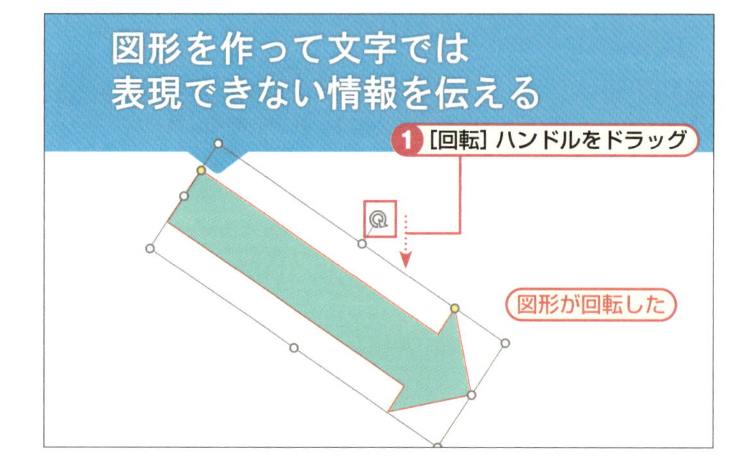

### 手順1 図形を選択する

回転する図形をクリックして選択します。選択した図形にはハンドルが表示されます。

### メモ 図形を90度ずつ回転する

図形を選択し、［図形の書式］タブにある［回転］をクリックして、［右へ90 度回転］または［左へ90度回転］をクリックすると、図形を90度ずつ回転できます。手順を繰り返すと、90度単位で図形を回転できます。

### 手順2 回転させる

選択した図形の［回転］ハンドルをドラッグすると、ドラッグした方向に図形が回転します。

## 図形を90度単位で回転する

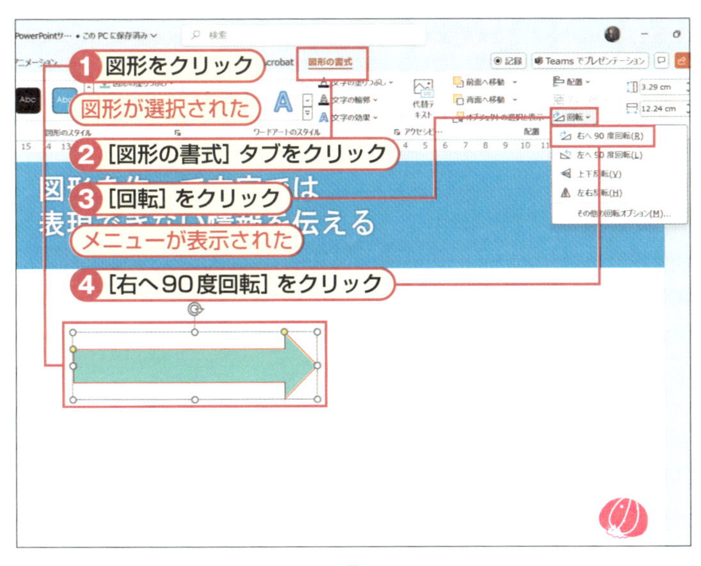

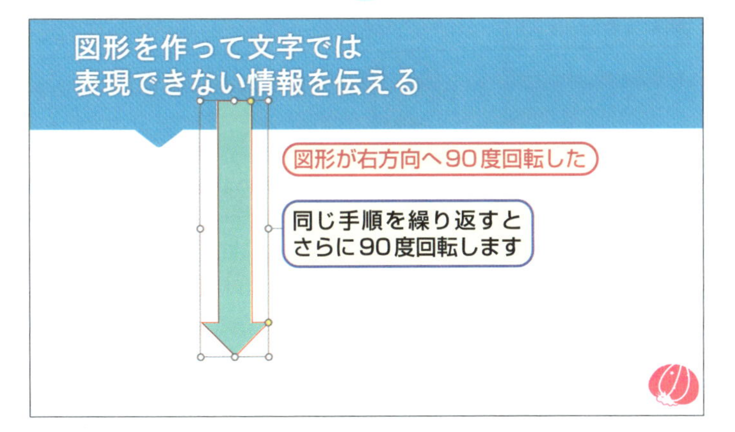

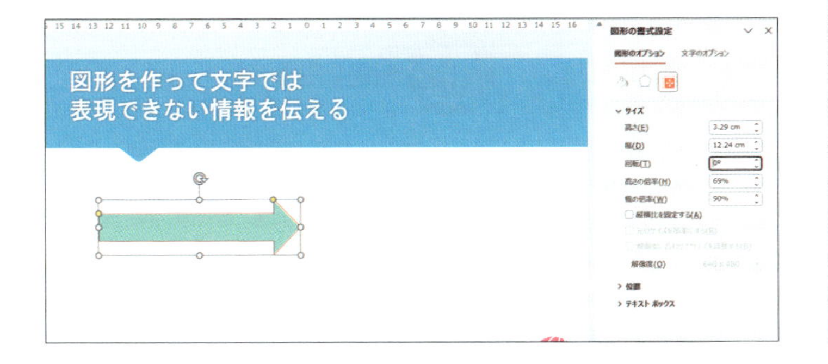

### 手順1 図形を回転する

図形をクリックして選択します。[図形の書式] タブをクリックして表示された [回転] をクリックするとメニューが表示されるので [右へ90度回転] をクリックします。

#### 便利技 回転角度を指定する

図形の回転角度を数値で指定したい場合は、図形を選択し、[図形の書式] タブにある [回転] をクリックして、[その他の回転オプション] をクリックします。[図形の書式設定] 作業ウィンドウが表示されるので、[回転] に目的の角度を入力し、[Enter] キーを押します。

### 手順2 さらに回転させる

図形が右方向へ90度回転しました。同じ手順を繰り返すとさらに90度回転させることができます。

#### 便利技 図形を反転する

「反転」とは、鏡に映したように、図形の向きを上下または左右対称に変更することです。図形を反転するには、図形を選択し、[図形の書式] タブにある [回転] をクリックして、[上下反転] または [左右反転] をクリックします。

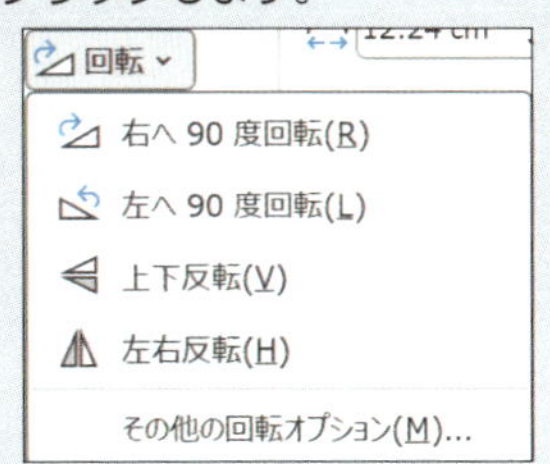

### 手順3 回転して戻した

回転を繰り返して元に戻りました。

# 53 図形に立体的な効果を設定する

PowerPointでは、図形に光沢や影を設定することですぐに立体的な図形を作成することができます。また、地図の建物やネットワークの構成図で使うコンピューターなどを表現するのに便利な立体を作ることもできます。

## 図形に効果を設定する

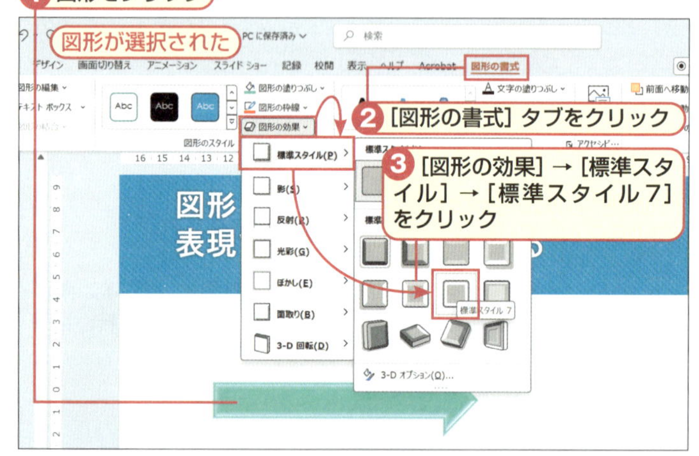

図形を作って文字では
表現できない情報を伝える

図形に [標準スタイル] の [標準スタイル7] が設定された

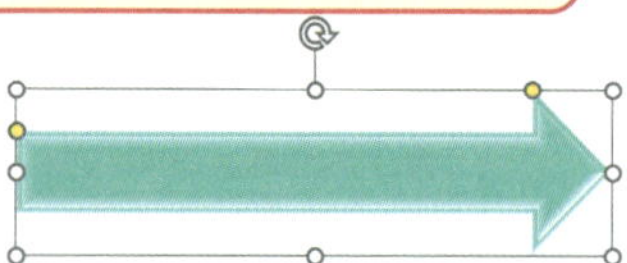

### 手順1 効果を与える図形を選択する

図形をクリックして選択してください。[図形の書式] タブをクリックして、表示される [図形の効果] → [標準スタイル] → [標準スタイル7] の順にクリックします。

### メモ 効果を組み合わせる

効果が設定されている図形に、異なる効果を設定すると、複数の効果を組み合わせることができます。ただし、複数の効果をまとめて解除することはできません。効果のカテゴリーごとに解除する必要があります。

### 手順2 立体感が加わった

図形に [標準スタイル] の [標準スタイル7] が設定され立体的に見えるようになりました。

### メモ 効果を解除する

図形に設定した効果を解除するには、効果のカテゴリーごとに解除する必要があります。左の手順で設定した効果の場合、図形を選択し、[図形の書式] タブから [図形の効果] → [標準スタイル] → [標準スタイルなし] をクリックします。

# 建物風の立体を作る

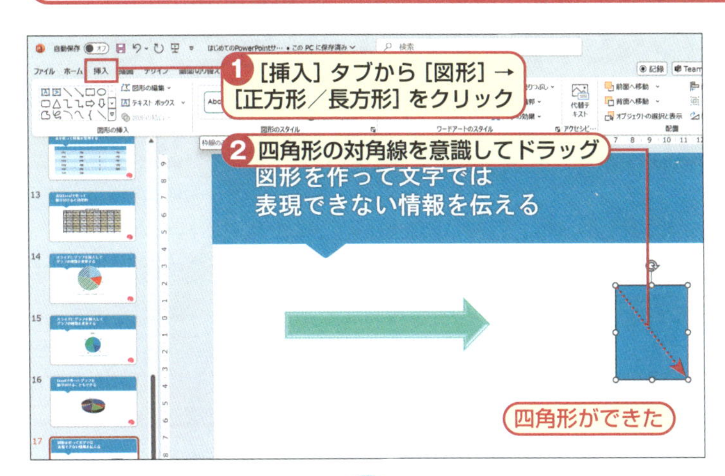

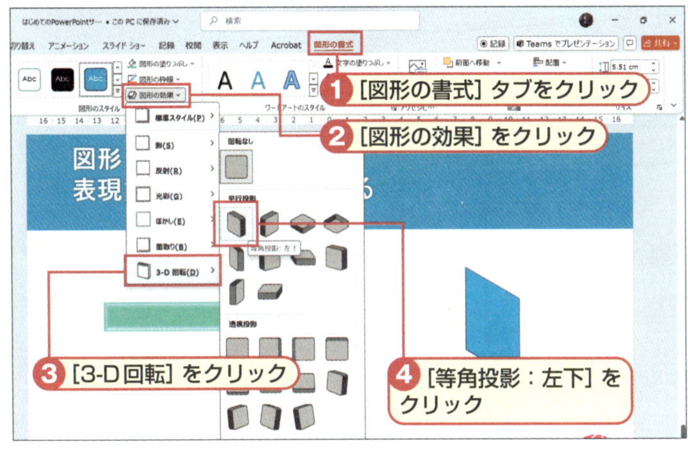

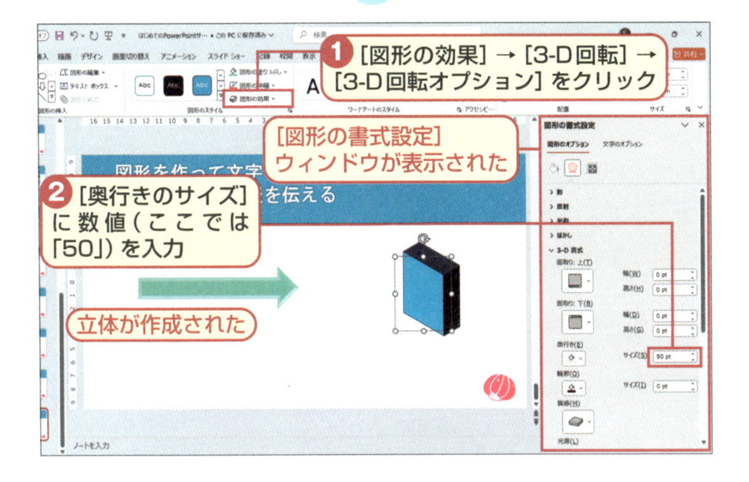

## 手順1 四角形を描く

[挿入] タブから [図形] → [正方形／長方形] をクリックします。続いて四角形の対角線を意識してマウスをドラッグすると四角形ができます。

### メモ 立体を作る

PowerPointでは、四角形や円形から立体を作ることができます。地図などで建物を表現したい場合などに使います。

## 手順2 3Dにする

立体は、図形を選択し [図形の書式] タブから [図形の効果] → [3-D回転] → [等角投影：左下] をクリックします。

### メモ 図形のスタイルを設定する

[図形のスタイル] は、色や線、効果などの書式をまとめたものです。図形のスタイルを設定するには、図形を選択し、[図形の書式] タブにある [図形のスタイル] から目的のスタイルをクリックします。テーマに合わせたたくさんのスタイルが用意されているので、まずはスタイルを設定し、あとから色だけ変更するといったこともできます。

## 手順3 厚みを与える

[図形の効果] → [3-D回転] → [3-D回転オプション] をクリックすると [図形の書式設定] 作業ウィンドウが表示されるので、[奥行き] の [サイズ] に数値を入力します（ここでは「50」）。

# 54 同じ図形を作りたい場合は複製機能を使うと効率的

同じ図形をたくさん作りたい場合、ひとつひとつ作っていては手間も時間もかかります。図形は、文字と同様にコピーできるので、コピーすると効率的です。また、図形をコピーするには、ドラッグする方法とショートカットキーを使う方法があります。

## ドラッグ操作で図形を複製する

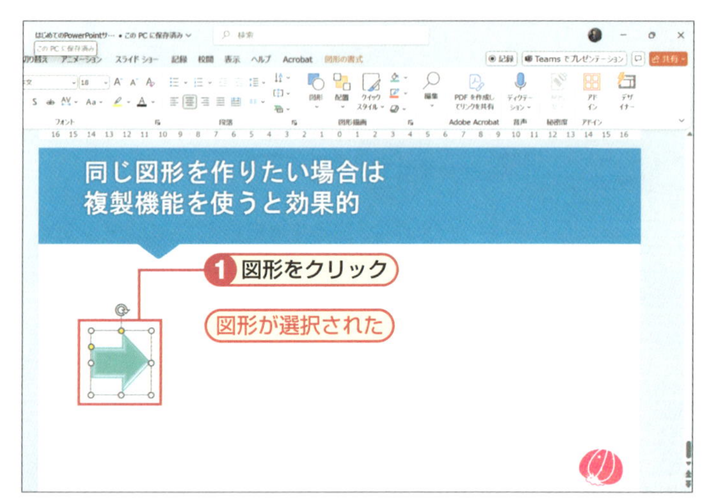

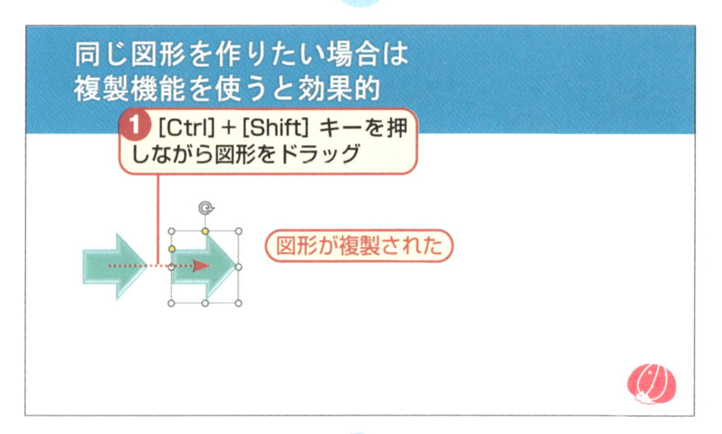

### 手順1 複製もとになる図形を選択する

複製を作りたい図形をクリックして選択してください。

**メモ 図形をドラッグして複製する**

[Ctrl] キーを押しながら図形をドラッグすると、図形を複製できます。このとき、[Ctrl]＋[Shift] キーを押しながらドラッグすると、水平／垂直方向へ複製できます。

### 手順2 図形を複製する

キーボードの [Ctrl]＋[Shift] キーを押しながら図形をドラッグすると図形が複製されます。

**メモ 図形を移動する**

図形をクリックして選択し、ドラッグすると移動できます（SECTION55参照）。

**メモ 図形を削除する**

図形を削除するには、削除したい図形をクリックして選択し、[Delete] キーを押します。

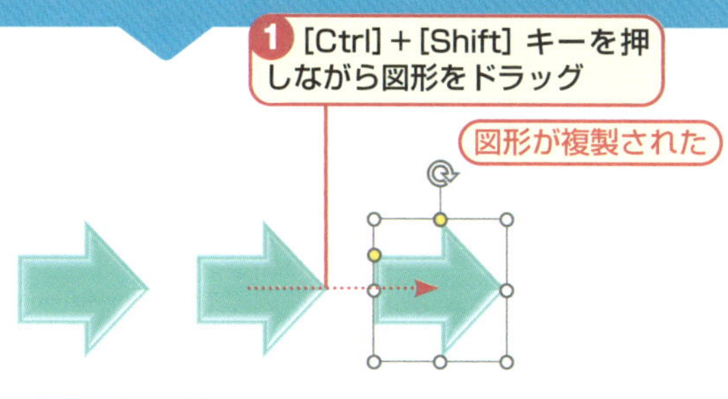

## 2つ目を複製する

[Ctrl]＋[Shift] キーを押しながら図形をドラッグすると図形がさらに複製されました。このように手順を繰り返すことでいくつでも複製ができます。

### 図形をキー操作で複製する

図形を選択し、[Ctrl]＋[C] キーを押すとコピーできます。コピー先で [Ctrl]＋[V] キーを押すと、コピーした図形を貼り付けられます。コピーした図形はもとの図形と同じ位置に貼り付けられるので、位置を調整します。

## キー操作で図形を複製する

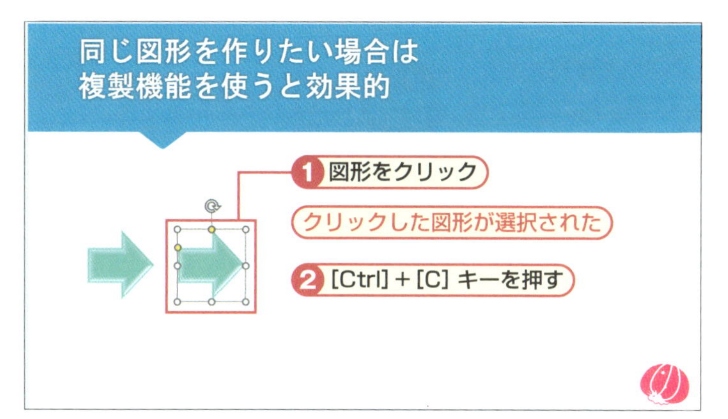

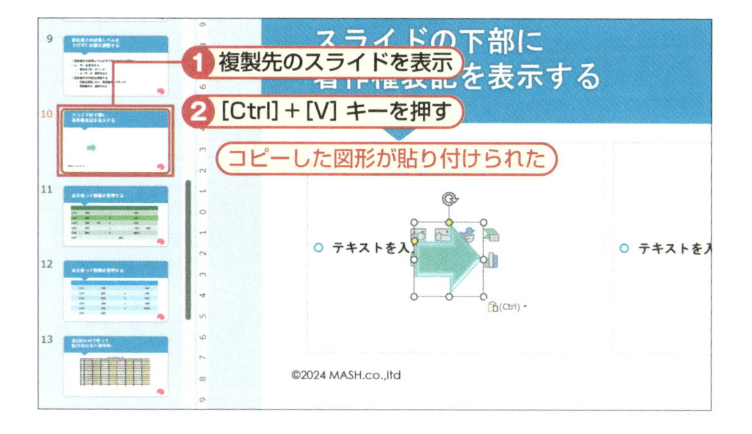

## ショートカットキーを使う

図形をマウスでクリックして選択したら、キーボードで [Ctrl]＋[C] キーを押して図形をコピーします。

### コピーと貼り付けのショートカット

Windows
コピー：[Ctrl]＋[C] キー
貼り付け：[Ctrl]＋[V] キー
Mac
コピー：[⌘]＋[c] キー
貼り付け：[⌘]＋[v] キー

## 図形を貼り付ける

図形を複製先するスライドを表示してください。キーボードで [Ctrl]＋[V] キーを押すとコピーした図形が貼り付けられます。

# 55 図形を動かして位置や間隔を調整する

図形を移動するには、選択してドラッグします。カーソルキー（←↑↓→）を押して細かく移動することもできます。また、図形の移動中はガイド線が表示されます。PowerPointでは、ガイド線を目安に複数の図形の位置や間隔を揃えることができます。

## PowerPointではガイド線が表示される

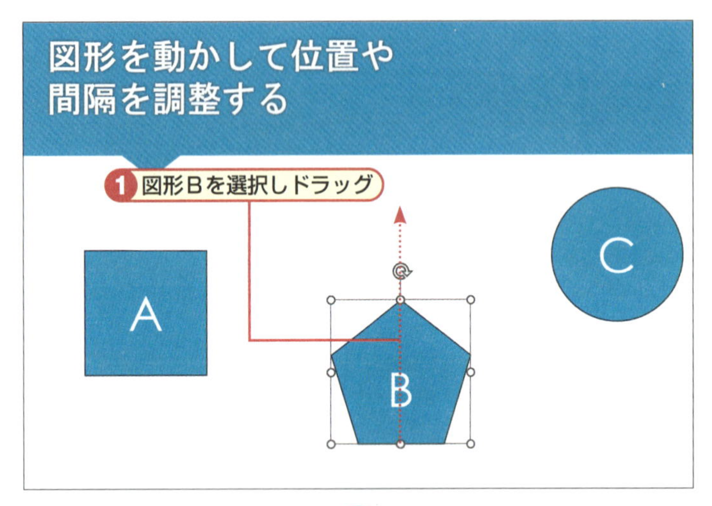

### 図形を移動する

図形Bをマウスでクリックして選択できたら画面の上方向にドラッグしてください。

### ガイド線が表示される

PowerPointでは、図形を移動すると、スマートガイドというガイド線が表示されます。これによって、図形が揃う位置や、図形どうしの間隔が等しくなる位置を確認できます。

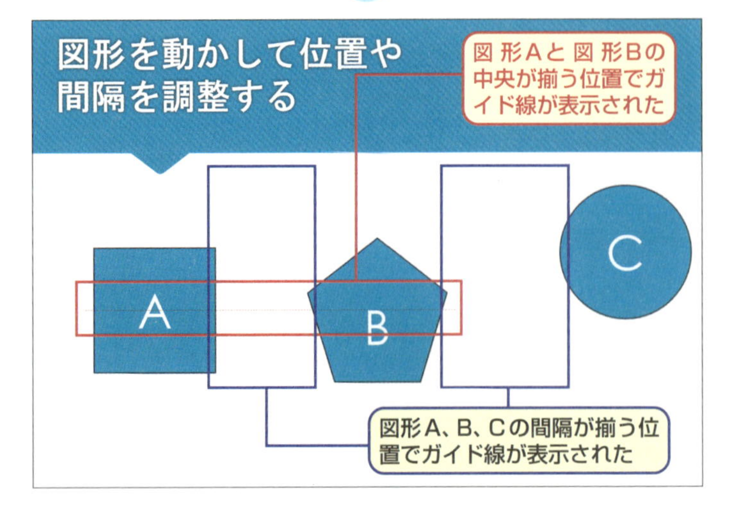

### ［ガイド線］が表示された

図形Aと図形Bの中央が揃う位置で［ガイド線］が表示されました。

### ガイド線に合わせない

図形をドラッグすると、ガイド線に合うように自動的に位置が調整されます。ガイド線に合わせたくない場合は、［Alt］（Mac：［option］）キーを押しながら図形をドラッグします。

## 図形を移動する

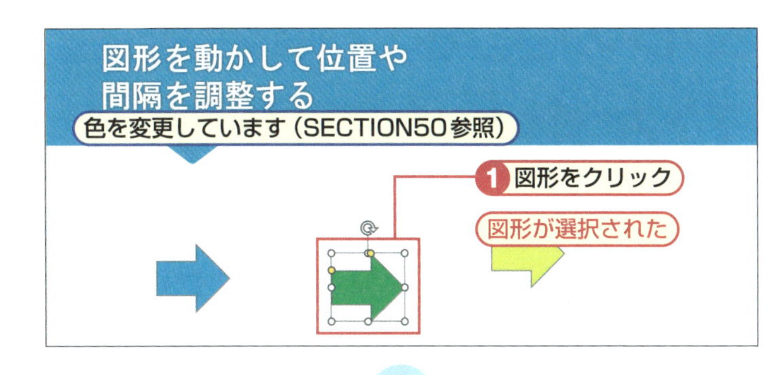


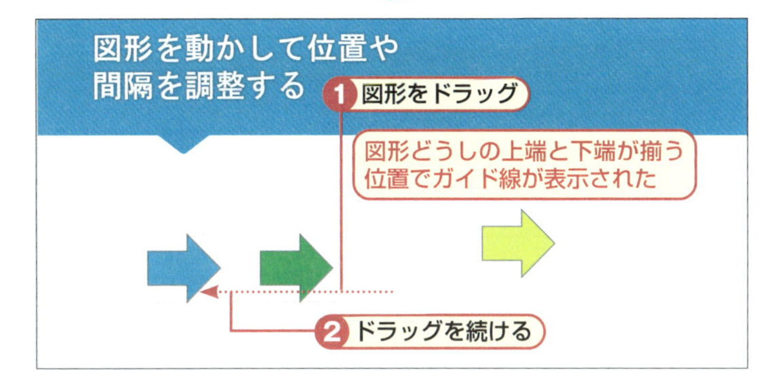


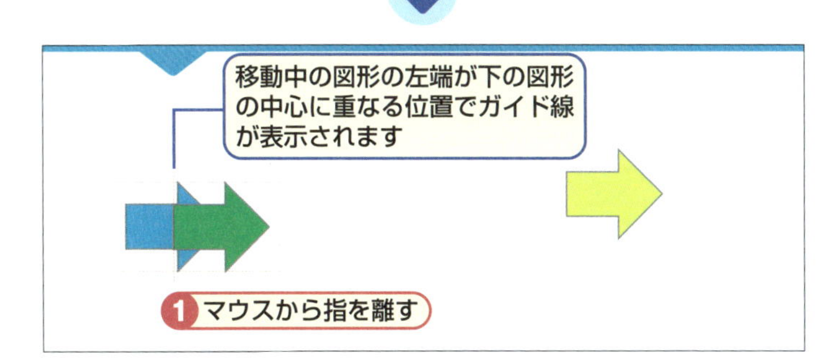


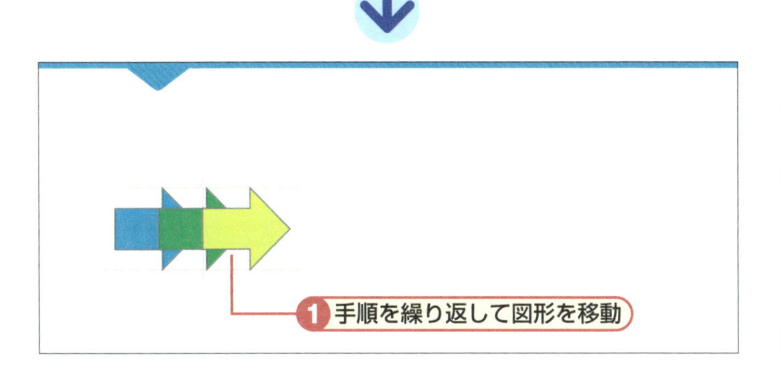

### 手順1 色を変える

図形の色を変更（SECTION50参照）しています。図形をクリックして選択します。

### メモ 図形を移動する

図形を移動するには、図形を選択してドラッグします。また、［カーソル］キーを押すと細かく移動できます。［Shift］キーを押しながら図形をドラッグすると、図形を水平／垂直方向に移動できます。

### 手順2 ガイド線を表示する

図形をドラッグします。すると図形どうしの上端と下端が揃う位置にガイド線が表示されます。ドラッグを続けてください。

### 手順3 移動できた

移動中の図形の左端が下の図形の中心に重なる位置でガイド線が表示されます。マウスから指を離してください。

### 便利技 スマートガイドを使わずに複数の図形を揃える

スマートガイドを使わずに複数の図形を上端や左端、上下の中央などに揃えるには、複数の図形を選択し、［図形の書式］タブから［配置］→［配置］をクリックします。表示される一覧から［左揃え］や［左右中央揃え］などをクリックします。

### 手順4 黄色の矢印も位置を戻す

手順を繰り返して黄色い図形を右から左に移動しました。

# 56 複数の図形の重なり順を調整したり、ひとまとめで扱う

複数の図形を重ねると、新しく作ったものが手前に重なります。下の図形が見えない場合、重なり順を変更して対処します。また、複数の図形をグループ化すると、ひとつの図形としてまとめて扱うことができます。

## 図形の重なり順を変更する

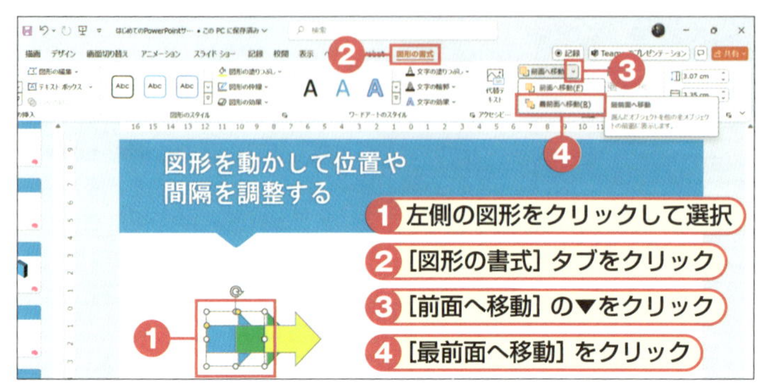

### 手順1 左の図形を選択する

左側の図形をクリックして選択します。[図形の書式] タブをクリックし、[前面へ移動] の▼をクリックして表示された [最前面へ移動] をクリックします。

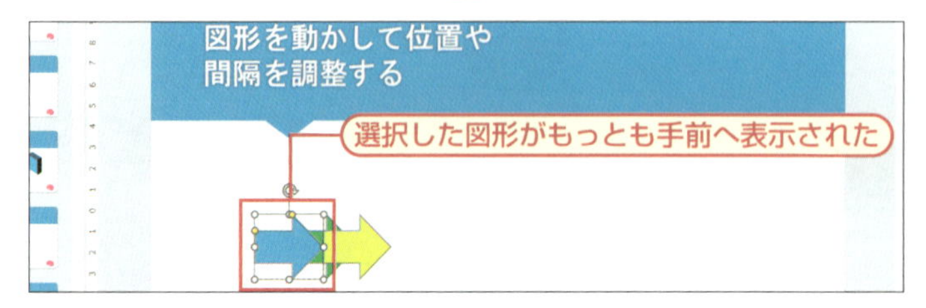

### 手順2 重なりが変わった

選択した図形の重なりが変わり、もっとも手前へ表示されました。

**メモ 図形をもっとも後ろへ移動する**

図形をもっとも後ろへ移動するには、[背面へ移動] のをクリックし、[最背面へ移動] をクリックします。

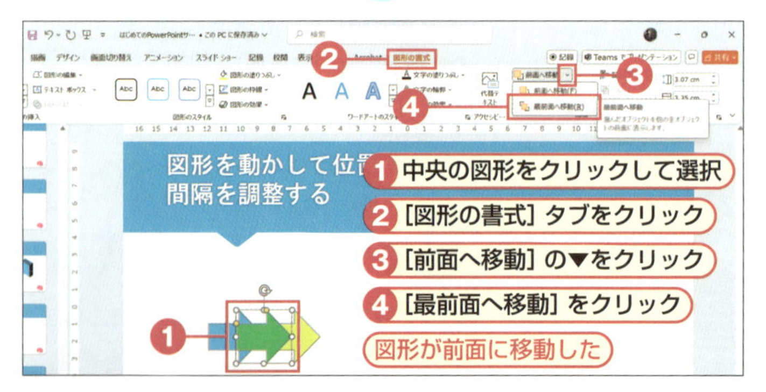

### 手順3 次の重なりを直す

中央の図形をクリックして選択してください。[図形の書式] タブをクリックして [前面へ移動] の▼をクリックして表示される [最前面へ移動] をクリックします。これで、中央の図形が前面に移動しました。

# 複数の図形をグループ化する

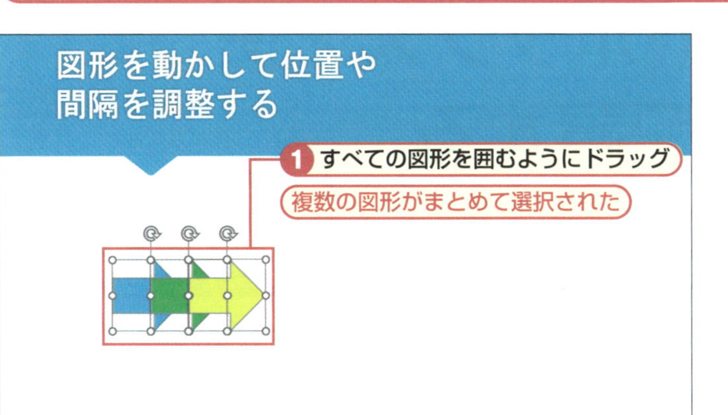

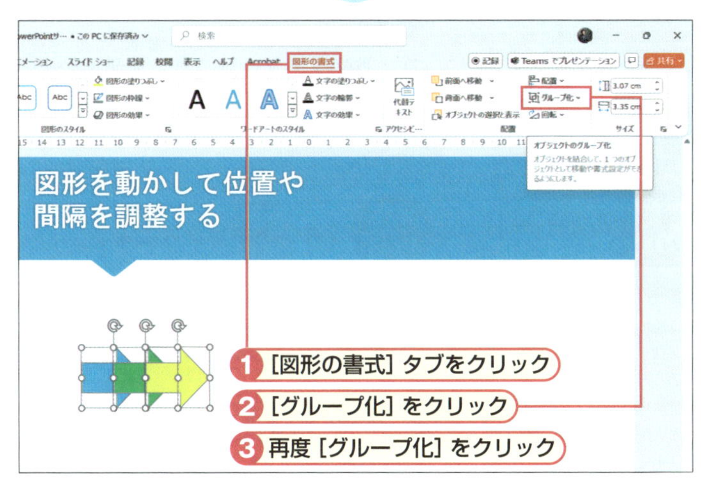

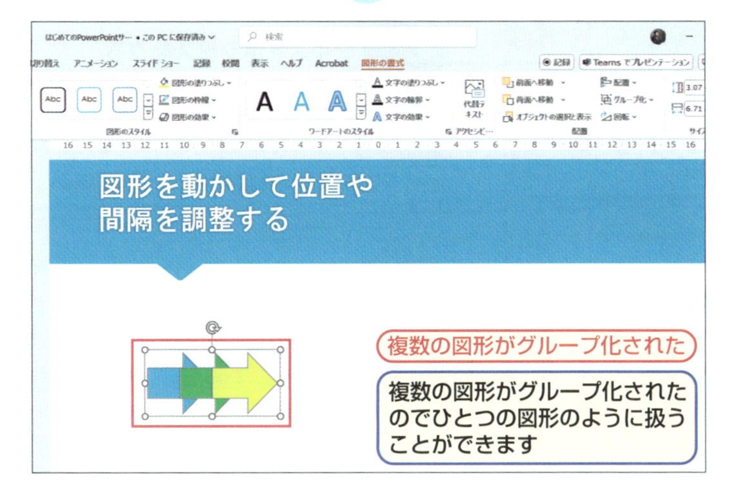

## 手順1 グループ化する図形を選択する

すべての図形を囲むようにマウスでドラッグします。すると複数の図形がまとめて選択されます。

### メモ 複数の図形を選択する

複数の図形を選択するには、[Shift] キーを押しながら図形をクリックするか、選択したいすべての図形を囲むようにドラッグします。

## 手順2 グループ化する

[図形の書式] タブをクリックして表示された [グループ化] をクリックし、再度 [グループ化] をクリックします。

### 便利技 右クリックでグループ化も可能

複数の図形が選択された状態で右クリックすることでグループ化することも可能です。

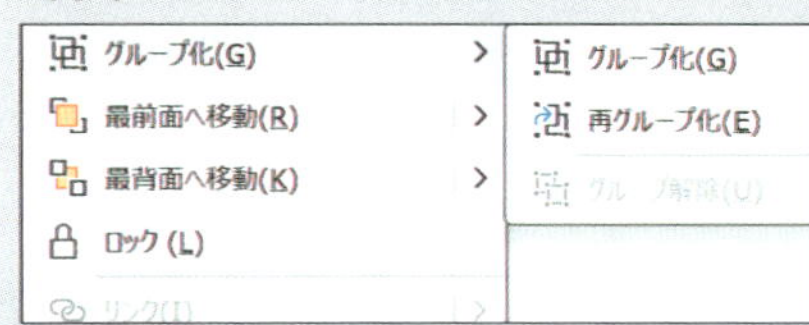

## 手順3 グループ化された

複数の図形をグループ化できました。複数の図形をグループ化したので、まるでひとつの図形のように扱うことができます。

# 57 テキストボックスを使って文字を配置する

スライドの本文（箇条書き）はプレースホルダーに入力しますが、スライド内にコメントなどを配置したい場合は、テキストボックスと呼ばれる、文字を入力するための図形を使います。テキストボックスは図形なので、スライドの任意の位置に配置できます。

## スライド上にテキストボックスを作成する

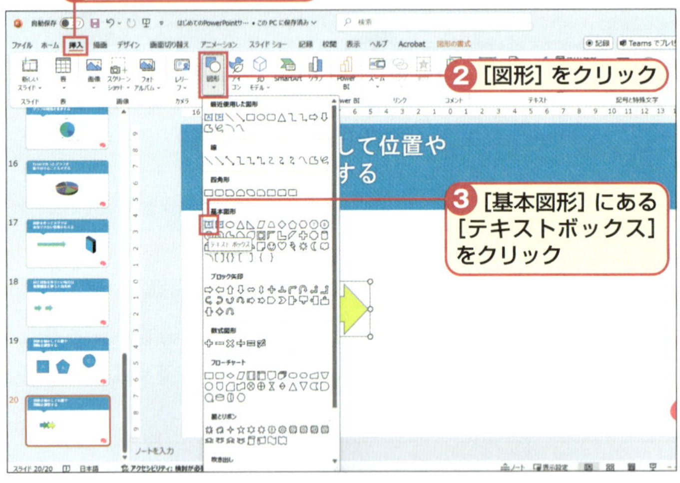

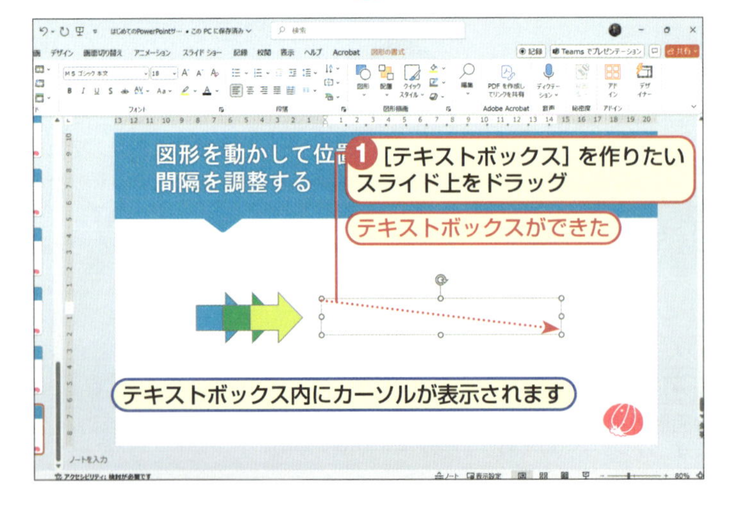

### 手順1 図形を挿入する

[挿入] タブをクリックして表示される [図形] をクリックします。[基本図形] にある [テキストボックス] をクリックしてください。

### メモ テキストボックスとは

[テキストボックス] は、文字を入力するための図形です。横書き用の [テキストボックス] と縦書き用の [縦書きテキストボックス] があります。なお、テキストボックスに入力した文字は、[アウトライン表示] モードでは表示されません。

### 手順2 テキストボックスを作る

[テキストボックス] を作りたいスライド上をマウスでドラッグするとテキストボックスができ、内側にカーソルが表示されます。

### メモ テキストボックスを削除する

テキストボックスは図形なので、図形と同様の操作で削除できます。テキストボックスの枠線をクリックして選択し、[Delete] キーを押します。

## テキストボックスに文字を入力する

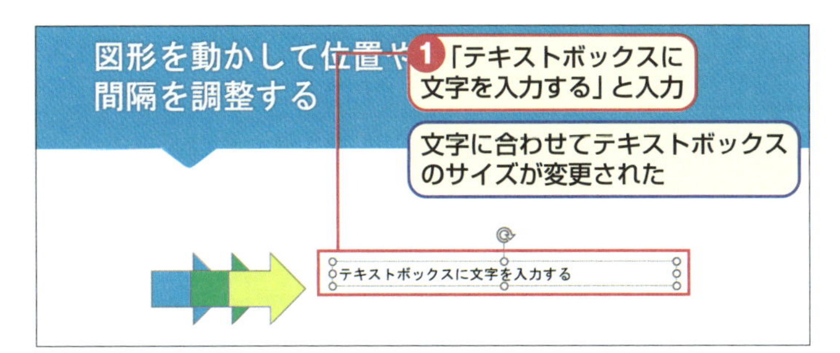

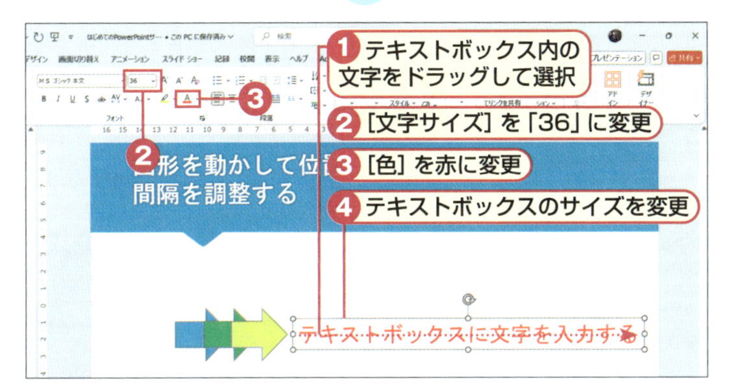

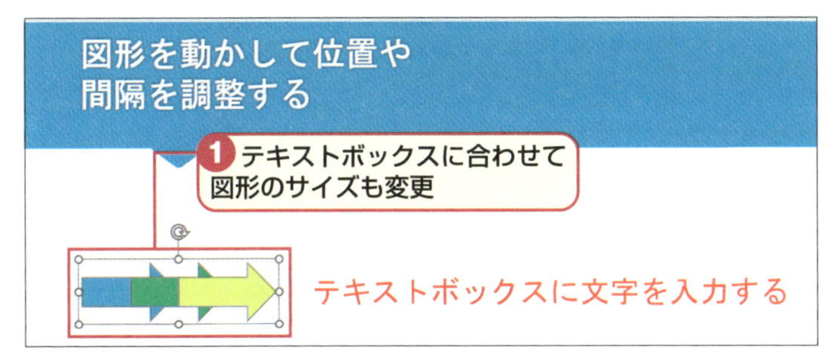

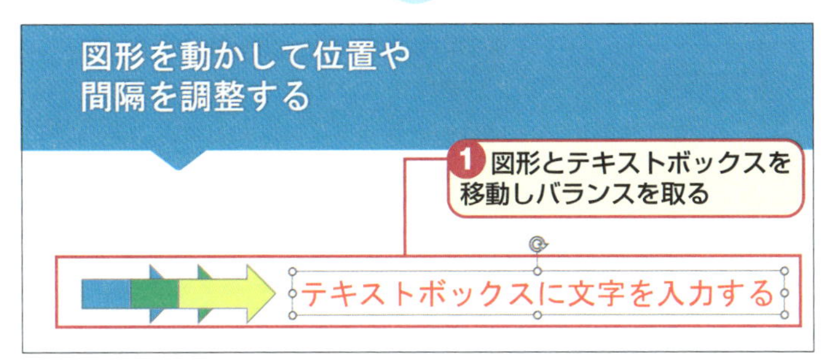

### 手順1 テキストボックスに文字を入力する

「テキストボックスに文字を入力する」と入力します。入力した文字に合わせてテキストボックスのサイズは自動で変更されます。

### メモ テキストボックスに色や枠線を設定する

作成直後のテキストボックスには色や枠線はありませんが、通常の図形と同様の手順で色や枠線を設定できます。

### 手順2 文字を調整する

テキストボックス内の文字をドラッグして選択します。リボンの［文字サイズ］を「36」、［色］を赤に変更してテキストボックスのサイズを変更します。

### メモ テキストボックスのサイズを変更する

テキストボックスをクリックして選択すると、通常の図形と同様、ハンドルが表示されます。ハンドルをドラッグして拡大／縮小や回転ができます。なお、テキストボックスのサイズを変更しても、文字のサイズは変更されません。

### 手順3 図形の大きさを調整する

テキストボックスを変更したので合わせて図形のサイズも変更します。

### 手順4 仕上げをする

図形とテキストボックスを移動してバランスを調整してください。

SECTION　キーワード▶吹き出しの作成／調整ハンドル／先端の変形　サンプル番号　05sec58

# 58 吹き出しの図形に文字を表示する

図形には、文字を入力することができます。表やグラフと組み合わせると、閲覧者の視線を集めることができます。吹き出しの図形を使ってグラフの一部を指し示し、コメントを入力します。ポイントは、[調整ハンドル] を使って、吹き出しの先端を変形させることです。

## 吹き出しを作る

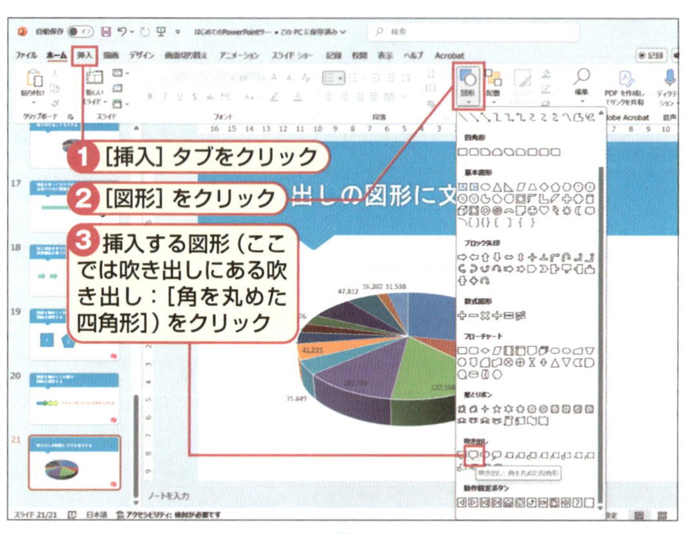

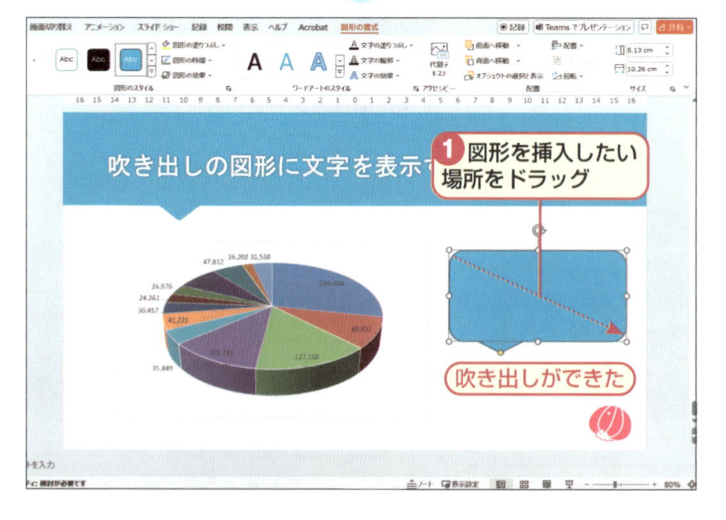

### 手順1 吹き出しを挿入する

[挿入] タブをクリックして [図形] をクリックし、挿入する図形（ここでは吹き出しにある吹き出し：[角を丸めた四角形]）をクリックします。

#### 裏技 縦横比を保持したまま図形を作成する

図形を作成するとき、[Shift] キーを押しながらドラッグすると、図形の縦横比を保持したまま作成できます。

### 手順2 場所を決める

図形を挿入したい場所をドラッグして吹き出しを挿入します。

#### メモ 図形の作成を中止する

図形の作成を中止したい場合は、図形を作成する前に [Esc] キーを押します。

# 吹き出しに文字を入力する

吹き出しが選択されている

1 文字（ここでは「県内人口第４位」）を入力

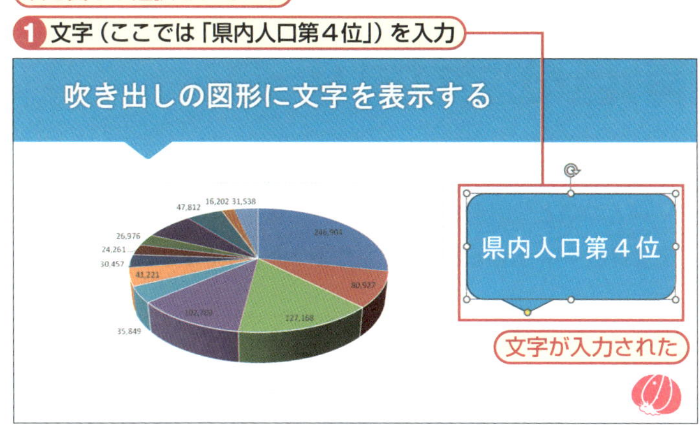


文字が入力された

1 吹き出しの位置を調整

2 吹き出しのサイズを調整

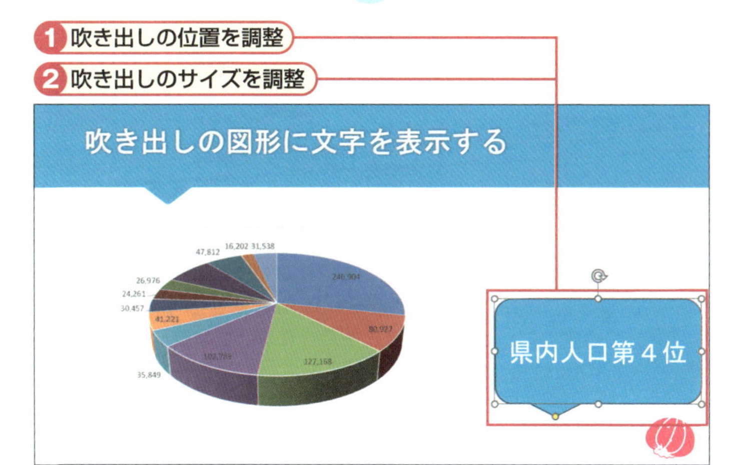

1 ［調整］ハンドルをドラッグ

吹き出しの図形に文字を表示する

県内人口第４位

吹き出しの先端が変形した

## 手順1 文字を入力する

選択した吹き出しに文字（ここでは「県内人口第４位」）を入力します。

### 便利技 図形に文字を入力する

図形に文字を入力するには、図形を選択してキーボードのキーを押します。ここでは吹き出しに文字を入力していますが、四角形や円形に入力することもできます。

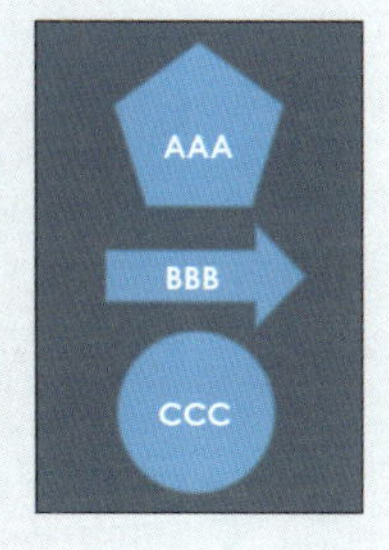

## 手順2 吹き出しを調整する

吹き出しの位置を調整してください。続いて吹き出しのサイズを調整します。

### メモ 調整ハンドル

「調整ハンドル」は、図形を変形させるための黄色いハンドルです。調整ハンドルがない図形もあります。

## 手順3 吹き出しの先端を整える

［調整］ハンドルをドラッグして吹き出しの先端を変形させます。

# 59 SmartArtを使って集合関係や階層構造を表現する

プレゼンテーションでは、手順や集合、階層構造などを表すためにさまざまな図が使われます。SmartArtを使うと、ひとつひとつ図形を作らなくても、あらかじめ用意された図形の組み合わせを使って、階層構造や集合関係を表す図を作ることができます。

## SmartArtを挿入する

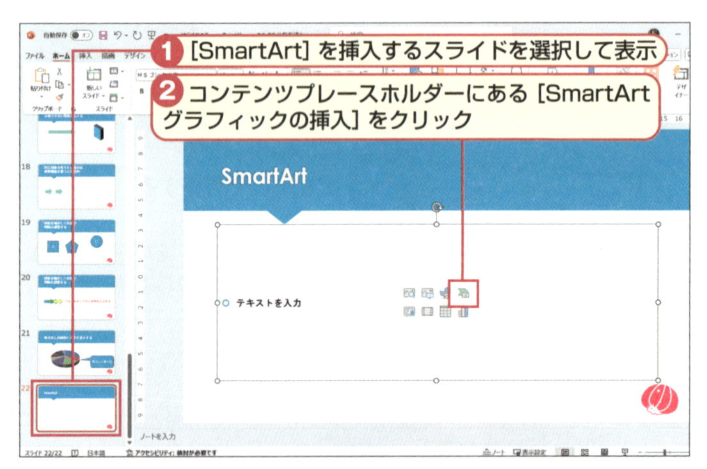

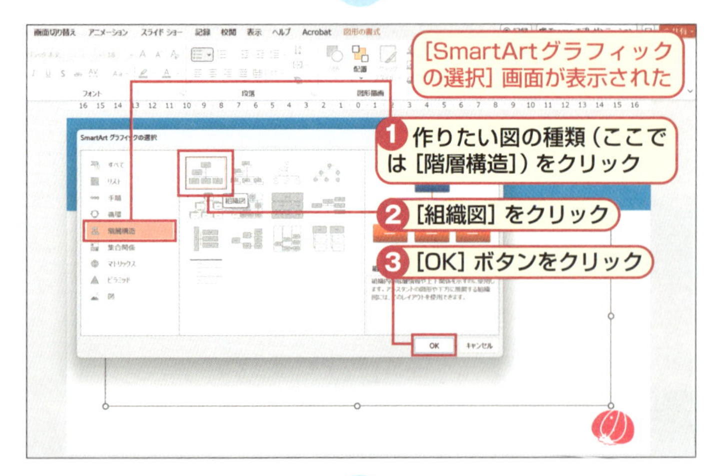

### 手順1 スライドを選択する

[SmartArt] を挿入するスライドを選択して表示したら、コンテンツプレースホルダーにある [SmartArtグラフィックの挿入] をクリックします。

### 便利技 [挿入] タブから SmartArtを挿入する

ここではコンテンツプレースホルダーからSmartArtを挿入していますが、[挿入] タブの [SmartArt] をクリックして挿入することもできます。

### 手順2 [階層構造] を選択する

[SmartArtグラフィックの選択] 画面が表示されました。作りたい図の種類（ここでは [階層構造]）をクリックし、[組織図] をクリックしてください。

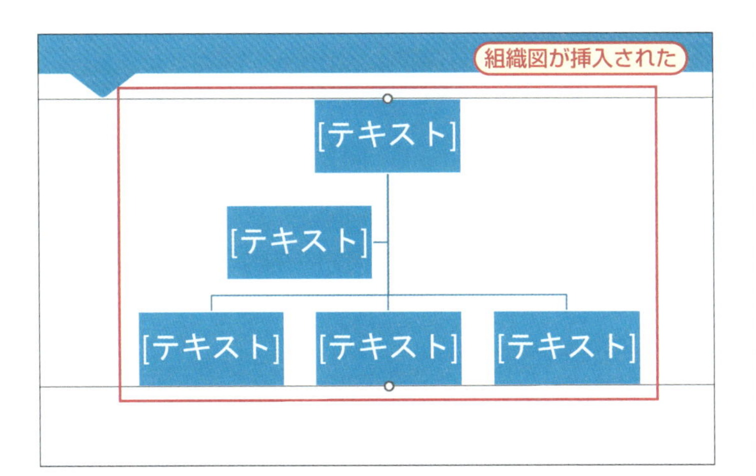

**組織図が挿入された**

選択した［階層構造］の［組織図］が挿入されました。

**SmartArtを削除する**

SmartArtを削除するには、SmartArtをクリックし、枠線をクリックします。SmartArtが選択されるので、[Delete]キーを押します。

## SmartArtの種類を変更する

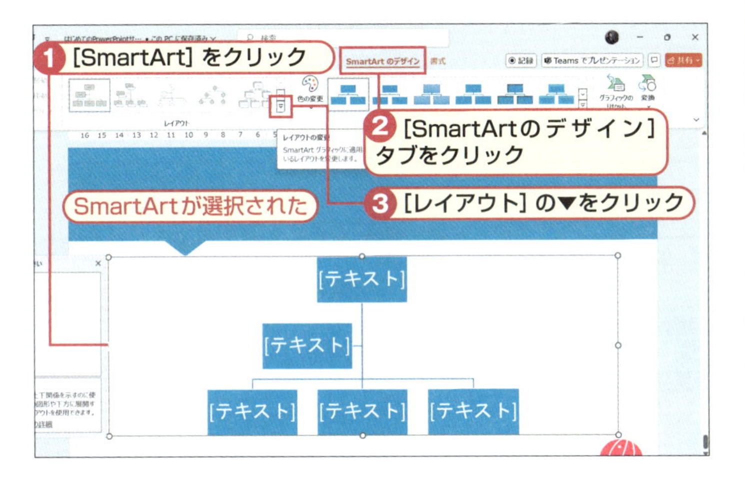

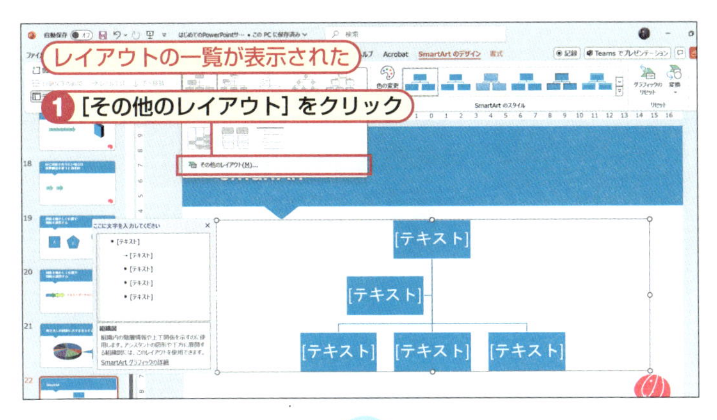

**SmartArt種類を変更する**

［SmartArt］をクリックしてSmartArtを選択します。［SmartArtのデザイン］タブをクリックし、［レイアウト］の▼をクリックしてください。

**SmartArtの種類を変更する**

SmartArtの種類を変更するには、SmartArtをクリックして選択し、［SmartArtのデザイン］タブの［レイアウト］から変更後のSmartArtをクリックします。目的のレイアウトがない場合は、［その他のレイアウト］をクリックします。［SmartArtグラフィックの選択］画面が表示されるので、作成したいSmartArtの種類をクリックします。なお、SmartArtの図形に文字が入力してある場合、文字はそのまま引き継がれます。

**その他のレイアウトをクリックする**

レイアウトの一覧が表示されました。［その他のレイアウト］をクリックしてください。

### 手順3 [円形循環] を選択する

[SmartArtグラフィックの選択] 画面が表示されました。作りたい図の種類（ここでは [円型循環]）をクリックして [OK] ボタンをクリックしてください。

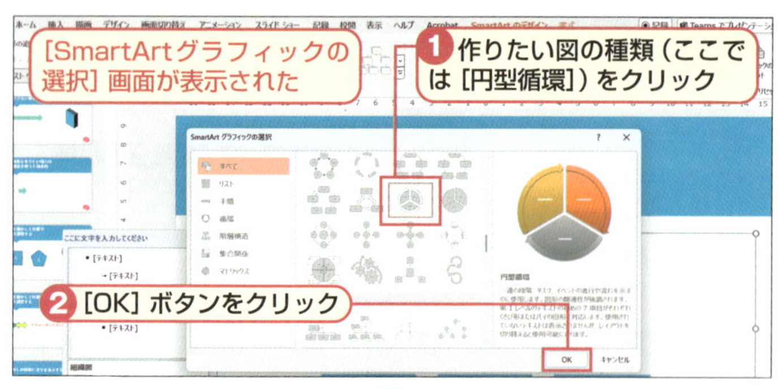

### 手順4 SmartArtの種類が変更された

[円型循環] に変わりました。

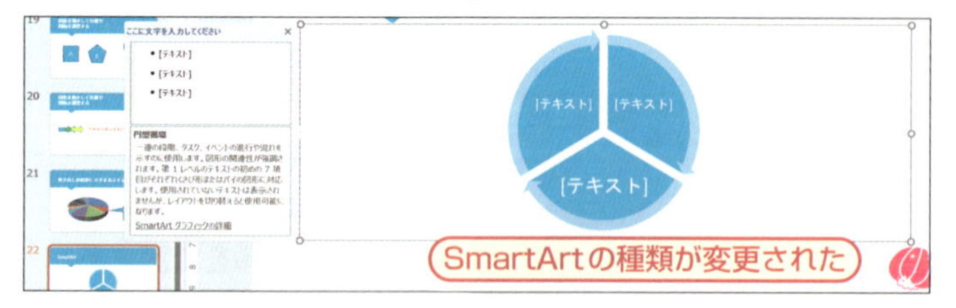


## SmartArtに文字を入力する

### 手順1 文字を入力する

[SmartArtのデザイン] タブをクリックして [テキスト] ウィンドウをクリックするとテキストウィンドウが閉じます。

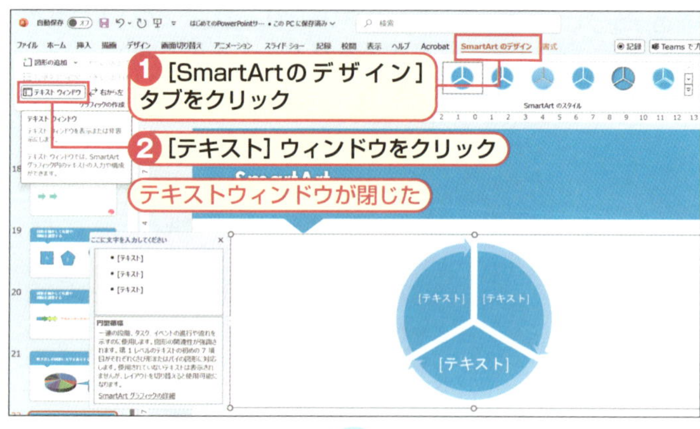

#### メモ テキストウィンドウを閉じる

SmartArtの左側には、テキストウィンドウが表示されます。テキストウィンドウは、SmartArtの文字を編集するための画面です。テキストウィンドウを使ってSmartArtの図形に文字を入力できますが、図形に直接文字を入力した方がわかりやすいので、ここではテキストウィンドウを閉じて作業します。

### 手順2 図形を選択する

文字を入力する図形をクリックすると文字を入力できる状態になります。

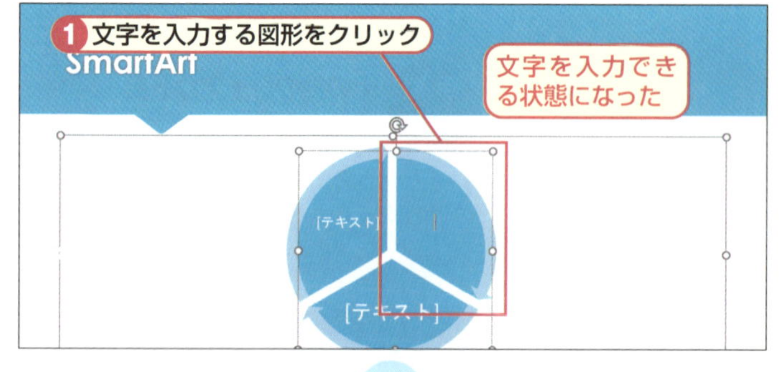

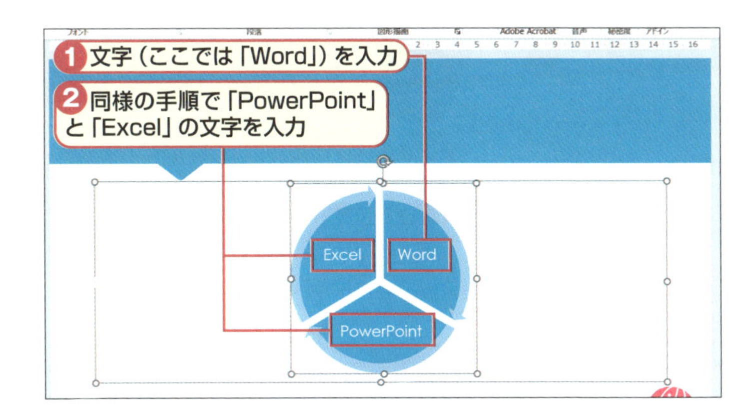

### 文字を入力する

「Word」と文字を入力します。同様の手順で残りに「PowerPoint」と「Excel」の文字を入力します。

**配色はテーマによって異なる**

［色の変更］をクリックすると表示される一覧は、スライドのテーマによって異なります。そのため、スライドのテーマを変更するとSmartArtの配色も変更されます。

## SmartArtのデザインを変更する

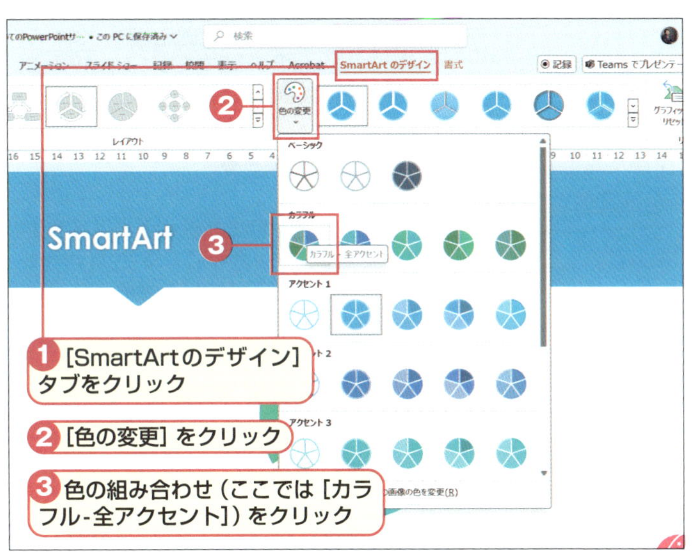

### デザインを変更する

［SmartArtのデザイン］タブをクリックして［色の変更］をクリックしたら色の組み合わせ（ここでは［カラフル-全アクセント］）をクリックします。

**テキストウィンドウで修正する**

図形内の文字とテキストウィンドウの文字は連動しています。図形内の文字が修正しにくい場合は、テキストウィンドウの文字を修正すると、図形内の文字にも反映されます。

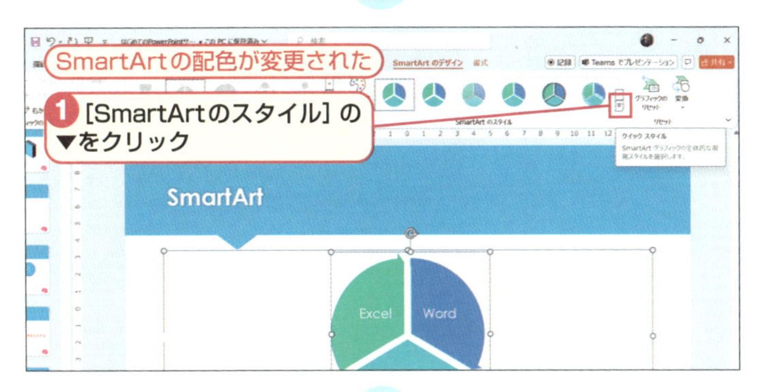

### SmartArtの配色が変更された

［SmartArtのスタイル］の▼をクリックしてください。

**テキストウィンドウを表示する**

［SmartArtのデザイン］タブの［テキストウィンドウ］をクリックすると、テキストウィンドウを表示できます。

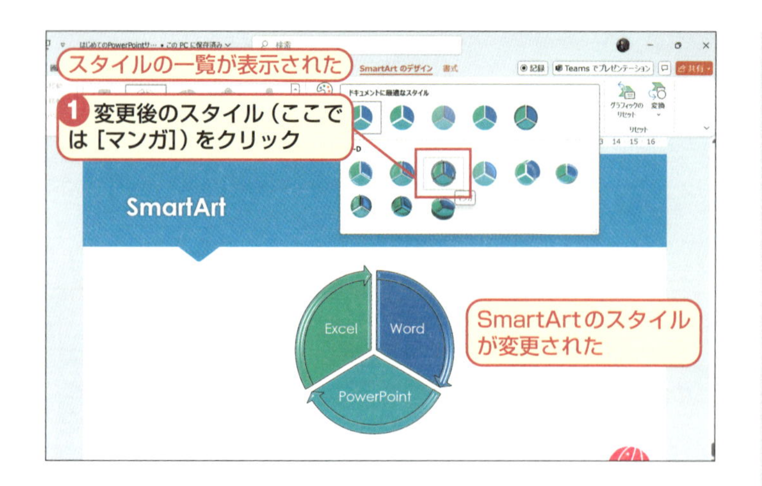

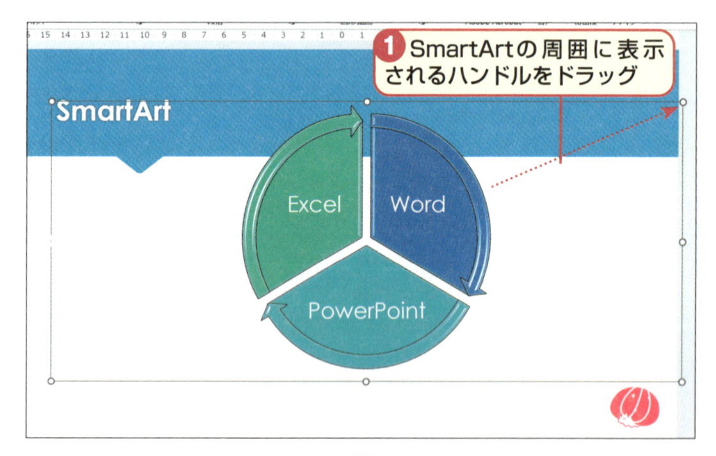

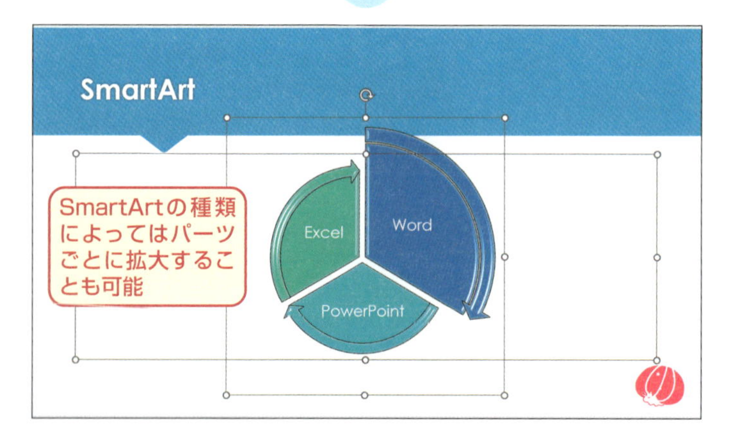

## 手順3 スタイルの一覧が表示された

変更後のスタイル（ここでは［マンガ］）をクリックするとSmartArtのスタイルが変更されます。

### メモ SmartArtの種類

▼種類解説

| | |
|---|---|
| リスト | 連続性のない情報を表します |
| 手順 | 作業の過程などを表します |
| 循環 | 継続する手順を表します |
| 階層構造 | 分岐や組織図を表します |
| 集合関係 | 情報の関係を表します |
| マトリックス | 全体における各部分の情報を表します |
| ピラミッド | 最上部または最下部に最大の要素がある比例関係を表します |
| 図 | 図で補完されたリストや手順を作成します |

## 手順4 大きくする

SmartArtの周囲に表示される［ハンドル］をマウスで外方向にドラッグします。これで、SmartArtが拡大しました。

## 手順5 一部を拡大する

SmartArtの種類によっては、パーツごとに拡大することも可能です。ここでは、Wordだけを大きくします。

# 練習

**この章の解説を参考にして、以下の問題に挑戦してみましょう。**

## 問題 1 図形の作成に関する出題

右向きのブロック矢印を作成してください。

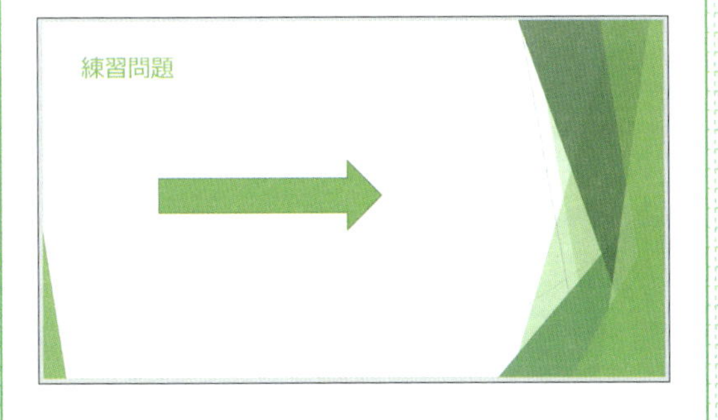


**HINT** [挿入] タブの [図形] をクリックすると表示される一覧から図形の種類を選択します。

## 問題 2 図形のスタイルに関する出題

問題1で使った矢印の色を赤色に変更し、標準スタイル1を設定してください。

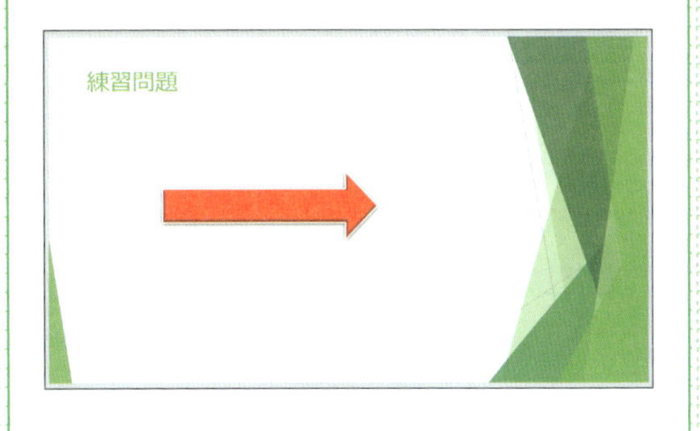


**HINT** 図形の色や効果は、図形を選択すると表示される [書式] タブで設定できます。

## 問題 3 文字の配置に関する出題

「次のセクションにつづく」という文字を入力し、フォントの種類は [游明朝]、フォントのサイズを [28ポイント] に設定してください。

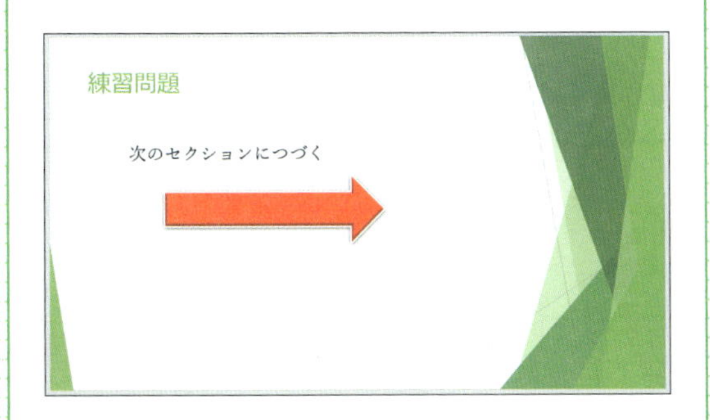


**HINT** テキストボックスという文字用の図形を使います。

## 問題 4 図形の配置に関する出題

問題3で配置した「次のセクションにつづく」という文字を、矢印の図形の中央に移動してください。

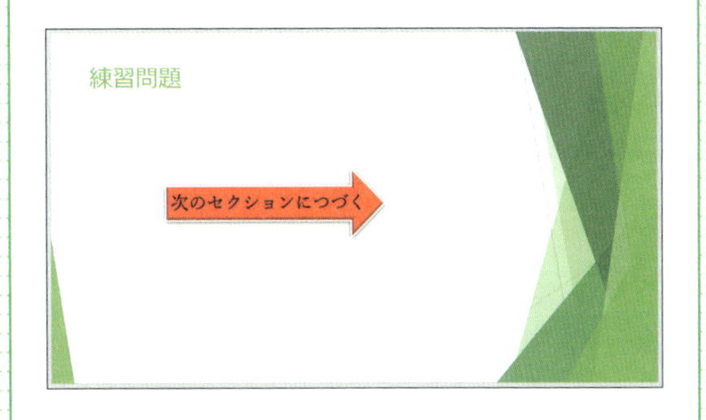


**HINT** ドラッグすると表示されるガイド線を目安に図形を配置します。

解答は次のページ

# 解答

練習問題は解けましたか。以下の解答例と照らし合わせてみましょう。

## 解答1 参照：SECTION49

❶［挿入］タブをクリック
❷［図形］をクリック
❸［ブロック矢印］にある［矢印：右］をクリック
❹スライド上をドラッグ

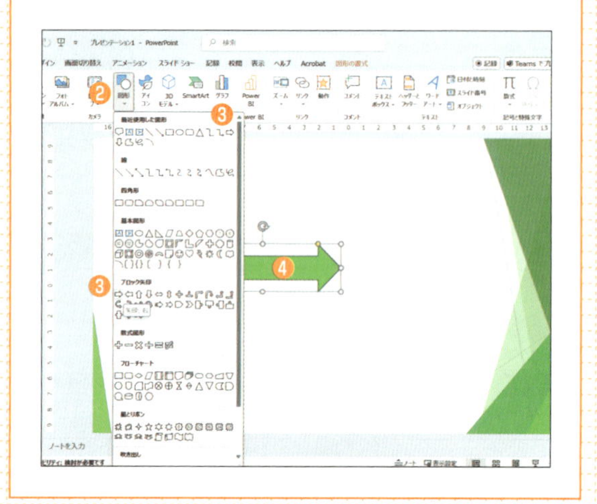

## 解答2 参照：SECTION50／53

❶図形をクリックして選択
❷［図形の書式］タブをクリック
❸［図形の塗りつぶし］をクリック
❹［赤］をクリック
❺［図形の効果］をクリック
❻［標準スタイル］→［標準スタイル1］をクリック

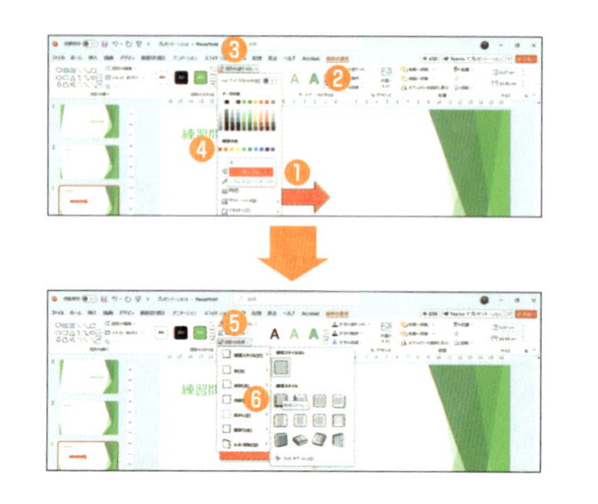

## 解答3 参照：SECTION57

❶［挿入］タブをクリック
❷［図形］をクリック
❸［基本図形］にある［テキストボックス］をクリック
❹スライド上をドラッグ
❺「次のセクションにつづく」と入力
❻［ホーム］タブのボタンを使ってフォントの種類とサイズを設定

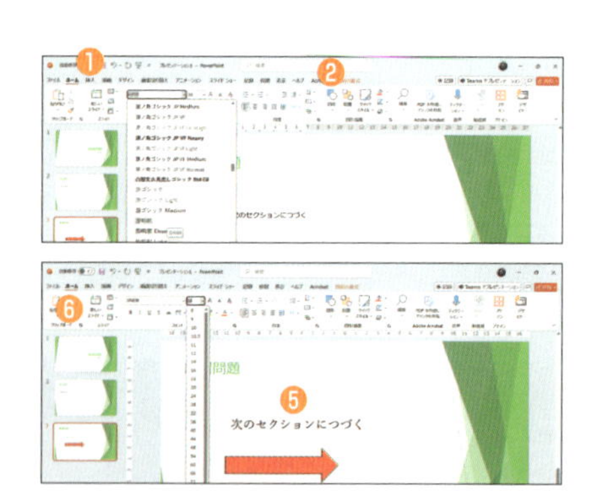


## 解答4 参照：SECTION55

❶「次のセクションにつづく」と入力されているテキストボックスをドラッグして矢印に重ねる
❷ガイド線を見ながら中央に重ねる

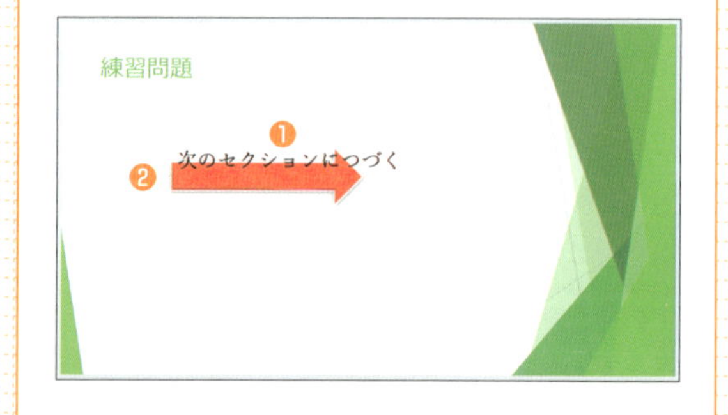

# 6章

## スライドに画像や音楽などを挿入するには

6章では、スライドにアイコンや写真、動画や音声などを追加する方法について解説します。文字だけでは地味になりがちなスライドに、アイコンを挿入することで見やすさを向上させることができます。また、イラストや写真を配置することもできます。写真は見ただけで情報が伝わるのでとても効果的です。さらに、動画や音楽を流すことも可能です。使用感などは文字や言葉で説明するより、動画を見てもらった方が簡単に伝わります。タイミングよく発表の開始に音を鳴らすことで、閲覧者の興味を引くことができます。さまざまな機能を適切なポイントで活用しましょう。

# 60 スライドにOfficeに付属するアイコンを挿入する

PowerPointには、人物や建物などのイメージをシンプルに図形化したアイコンが付属しています。アイコンを挿入するには、[挿入] タブの [アイコン] をクリックすると表示される画面から使いたいアイコンを選択し、[挿入] をクリックします。

## [アイコンの挿入] 画面を表示する

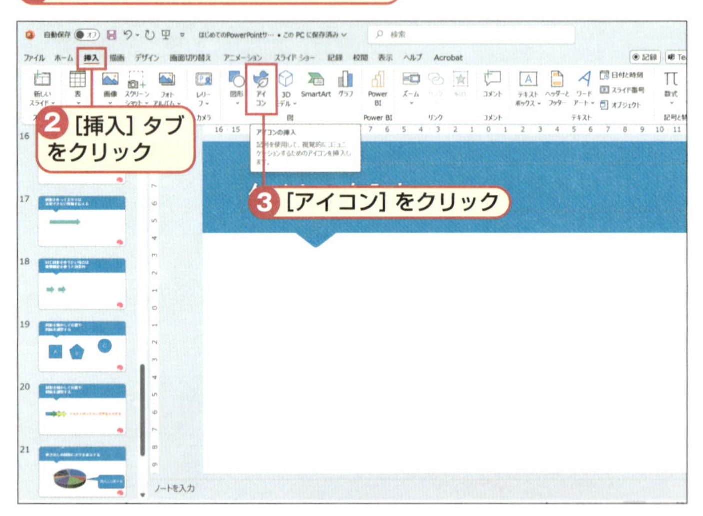

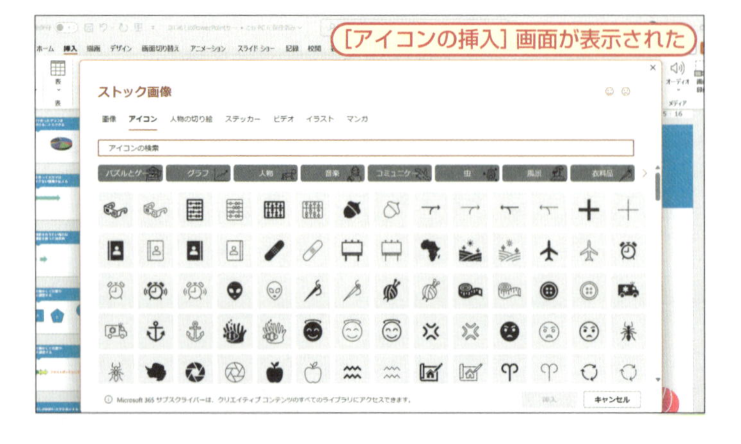

### 手順1 アイコンを使ってみる

アイコンを挿入するスライドをクリックして表示します。[挿入] タブをクリックして [アイコン] をクリックしてください。

### メモ アイコンを挿入する

かつてのOfficeでは、[クリップアート] と呼ばれるイラストが用意されていましたが、2014年に廃止されました。その後継サービスとしてアイコンを挿入する機能がOffice365に搭載され、PowerPointでも利用できます。

### 手順2 アイコンが表示された

[アイコンの挿入] 画面が表示されました。

## スライドにアイコンを挿入する

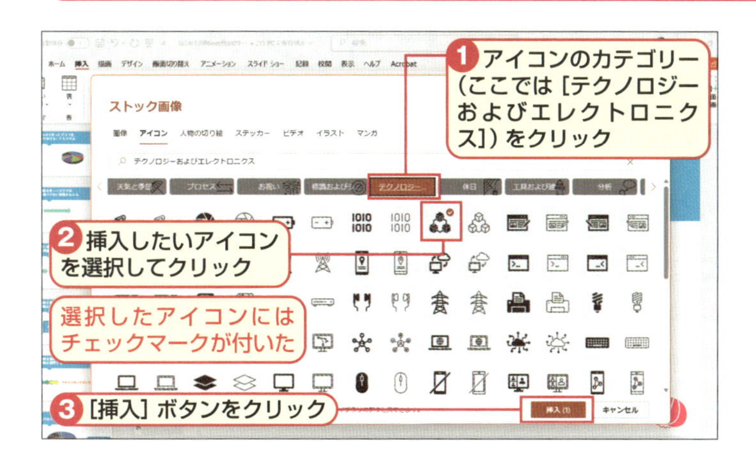

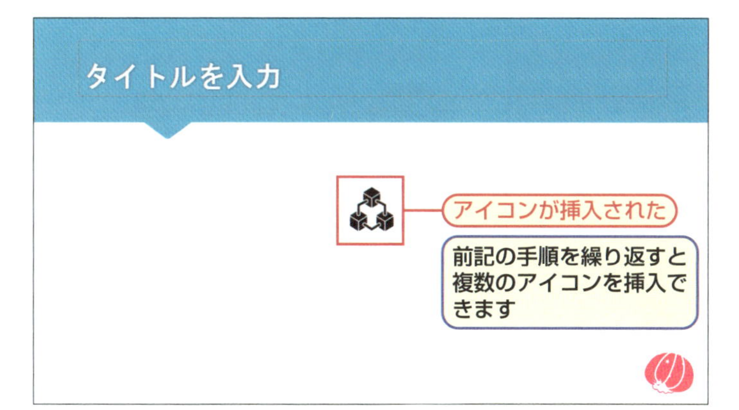

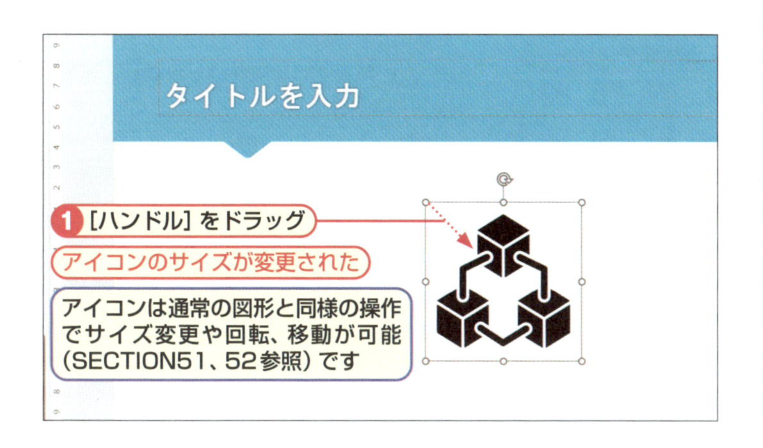

### 手順1 アイコンを選択する

アイコンのカテゴリー（ここでは［テクノロジーおよびエレクトロニクス］）をクリックして挿入するアイコンをクリック、選択したアイコンにはチェックマークが付きます。［挿入］ボタンをクリックしてください。

### 手順2 アイコンが挿入された

前記の手順を繰り返すと複数のアイコンを挿入できます。

### メモ アイコンの色を変更する

アイコンは、通常の図形と同様の操作で色を変更できます。アイコンの色を変更するには、まずアイコンをクリックして選択します。次に、［グラフィックス形式］タブの［グラフィックの塗りつぶし］をクリックし、目的の色をクリックします。

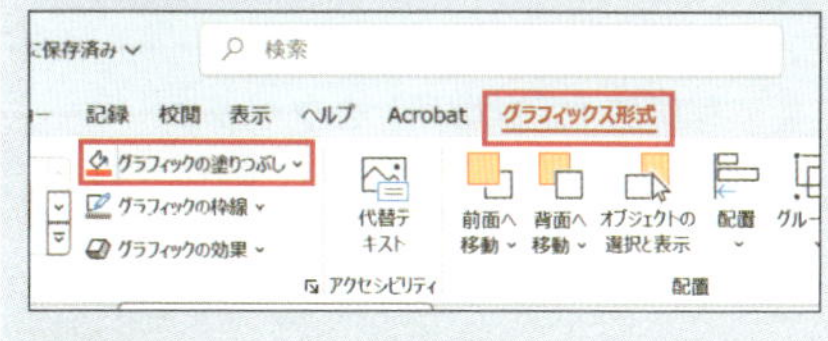

### 手順3 大きさを調整する

アイコンの［ハンドル］をドラッグしてアイコンのサイズを変更します。アイコンは通常の図形と同様の操作でサイズ変更や回転、移動が可能（SECTION51、52参照）です

# 61 スライドに写真やイラストを挿入する

スライドには、写真やイラストなどの画像を挿入できます。製品や観光地のプレゼンテーションでは、写真や地図などを使うと効果的です。画像を挿入するには、[挿入] タブの [画像] をクリックし、目的の画像をクリックして選択し、[挿入] をクリックします。

## 写真を挿入する

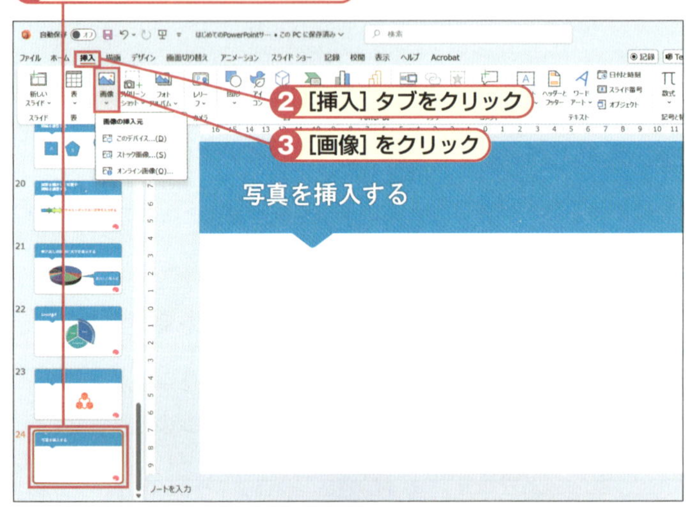

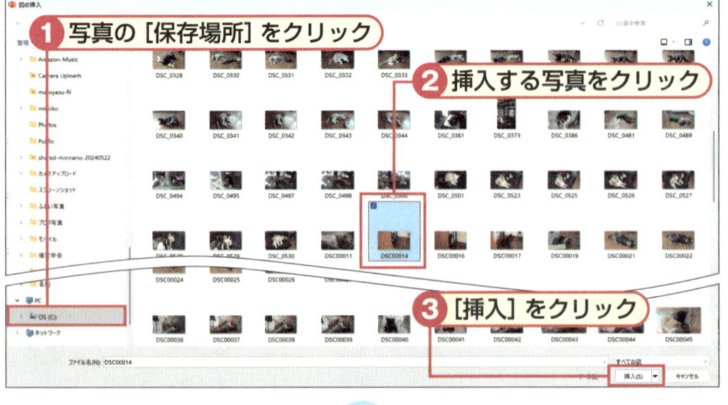

### 手順1 写真を挿入するスライドを選択する

写真を挿入するスライドをクリックして表示し、[挿入] タブをクリックして表示された [画像] をクリックします。

**メモ プレースホルダーから画像を挿入する**

ここでは、既存のスライドに画像を挿入しています。新しいスライドの場合、コンテンツプレースホルダーから画像を挿入することもできます。この場合、プレースホルダーの [図] をクリックします。[図の挿入] 画面以降の手順は同様です。

### 手順2 写真を選択する

写真の [保存場所] をクリックしてください。次に挿入する写真をクリックして選択し、[挿入] をクリックします。

**メモ 写真を削除する**

スライドに挿入した写真を削除するには、写真をクリックして選択し、[Delete] キーを押します。

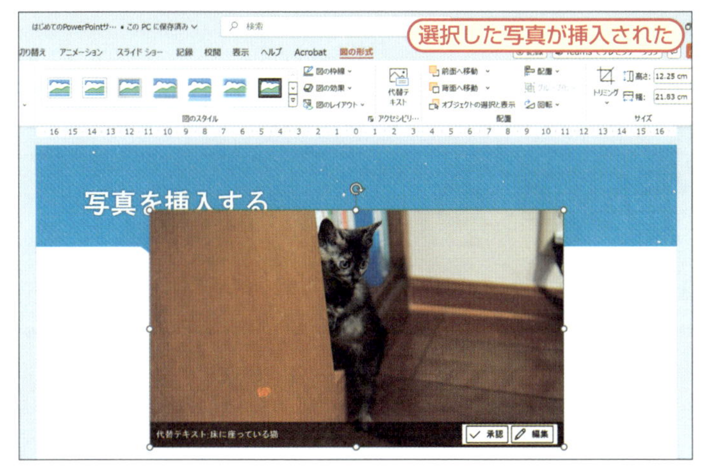

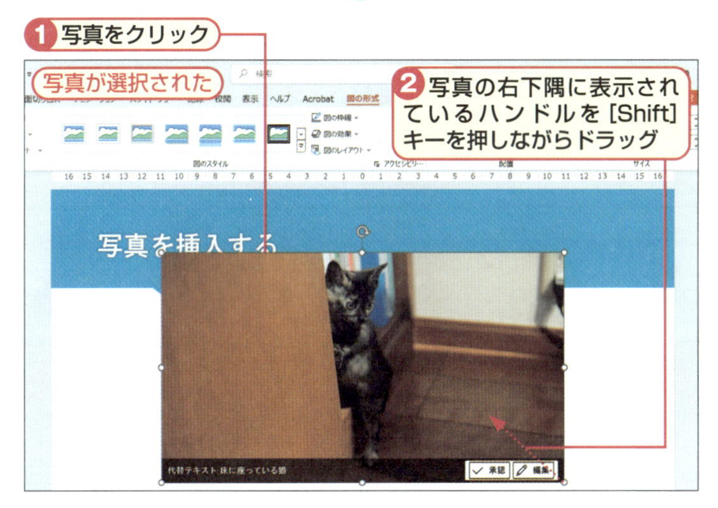

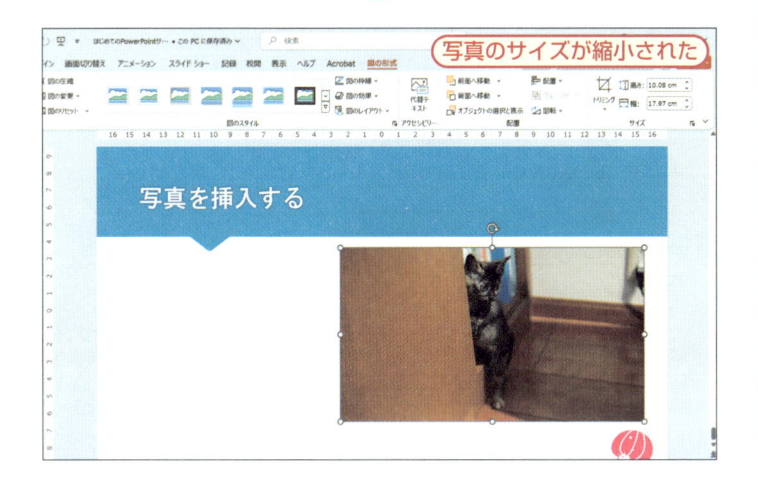

### 手順3 写真が表示された

選択した写真がページに挿入されました。

### 写真のサイズを変更する

写真をクリックして選択すると、周囲にハンドルが表示されるので、ドラッグすると拡大／縮小できます。このとき、[Shift] キーを押しながらドラッグすると、縦横比を維持したまま拡大／縮小します。

### 手順4 大きさを調整する

写真をクリックして選択します。続いて写真の右下隅に表示されている白いハンドルを [Shift] キーを押しながらドラッグします。

### もとの画像とリンクした画像を挿入する

スライドに画像を挿入後、もとの画像を修正しても挿入した画像には反映されません。[もとの画像にリンクした画像] を挿入すると、もとの画像を修正すると挿入した画像にも反映されます。もとの画像にリンクした画像の挿入は、[図の挿入] 画面で画像を選択し、[挿入] をクリックして次のいずれかを選択します。

1. ファイルにリンク
   パソコンに保存されている画像にリンクを設定し、リンクした画像をスライドに表示します。
2. 挿入とリンク
   画像がスライドに埋め込まれ、さらにリンクも設定されます。

### 手順5 サイズが調整できた

写真のサイズが縮小されました。

# 62 写真を使ったレイアウトを自動で作成する

商品や場所、しくみなどを説明するとき、写真があるとわかりやすいため、プレゼンテーションでよく使われます。PowerPointデザイナーを利用すると、写真を使ったデザインを自動的に作成できるので便利です。

## PowerPointデザイナーでスライドをデザインする

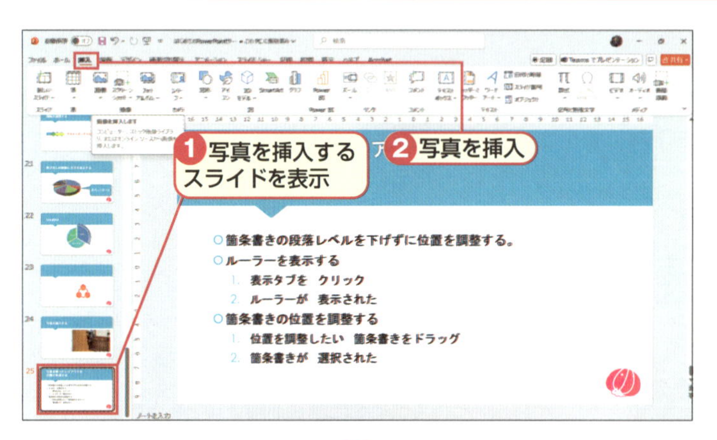

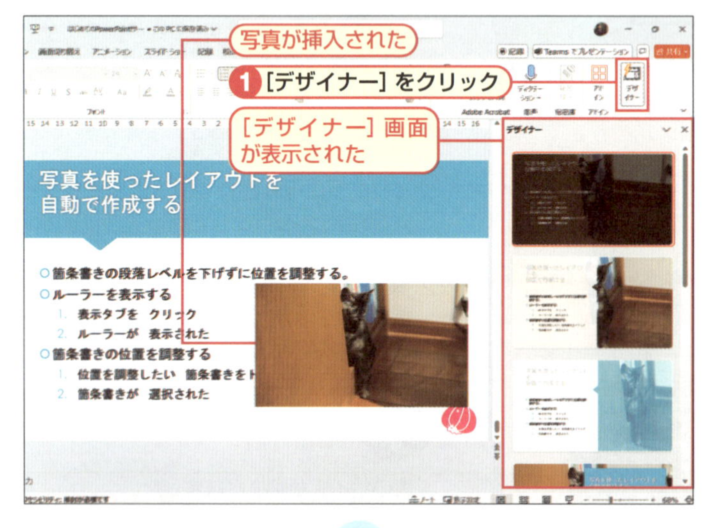

### 手順1 写真を挿入するスライドを選択する

写真を挿入するスライドをクリックして表示したら、写真を挿入します。

### メモ PowerPointデザイナー

「PowerPointデザイナー」はOffice365から搭載された機能で、スライドに挿入された写真を使ってスライドを自動的に作成するものです。写真のサイズや位置などにこだわっていると、それだけで時間がかかってしまいます。PowerPointデザイナーを使うと、写真を使ったきれいなスライドがすぐにできるので便利です。

### 手順2 写真が挿入された

[デザイナー] をクリックすると [デザイナー] 画面が表示されます。

### 便利技 PowerPointデザイナーの使用を開始する

PowerPointデザイナーは、インターネットのサービスを利用します。はじめて使う場合、インターネットに接続するための許諾を求めるメッセージが表示されるので、[始めましょう] をクリックします。

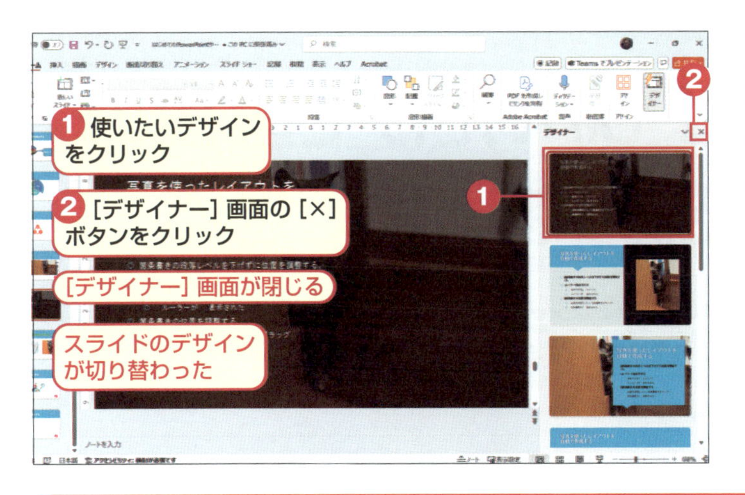

### デザインを決める

使いたいデザインをクリックするとスライドのデザインが切り替わります。問題なければ [デザイナー] 画面の [×] ボタンをクリックして [デザイナー] 画面を閉じます。

## デザインを変更する

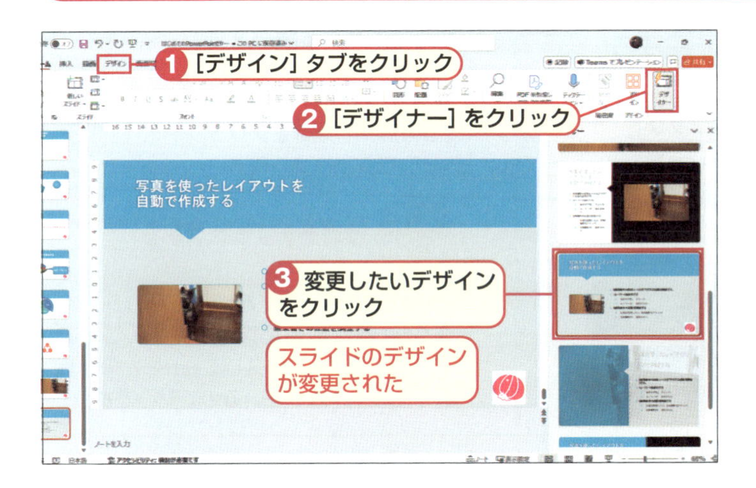

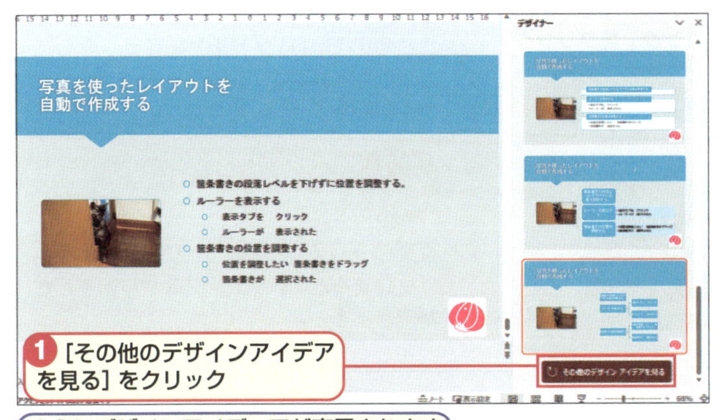


さらにデザインアイディアが表示されます

### デザインを変える

[デザイン] タブをクリックして [デザイナー] をクリックします。変更したいデザインをクリックすれば、スライドのデザインが変更されます。

### [デザイナー] 画面が表示されない？

PowerPointデザイナーを利用するにはいくつかの条件があります。[デザイナー] 画面が表示されない場合、次の点を確認します。

①インターネットに接続されている
②スライドに挿入されている写真は1枚だけ
③スライドのレイアウトが [タイトル] または [タイトル+コンテンツ] のいずれか
④ほかの図形を使用していない
⑤Office 365版のPowerPointである

### [その他のデザインアイデアを見る] を表示する

「その他のデザインアイデアを見る」をクリックするとさらに多くのデザイン内から選択ができます。

SECTION キーワード▶写真／トリミング／切り抜き　サンプル番号　06sec63

# 63 PowerPointだけで写真の不要な部分を削除できる

PowerPointは、簡易ながらフォトレタッチの機能を備えています。写真の不要な部分を取り除いてみましょう。この機能を［トリミング］といいます。

## 写真の不要な部分を取り除く

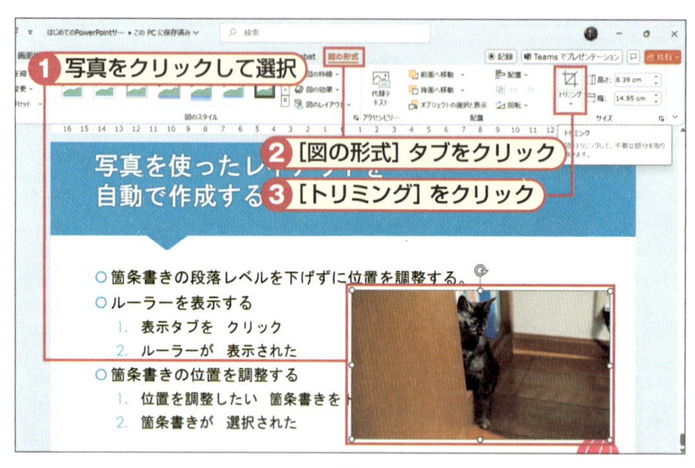

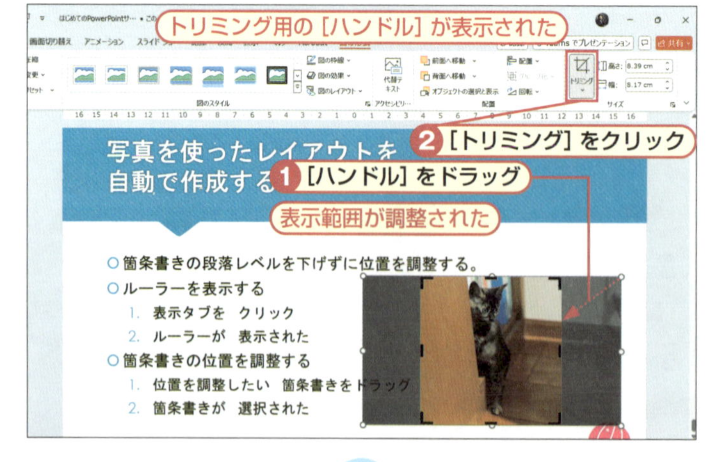

### 手順1 写真を選択する

写真をクリックして選択してください。［図の形式］タブをクリックして［トリミング］をクリックします。

**メモ 写真をトリミングする**

「トリミング」とは、写真の不要な部分を取り除いて、表示範囲を調整することです。写真をトリミングしても、もとの写真はもとのまま残っているので安心です。

### 手順2 トリミングする

写真にトリミング用の［ハンドル］が表示されるので、［ハンドル］をドラッグして表示範囲を調整し、調整できたら［トリミング］をクリックしてください。

**メモ トリミングをやり直す**

写真のトリミング後、［トリミング］をクリックすると、トリミングをやり直すことができます。

写真を使ったレイアウトを
自動で作成する

トリミングが確定した
不要な部分が削除されました

○ 箇条書きの段落レベルを下げずに位置を調整する。
○ ルーラーを表示する
1. 表示タブを　クリック
2. ルーラーが　表示された
○ 箇条書きの位置を調整する
1. 位置を調整したい　箇条書きをドラッグ
2. 箇条書きが　選択された

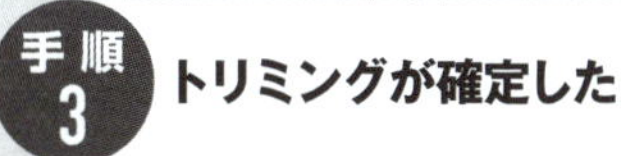

## 手順3 トリミングが確定した

不要な部分が削除されました。

### メモ トリミングする前の写真に戻す

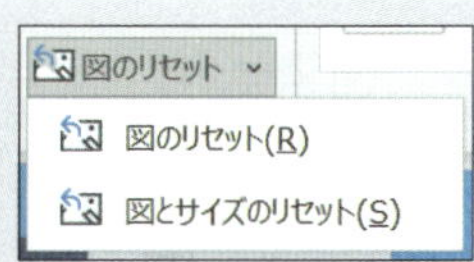


写真をクリックして選択し、[書式] タブの [図のリセット] をクリックして [図のリセット] または [図とサイズのリセット] をクリックします。

## 図形の形で切り抜く

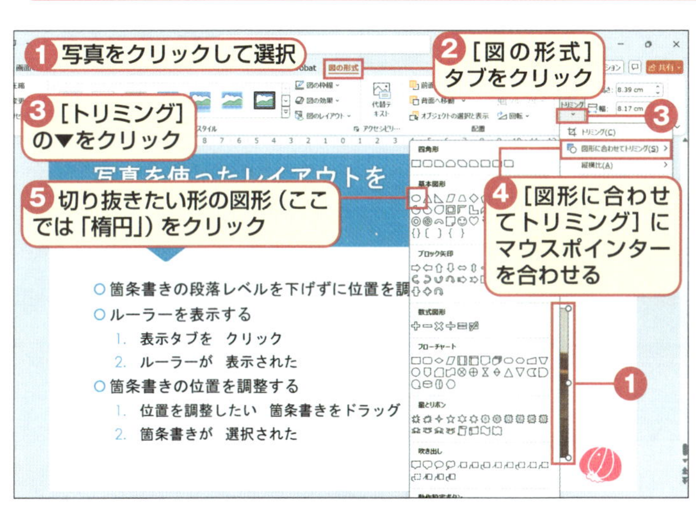


## 手順1 写真を選択する

写真をクリックして選択します。[図の形式] タブをクリックして [トリミング] の▼をクリック、続けて [図形に合わせてトリミング] にマウスポインターを合わせ、表示された一覧から切り抜きたい形の図形 (ここでは「楕円」) をクリックします。

### メモ 写真を削除する

スライドに挿入した写真を削除するには、写真をクリックして選択し、[Delete] キーを押します。

写真を使ったレイアウトを
自動で作成する

写真が図形の形で切り抜かれた

○ 箇条書きの段落レベルを下げずに位置を調整する。
○ ルーラーを表示する
1. 表示タブを　クリック
2. ルーラーが　表示された
○ 箇条書きの位置を調整する
1. 位置を調整したい　箇条書きをドラッグ
2. 箇条書きが　選択された

## 手順2 写真が切り抜かれた

選択した写真が図形の形に切り抜かれました。

### メモ 写真を移動する

写真を移動するには、写真をクリックして選択し、目的の位置へドラッグします。[カーソル] キーを押して移動することもできます。

# 64 写真の背景を削除して被写体だけを残す

手順解説動画

スライドの内容によっては、写真に写る製品や人物だけを表示したいことがあります。PowerPointでは、写真の背景だけを削除できます。この場合、[図の形式] タブの [背景の削除] をクリックし、削除したい部分と残したい部分を指定します。

## 写真の背景を削除する

1 [ズーム] スライダーの [+] を数回クリック

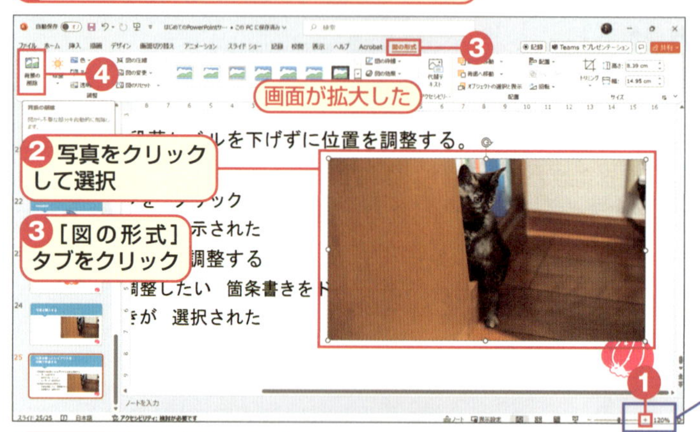


4 [背景の削除] をクリック

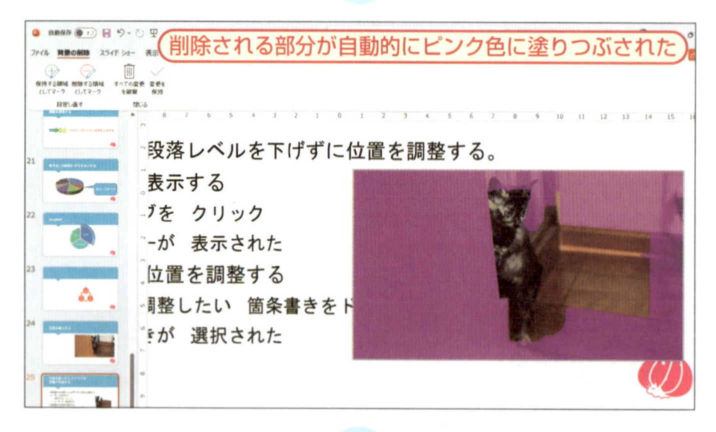

### 手順1 背景を消す写真を選択する

[ズーム] スライダーの [+] を数回クリックして画面を拡大してください。続いて写真をクリックして選択します。[書式] タブをクリックしてから [背景の削除] をクリックします。

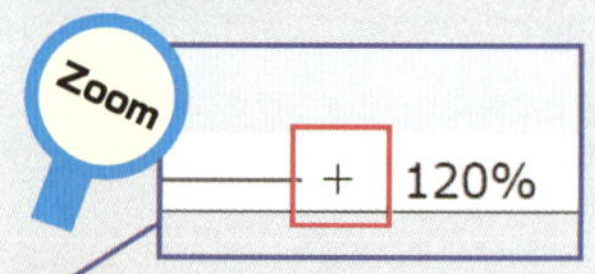

### メモ 画面を拡大する

[ステータス] バーにある [ズーム] スライダーの [−] または [+] をクリックすると、画面を拡大／縮小表示できます(SECTION18参照)。

### 手順2 背景が選択された

削除される背景部分が自動的にピンク色に塗りつぶされます。

### メモ 画像の背景を削除する

写真やイラストの削除したい部分を背景として指定することで削除できます。たとえば製品を紹介するスライドでは、製品の部分だけを表示すると、すっきりとしてわかりやすいスライドになります。

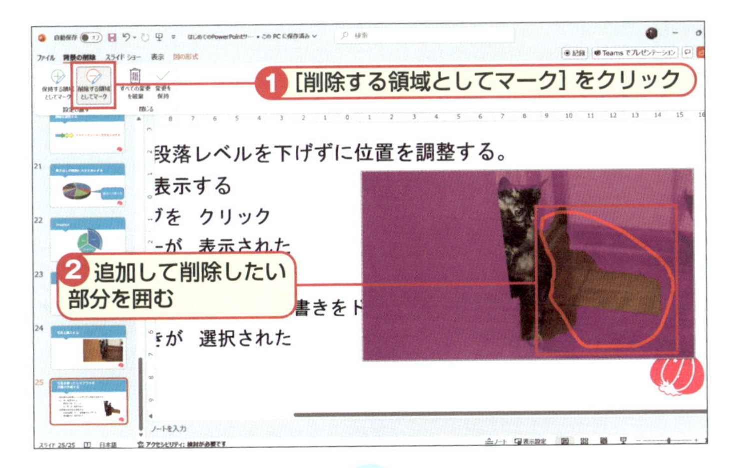

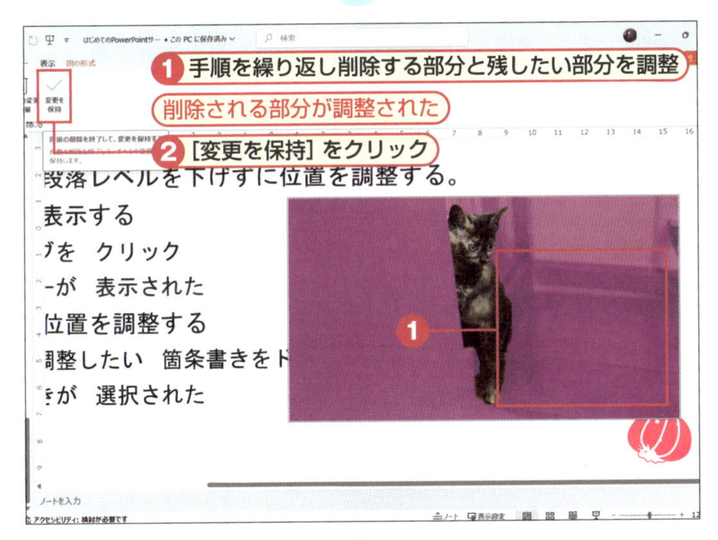

## 手順3 背景の範囲を調整する

写真の一部が背景になっているので修正します。削除する領域として［マーク］をクリックやドラッグして追加して削除したい部分を囲みます。

### メモ 削除される部分を調整する

写真を選択して［背景の削除］をクリックすると、背景の部分が自動的に認識され、ピンク色に塗りつぶされます。削除する部分がきれいに認識されない場合は、［削除する領域としてマーク］をクリックし、削除したい部分をクリックまたはドラッグします。削除される部分から除外したい場合は、［保持する領域としてマーク］をクリックして、その部分をクリックまたはドラッグします。

## 手順4 削除される部分が調整された

前の手順を繰り返し削除する部分と残したい部分を調整してください。調整できたら［変更を保持］をクリックします。

### メモ 写真をもとに戻す

背景を削除した写真をもとに戻すには、写真をクリックして選択し、［書式］タブの［図のリセット］をクリックして［図のリセット］または［図とサイズのリセット］をクリックします。

## 手順5 背景が削除された

猫以外の背景が削除され写真が切り抜かれました。

# 65 写真の色や明るさを調整する

写真がきれいに見えるかどうかで製品への印象なども異なります。写真の明るさやコントラスト、色味などを調整してみましょう。

## 写真の明るさやコントラストを変更する

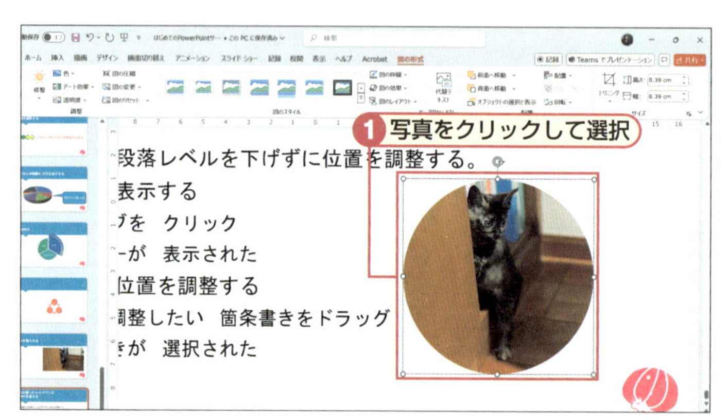

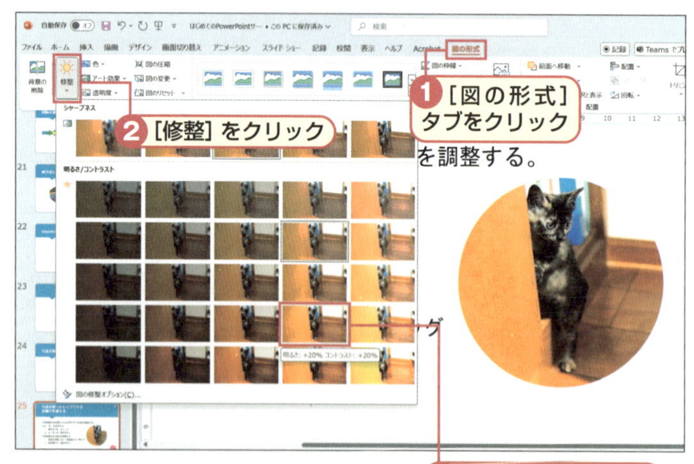


3 目的に合った項目（ここでは［明るさ：＋20%コントラスト：＋20%]）をクリック

### 手順1 修正する写真を選択する

修正する写真をクリックして選択してください。

### メモ 写真の明るさやコントラストを変更する

［図の形式］タブの［修整］からは、写真の鮮明さや明るさなどを変更できます。暗く写ってしまった被写体などを調整しましょう。

### 手順2 明るさなどを修正する

［図の形式］タブをクリックして［修整］をクリックします。目的に合った項目（ここでは［明るさ：＋20%コントラスト：＋20%]）をクリックしてください。

### メモ 変更結果を事前に確認する

「修整」をクリックすると表示される一覧で項目にマウスポインターを合わせると、変更結果がプレビュー表示されます。クリックすると適用されるので、イメージに合うかどうか、事前に確認できます。また、明るさやコントラストがどのくらい適用されるのかをマウスポインターを合わせるとポップヒントで確認できます。

**修正できた**

写真の [明るさ] と [コントラスト] が20%ずつ大きくなりました。

**写真の色合いを変更する**

[書式] タブの [色] からは、写真の彩度やトーンといった色合いを変更できます。ただし、写真によっては [色の変更] しか設定できないことがあります。

## 写真の色合いを調整する

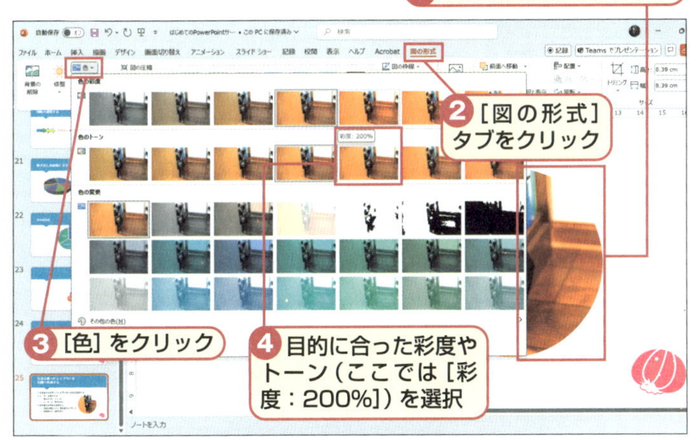

**彩度やトーンを修正する**

修正する写真をクリックして選択します。[図の形式] タブをクリックし、[色] をクリックして、目的に合った彩度やトーン（ここでは [彩度：200%]）を選択します。

**彩度が変わった**

写真の [彩度] が200%になりました。

**写真をもとに戻す**

写真の明るさや色をもとに戻すには、写真をクリックして選択し、[図の形式] タブの [図のリセット] をクリックして [図のリセット] または [図とサイズのリセット] をクリックします。

# 66 スライドにWebページの画面を挿入する

手順解説動画

PowerPointでは、パソコンの画面を撮影できます。Webブラウザーで地図を表示して撮影し、必要な部分をスライドに挿入するといった使い方ができます。[挿入] タブの [スクリーンショット] をクリックし、デスクトップなどに切り替えて撮影する部分を指定します。

## 地図をスライドに挿入する

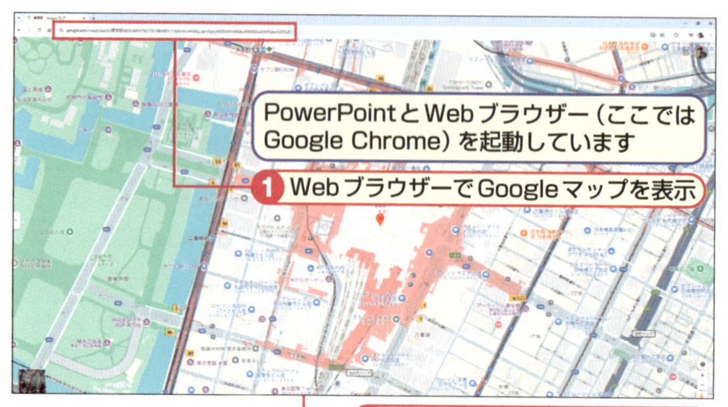

1 PowerPointに切り替える

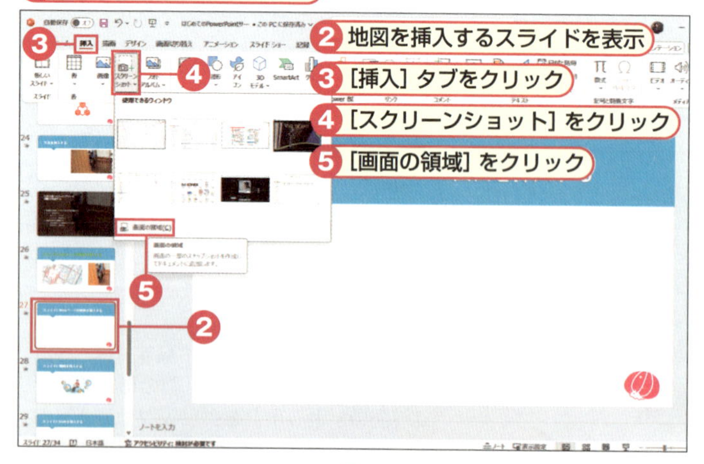

### 手順1 Webページを表示する

PowerPointと同時にWebブラウザー(ここではGoogle Chrome)を起動してください。最初にWebブラウザーでGoogleマップを表示してスライドに挿入する地図を表示してください。

### メモ Googleマップとは

Googleマップは、グーグルが運営する地図サービスです。検索ボックスに地名を入力すると、日本国内だけでなく、世界中の地図を閲覧できます。
【URL】https://www.google.co.jp/maps

### 手順2 PowerPointの画面に切り替える

PowerPointに切り替えてください。地図を挿入するスライドをクリックして表示します。[挿入] タブをクリックし、[スクリーンショット] をクリックして [画面の領域] をクリックします。

### メモ スクリーンショットとは

「スクリーンショット」とは、パソコンの画面を撮影した画像のことです。スクリーンショットを撮影するためのアプリなどもありますが、PowerPointはその機能をあらかじめ備えています。

## スクリーンショットの範囲を決める

画面がWebブラウザーに切り替わりました。Webブラウザーの画面が薄く表示されたらスライドに挿入したい領域をドラッグして選択します。

### 撮影を中止する

スクリーンショットの撮影を中止するには、[Esc] キーを押します。

### 地図の領域を修正する

スライドに挿入する地図が正しく指定できなかった場合は、不要な部分をトリミングできます（SECTION63参照）。

## スクリーンショットを貼り付けた

PowerPointの画面に切り替わり、Webページの地図がスライドに挿入されました。

### WordやPDFの画面を挿入する

ここではWebブラウザーの画面を撮影してWebページの内容をスライドに挿入しました。スクリーンショットは、WordやPDFリーダーの画面を撮影することもできます。WordやPDFの文書を使いたい場合に利用してみましょう。なお、スクリーンショットではなく、WordやPDFのファイルそのものを使って発表したい場合は、クリックするとWordやPDFのファイルが開くボタンを作成することもできます（SECTION73参照）。

## 仕上げをする

仕上げとして位置とサイズを調整します。

# 67 写真を加工してより魅力的に見せる

PowerPointでは写真の周囲をぼかしたり、枠を変更したり、絵画風に加工したりすることもできます。ここでは、SECTION66で挿入した地図の画像を加工します。画像を加工するには、画像を選択し、[書式] タブの [図のスタイル] から目的のスタイルを選択します。

## 写真を加工する

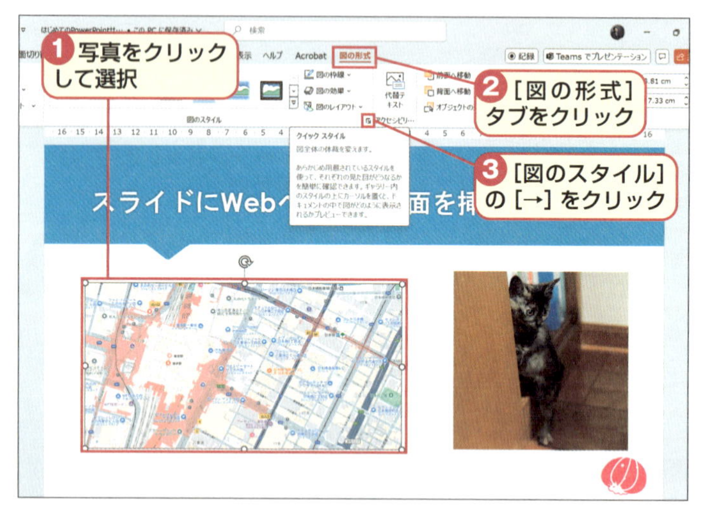

### 手順1 図の形式を使う

調整する写真をクリックして選択します。[図の形式] タブをクリック、[図のスタイル] の [→] をクリックしてください。

### メモ 変更結果を事前に確認する

[図のスタイル] の一覧でスタイルにマウスポインターを合わせると、変更結果がプレビュー表示されます。

### 手順2 写真を加工する

目的のスタイル（ここでは [四角形、面取り]）をクリックして選択すると写真に図のスタイルが設定されます。

### メモ 図のスタイルを設定し直す

ほかの図のスタイルを設定したい場合は、写真をもとに戻してからやり直す必要はありません。手順を繰り返して図のスタイルを選択し直すだけで新しいスタイルに置き換わります。

## 写真を絵画風に加工する

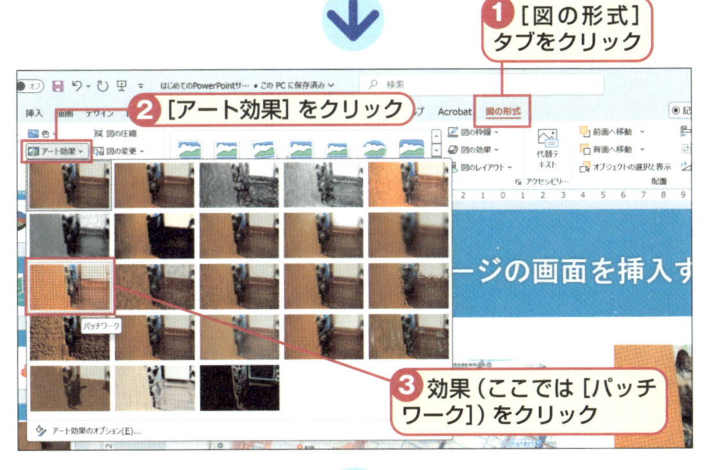

### 手順1 写真を選択する

ここで、加工する写真をクリックして選択します。

### メモ 写真をもとに戻す

[図のスタイル] や [アート効果] を設定した写真をもとに戻すには、写真をクリックして選択し、[書式] タブの [図のリセット] をクリックして [図のリセット] または [図とサイズのリセット] をクリックします。

### 手順2 効果を設定する

[図の形式] タブをクリックして [アート効果] をクリックするとサンプルが表示されるので [効果] (ここでは [パッチワーク]) をクリックして選択します。

### 手順3 効果が反映された

選択した写真に [パッチワーク効果] が設定されました。

# 68 スライドに動画を挿入する

スライドには、写真やイラストと同様の手順で動画を挿入できます。スライドショーで動画を再生すると、文字や写真では伝えることが難しい内容を表現できますし、閲覧者の注目を集めることができるでしょう。

## 動画をスライドに挿入する

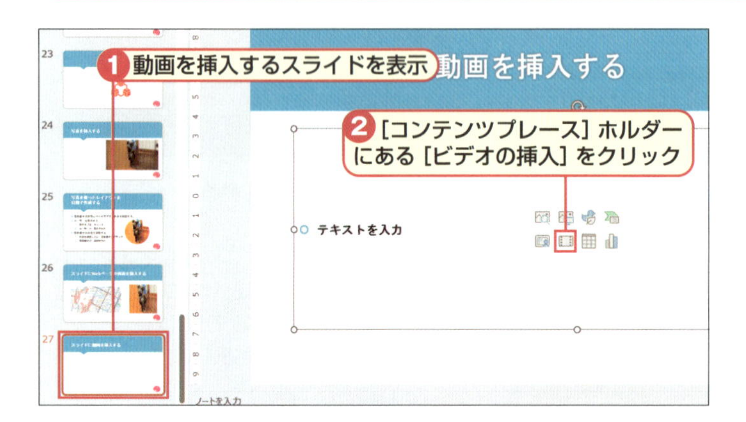

### 手順1 動画を挿入するスライドを選択する

動画を挿入するスライドをクリックして表示します。[コンテンツプレース] ホルダーにある [ビデオの挿入] をクリックしてください。

### 注意 動画を使う

スライドショーには動画を挿入できます。ただし、動画が挿入されたスライドはファイルサイズが大きくなるため、メールなどで配付するには適さないことがあります。また、スライドを印刷して資料を配布する場合、動画は再生されません。

### 手順2 ビデオをスライドに挿入する

[ビデオの挿入] 画面が表示されました。[動画の保存場所] をクリックして、スライドに挿入する動画をクリックして選択したら [挿入] ボタンをクリックします。

### メモ [挿入] タブから動画を挿入する

[タイトルスライド] や [タイトルのみ] [白紙] のレイアウトでは、コンテンツプレースホルダーがありません。コンテンツプレースホルダーがない場合は、[挿入] タブの [ビデオ] → [このコンピューター上のビデオ] をクリックします。

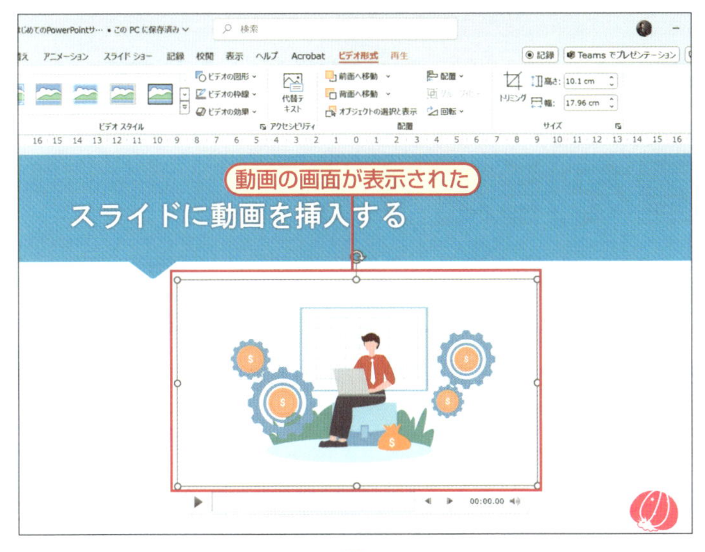
動画の画面が表示された
スライドに動画を挿入する
00:00.00

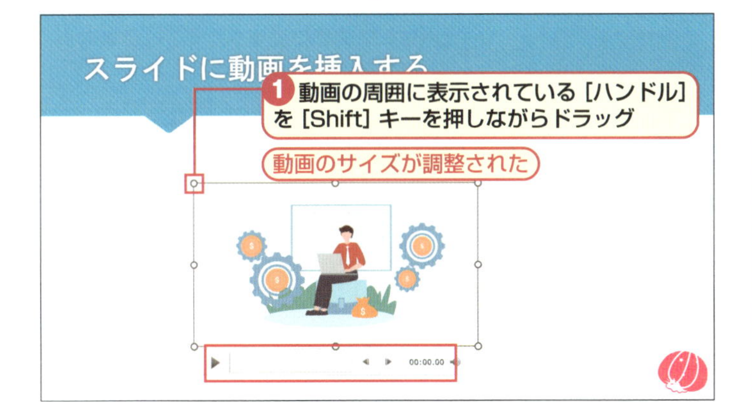
1 動画の周囲に表示されている［ハンドル］を［Shift］キーを押しながらドラッグ
動画のサイズが調整された
00:00.00

スライドに動画を挿入する
00:00.00
音量の調整ができます

## 手順3 動画の画面が表示された

動画の画面が表示されました。下の［コントローラー］の［▶］などで動画の再生や停止ができます。

### メモ 動画のサイズや位置を調整する

動画は、通常の図形と同様の操作で拡大／縮小や移動ができます（SECTION51、55参照）。

## 手順4 サイズを調整する

動画の周囲に表示されている［ハンドル］を［Shift］キーを押しながらドラッグして動画のサイズを調整します。

### メモ 動画を再生する

挿入した動画は、下部の［コントローラー］で操作できます。

### メモ 動画の再生される部分を設定する

スライドに挿入した動画は、開始位置と終了位置を指定して、再生される部分を設定できます（SECTION69参照）

## 手順5 音量を調整する

PowerPoint内で動画の音量も調整できます。必要に応じて調整してください。

### 注意 動画データの入手

スライドに挿入する動画データは下記のURLから入手できます。
**[video-ac.com]**
【URL】https://video-ac.com/video/3338/b07?search=3338

# 69 動画が再生される開始位置と終了位置を指定する

PowerPointは、動画編集ソフトほどの機能はありませんが、かんたんな編集をおこなうことが可能です。動画のはじめと終わりには、余分な映像が入っていることが多いので、動画の開始位置と終了位置を設定し、発表に不要な部分は再生されないようにしましょう。

## 動画の再生の開始位置と終了位置を設定する

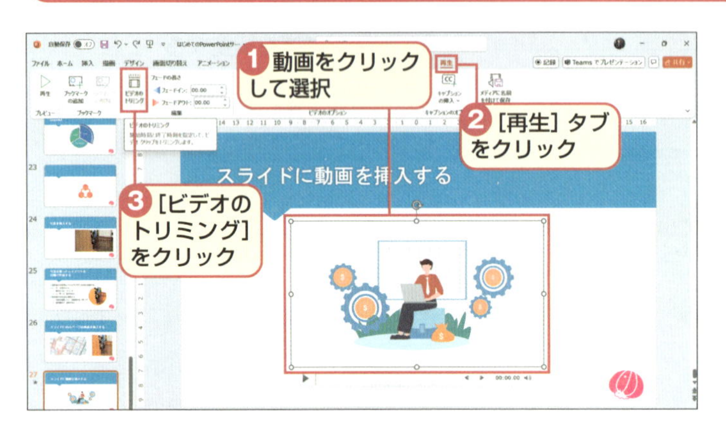

### 手順1 動画を選択する

動画をクリックして選択してください。[再生] タブをクリックして [ビデオのトリミング] をクリックします。

### 便利技 動画を再生しながら動画の開始／終了位置を設定する

[ビデオのトリミング] 画面で緑色のスライダーをドラッグすると開始位置、赤色のスライダーをドラッグすると終了位置を設定できます。このとき、スライダーに連動して動画が再生されるので、動画を見ながら開始／終了位置を設定できます。

### 手順2 [ビデオのトリミング] 画面が表示された

[ビデオのトリミング] 画面が表示されました。

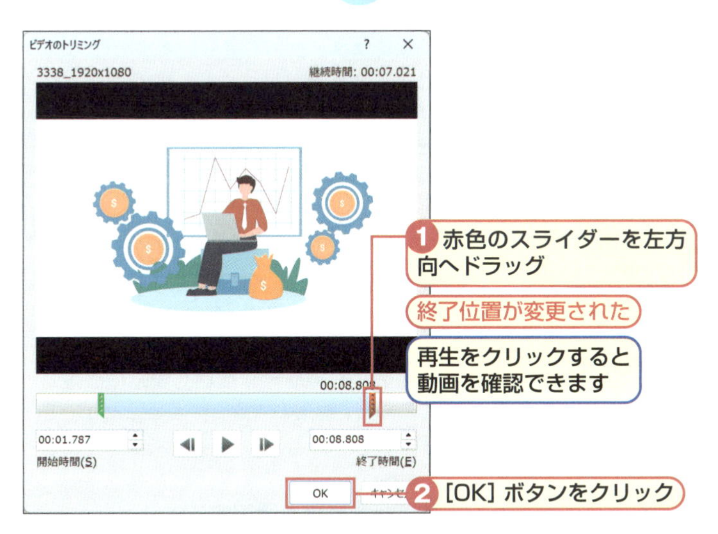

## 手順3 開始位置を調整する

緑色のスライダーを右方向へドラッグしてください。これで、開始位置が変更されました。

### メモ 開始位置と終了位置を数値で指定する

動画の再生の開始位置と終了位置を数値で指定するには、[ビデオのトリミング]画面の [開始時間] または [終了時間] をクリックし、目的の数値を入力します。

## 手順4 終了位置を調整する

赤色のスライダーを左方向へドラッグしてください。これで、終了位置が変更されました。再生をクリックすると動画を確認できます。問題なければ [OK] ボタンをクリックします。

### メモ 自動的に動画の再生を開始する

スライドに動画を挿入すると、スライドショーの実行時、画面をクリックすると動画が再生されます。スライドが表示されると自動的に動画を再生させる場合は、[再生] タブの [開始] をクリックし、[自動] をクリックします。

## 手順5 動画の開始と終了位置が変更できた

動画を再生する開始位置と終了させる終了位置を設定できました。

### メモ 動画にフェードイン/フェードアウトを設定する

動画が次第に表示される方法を「フェードイン」、次第に消える方法を「フェードアウト」といいます。[再生] タブにある [フェードイン] または [フェードアウト] では、動画がフェードインまたはフェードアウトする時間を設定できます。

# 70 動画が再生されるまで表紙を表示する

スライドショーの開始と同時に動画が唐突にはじまると、不自然な印象があります。動画が再生されるまではタイトルなどの表紙を表示しておきましょう。動画に表紙を設定するには、2つの方法があります。動画の内容に合わせて使い分けます。

## あらかじめ用意した画像を動画の表紙に設定する

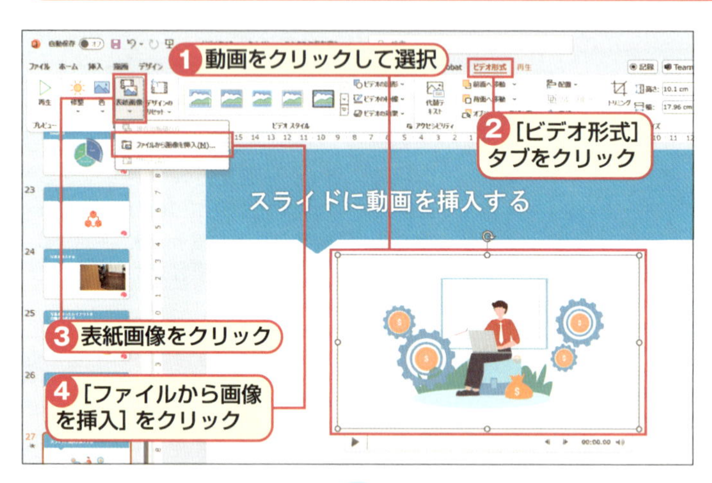

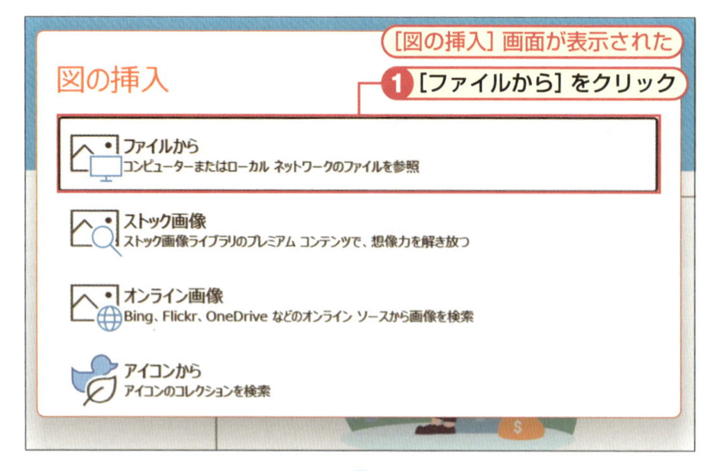

### 手順1 動画に表紙を加える

動画をクリックして選択します。[ビデオ形式] タブをクリックし、表紙画像をクリックします。[ファイルから画像を挿入] をクリックしてください。

### メモ 動画に表紙を設定して資料に対応する

発表では、スライドを印刷して資料を作成することができます。このとき、印刷された資料では動画を再生できません。動画のタイトルや製品写真などを表紙に設定しておくと、動画の内容を伝えることができます。

### 手順2 表紙を選択する

[図の挿入] 画面が表示されました。[ファイルから] をクリックしてください。

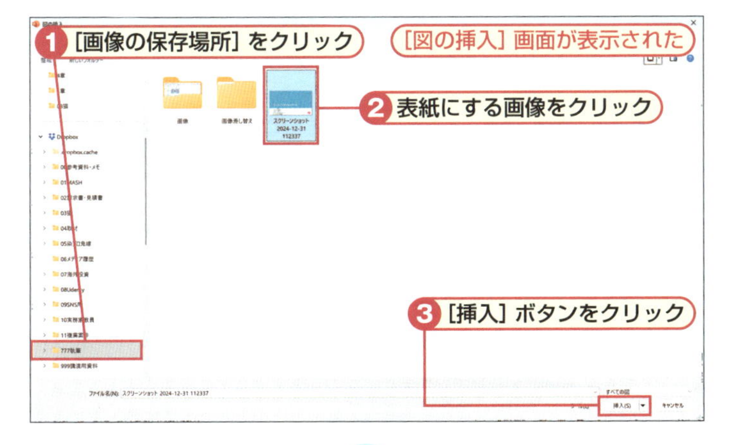
1 [画像の保存場所] をクリック
[図の挿入] 画面が表示された
2 表紙にする画像をクリック
3 [挿入] ボタンをクリック

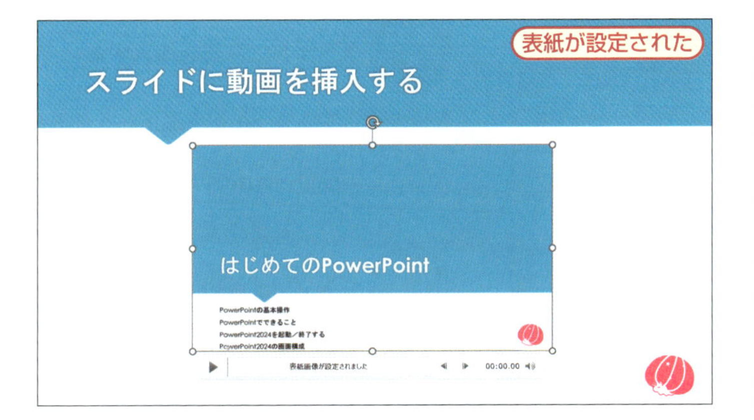
表紙が設定された
スライドに動画を挿入する
はじめてのPowerPoint

### 表紙を挿入する

[図の挿入] 画面が表示されました。[画像の保存場所] をクリックして、表紙にする画像をクリックして選んで、[挿入] ボタンをクリックします。

**動画を全画面で再生する**

スライドショーを実行すると、スライドの領域内で動画が再生されます。動画を全画面で再生したい場合は、[再生] タブの [全画面再生] をクリックしてチェックマークを付けます。

### 表紙ができた

表紙が設定されました。

**表紙を削除する**

表紙画像からリセットを選択すると、表紙を削除できます。

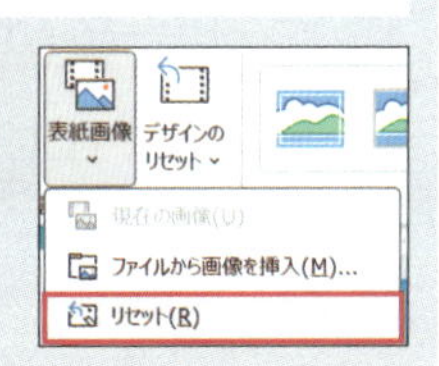
表紙画像
デザインの
リセット
ファイルから画像を挿入(M)...
リセット(R)

## 動画の一部を表紙として利用する

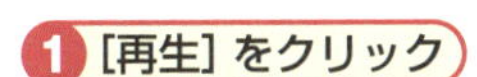

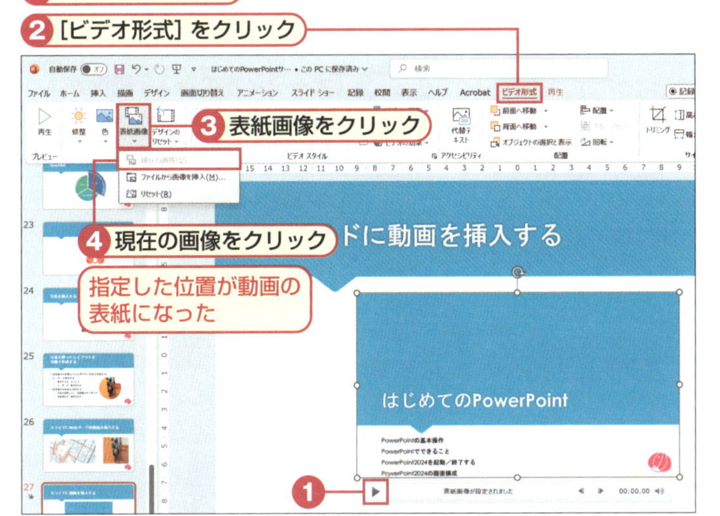
1 [再生] をクリック
2 [ビデオ形式] をクリック
3 表紙画像をクリック
4 現在の画像をクリック
指定した位置が動画の表紙になった
ドに動画を挿入する
はじめてのPowerPoint

### 動画を表紙に使う

[再生] をクリックします。[ビデオ形式] をクリックして、[表紙画像] をクリック、[現在の画像] をクリックすると指定した位置が動画の表紙になりました。

# 71 スライドにBGMを挿入する

スライドには、写真や動画だけでなく、音楽を挿入することもできます。ここでは、表紙のスライドに音楽のファイルを挿入し、発表の開始時に短い音楽（ジングル）が流れるように設定します。閲覧者の関心を集め、発表への期待を高めることができるでしょう。

## スライドに音楽を設定する

1 音楽を挿入するスライドを表示

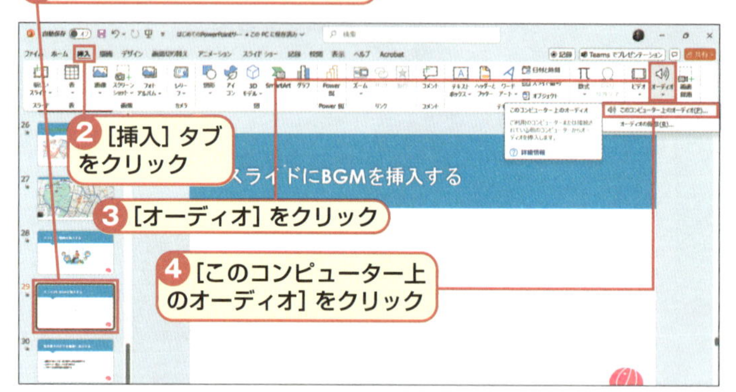

[オーディオの挿入] 画面が表示された

1 音楽のファイルが保存されている場所をクリック

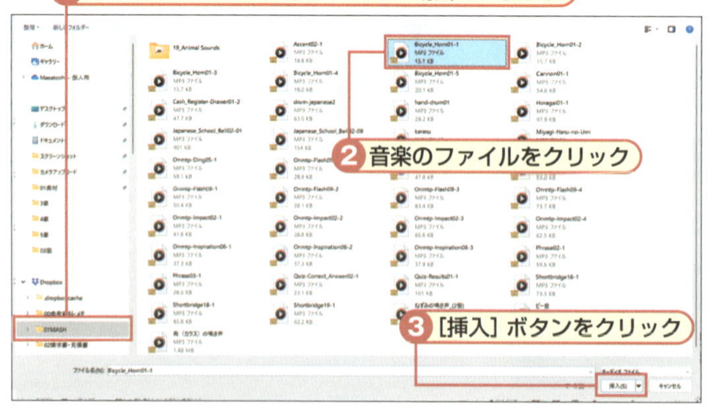

### 手順1 スライドに音楽を挿入する

音楽を挿入するスライドを選択して表示します。[挿入] タブをクリックして、[オーディオ] → [このコンピューター上のオーディオ] の順にクリックしてください。

### 注意 音楽ファイルの入手

ここで使う音楽ファイルは [甘茶の音楽工房] より入手できます。事前に下記URLにアクセスしてページをスクロールして [ダウンロード] をクリックしてファイルをダウンロードして保存してください。

**[甘茶の音楽工房]**

【URL】https://amachamusic.chagasi.com/music_milkyway.html

### 手順2 [オーディオの挿入] 画面が表示された

音楽のファイルが保存されている場所をクリックして、音楽のファイルを選択したら [挿入] ボタンをクリックします。

### メモ ナレーションを録音する

ここではBGMを設定しています。ナレーションを録音する方法についてはSECTION87を参照してください。

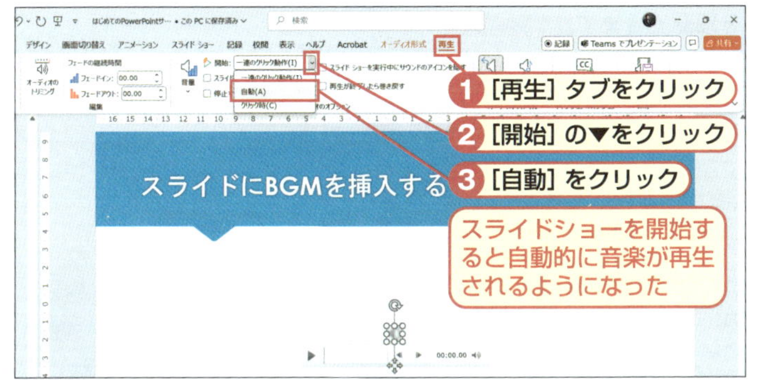

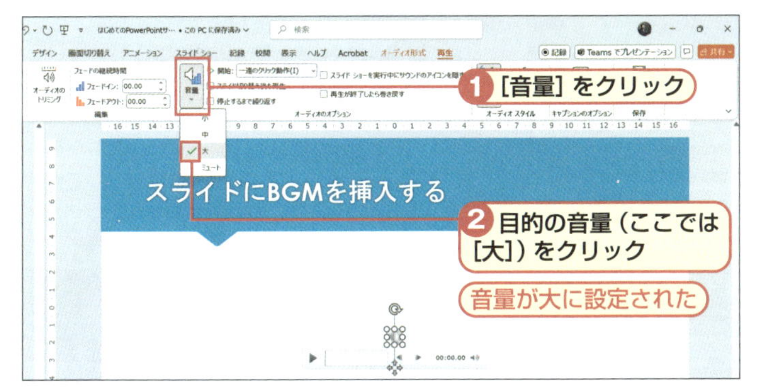

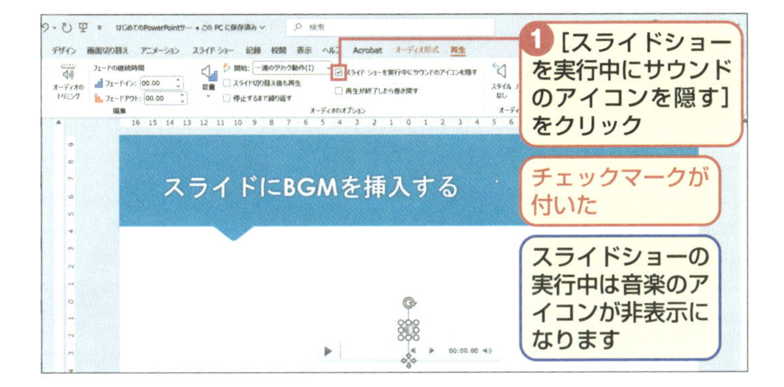

### 手順3 音楽ファイルが挿入された

スライドに音楽のファイルが挿入されました。

### 手順4 自動再生を設定する

[再生] タブをクリックして [開始] の▼をクリックして表示された [自動] をクリックするとスライドショーを開始すると自動的に音楽が再生されるようになります。

**メモ 音楽の再生をクリック操作で開始する**

[再生] タブの [開始] から [クリック] をクリックすると、スライドショーの実行中に画面をクリックすると音楽の再生が開始されます。

### 手順5 音量を設定する

[音量] をクリックして目的の音量（ここでは [大]）をクリックします。これで、音量が大に設定されました。

**メモ スライドショーの実行中に音楽を再生し続ける**

ここで解説する設定では、表紙のスライドから次のスライドへ切り替わると音楽が停止します。スライドショーの実行中は音楽が再生され続けるようにするには、[スライド切り替え後も再生] をクリックしてチェックマークを付けます。

### 手順6 サウンドアイコンを隠す

[スライドショーを実行中にサウンドのアイコンを隠す] をクリックしてチェックマークが付いたことを確認します。これで、スライドショーの実行中は音楽のアイコンが非表示になります。

# 72 スライドの文字にWebページへのリンクを設定する

スライドの文字には、Webページへのリンクを設定できます。リンクを設定すると、クリックすることでスライドからWebページを表示できます。設定したリンクは、PowerPointの閲覧表示モードで動作を確認できます。

## スライドの文字にリンクを設定する

PowerPointとWebブラウザー（ここではGoogle Chrome）を起動しています

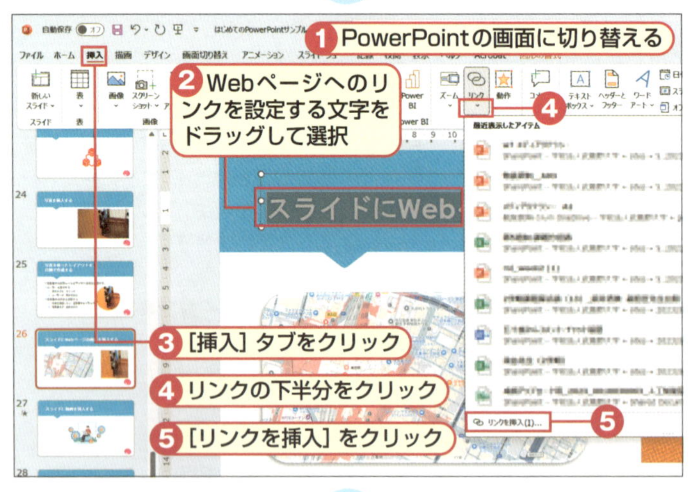

### 手順1 URLをコピーする

PowerPointとWebブラウザーを起動してください。スライドで説明したいWebページをWebブラウザーで表示して、そのアドレスバーのURLをドラッグして選択したら [Ctrl] + [C] して Webページのurlをコピーします。

### メモ スライドにWebページへのリンクを設定する

プレゼンテーションの途中で、Webページを使って説明することがあります。このとき、「スライドショーを中断Webブラウザーを起動してURLを入力し……」とやっていてはスムーズな進行とはいえません。スライドにWebページへのリンクを設定すると、スライドショーを中断することなくすぐにWebページを表示できます。

### 手順2 リンクを挿入する

PowerPointの画面に切り替えます。Webページへのリンクを設定する文字をドラッグして選択し、[挿入] タブをクリックしてリンクの下半分をクリックして表示された [リンクを挿入] をクリックします。

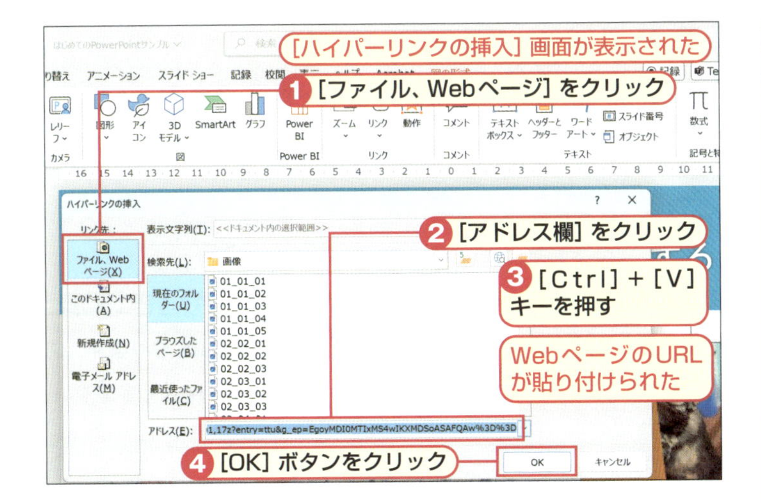

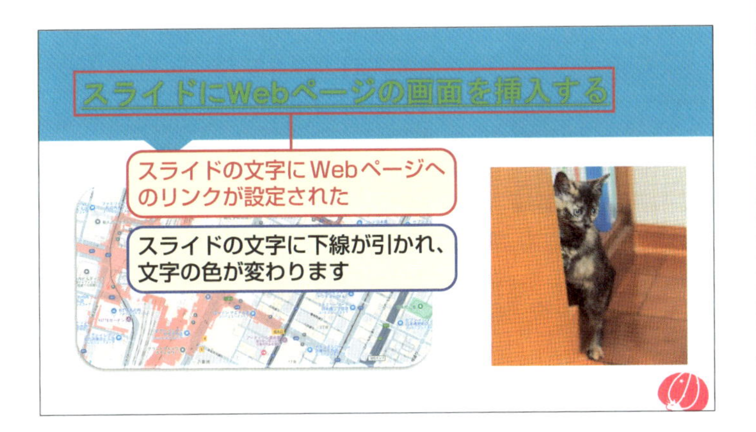

## 手順3 [ハイパーリンクの挿入] 画面が表示された

[ファイル、Webページ] をクリックして [アドレス欄] をクリックしたら [Ctrl] + [V] (Mac: [⌘] + [v]) キーを押してWebページのURLを貼り付けて、[OK] ボタンをクリックします。

### メモ リンクを修正する

スライドの文字に設定されているリンクを修正するには、リンクが設定されている文字を選択し、[挿入] タブの [リンク] の下半分をクリックして [リンクの挿入] をクリックします。[ハイパーリンクの編集] 画面が表示されるので、[アドレス] 欄に入力されているURLを修正します。

## 手順4 Webページへのリンクが設定された

スライドの文字にWebページへのリンクが設定されたので文字に下線が引かれ、文字の色が変わりました。

### メモ 動作を確認する

閲覧表示モードは、PowerPoint上でスライドショーの動作を確認できる表示モードです。ここでWebページへのリンクが設定されている文字をクリックすると、リンクが正しく設定されている場合、Webブラウザーが起動してWebページが表示されます。Webブラウザーを閉じると、PowerPointの画面に戻ります。

## 手順5 [閲覧表示モード] に切り替わった

[表示] タブをクリックして [閲覧表示] をクリックします。これで、[閲覧表示モード] に切り替わりました。

SECTION キーワード▶ボタン／動作設定／閲覧表示モード　サンプル番号　06sec73

# 73 スライドを操作するボタンを挿入する

スライドショーを実行する人が複数いる場合、スライドの操作がわかりやすいことは非常に重要です。スライドを操作するためのボタンを配置することで操作がしやすくなります。クリックすると、次のスライドへ進むボタンや、PDFを表示するボタンなどを作成できます。

## ［次のスライドへ進む］ボタンを挿入する

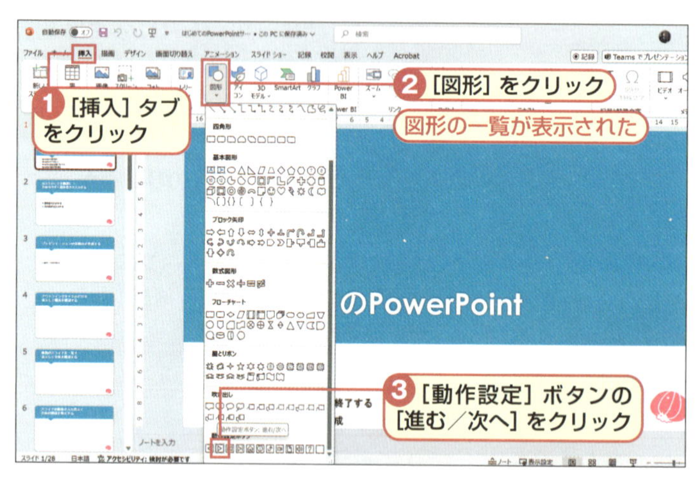

1 ［挿入］タブをクリック
2 ［図形］をクリック
図形の一覧が表示された
3 ［動作設定］ボタンの［進む／次へ］をクリック
のPowerPoint

### 手順1 挿入タブをクリックする

［挿入］タブをクリックして［図形］をクリックすると図形の一覧が表示されます。［動作設定］ボタンの［進む／次へ］をクリックしてください。

### メモ ［動作設定］ボタンの動作を確認する

［動作設定］ボタンには、［次へ進む］、［最初に移動］などの動作があらかじめ設定されています。図形の一覧にある［動作設定］ボタンにマウスポインターを合わせると、ポップヒントが表示され確認ができます。

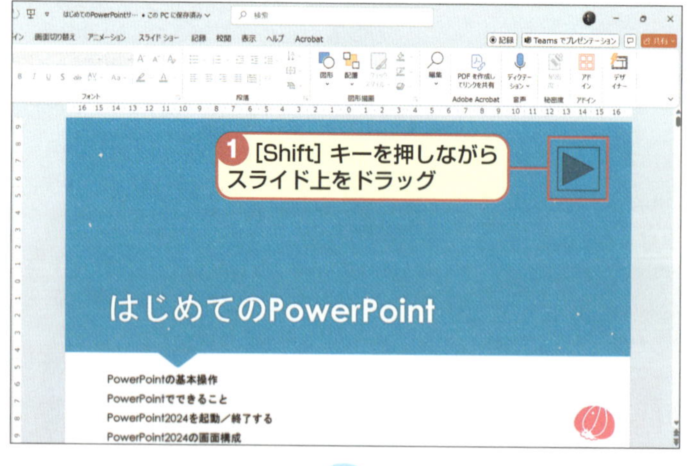

1 [Shift] キーを押しながらスライド上をドラッグ
はじめてのPowerPoint
PowerPointの基本操作
PowerPointでできること
PowerPoint2024を起動／終了する
PowerPoint2024の画面構成

### 手順2 スライド上でドラッグする

[Shift] キーを押しながらスライド上をマウスでドラッグしてください。

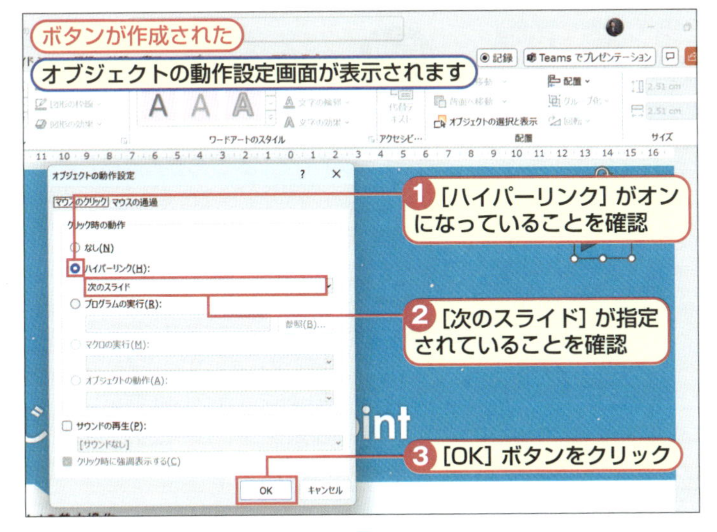

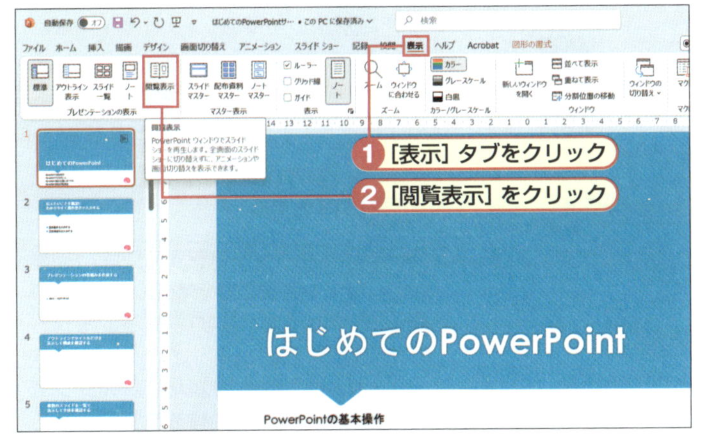

## 手順3 ボタンが作成された

オブジェクトの動作設定画面が表示されたら、[ハイパーリンク] がオンで [次のスライド] が指定されていることを確認して、OKなら [OK] ボタンをクリックします。

## 手順4 閲覧してみる

[表示] タブをクリックして [閲覧表示] をクリックしてください。

### メモ すべてのスライドにボタンを配置する

すべてのスライドの同じ位置に同じボタンを配置したい場合は、スライドマスターにボタンを配置します。スライドマスターについての詳細は、SECTION33を参照してください。

## 手順5 ボタンができた

ボタンをクリックします。

### メモ 動作設定ボタンの色や枠線を設定する

[動作設定] ボタンは、通常の図形と同様の操作で色や枠線を変更できます。

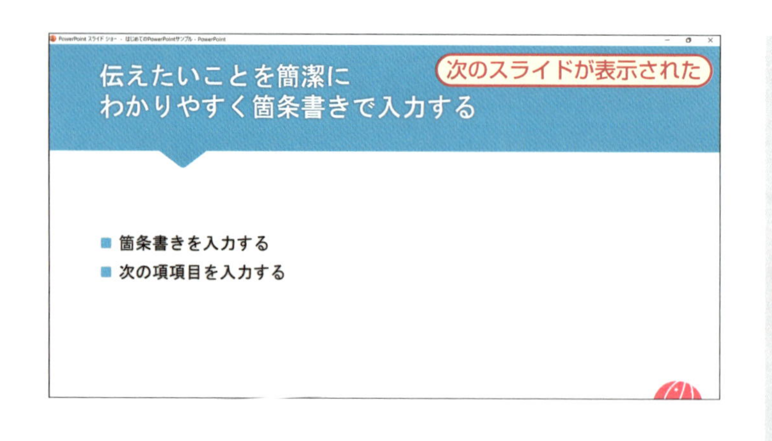

## ボタンが機能した

ボタンを押したら次のスライドが表示されました。これでボタンの動画確認できました。

### [標準] モードに戻る

[閲覧表示] モードから [標準] モードに戻るには、[Esc] キーを押すか、ステータスバーの [標準] をクリックします。

# [動作確認] ボタンの機能を変更する

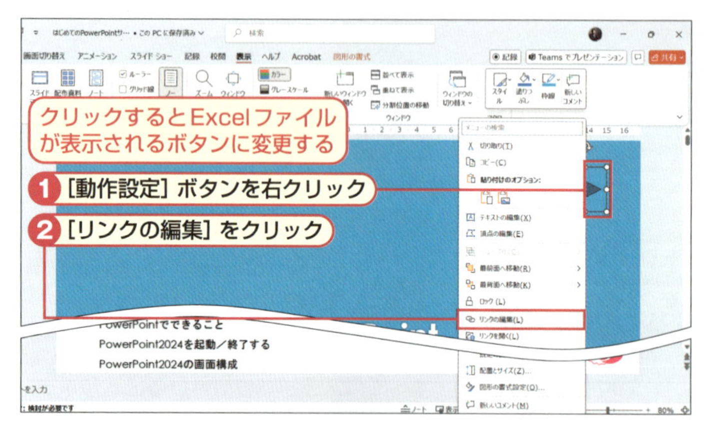

## ボタンの機能を変更する

できたボタンをクリックするとExcelファイルが表示されるボタンに変更します。[動作設定] ボタンを右クリックして [リンクの編集] をクリックします。

### [動作設定] ボタンを修正する

[動作設定] ボタンを修正するには、[動作設定] ボタンを右クリックし、[リンクの修正] をクリックします。[オブジェクトの動作確認] 画面が表示されるので、[ハイパーリンク] のをクリックし、ボタンをクリックしたときの動作をクリックして選択します。

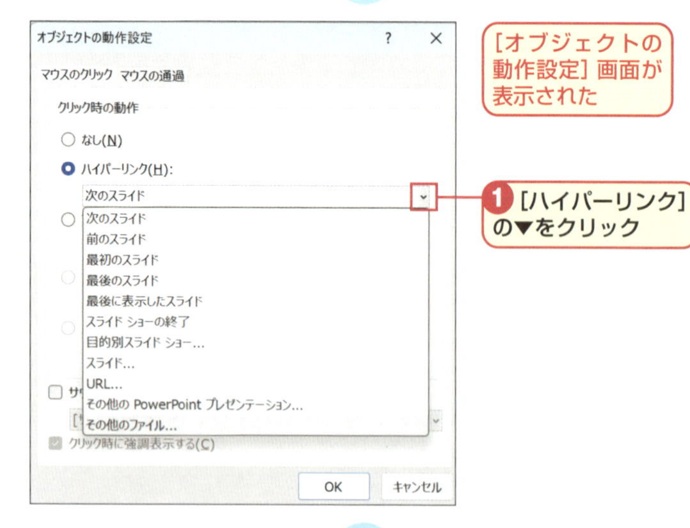

## [オブジェクトの動作設定] 画面が表示された

[オブジェクトの動作設定] 画面が表示されたら [ハイパーリンク] の▼をクリックしてください。

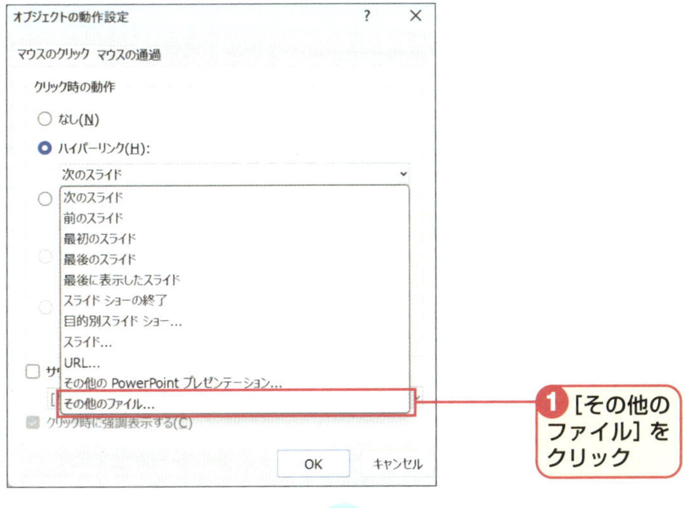


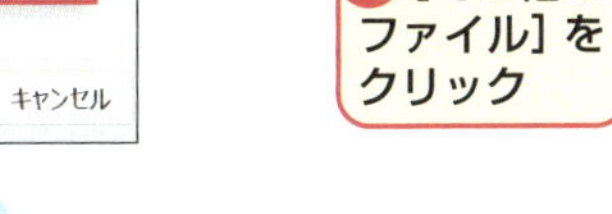

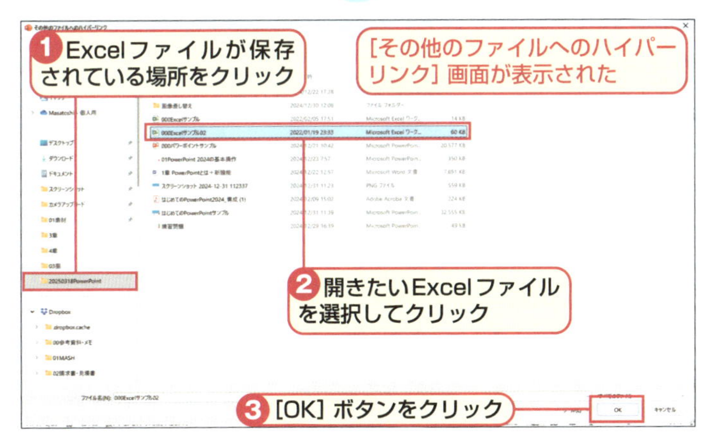

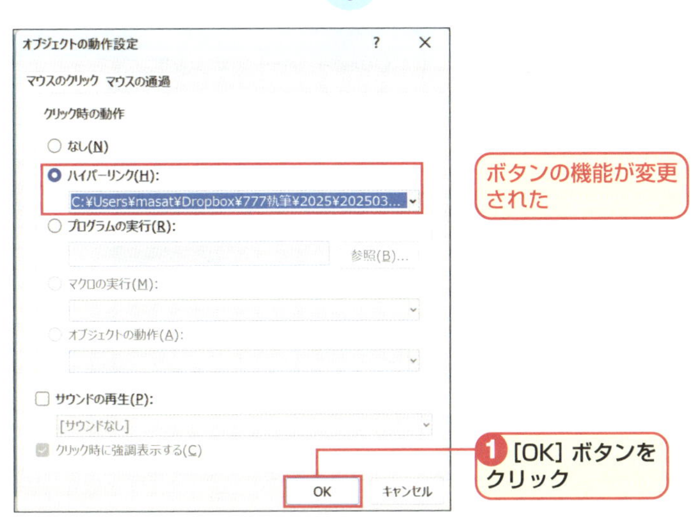


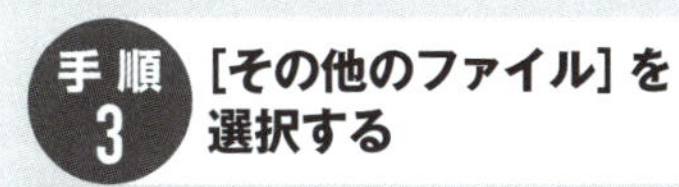

### 手順3 [その他のファイル] を選択する

[その他のファイル] をクリックして選択してください。

### 手順4 [その他のファイルへのハイパーリンク] 画面が表示された

[その他のファイルへのハイパーリンク] 画面が表示されました。Excelファイルが保存されている場所をクリックして、開きたいExcelファイルを選択してクリックして選択したら [OK] ボタンをクリックします。

#### メモ ファイルの保存場所に注意する

スライドにないPDFなどのファイルを表示するボタンを作成した場合、ファイルをほかの場所へ移動したり、削除したりすると正しく表示されなくなります。PowerPointのファイルと同じ場所に保存して管理するなどの注意が必要です。

### 手順5 ボタンの機能が変更された

ボタンの機能が変更できたので、[OK] ボタンをクリックします。

## 動作を確認する

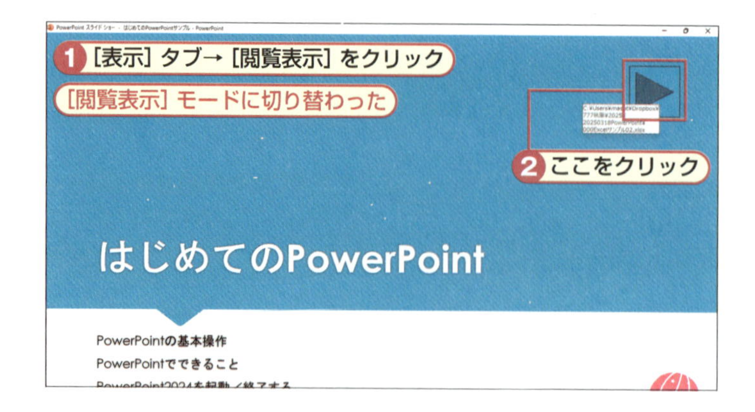

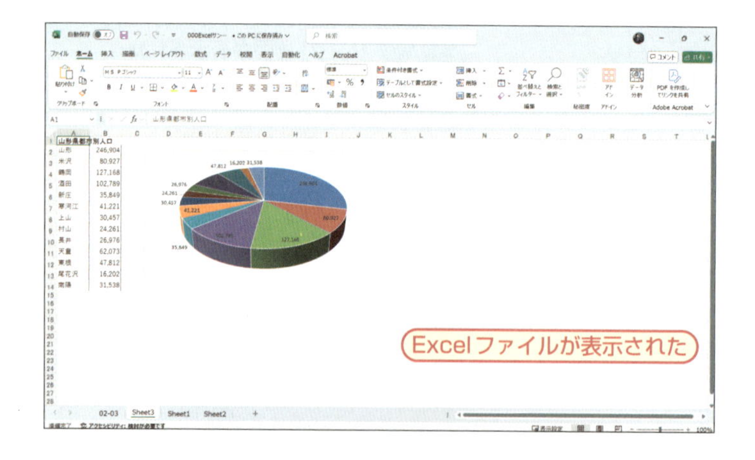

### 手順1 動作を確認する

[表示] タブをクリックして [閲覧表示] をクリックしてください。これで、[閲覧表示] モードに切り替わりました。ボタンをクリックしてみましょう。

### メッセージが表示された

ほかのファイルを開くボタンを実行すると、セキュリティの警告が表示されることがあります。スライドの作成者がわかっている場合は [OK] をクリックして実行します。作者不明のスライドは [キャンセル] をクリックして動作を中止します。

### 手順2 Excelが開いた

ボタンの機能が変わり、Excelファイルが表示されました。

### 動作設定ボタンの形状を変更する

[動作設定] ボタンをクリックして選択し、[書式] タブの [図形の編集] → [図形の変更] をクリックし、目的の図形を選択します。

### [動作設定] ボタンを削除する

ボタンをクリックして選択し、キーボードの [Delete] キーを押します。

### [オブジェクトの動作設定] を使う

スライドの最後のページを表示させたり、別のPowerPointプレゼンテーションを表示させたりと、様々な動作が設定できます。

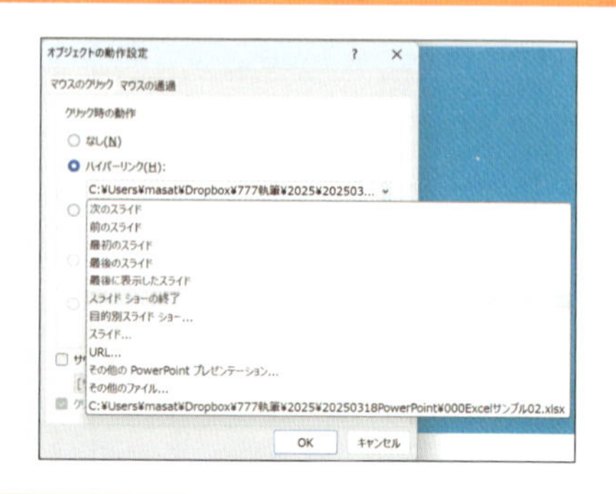

# 練習

**この章の解説を参考にして、以下の問題に挑戦してみましょう。**

## 問題1 写真の挿入に関する出題

スライドに写真を挿入してください。

HINT [挿入] タブの [画像] をクリックすると表示される画面から写真を選択します。

## 問題2 写真のトリミングに関する出題

問題1で挿入した写真の不要な部分を削除してください。

HINT 写真の不要な部分を削除することを [トリミング] といいます。

## 問題3 写真の加工に関する出題①

問題2でトリミングした写真を鉛筆のスケッチ風に加工してください。

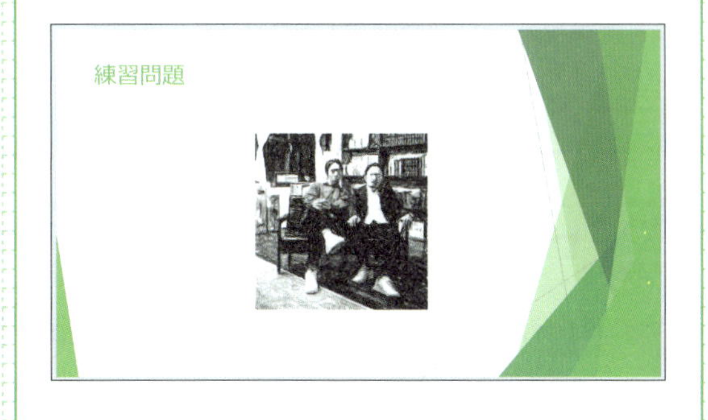


HINT 写真にアート効果を設定します。

## 問題4 写真の加工に関する出題②

問題3で使った写真に [透視投影、緩い傾斜、白] スタイルを設定してください。

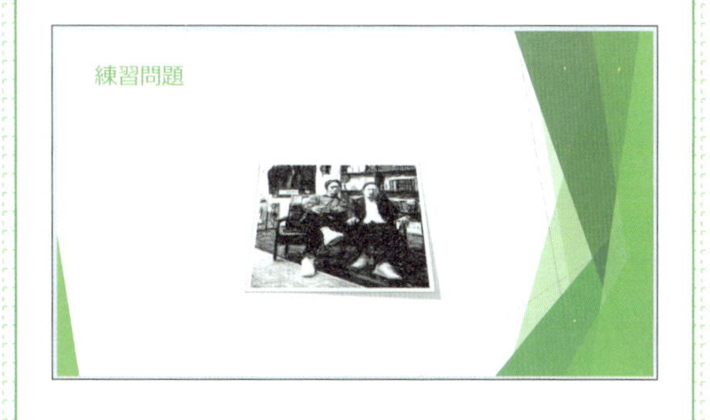


HINT 複数の書式をまとめたものを [スタイル] といいます。図のスタイルの一覧からスタイルを設定できます。

解答は次のページ

# 解答

練習問題は解けましたか。以下の解答例と照らし合わせてみましょう。

## 解答1　参照：SECTION61

❶[挿入] タブをクリック
❷[画像] をクリック
❸写真の保存場所を選択
❹写真をクリック
❺[開く] をクリック

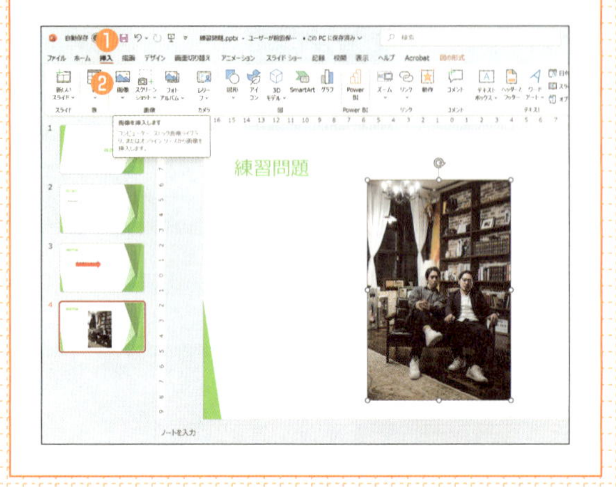


## 解答2　参照：SECTION63

❶写真をクリックして選択
❷[図の形式] タブをクリック
❸[トリミング] をクリック
❹周囲に表示されるハンドルを内側にドラッグ
❺[トリミング] をクリックして確定

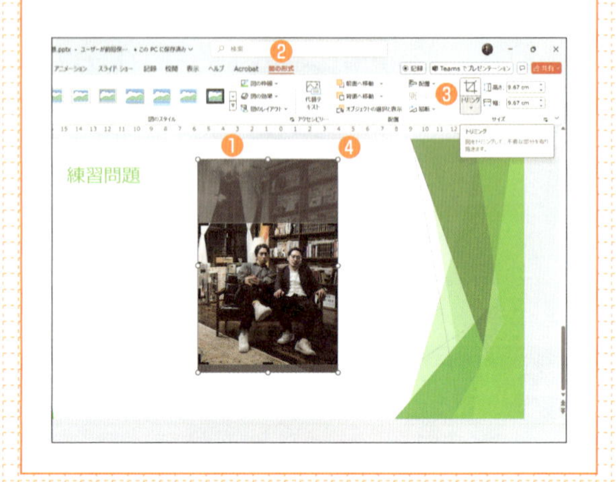


## 解答3　参照：SECTION67

❶写真をクリックして選択
❷[図の形式] タブをクリック
❸[アート効果] をクリック
❹[鉛筆：スケッチ] をクリックして確定

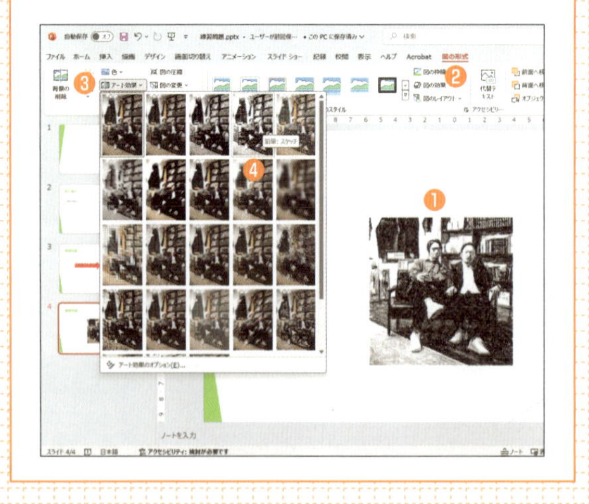

## 解答4　参照：SECTION67

❶写真をクリックして選択
❷[図の形式] タブをクリック
❸[図のスタイル] の一覧を表示
❹[透視投影、緩い傾斜、白] をクリックして確定

# 7章

## スライドに[動き]を設定するには

7章では、スライドに「動き」を設定します。文字やグラフが表示されるだけのスライドは、単調になりがちなので閲覧者が飽きてしまう危険性があります。箇条書きの項目をまとめて一度に表示してしまうよりも、発表に合わせて順番に表示させると、閲覧者も発表に集中できます。初期設定では次のスライドが瞬時に表示されますが、画面の切り替え効果を設定すると、雑誌のページをめくるように表示したり、カーテンが開くような表示にしたりすることができます。

# 74 箇条書きの文字を順番に表示する

スライドにちょっとした動きを加えるだけで閲覧者の興味をひくことができます。通常、スライドの箇条書きは、スライドが表示されると同時に表示されます。クリックすると、箇条書きが1行ずつ表示される動きを設定してみましょう。

## 箇条書きにアニメーション効果を設定する

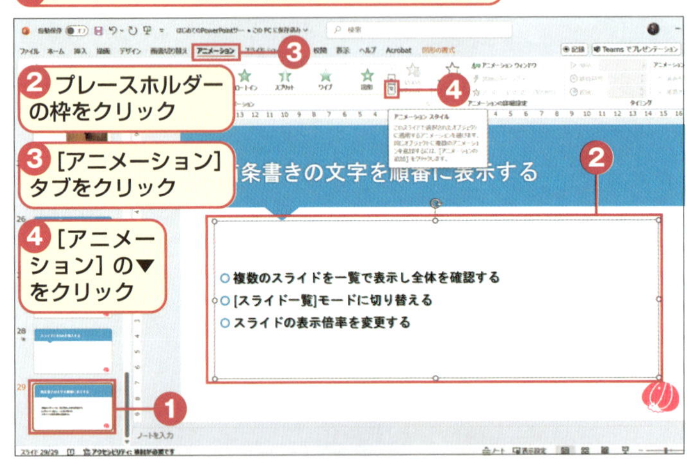

1 アニメーション効果を設定するスライドを表示
2 プレースホルダーの枠をクリック
3 [アニメーション] タブをクリック
4 [アニメーション] の▼をクリック
箇条書きの文字を順番に表示する
複数のスライドを一覧で表示し全体を確認する
[スライド一覧]モードに切り替える
スライドの表示倍率を変更する

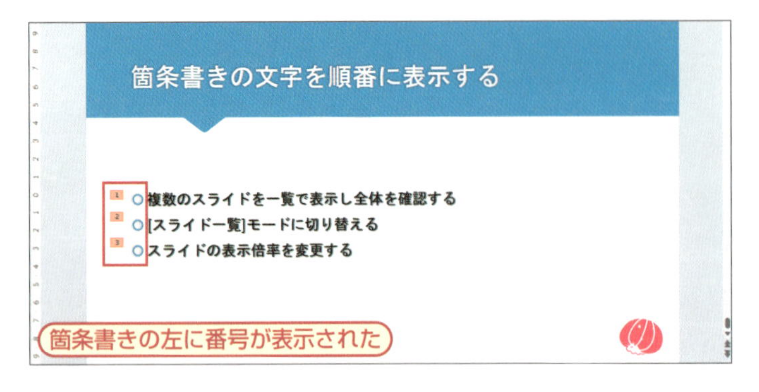

箇条書きの文字を順番に表示する
1 複数のスライドを一覧で表示し全体を確認する
2 [スライド一覧]モードに切り替える
3 スライドの表示倍率を変更する
箇条書きの左に番号が表示された

### 手順1 効果を設定する

アニメーション効果を設定するスライドをクリックし、プレースホルダーの枠をクリックします。[アニメーション] タブを選択して [アニメーション] の▼をクリックしてください。

### メモ アニメーション効果を設定する

文字や図形が動いたり、画面が切り替わるときにスライドがめくれたりする [動き] のことを [アニメーション効果] といいます。スライドにアニメーション効果を加えると、閲覧者の興味を引くことができます。注目させたいポイントに限定して設定しましょう。

### 手順2 箇条書きの左に番号が表示された

アニメーション効果が設定されている段落や図形の左横には、番号が表示されます。これは、アニメーション効果が実行される順番です。

## アニメーション効果のオプションを設定する

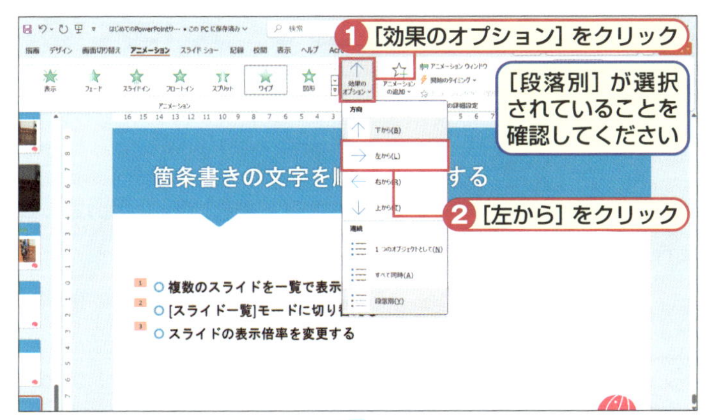

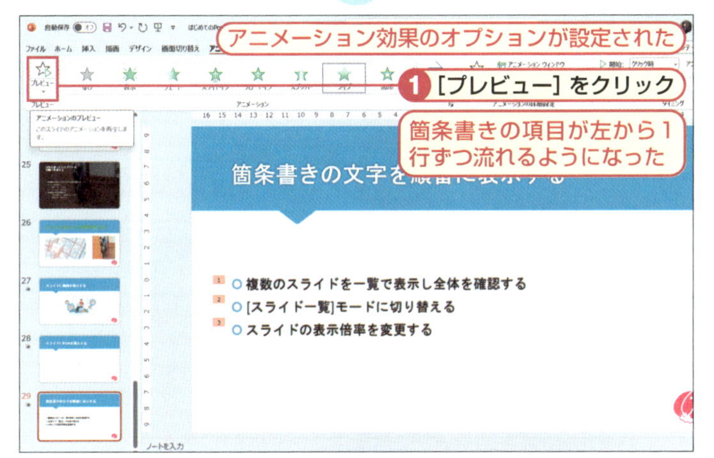

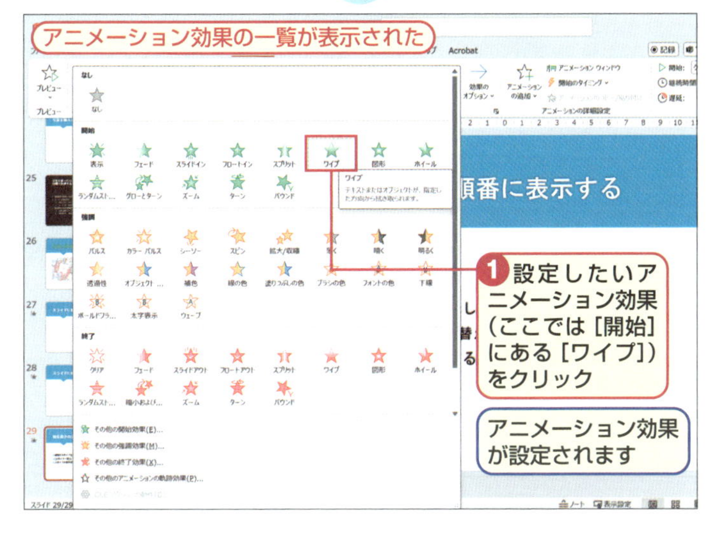

### 手順1 オプションを使う

［効果のオプション］をクリックして、［段落別］が選択されていることを確認したら、［左から］をクリックします。

### メモ 箇条書きを1行ずつ表示する

箇条書きの項目がはじめから表示されていると、閲覧者が2行目や3行目の項目に気を取られ、発表に集中できない可能性があります。説明に合わせて1行ずつ表示すると、わかりやすい発表になります。

### 手順2 アニメーション効果のオプションが設定された

［プレビュー］をクリックすると、箇条書きの項目が左から1行ずつ流れるようになりました。

### メモ アニメーション効果を解除する

アニメーション効果を解除するには、アニメーション効果が設定されているプレースホルダーを選択し、アニメーションの一覧から［なし］を選択します。

### 手順3 ワイプをクリックする

アニメーション効果の一覧が表示されるので、設定したいアニメーション効果（ここでは［開始］にある［ワイプ］）をクリックします。

### メモ スライドに星型のアイコンが表示される

アウトラインペインにはスライドのサムネイルが表示されますが、アニメーション効果が設定されているスライドには左横に星型のアイコンが表示されます。

SECTION キーワード▶アニメーション効果・追加／順序の変更 サンプル番号 07sec75

# 75 複数のアニメーション効果を組み合わせる

アニメーション効果には、ほかの効果を追加できます。ここでは、SECTION74で設定したアニメーション効果の実行後、文字の色が変化する効果を追加します。

## アニメーション効果を追加する

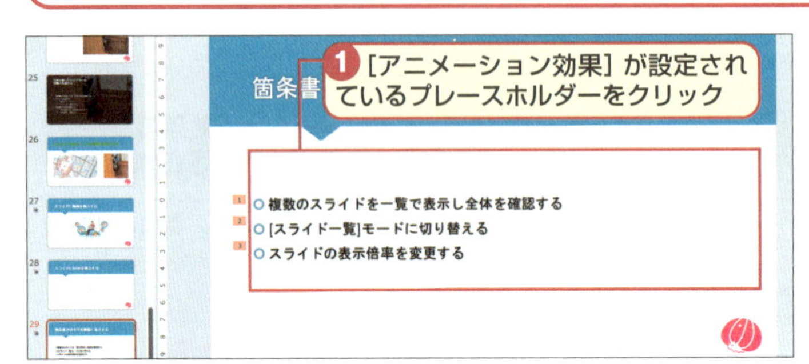

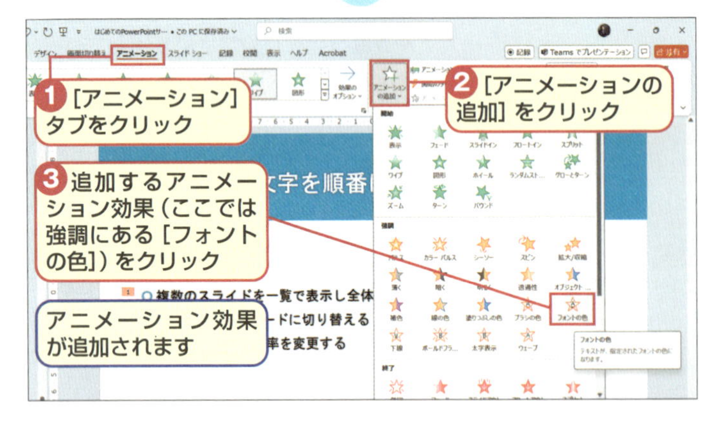

### 手順1 プレースホルダーを選択する

[アニメーション効果] が設定されているプレースホルダーを選択します。

**メモ 追加できるアニメーション効果の種類**

[アニメーションの追加] 一覧には、[開始] [強調] [終了] があります。[開始] は項目が表示されるときに実行される効果、[強調] は項目が表示されたあとに実行される効果。[終了] は項目が消えるときに実行される効果です。組み合わせることで、表現の幅が広がります。

### 手順2 アニメーション効果が追加された

[アニメーション] タブを選択して [アニメーションの追加] をクリックします。追加するアニメーション効果が表示されるので（ここでは強調にある [フォントの色]）をクリックすると、アニメーション効果が追加されます。

## アニメーション効果の順番を変更する

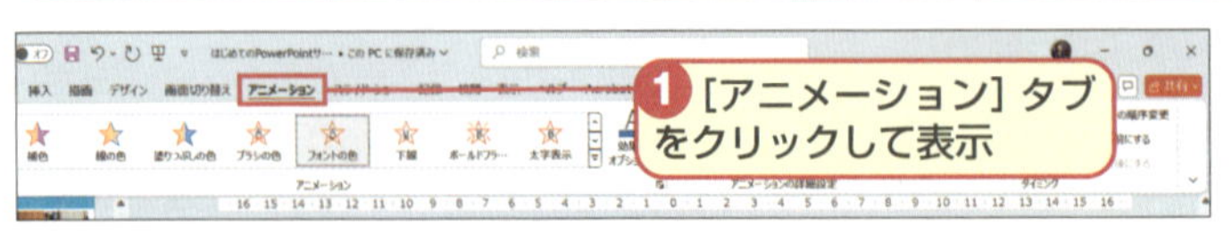

### 手順1 タブを選択する

[アニメーション] タブをクリックして表示してください。

## 移動させる項目を選択する

ここで、移動したい項目をクリックしてください。

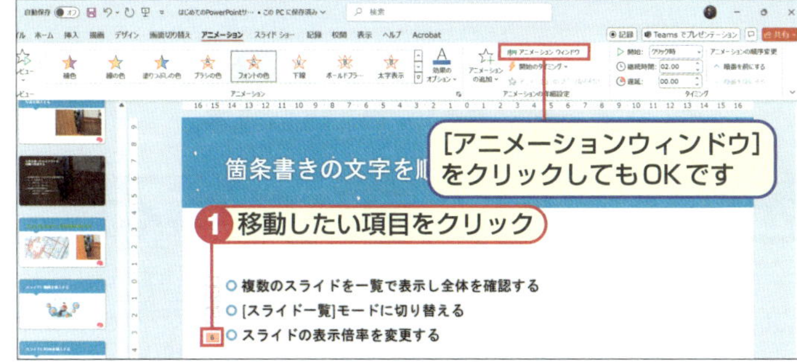

### 項目選択以外の方法

移動したい項目をクリックするほかに、リボンの［アニメーションウィンドウ］をクリックしてもOKです。

## ［アニメーションウィンドウ］画面が表示された

画面に［アニメーションウィンドウ］画面が表示されました。

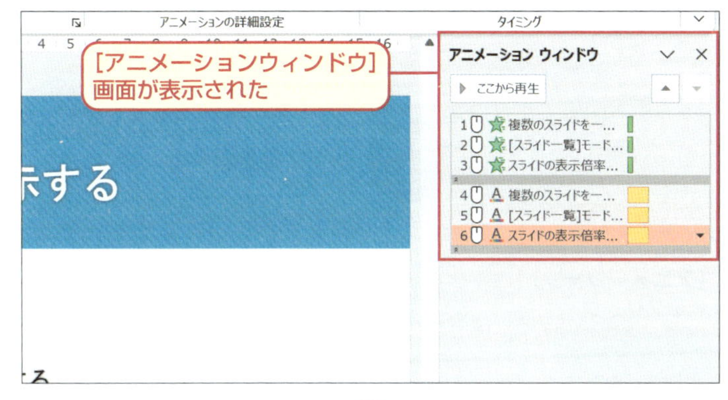

### アニメーション効果の順番を変更する

左ページの手順で設定したアニメーション効果では、箇条書きが1行目から順番にすべて表示されてから色が順番に変化します。これを、1行目が表示されたら1行目の色を変更し、次の行を表示して色を変更するように設定します。

## アニメーション効果を選択する

6番目の項目を3番目の位置までドラッグして位置を入れ替えます。

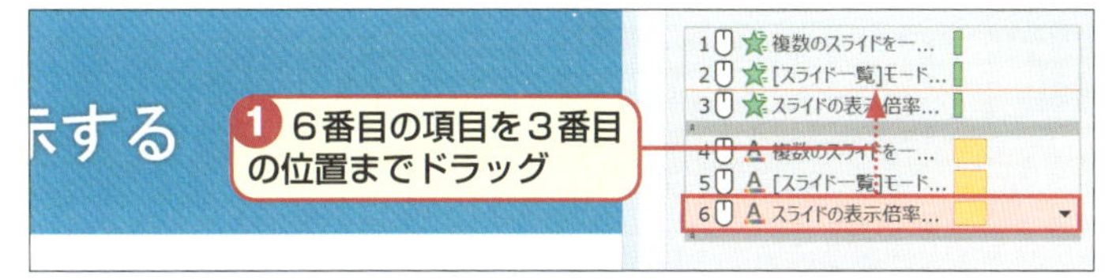

## 順番が入れ替わった

ドラッグして位置を入れ替える手順を繰り返すことで順番を自由に変更できます。

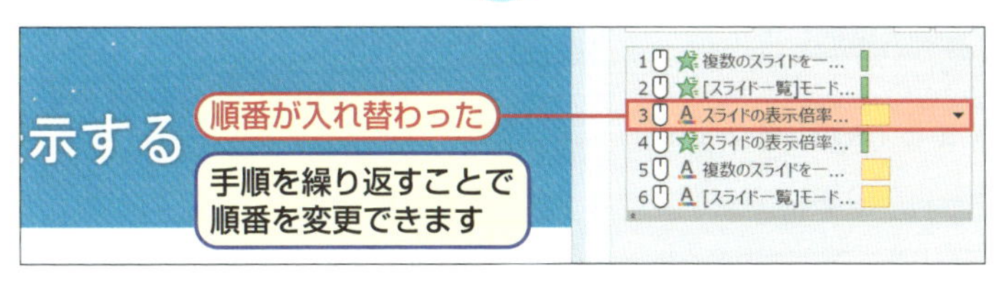

## 効果を確認する

［プレビュー］で動作を確認してください。

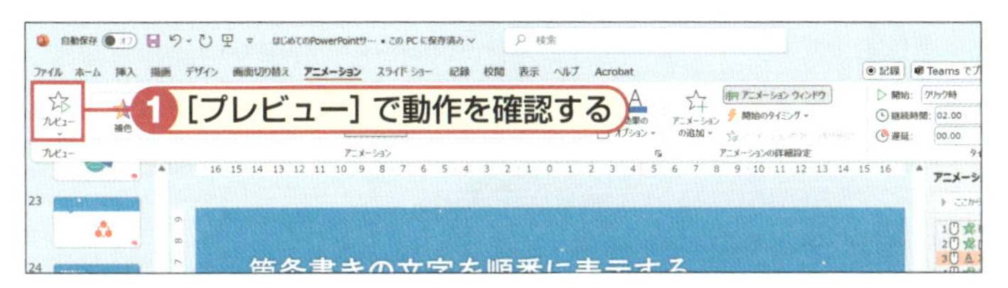

SECTION

キーワード▶アニメーション／効果のオプション　サンプル番号　07sec76

# 76 アニメーション効果を使ってグラフを段階的に表示する

アニメーション効果は、文字だけでなくグラフに設定することもできます。グラフを段階的に表示することで、一度にまとめてすべてのグラフが表示されるよりも、発表を円滑に進めることができます。

## グラフにアニメーション効果を設定する

1 グラフが挿入されているスライドを表示

2 グラフのプレースホルダーの枠をクリック

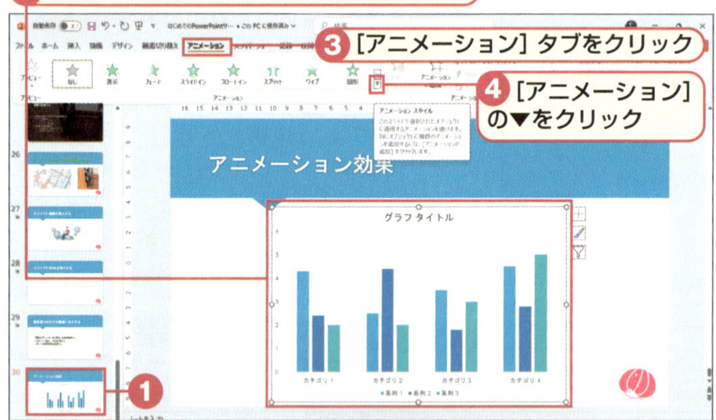

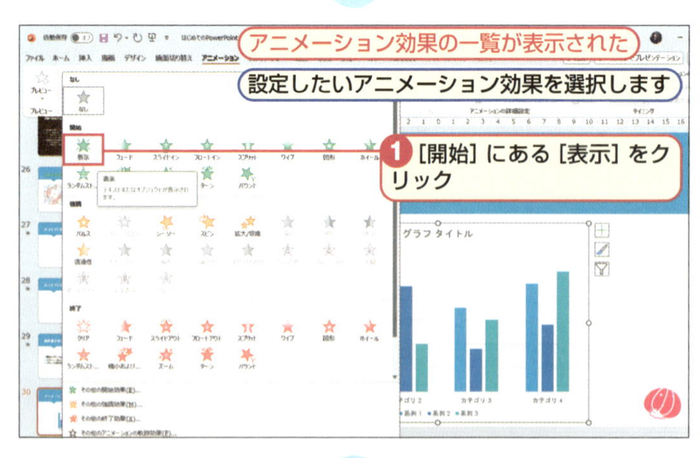

### 手順1 グラフを選択する

グラフが挿入されているスライドをクリックして表示します。グラフのプレースホルダーの枠をクリックしてください。[アニメーション] タブをクリックして表示を変えて [アニメーション] の▼をクリックします。

**メモ アニメーション効果を再生する**

[アニメーション] タブにある [プレビュー] をクリックすると、スライド内のアニメーション効果が再生されます。

### 手順2 アニメーション効果の一覧が表示された

ここで、設定したいアニメーション効果を選択します。[開始] にある [表示] をクリックしてみましょう。

**メモ アニメーション効果を設定し直す**

ほかのアニメーション効果を設定したい場合、アニメーション効果を解除して設定し直す必要はありません。アニメーション効果を選択し直すだけで、ほかの効果を設定できます。

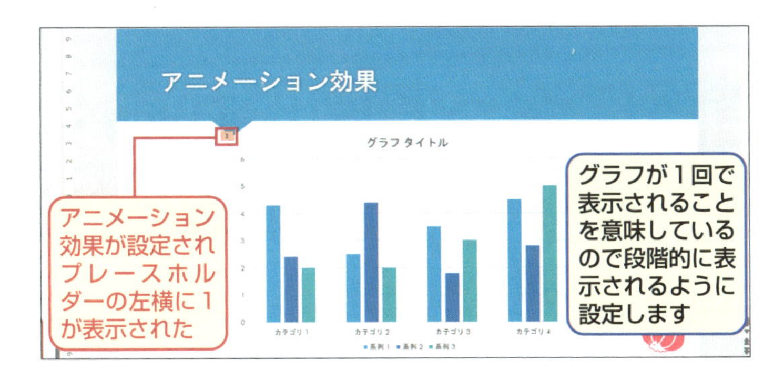

### 手順3 プレースホルダーの左横に1が表示された

アニメーション効果が設定されプレースホルダーの左横に1が表示されました。グラフが1回で表示されることを意味しているので段階的に表示されるように設定します。

## アニメーション効果のオプションを設定する

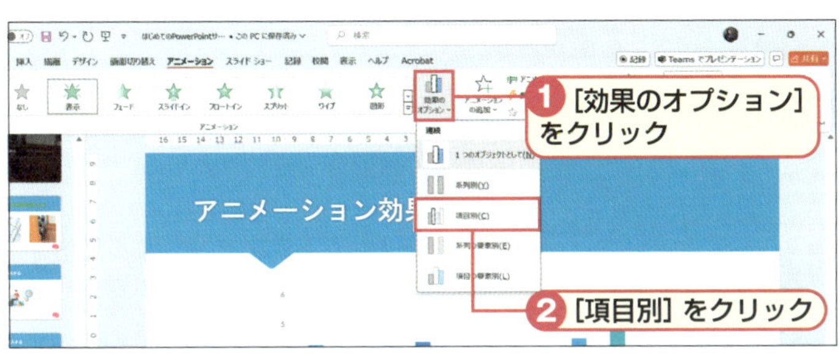

### 手順1 オプションを設定する

[効果のオプション] をクリックして、[項目別] をクリックします。

### メモ 特定の項目のアニメーション効果を解除する

アニメーション効果を設定するとすべての要素にアニメーション効果が設定されます。特定の項目には設定したくない場合は、該当する部分のアニメーション効果を解除します。たとえば左の例では、凡例は1番目に表示される項目なので、[1] をクリックして選択し、[Delete] キーを押すと、凡例からアニメーション効果が削除されます。

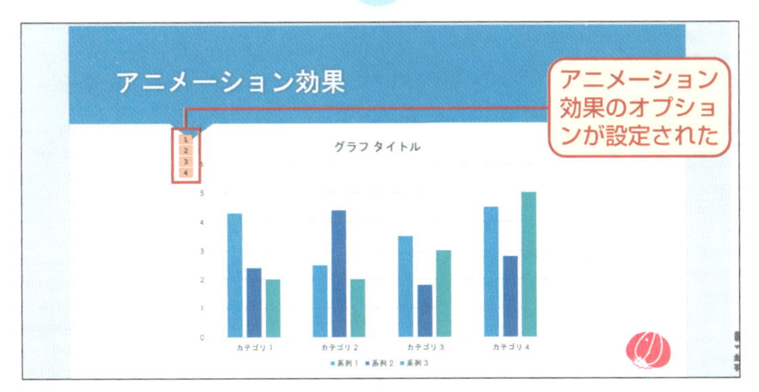

### 手順2 アニメーション効果のオプションが設定された

アニメーション効果のオプションが設定されました。なお、設定できるアニメーション効果のオプションは、図やアニメーション効果によって異なります。

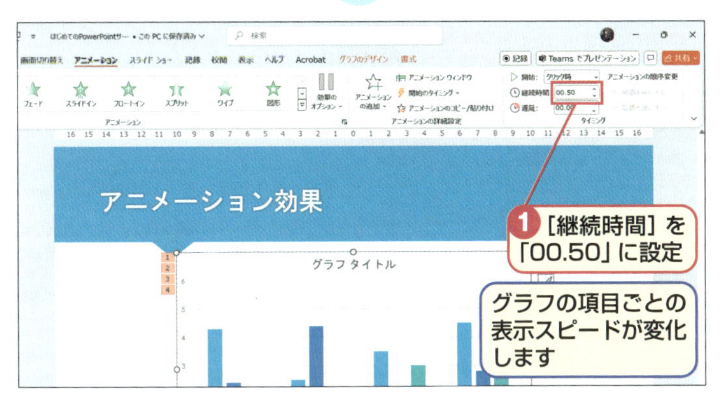

### 手順3 効果を設定する

[継続時間] を「00.50」に設定します。これで、グラフの項目ごとの表示スピードが変化します。

SECTION

キーワード▶アニメーション／ユーザー設定パス　　サンプル番号　07sec77

# 77 地図の道路に沿って図形が動くアニメーションを設定する

アニメーション効果は、あらかじめ決められた動きのほかの、任意の動きを設定することもできます。ここでは、図形を地図の道路に沿って動かします。

## 図形を軌跡に沿って動かす

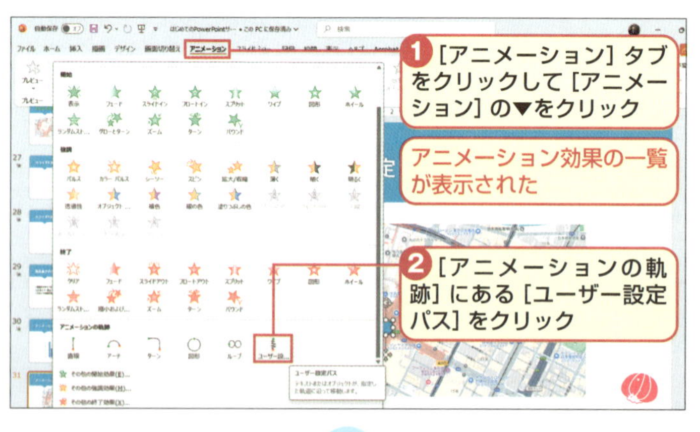

### 手順1 図形を選択する

［アニメーション効果］を設定する図形をクリック（ここでは［青丸］）して選択してください。

### 便利技 画面を拡大する

ステータスバーにある［ズーム］スライダーの［－］または［＋］をクリックすると、画面を拡大／縮小表示できます。

### 手順2 一覧から選択する

［アニメーション］タブをクリックして表示を変えて［アニメーション］の▼をクリックします。するとアニメーション効果の一覧が表示されます。ここでは、［アニメーションの軌跡］にある［ユーザー設定］パスをクリックしてください。

### 裏技 滑らかな動きを設定する

ここでは、地図の道路に沿った直線的な動きを設定しています。［アニメーションの奇跡］にある［ユーザー設定パス］をクリックしてスライド上を自由にドラッグすると、ドラッグした軌跡に沿って動かすことができます。

### プレビューする

[動きの開始位置] をクリックすると軌跡のポイントが作成されます。道路の曲がり角をクリックして [動きの終了位置] をダブルクリックしてください。これで、アニメーション効果がプレビューできます。

**アニメーション効果を確認する**

アニメーション効果を確認するには、[アニメーション] タブの [プレビュー] をクリックします。[継続時間] を「03.00」に設定すると青丸の動くスピードが変化します。

## 軌跡のポイントを修正する

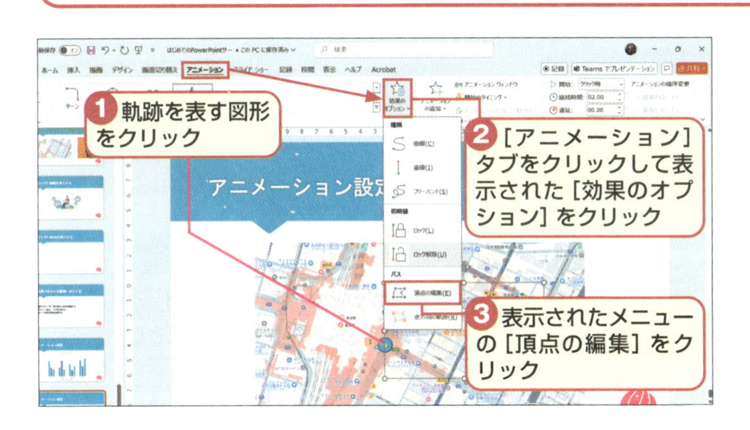

### 細部を修正する

軌跡を表す図形をクリックして、[アニメーション] タブをクリックして表示された [効果のオプション] をクリックして表示されたメニューの [頂点の編集] をクリックします。

**軌跡を表す図形を削除する**

軌跡を表す図形を削除するには、クリックして選択し、[Delete] キーを押します。

### ポイントを編集できる状態になった

ポイントをドラッグポイントが移動しました。図形以外の場所をクリックして編集を完了してください。

**逆方向に動かす**

図形の動きを逆方向にするには、図形をクリックして選択し、[アニメーション] タブの [効果のオプション] → [逆方向の軌跡] をクリックします。

# 78 SmartArtの項目を順番に表示する

アニメーション効果は、SmartArtに設定することもできます。ここでは、アニメーション効果を使って、SECTION59で作ったSmartArtの項目を順番に表示します。基本的な操作は、文字やグラフにアニメーション効果を設定する手順と同様です。

## SmartArtにアニメーション効果を設定する

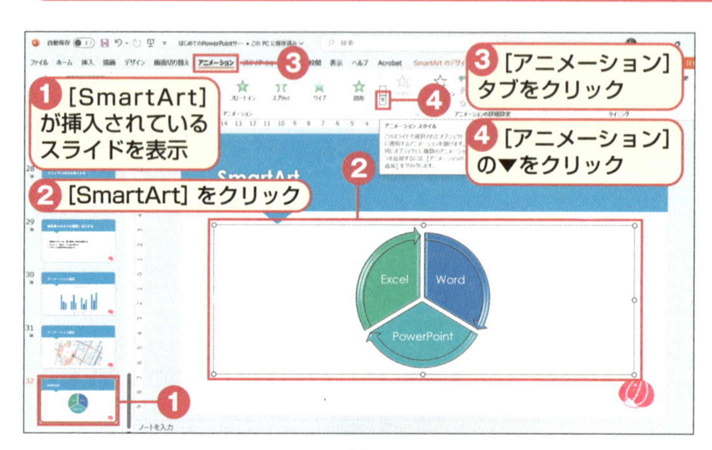

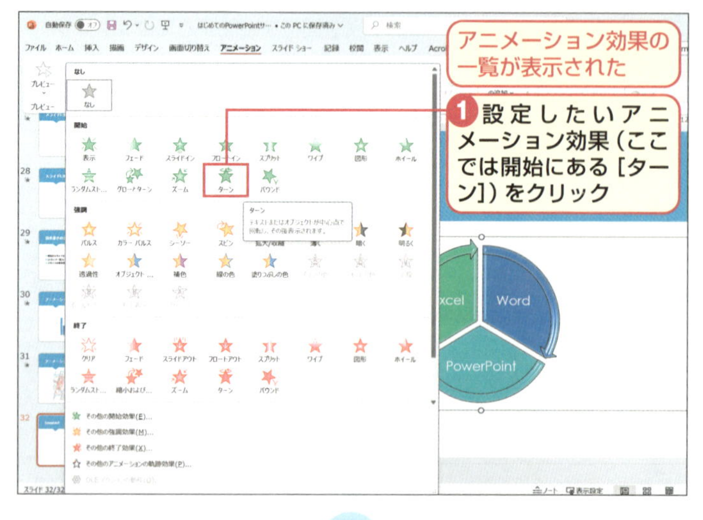

### 手順1 アニメーション効果を設定する

[SmartArt] が挿入されているスライドをクリックして表示します。[SmartArt] をクリックしてください。[アニメーション] タブをクリックして表示を変えて [アニメーション] の▼をクリックします。

#### メモ SmartArt

「SmartArt」は、相関関係や手順などを表す図表を作成できる機能です。詳しくはSECTION59を参照してください。

### 手順2 アニメーション効果の一覧が表示された

設定したいアニメーション効果（ここでは開始にある [ターン]）をクリックして選択します。

#### メモ テキストウィンドウを閉じる

SmartArtの左側には、テキストウィンドウが表示されます。テキストウィンドウは、SmartArtの文字を編集するための画面です。SmartArtをクリックして選択し、[デザイン] タブの [テキストウィンドウ] をクリックすると、テキストウィンドウの表示／非表示を切り替えることができます。

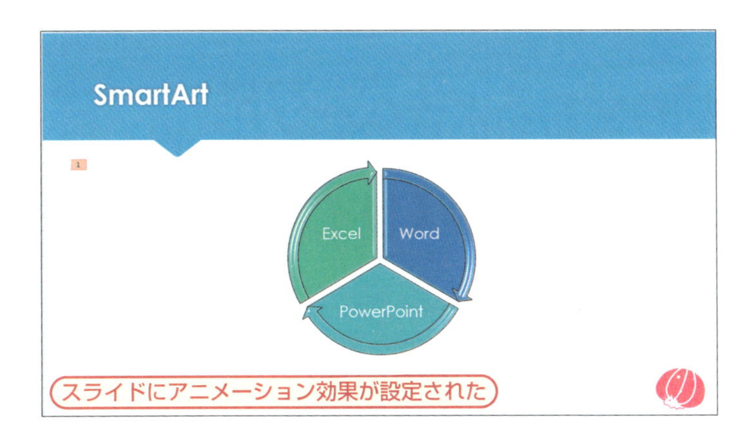

**スライドにアニメーション効果が設定された**

選択したスライドのSmartArtにアニメーション効果が設定されました。

**アニメーション効果で項目が表示される順番を設定する**

左の手順に従うと、SmartArt全体にアニメーション効果が設定されるため、すべての図形が同時に表示されます。図形を順番に表示するには、効果のオプションを設定します。

## アニメーション効果のオプションを設定する

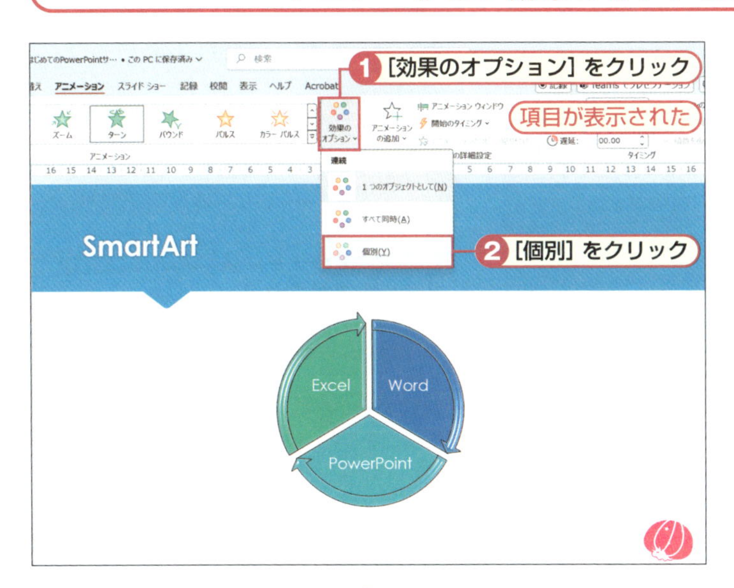

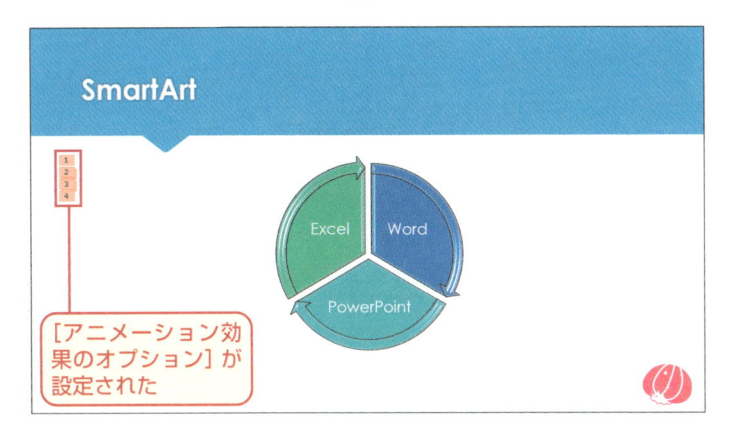

**[効果のオプション] をクリックする**

[効果のオプション] をクリックすると項目が表示されます。ここでは、[個別] をクリックしてください。

**左横に番号が表示される**

アニメーション効果が設定されている図形の左横には番号が表示されます。これは、アニメーション効果が実行される順番です。

**[アニメーション効果のオプション] が設定された**

[アニメーション効果のオプション] が設定されました。

**アニメーション効果の順番を変更する**

アニメーション効果の順番を変更するには、アニメーション効果が設定されている図形をクリックして選択し、アニメーションウィンドウを表示します。順番を変更したい番号をドラッグして、順番を入れ替えます（SECTION75参照）。

# 79 スライドが切り替わるときページがめくれるようにして次のスライドを表示する

スライドが次々に切り替わるだけでは単調なスライドショーになってしまいます。画面が切り替わるときに動きが加わると、閲覧者の興味を引くことができます。紙がめくれるように次のスライドが表示される「ピールオフ」という画面切り替え効果を設定します。

## 画面切り替え効果を設定する

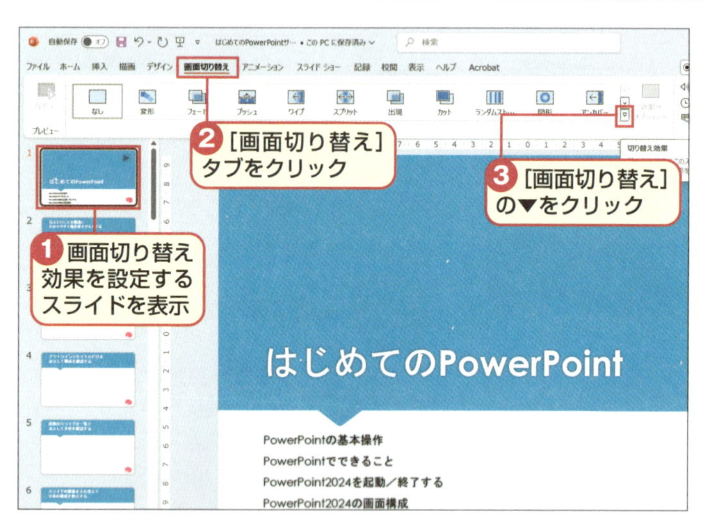
2 [画面切り替え] タブをクリック
3 [画面切り替え] の▼をクリック
1 画面切り替え効果を設定するスライドを表示
はじめてのPowerPoint
PowerPointの基本操作
PowerPointでできること
PowerPoint2024を起動／終了する
PowerPoint2024の画面構成

### 手順1 スライドを選択する

最初に画面切り替え効果を設定するスライドを表示してください。[画面切り替え] タブをクリックして表示される [画面切り替え] の▼をクリックします。

### メモ スライドに星型のアイコンが表示される

[アウトライン] ペインにはスライドのサムネイルが表示されますが、画面切り替え効果が設定されているスライドには左横に星型のアイコンが表示されます。

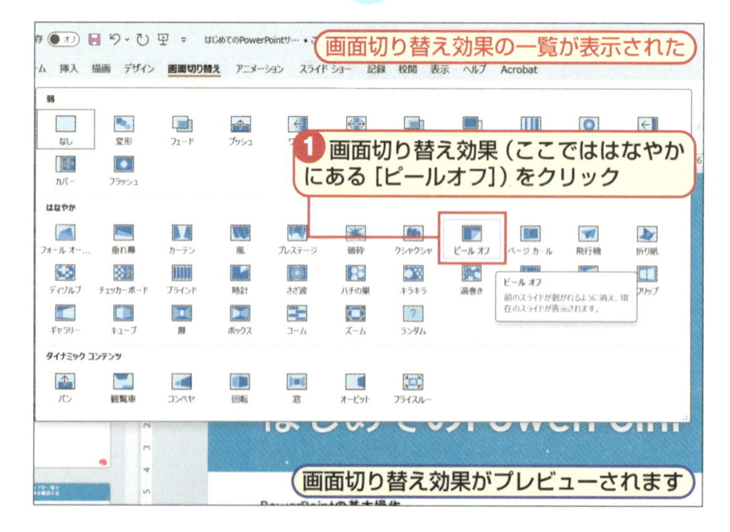
画面切り替え効果の一覧が表示された
1 画面切り替え効果（ここでははなやかにある [ピールオフ]）をクリック
画面切り替え効果がプレビューされます

### 手順2 画面切り替え効果の一覧が表示された

画面切り替え効果（ここでははなやかにある [ピールオフ]）をクリックして選択します。これで、画面切り替え効果がプレビューできます。

### 便利技 画面切り替え効果を解除する

画面切り替え効果を解除するには、切り替え効果が設定されているスライドを表示し、効果の一覧から [なし] を選択します。

## 画面切り替え効果をすべてのスライドに設定する

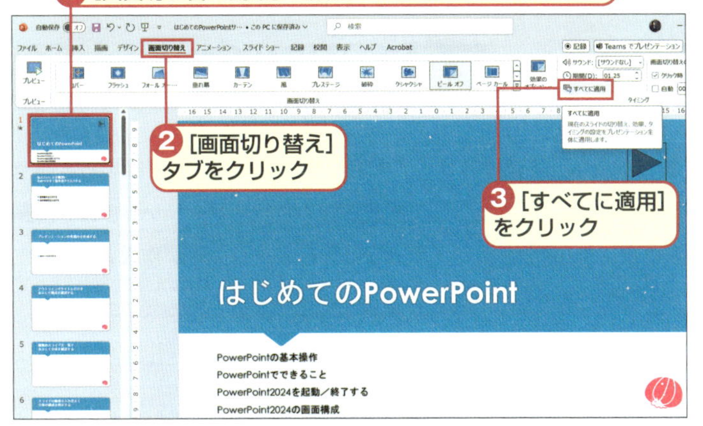

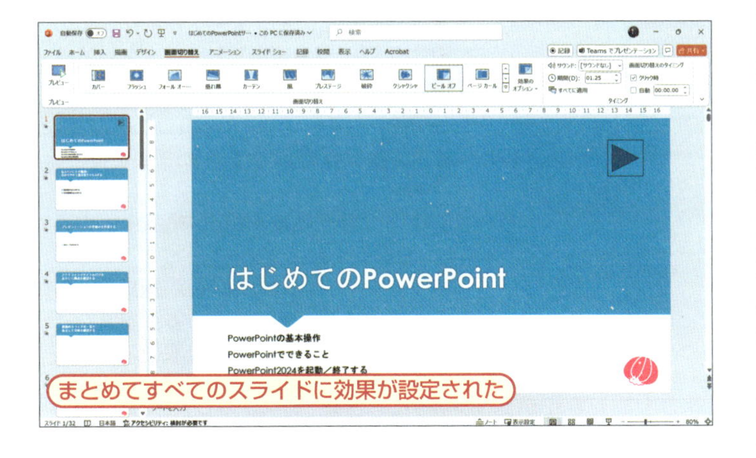

### 手順1 [すべてに適用] を使う

[画面切り替え効果] が設定されているスライドを表示してください。[画面切り替え] タブをクリックして [すべてに適用] をクリックします。

### メモ スライドごとに画面切り替え効果を設定する

ここでは、すべてのスライドに同じ画面切り替え効果を設定していますが、スライドごとに設定することもできます。ただし、いろいろな画面切り替え効果を使うと、閲覧者の関心が本題でない部分に集まってしまう危険性があります。過度な画面切り替え効果は控えることをおすすめします。

### 手順2 すべてのスライドに効果が設定された

これで、まとめてすべてのスライドに効果が設定されました。

### メモ 画面切り替え時に効果音を付ける

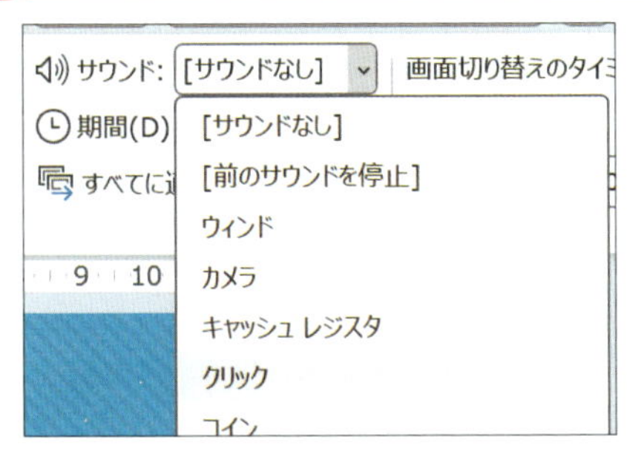


[画面切り替え] タブにある [サウンド] からは、画面を切り替えるときの効果音を設定できます。「動き」に「効果音」を加えることで、よりインパクトのあるスライドになります。なお、[その他のサウンド] をクリックすると、パソコンに保存されている音楽のファイルを指定できます。

# 80 スライドが切り替わるとき図形をスムーズに変形させる

[変形] という画面切り替え効果は、前後のスライドの内容をスムーズに置き換えるというおもしろい効果です。たとえば、図形がバラバラに配置されているスライドからきれいに整列したスライドに切り替わるとき、図形が動いて整列するアニメーションが作成されます。

## スライドを複製する

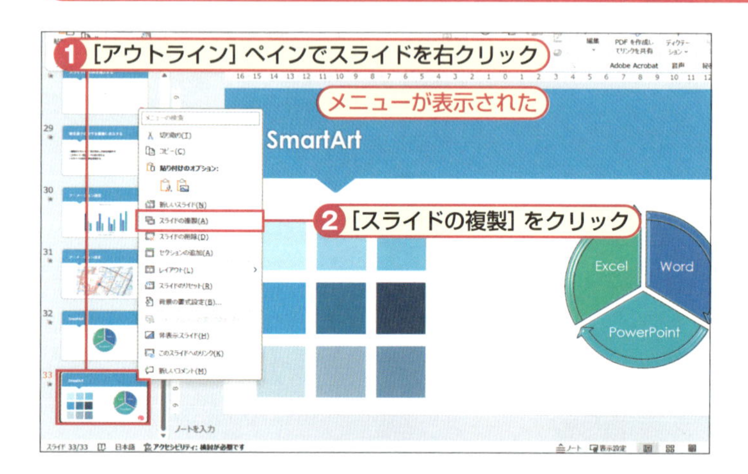

1 [アウトライン] ペインでスライドを右クリック
メニューが表示された
2 [スライドの複製] をクリック
SmartArt
Excel
Word
PowerPoint

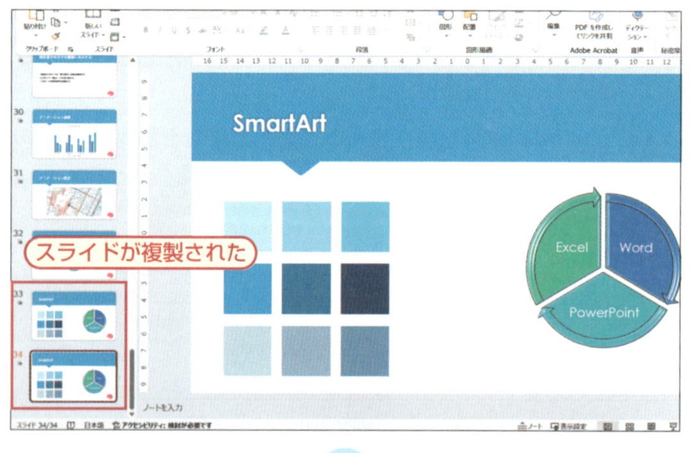

スライドが複製された
SmartArt
Excel
Word
PowerPoint

### 手順1 スライドを複製する

[アウトライン] ペインでスライドを右クリックすると、メニューが表示されるので、[スライドの複製] をクリックしてください。

### メモ 2枚のスライドを用意する

画面切り替え効果 [変形] を設定するには、変形前後のスライドを作成する必要があります。スライドを複製し、編集してもう一方のスライドを作成すると効率的でしょう。ここでは、図形がきれいに整列したスライドを複製し、バラバラに配置します。

### 手順2 スライドが複製された

これで、スライドが複製されました。

### メモ スライドを複製する

[アウトライン] ペインでスライドを右クリックし、[スライドの複製] をクリックすると簡単に複製できます。

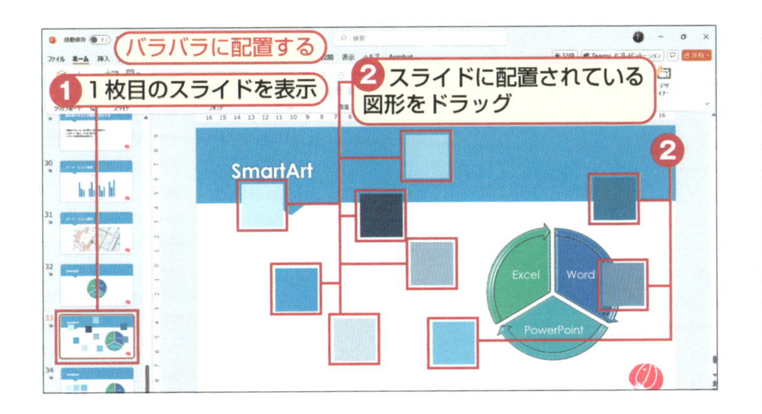
バラバラに配置する
1 1枚目のスライドを表示
2 スライドに配置されている図形をドラッグ
2
SmartArt
Excel
Word
PowerPoint

## 1枚目のスライドを表示する

最初に1枚目のスライドを表示してください。スライドに配置されている図形をドラッグして、バラバラに配置してください。

## 画面が切り替わるときに図形が整列するスライドを作成する

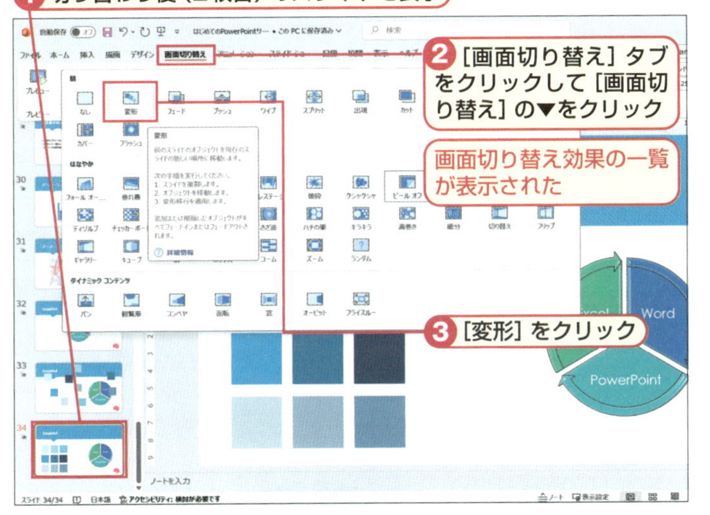
1 切り替わり後（2枚目）のスライドを表示
2 ［画面切り替え］タブをクリックして［画面切り替え］の▼をクリック
画面切り替え効果の一覧が表示された
3 ［変形］をクリック
Excel
Word
PowerPoint

## 変形を設定する

ここでは、切り替わり後（2枚目）のスライドを表示してください。［画面切り替え］タブをクリックして［画面切り替え］の▼をクリックすると画面切り替え効果の一覧が表示されるので、［変形］をクリックしてください。

### 図形が変形する画面切り替え効果を設定する

［変形］の画面切り替え効果を設定するには、変形前後の2枚のスライドと、最低1つの図形が必要です。スライドを2枚作成し、2枚目のスライドに画面切り替え効果を設定すると、1枚目の図形が2枚目の図形に変形するアニメーションが自動的に作成されます。

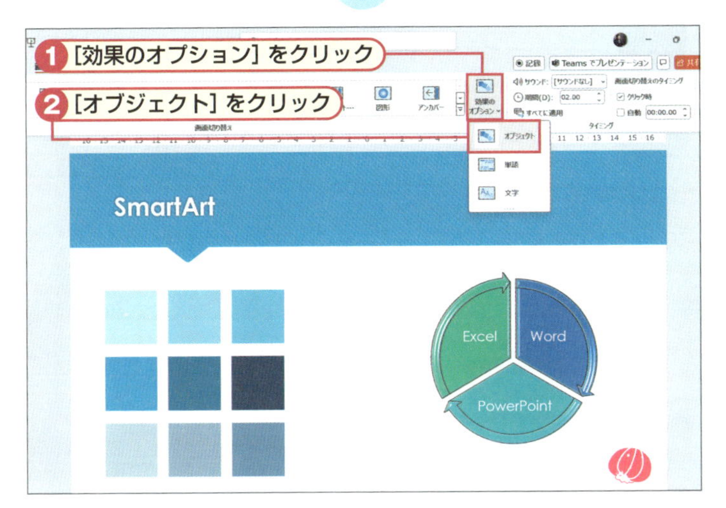
1 ［効果のオプション］をクリック
2 ［オブジェクト］をクリック
SmartArt
Excel
Word
PowerPoint

## ［オブジェクト］をクリックする

［効果のオプション］をクリックして表示されたメニューから［オブジェクト］をクリックしてください。

## 画面切り替え効果を解除する

画面切り替え効果を解除するには、切り替え効果が設定されているスライドを表示し、効果の一覧から [なし] を選択します。

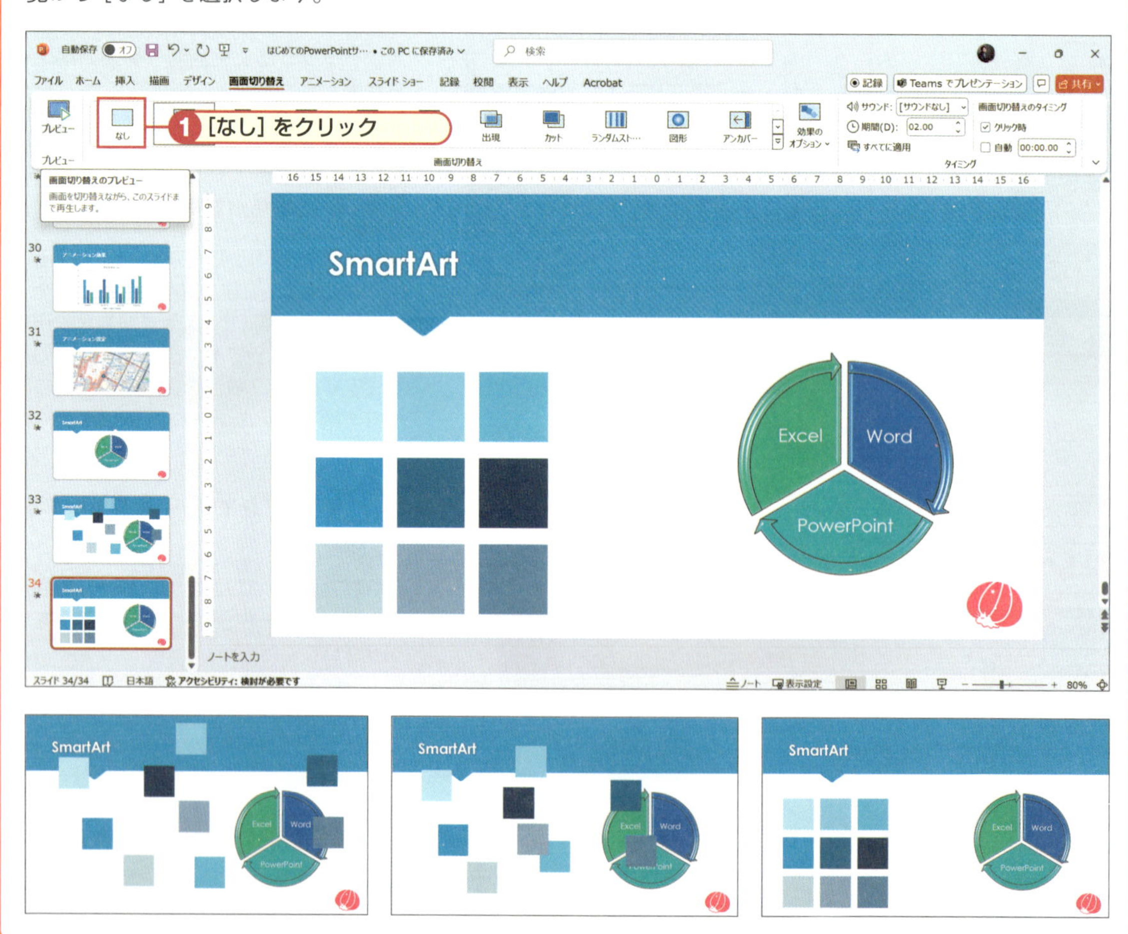

# 練習問題

この章の解説を参考にして、以下の問題に挑戦してみましょう。

## 問題1 アニメーションに関する出題①

箇条書きの文字の色が変化するアニメーション効果［フォントの色］を設定してください。

箇条書きの文字を順番に表示する

- 複数のスライドを一覧で表示し全体を確認する
- [スライド一覧]モードに切り替える
- スライドの表示倍率を変更する

HINT ［アニメーション］タブの［アニメーション］の一覧から目的の効果を選択します。

## 問題2 アニメーションに関する出題②

問題1で設定したアニメーション効果で変化する文字の色を、［赤］に変更してください。

箇条書きの文字を順番に表示する

- 複数のスライドを一覧で表示し全体を確認する
- [スライド一覧]モードに切り替える
- スライドの表示倍率を変更する

HINT 効果のオプションを設定します。

## 問題3 画面切り替え効果に関する出題①

3枚目のスライドが、カーテンがめくれるように表示される画面切り替え効果を設定してください。

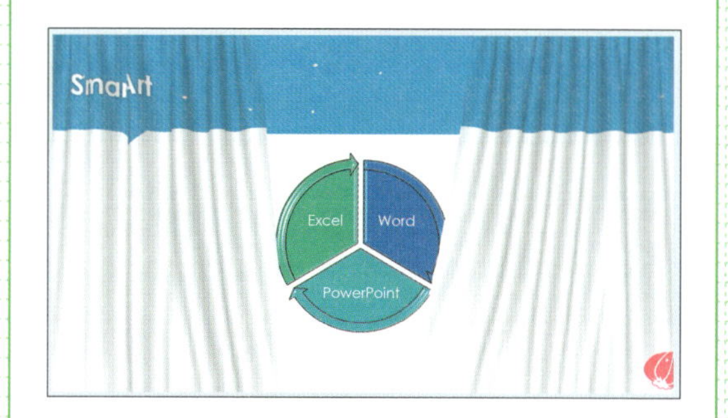


HINT 画面切り替え効果［カーテン］を設定します。

## 問題4 画面切り替え効果に関する出題②

問題3で設定した画面切り替え効果が実行されるとき、［チャイム］のサウンドが鳴るように設定してください。

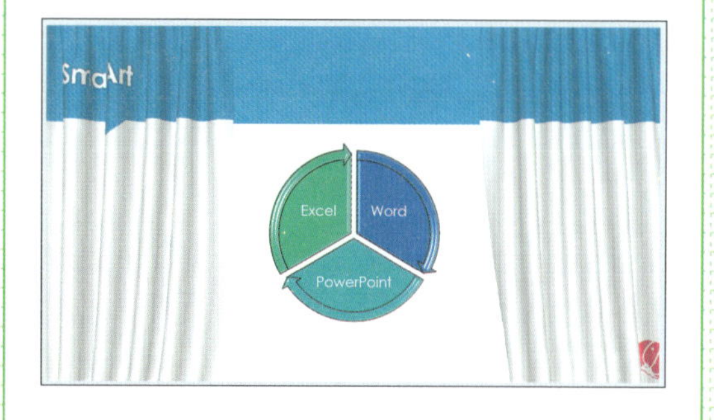


HINT 画面切り替え効果にサウンドを設定します。

解答は次のページ

# 解答 練習問題は解けましたか。以下の解答例と照らし合わせてみましょう。

## 解答1 参照：SECTION74

❶箇条書きのプレースホルダーをクリック
❷［アニメーション］タブをクリック
❸アニメーションの一覧から［フォントの色］をクリック

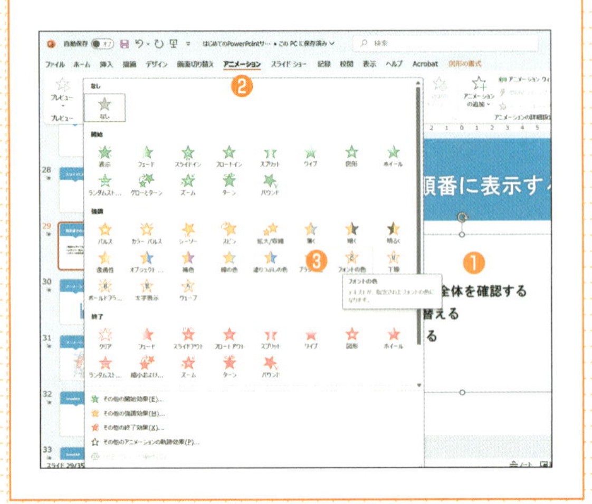

## 解答2 参照：SECTION74

❶アニメーション効果が設定されているプレースホルダーをクリック
❷［アニメーション］タブをクリック
❸［効果のオプション］をクリック
❹［標準の色］にある［赤］をクリック

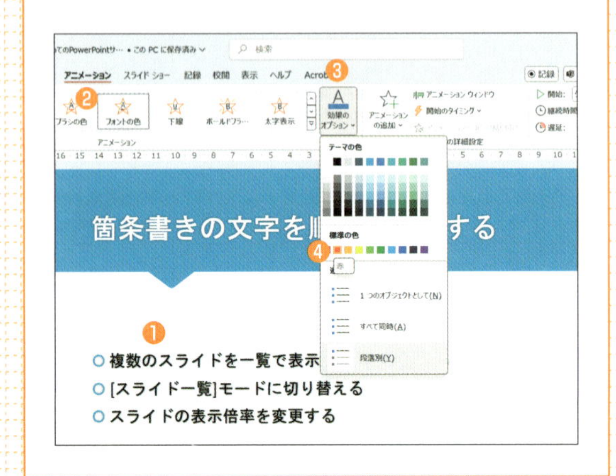


## 解答3 参照：SECTION79

❶3枚目のスライドを表示
❷［画面切り替え］タブをクリック
❸［カーテン］をクリック

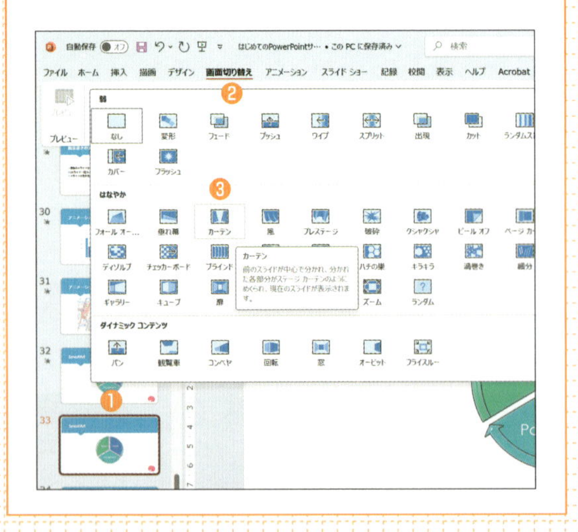

## 解答4 参照：SECTION79

❶3枚目のスライドを表示
❷［画面切り替え］タブをクリック
❸［サウンド］をクリック
❹［チャイム］をクリック

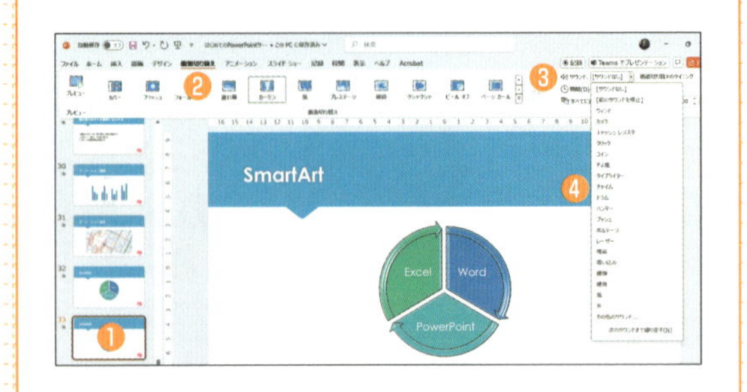

# 8章

## スライドショーを実行するには

8章では、スライドショーの実行や中止、終了する方法について解説します。スライドを順番に表示し、発表を行うことをスライドショーといいます。スライドショーを行う際に発表者だけが閲覧できるメモの作成方法や、スライドショーの途中でスライドに注釈を書き込む方法、閲覧者に配布する資料の作成方法などについて解説します。

# 81 発表時間が短い場合はスライドを非表示にして割愛する

スライドは、取引先や展示場など、いろいろな場面で使われます。このとき、発表時間が同じとは限りません。でも発表時間に合わせたスライドを1から作るのは面倒です。使用するスライドを選択し、使わないスライドを非表示にすると、繰り返し使うことができます。

## スライドショーで特定のスライドを非表示にする

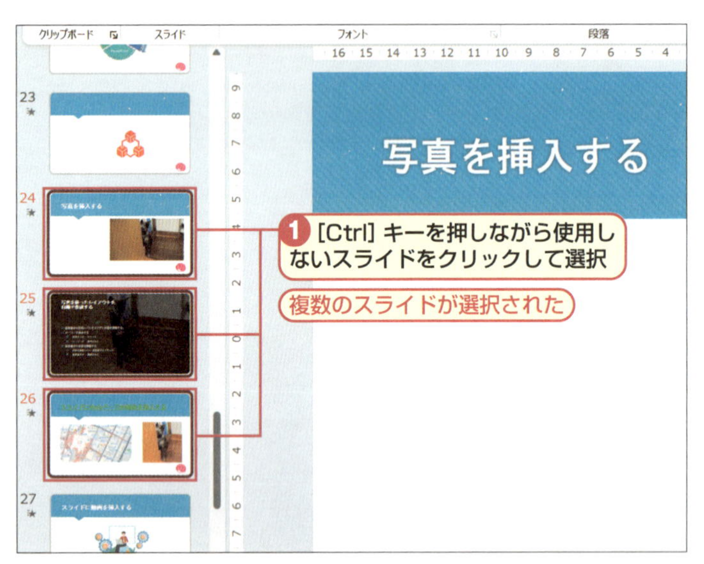

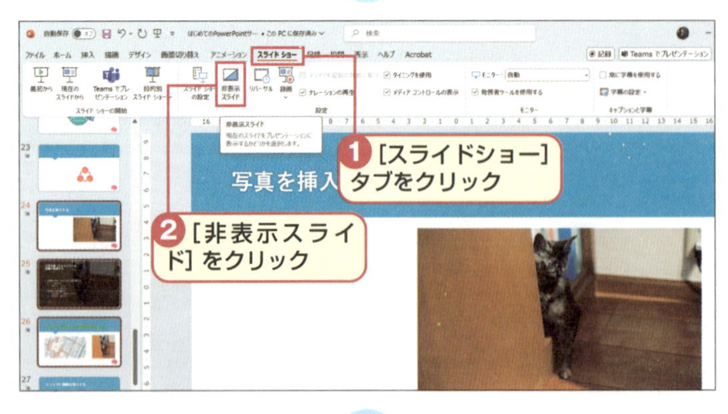

### 表示しないスライドを選択する

キーボードの [Ctrl] キーを押しながら使用しないスライドをマウスでクリックして選択してください。[Ctrl] キーを押している間は複数のスライドを選択できます。

### 非表示スライドを設定する

講演や発表を繰り返し行う場合は、同じスライドを使うことが一般的です。ただし、発表時間や閲覧者の属性などによって使うスライドが異なってきます。使わないスライドを削除することもできますが、再度使う際に作り直すのは不便です。そのような場合は、不要なスライドを一時的に非表示に設定しておくことで対応可能です。

### 非表示にする

[スライドショー] タブをクリックして [非表示スライド] をクリックします。

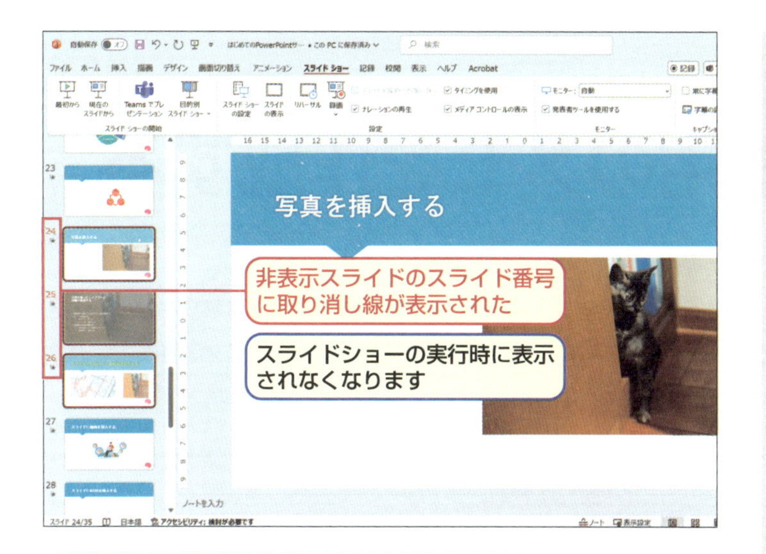

### 非表示スライドのスライド番号に取り消し線が表示された

取り消し線が表示されたスライドは、スライドショーの実行時に表示されなくなります。

#### 右クリックから非表示設定する

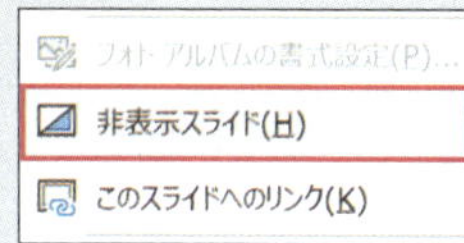


画面左側のスライド一覧から目的のスライドを右クリックし、[非表示スライドに設定] をクリックすると、非表示スライドに設定できます。

## スライドショーで非表示スライドを再表示する

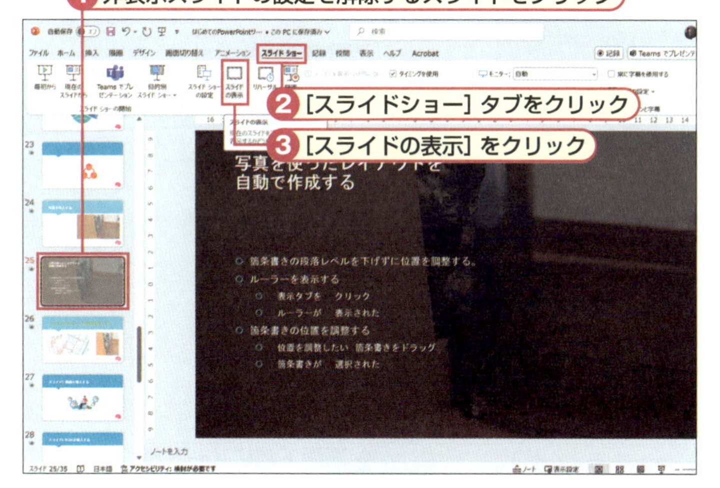

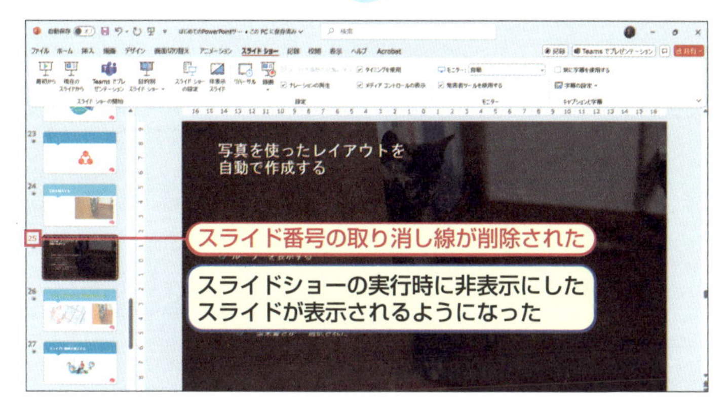

### 非表示を解除する

非表示スライドの設定を解除するスライドをクリックして選択してください。[スライドショー] タブをクリックして表示された [スライドの表示] をクリックします。

#### 非表示スライドを再表示する

非表示スライドの設定を解除して再表示するには、非表示スライドを選択し、[スライドショー] タブの [スライドの表示] をクリックします。スライドショー実行時にスライドが表示されるようになり、スライド番号の取り消し線も削除されます。

### スライド番号の取り消し線が削除された

スライドショーの実行時に非表示にしたスライドが表示されるようになりました。

# 82 発表者用のメモを作成する

スライドのノートには、発表の参考にするメモを記入できますが、注意事項やポイントとなる内容だけを記入しましょう。台本の台詞のような文章にしてしまうと、発表内容が文章を読むだけの味気ないものになってしまいますので、注意が必要です。

## ノートを表示する

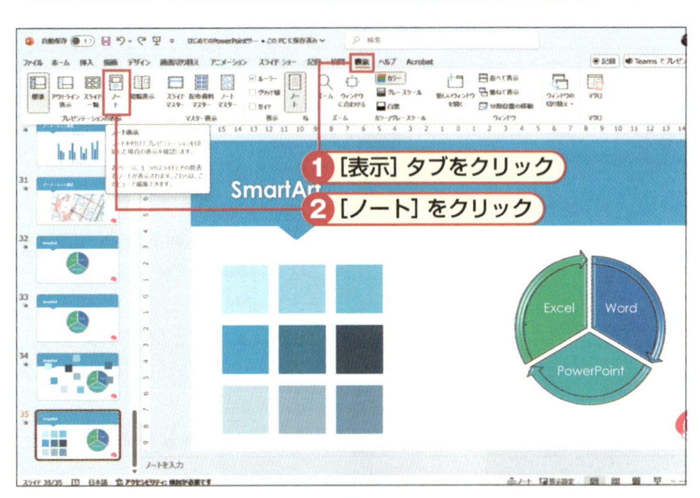

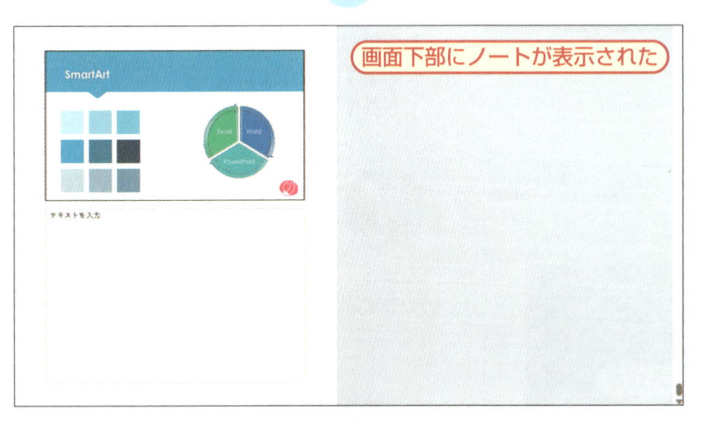

### 手順1 ノートを表示する

［表示］タブの［ノート］をクリックすると、画面下部にノートが表示されます。ここには発表時の注意事項や発表内容のメモを記入することができます。なお、ノートはスライドショーでは表示されませんので、自分だけが見ることができます。

### 手順2 画面下部にノートが表示された

画面の下部にノートが表示されました。

### 拡大表示する

[ズーム] スライダーの [+] をマウスで数回クリックしてください。画面が拡大表示されます。大きすぎる場合は [−] をクリックして縮小できます。



## ノートにメモを入力する

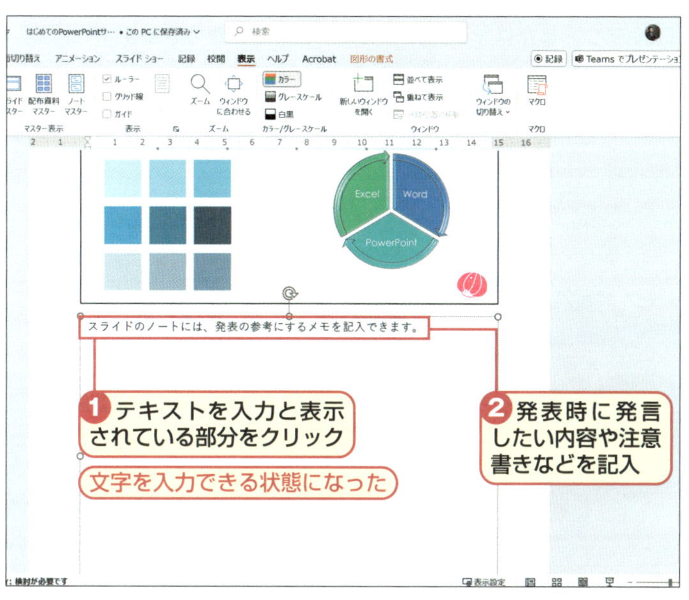

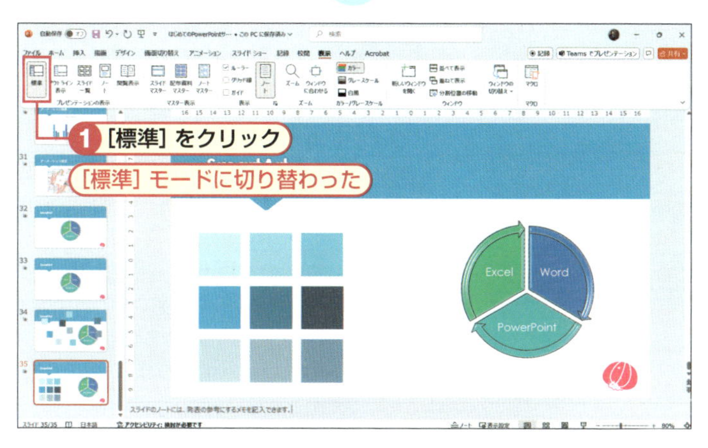

### 文字を入力する

[テキストを入力] と表示されている部分をクリックしてください。文字を入力できる状態になりました。発表時に発言したい内容や注意書きなどを入力してください。

#### [標準] モードでノートを入力する

[標準] モードでノートを入力するには、ステータスバーの [ノート] をクリックします。画面下部にノートペインが表示されるので、そこに文章を入力します。

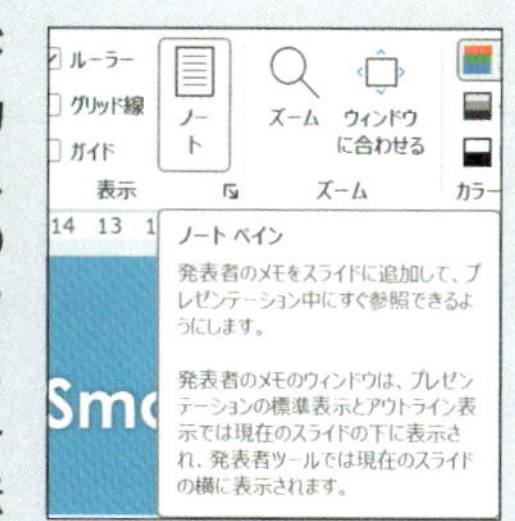

### モードを戻す

文字の入力ができたら [標準] をクリックしてください。これで、[標準] モードに切り替わります。

# スライドショーを実行する

手順解説動画

スライドを順番に再生してみましょう。スライドを順番に再生することを「スライドショー」といいます。スライドショーを実行すると、パソコンの画面いっぱいにスライドが表示されます。スライドは、マウスまたはキー操作で切り替えることができます。

## スライドショーを最初から実行する

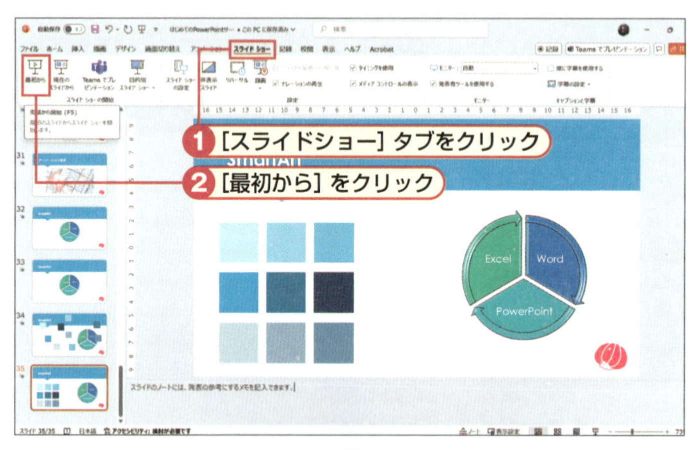

1 [スライドショー] タブをクリック
2 [最初から] をクリック

スライドショーが表示された
はじめてのPowerPoint
PowerPointの基本操作
PowerPointでできること
PowerPoint2024を起動／終了する
PowerPoint2024の画面構成

### 手順1 スライドショーを見る

[スライドショー] タブをクリックして、[最初から] をクリックするとスライドショーが開始されます。

**時短 スライドショーを最初から実行するショートカット**

Windows
[F5] キー
Mac
[⌘] + [Shift] + [Enter] キー

### 手順2 スライドショーが表示された

スライドショーが実行されました。

**メモ スライドショーをキー操作で操作する**

スライドショーの実行中、[→] または [スペース] キーを押すと、次のスライドに進みます。[←] または [BackSpace] キーを押すと前のスライドに戻ります。

伝えたいことを簡潔に
わかりやすく箇条書きで入力する

■ 箇条書きを入力する
■ 次の項目を入力する

1 画面をクリック

次のスライドが表示された

2 最後のスライドまで
スライドショーを進める

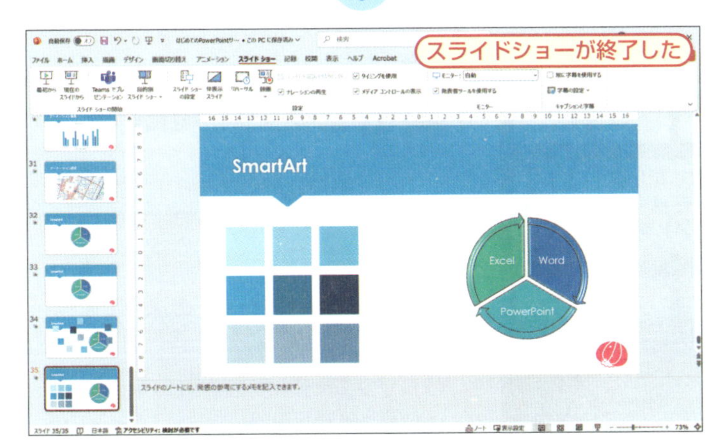

### 次に進める

画面をクリックしてください。次のスライドが表示されます。さらに画面をクリックすると同様に次のスライドが表示されました。最後のスライドまでスライドショーを進めてください。

#### 途中でスライドショーを終了する

Windows、Macともにキーボードの[Esc]キーを押すとスライドショーが終了します。

### すべてのスライドが表示された

[スライドショーの最後です。クリックすると終了します。]と表示されました。画面をクリックしてスライドショーを終了します。

### 画面が戻った

スライドショーが終了して、PowerPointの画面が表示されます。

#### 途中からスライドショーを実行する

2枚目や3枚目など、途中のスライドからスライドショーを実行するには、開始したいスライドを表示し、[スライドショー]タブの[現在のスライドから]をクリックします。

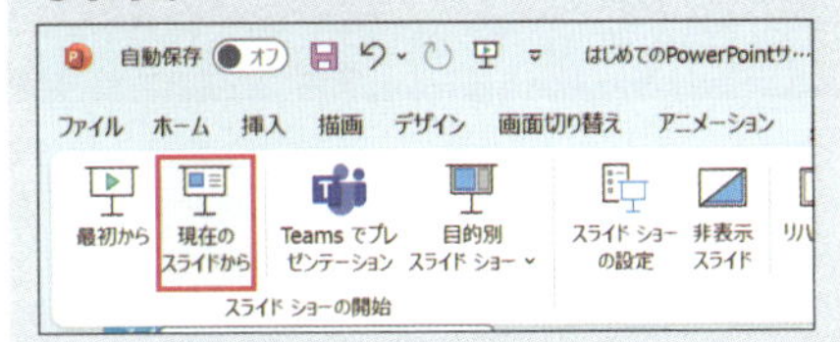

# 84 スライドショーの途中で任意のスライドを表示して拡大表示する

スライドショーでは、「閲覧者から前のスライドの再表示を求められた」「スライドの一部を拡大して見せたい」といったことがあります。このような場合、特定のスライドを再表示したり、スライドを拡大表示したりすることができます。

## スライドショーの途中で任意のスライドを表示する

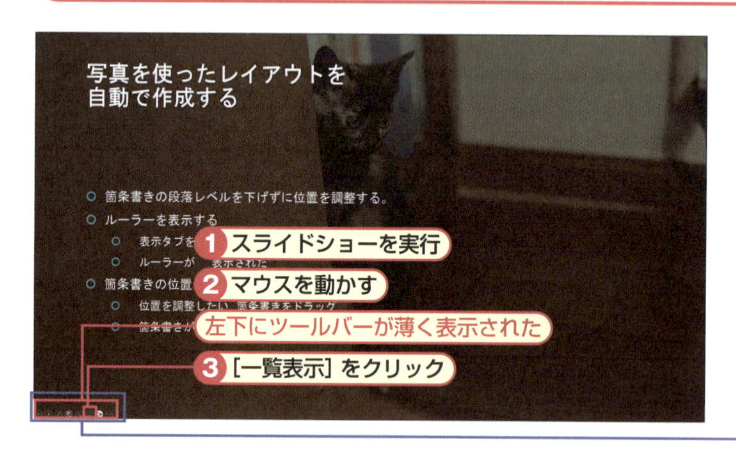

### 手順1 ツールバーを使う

最初にスライドショーを実行してください。マウスを動かします。すると画面の左下にツールバーが薄く表示されます。このツールバーの［一覧表示］をクリックしてください。

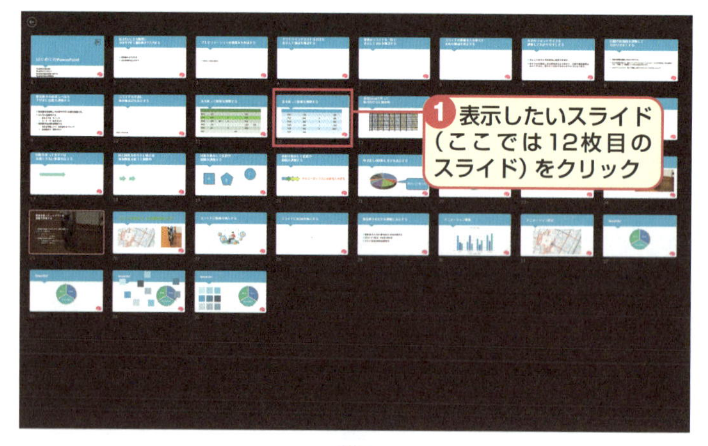

### 手順2 目的のスライドを開く

ここで、表示したいスライド（ここでは12枚目のスライド）をクリックしてください。

### メモ スライドショーの途中で特定のスライドを表示する

プレゼンテーションの場では、前のスライドに戻って補足説明したり、スライドの再表示を求められたりすることがあります。スライドの一覧を表示すると、目的のスライドをすぐに表示できます。

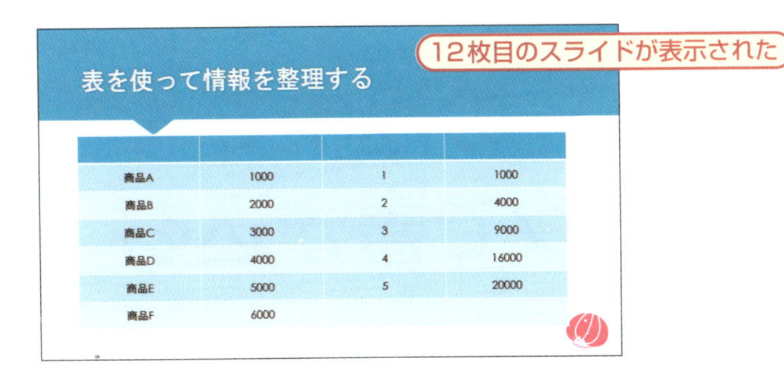


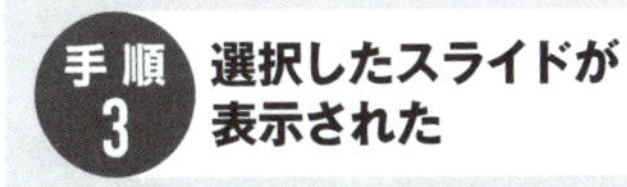

### 手順3 選択したスライドが表示された

スライドショーの画面に戻り、12枚目のスライドが表示されました。

## スライドの一部を拡大表示する

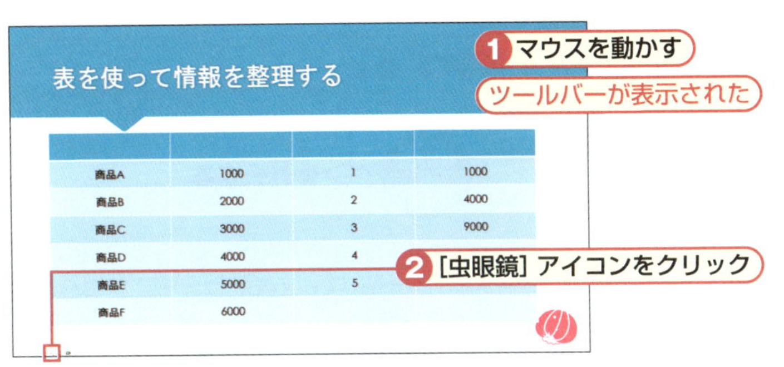

### 手順1 一部を拡大表示する

7枚目のスライドが表示されています。ここでマウスを動かしてください。左下にツールバーが表示されます。[虫眼鏡] アイコンをクリックしください。

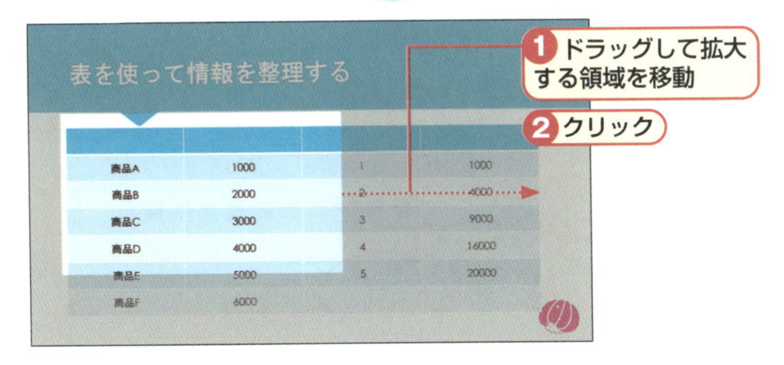

### 手順2 拡大を使う

[虫眼鏡] アイコンをクリックしたので拡大が使えます。拡大する領域をマウスでドラッグして、クリックします。

**メモ 拡大範囲を移動する**

スライドの一部を拡大表示したあと、拡大された範囲にマウスポインターを合わせるとポインターが [手の形] に変わります。この状態でドラッグすると、拡大範囲を移動できます。

スライドの一部が拡大表示された

| 商品A | 1000 |
|---|---|
| 商品B | 2000 |
| 商品C | 3000 |
| 商品D | 4000 |

### 手順3 拡大された

スライドの選択した一部が拡大表示されました。

# 85 スライドショーの途中で スライドにペンで書き込む

スライドショーの実行中でも、ペン機能が使えます。閲覧者に注目して欲しい箇所に線を引くと、わかりやすい発表になるので活用しましょう。ペンを利用するには、スライドショーのツールバーから［ペン］をクリックします。蛍光ペンに切り替えることもできます。

## スライド上の文字をペンで強調する

箇条書きの段落レベルを下げずに位置を調整する

- 箇条書きの段落レベルを下げずに位置を調整する。
- ルーラーを表示する
  1. 表示タブを　クリック
  2. ルーラーが　表示された
- 箇条書きの位置を調整する
  1. 位置を調整したい　箇条書きをドラッグ
  2. 箇条書きが　選択された

1 スライドショーを実行
2 マウスを動かしてツールバーを表示
3 ［ペン］アイコンをクリック
4 ［ペン］をクリック
5 ［色］を選択する

箇条書きの段落レベルを下げずに位置を調整する

- 箇条書きの段落レベルを下げずに位置を調整する。
- ルーラーを表示する
  1. 表示タブを　クリック
  2. ルーラーが　表示された
- 箇条書きの位置を調整する
  1. 位置を調整したい　箇条書きをドラッグ
  2. 箇条書きが　選択された

1 ［ペン］で書き始めたい箇所をクリックしたままドラッグ

赤い線が書き込まれた

### 手順1 ペンを選択する

スライドショーを実行して、マウスを動かしてツールバーを表示します。［ペン］アイコンをクリックするとメニューが表示されるので［ペン］をクリックして、ペンの［色］を選択してください。

### メモ ペンの色を変更する

ペンの色を変更するには、ツールバーのペンのアイコンをクリックし、色の一覧から使いたい色をクリックします。

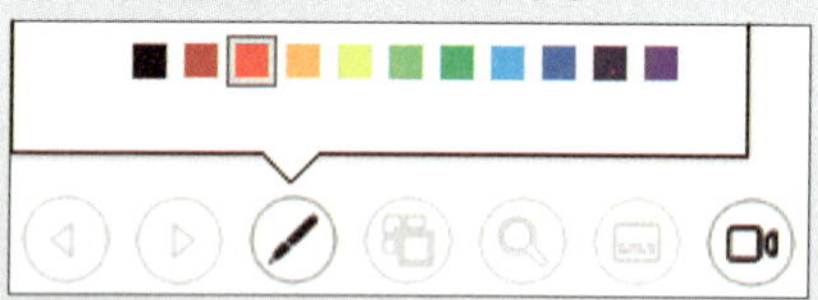

### 手順2 ペンを使う

［ペン］で書き始めたい箇所をマウスでクリックしたままドラッグすると、赤い線が書き込まれます。

### メモ ペンの使用を終了する

ペンの使用中は、クリックしてもスライドが切り替わりません。書き込みが終了したら、ペンの使用を終了する必要があります。［Esc］キーを押すとペンの使用が終了されます。

## ペンで書き込んだ内容をまとめて削除する

1 キーボードの [e] キーを押す

- 箇条書きの段落レベルを下げずに位置を調整する。
- ルーラーを表示する
  1. 表示タブを　クリック
  2. ルーラーが　表示された
- 箇条書きの位置を調整する
  1. 位置を調整したい　箇条書きをドラッグ
  2. 箇条書きが　選択された

箇条書きの段落レベルを
下げずに位置を調整する

すべての書き込みが削除された

- 箇条書きの段落レベルを下げずに位置を調整する。
- ルーラーを表示する
  1. 表示タブを　クリック
  2. ルーラーが　表示された
- 箇条書きの位置を調整する
  1. 位置を調整したい　箇条書きをドラッグ
  2. 箇条書きが　選択された

### 手順1 ペンの書き込みを消す

スライドに［ペン］で書き込んだ状態です。ここで、キーボードの［e］キーを押してください。

### 手順2 書き込みが破棄された

［ペン］を使ったすべての書き込みが削除されました。

### メモ 蛍光ペンを使う

ペン機能では、通常のペンのほかに蛍光ペンを使うことができます。蛍光ペンを使いたい場合は、ツールバーのペンのアイコンをクリックし、［蛍光ペン］を選択します。

- ルーラーを表示する
  1. 表示タブを　クリック
  2. ルーラーが　表示された

# 86 発表者用のスライドショーを実行する

スライドショーでは、閲覧者が見る画面と異なる発表者用の画面を使うことができます。発表者用の画面のことを［発表者ビュー］といい、発表者ビューではノートペインに入力したメモ、経過時間などが表示されるので、スライドショーを円滑に行うことができます。

## 発表者ビューでスライドショーを実行する

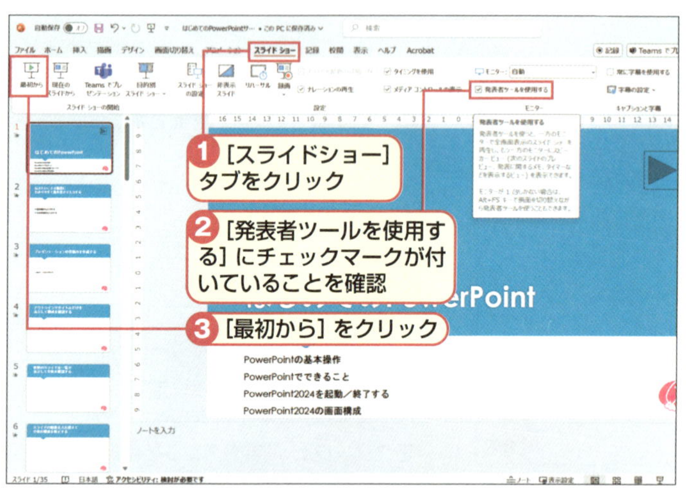

1［スライドショー］タブをクリック
2［発表者ツールを使用する］にチェックマークが付いていることを確認
3［最初から］をクリック

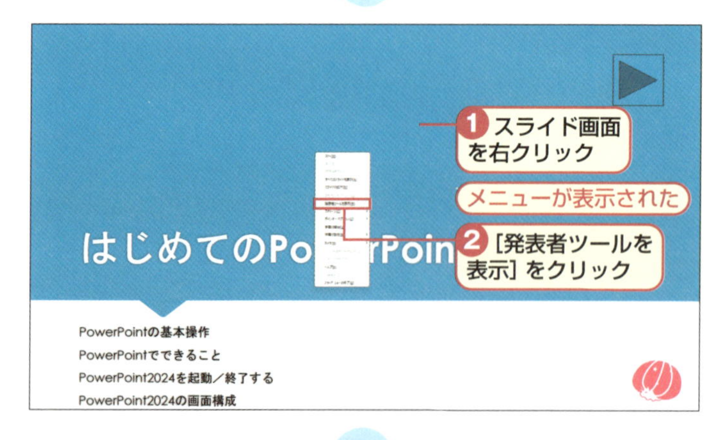

1 スライド画面を右クリック
メニューが表示された
2［発表者ツールを表示］をクリック
はじめてのPowerPoint
PowerPointの基本操作
PowerPointでできること
PowerPoint2024を起動／終了する
PowerPoint2024の画面構成

### 手順1 ［発表者ビュー］を使う

［スライドショー］タブをクリックしてください。［発表者ツールを使用する］にチェックマークが付いていることを確認してマークがあれば［最初から］をクリックしてください。

### メモ 発表者ビューを使う

発表ではプロジェクターや閲覧用のモニターが使われることが多いです。［発表者ツール使用する］にチェックマークが付いている場合、パソコンにこれらの機器を接続すると、発表者のパソコンのモニターには発表者ビューが表示されます。

### 手順2 ［発表者ツールを表示］をクリックする

スライド画面を右クリックして表示されるメニューから［発表者ツールを表示］をクリックします。

### メモ 発表者ビューの表示

マウスを動かした際に表示されるツールバーの「…」からもメニューを表示することができます。

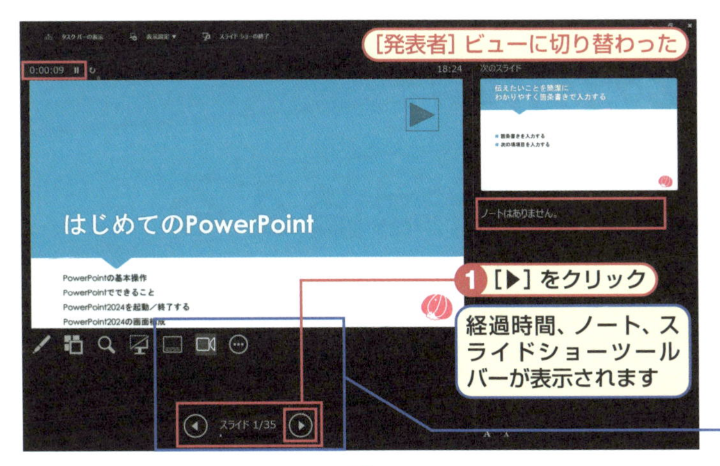

## 手順3 [発表者] ビューに切り替わった

[▶] をクリックしてください。すると経過時間、ノート、スライドショーツールバーが表示されます。

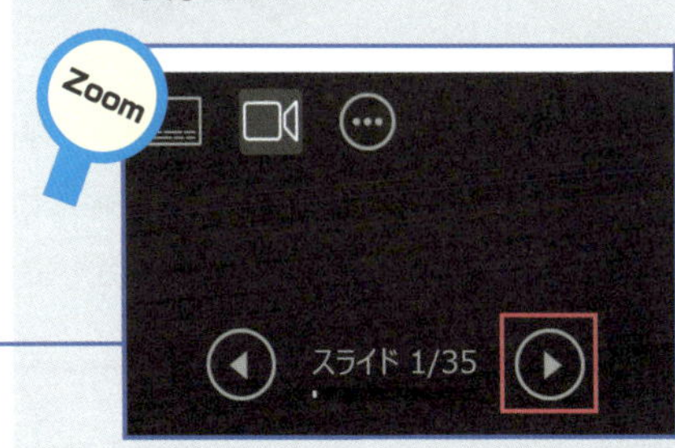


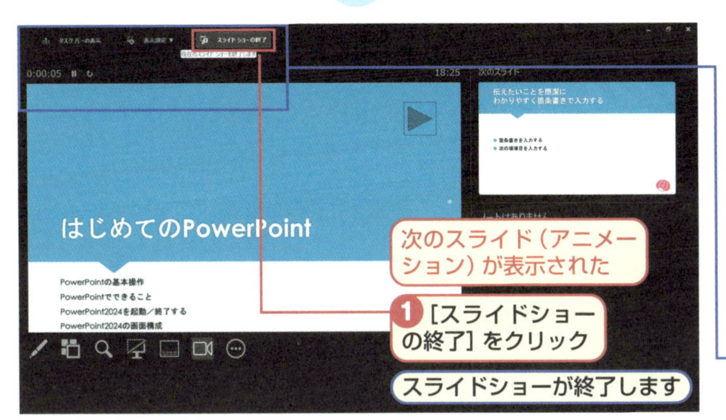


## 手順4 次のスライド（アニメーション）が表示された

[スライドショーの終了] をクリックします。これで、スライドショーが終了します。

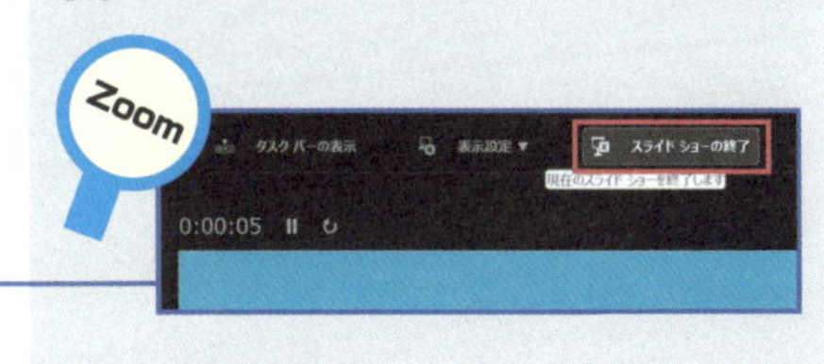


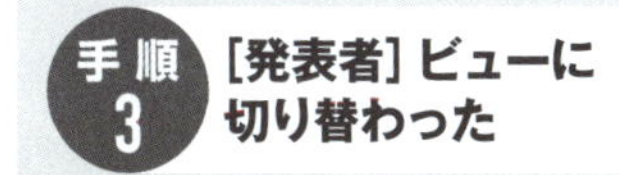

## メモ タスクバーを表示する

発表者ビューでは、パソコンの画面全体が使われます。WordやExcelなど、ほかのアプリを使いたい場合は、あらかじめアプリを起動しておくと便利です。画面上部の [タスクバーの表示] をクリックするとタスクバーが表示されるので、ボタンをクリックするとほかのアプリに切り替わります。

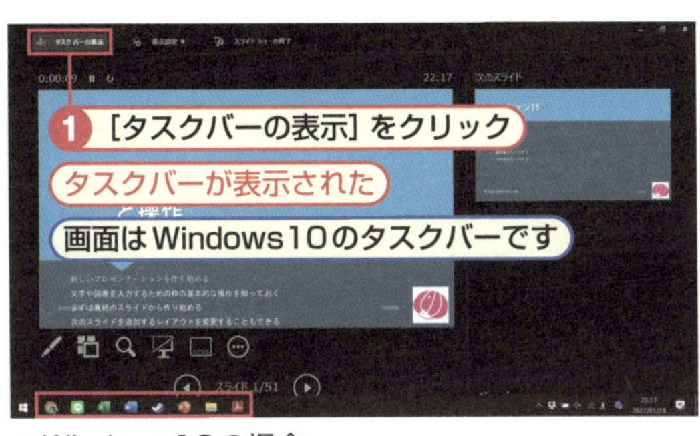

▲Windows10の場合

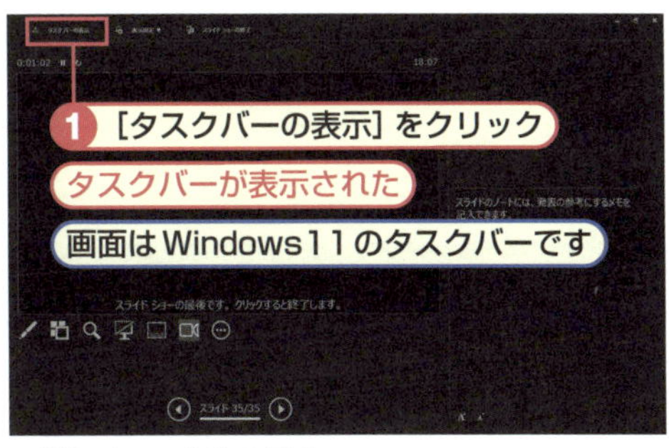

▲Windows11の場合

# 87 スライドショーにナレーションを録音する

スライドショーには、ナレーションを録音できます。このとき、スライドを切り替えるタイミングも記録されます。店頭で製品案内の映像を自動的に再生するなど、発表者がいないスライドショーで利用できます。

## 録音用の画面を表示する

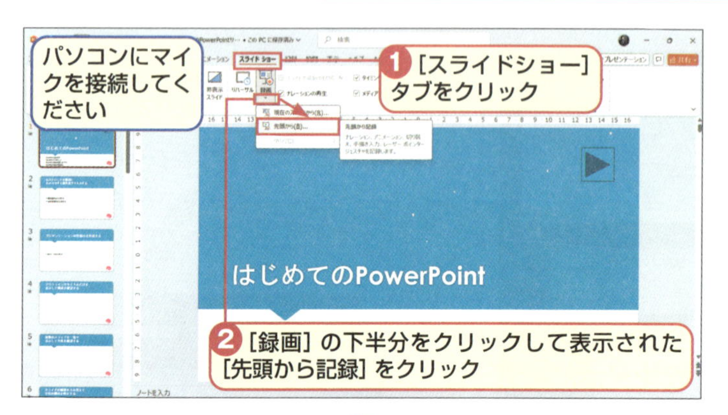

### 手順1 ナレーションを使う

パソコンにマイクを接続してください。詳しくはマイクのマニュアルなどで確認してください。ここでは、マイクは正常に使える状況で説明します。[スライドショー] タブをクリックして、[録画] の下半分をクリックして表示された [先頭から記録] をクリックします。

### 手順2 準備ができた

録音できるようになりました。

### メモ マイクを接続する

ナレーションを録音するには、パソコンのマイク機能か、マイクが必要です。

## ナレーションを録音する

### 手順1 録音を始める

[記録] ボタンをクリックして録音を開始します。

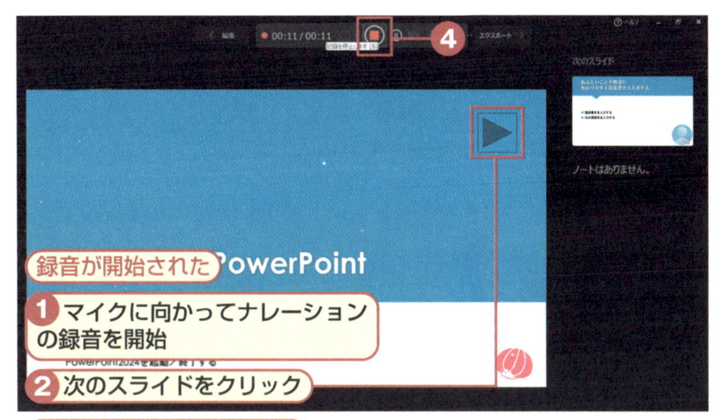

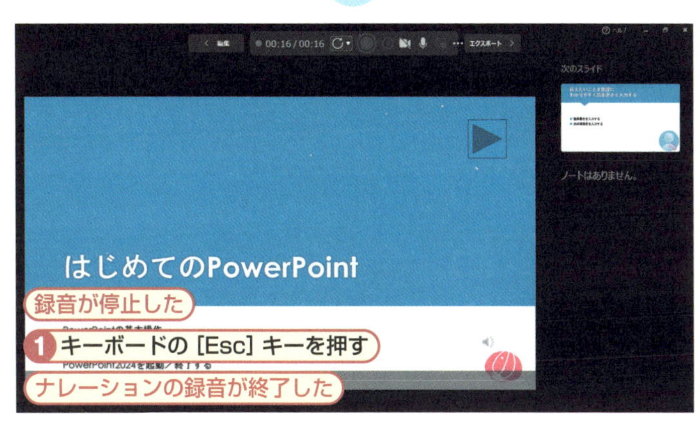

## 手順2 カウントダウンがはじまった

[録音] ボタンを押すとカウントダウンからはじまって録音が開始されます。

### メモ 画面を切り替えるタイミングなども記録される

ナレーションの録音では、画面を切り替えるタイミングやペンによる書き込みなども記録されます。記録後、スライドショーを実行すると、記録した内容が再生されます。

## 手順3 録音が開始された

マイクに向かってナレーションの録音を開始してください。最初のスライドが終わったら次のスライドをクリックして録音を続けます。ナレーションが終わったら[停止] ボタンをクリックします。

### メモ ナレーションを削除する

ナレーションを削除するには、ナレーションが録音されているスライドを表示し、[スライドショー] タブの [スライドショーの記録] → [クリア] をクリックし、[現在のスライドショーのナレーションをクリア] または [すべてのスライドのナレーションをクリア] をクリックします。

## 手順4 録音が終了した

まだ、録音が停止状態なのでキーボードの[Esc] キーを押して録音を終了させます。

# 88 スライドショーを自動再生する

発表者がいる発表では、発表者が手動でスライドを切り替えます。ただし、「製品案内を店頭で再生する」「会社案内をイベント会場で再生する」など、発表者がとくにいない場合、スライドショーが自動で再生されるように設定できます。

## スライドショーを自動的に繰り返す

1 [画面切り替え] タブをクリック

2 [クリック時] をクリックしてチェックマークを外す

3 [自動切り替え] をクリックしてチェックマークを付ける

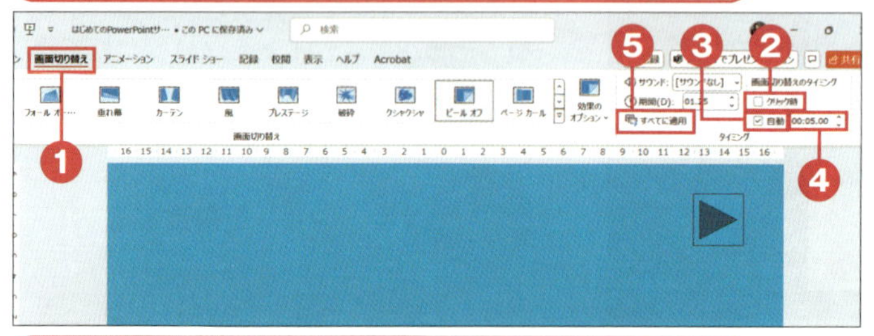


4 自動的に切り替えるタイミング（ここでは「5」）を入力

5秒経過すると自動的に切り替わるようになります

5 [すべてに適用] をクリック

自動的に切り替わる設定がすべてのスライドに適用された

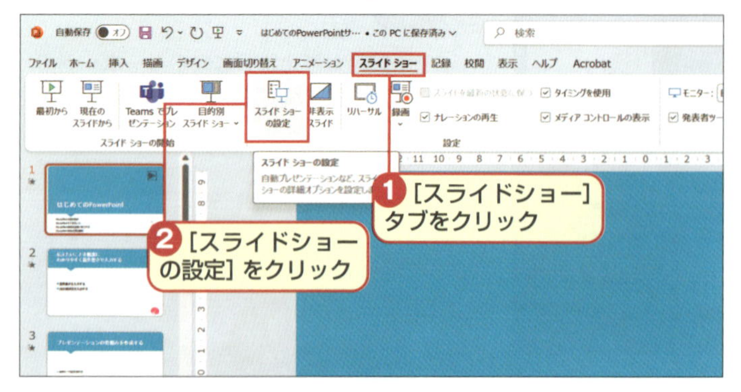

### 手順1 自動切り替えを設定する

[画面切り替え] タブをクリックします。[クリック時] をクリックしてチェックマークを外します。[自動切り替え] をクリックしてチェックマークを付けます。[自動的に切り替えるタイミング]（ここでは「5」）を入力して5秒経過すると自動的に切り替わるようにします。最後に [すべてに適用] をクリックしてすべてのスライドに適用させます。

### メモ スライドが切り替わるタイミングを設定する

[画面切り替え] タブの [自動的に切り替え] には、スライドが切り替わるタイミングを入力します。単位は「秒」です。ここでは「5」と入力したので、5秒経過すると次のスライドに自動的に切り替わります。また、[すべてに適用] をクリックしたので、同じ設定がすべてのスライドに適用されます。スライドごとに異なるタイミングを設定したい場合は、スライドごとに設定する必要があります。

### 手順2 [スライドショーの設定] をクリック

[スライドショー] タブをクリックして、[スライドショーの設定] をクリックしてください。

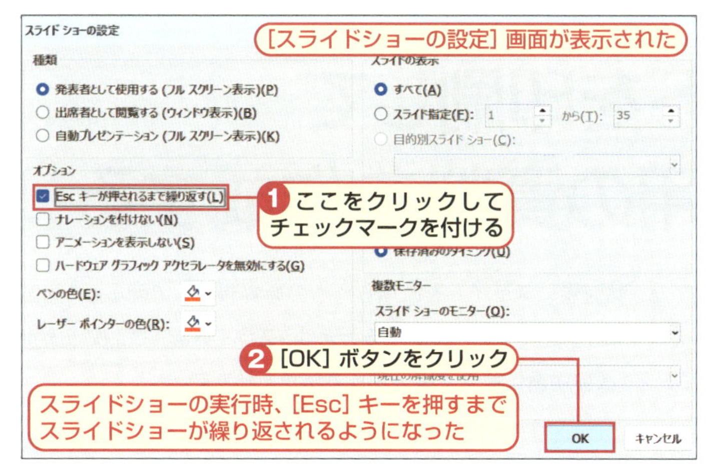

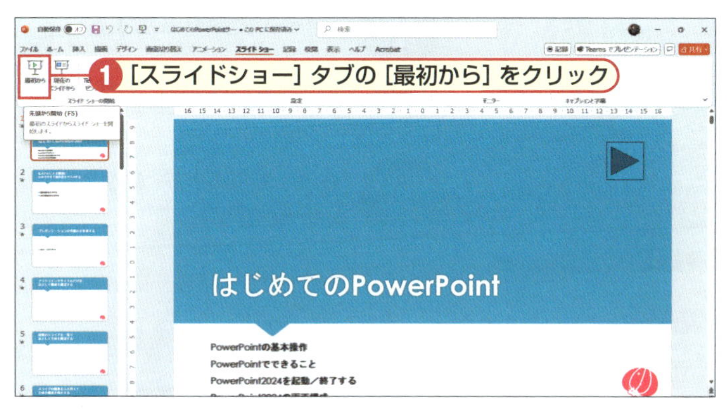

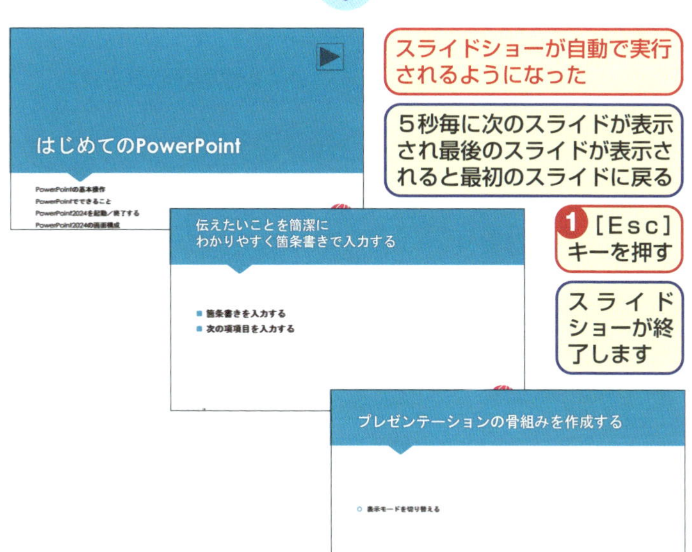

### 手順3 [スライドショーの設定] 画面が表示された

[[Esc] キーが押されるまで繰り返す] をクリックしてチェックマークを付けます。[OK] ボタンをクリックして完了です。これで、スライドショーの実行時、[Esc] キーを押すまでスライドショーが繰り返されるようなりました。

### 手順4 スライドショーを開始する

[スライドショー] タブをクリックして表示される [最初から] をクリックします。

### 手順5 スライドショーが自動で実行される

5秒毎に次のスライドが表示されます。最後のスライドが表示されると自動的に最初のスライドに戻りエンドレスに表示されます。キーボードの [Esc] キーを押すとスライドショーを終了できます。

### 便利技 特定のスライドだけを繰り返す

特定のスライドだけスライドショーで繰り返し再生したい場合は、[スライドショーの設定] 画面の [スライド指定] をクリックし、最初と最後のスライド番号を入力します。

# 89 スライドを印刷して閲覧者用の資料を作成する

スライドショーの発表では、閲覧者にスライドを印刷したものを資料として配ると、発表内容がより理解しやすくなります。スライドを印刷するときは、スライドを1枚1枚印刷する方法と、複数のスライドを1枚の用紙に並べて印刷する方法があります。

## スライドを1枚1枚印刷する

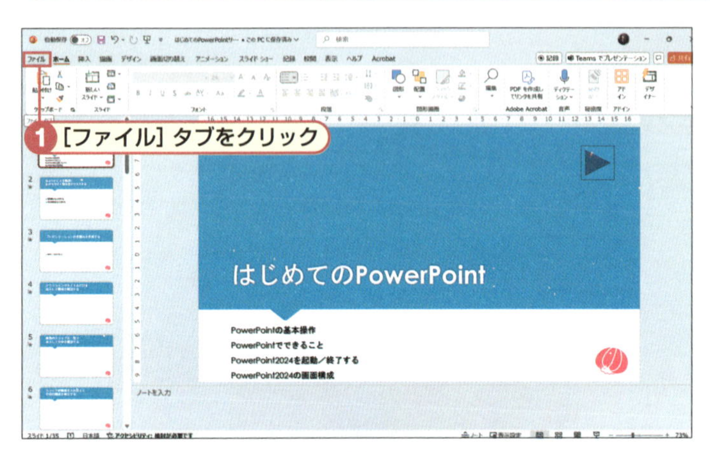

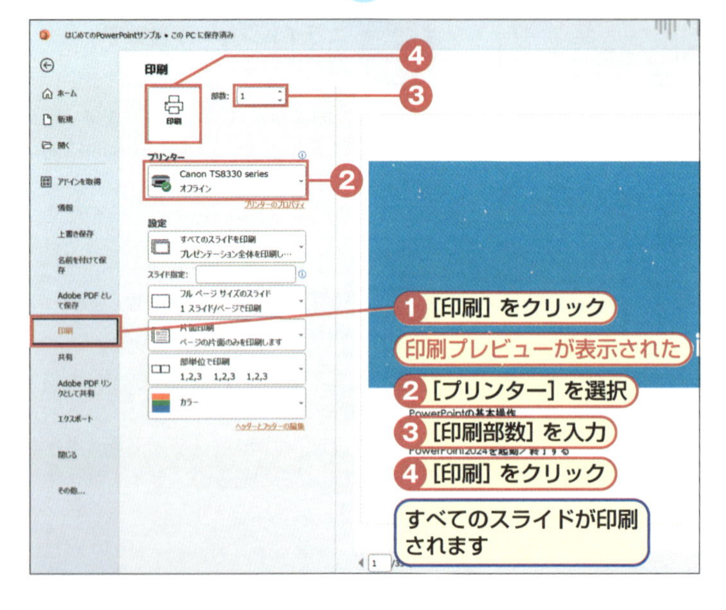

### 手順1 ファイル画面を表示する

[ファイル] タブをクリックしてファイル画面を表示します。

### 時短 [印刷] 画面を表示するショートカット

Windows
[Ctrl]＋[P] キー
Mac
[⌘]＋[p] キー

### 手順2 ファイル画面が表示された

[印刷] をクリックしてください。表示が [印刷プレビュー] に切り替わりました。ここで、[プリンター] を選択してください。これで、すべてのスライドが印刷されます。

### 注意 プリンター

ここでは、プリンターが印刷できる状態でパソコンに接続されている環境の解説です。また、プリンターによって機能が異なるので、印刷関係の解説は標準的なプリンターを前提に説明しています。

## 複数のスライドを1枚の用紙に並べて印刷する

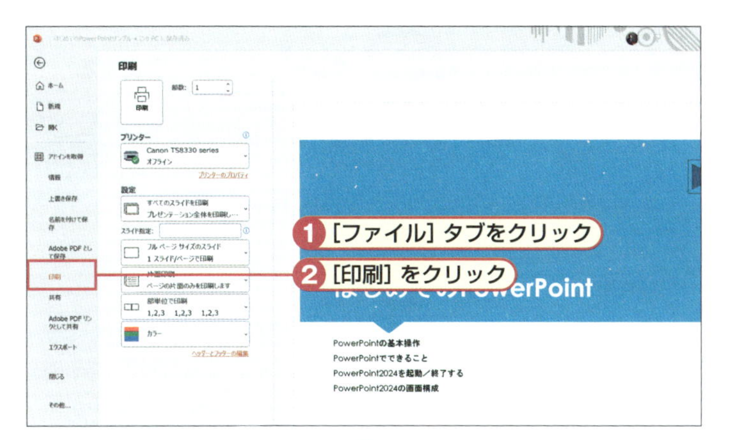

印刷
1［ファイル］タブをクリック
2［印刷］をクリック
PowerPointの基本操作
PowerPointでできること
PowerPoint2024を起動／終了する
PowerPoint2024の画面構成

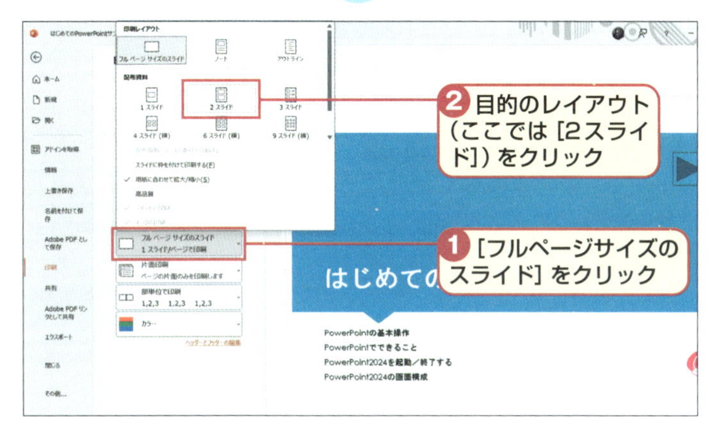

2 目的のレイアウト（ここでは［2スライド］）をクリック
1［フルページサイズのスライド］をクリック
PowerPointの基本操作
PowerPointでできること
PowerPoint2024を起動／終了する
PowerPoint2024の画面構成

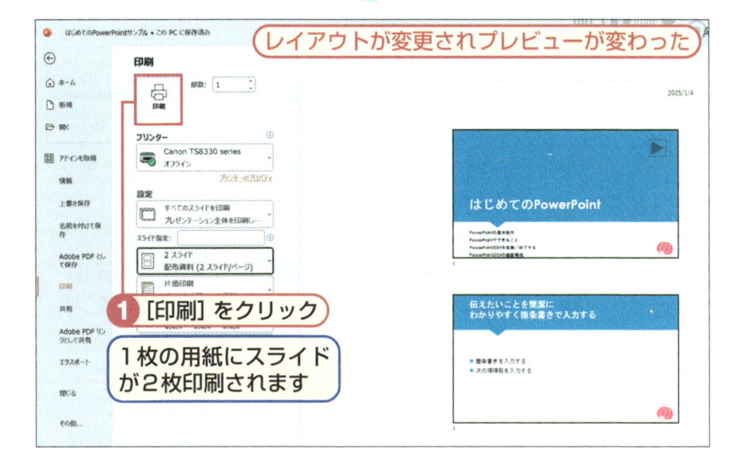

レイアウトが変更されプレビューが変わった
印刷
はじめてのPowerPoint
伝えたいことを簡潔に
わかりやすく箇条書きで入力する
1［印刷］をクリック
1枚の用紙にスライドが2枚印刷されます

### 手順1 印刷をする

［ファイル］タブをクリックして［印刷］をクリックしてください。

#### メモ 複数のスライドを並べて印刷する

配付する資料などで紙の量を減らしたい場合は、1枚の用紙に複数のスライドを並べて印刷できます。ただし、たくさんのスライドを並べると、閲覧者にとって読みにくい資料になってしまいます。1枚の用紙に並べるスライドは、2枚または3枚程度にするとよいでしょう。

### 手順2 印刷の設定をする

［フルページサイズのスライド］をクリックしてください。一覧が表示されるので［目的のレイアウト］（ここでは［2スライド］）をクリックして選択します。

### 手順3 レイアウトが変更された

［印刷］をクリックするとプリンターから1枚の用紙にスライドが2枚ずつ印刷されます。

#### メモ 印刷すると写真がきれいに印刷されない

写真や図形に影などの効果を設定している場合、きれいに印刷されないことがあります。この場合、［フルページサイズのスライド］をクリックし、［高品質］をクリックしてチェックマークを付けると改善することが多いです。

## スライドを白黒印刷する

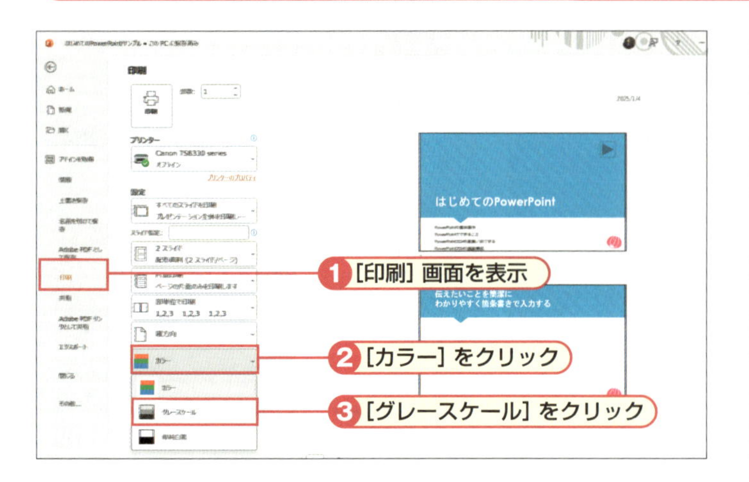

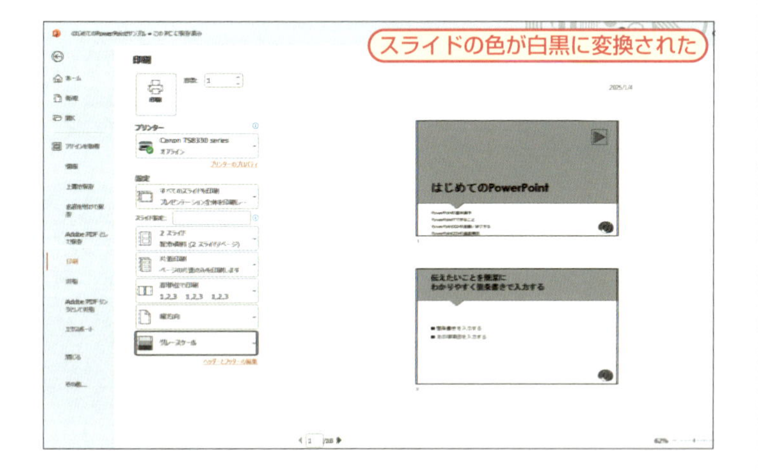

### 手順1 グレースケールを選択する

[印刷] 画面を表示してください。[カラー] をクリックして表示された一覧から [グレースケール] をクリックします。

### メモ スライドを白黒印刷する

カラー印刷する必要がない場合は、[グレースケール] または [単純白黒] で印刷します。[グレースケール] では、色が黒の濃淡で表されます。[単純白黒] では、色が省略されます。なお、単純白黒で印刷すると、グラフの色などが黒色で塗りつぶされてしまうことがあるので注意が必要です。

### 手順2 白黒で印刷する

グレースケールを選択したのでスライドは、色 (カラー) が白黒の濃淡に変換されて印刷されます。

### 便利技 印刷するスライドを指定する

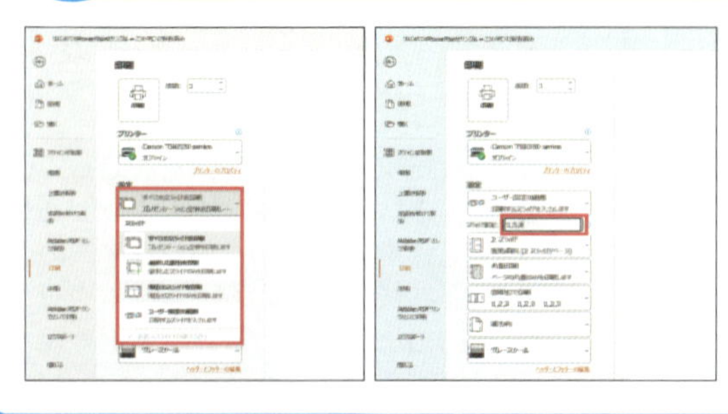

現在表示されているスライドだけを印刷したい場合は、[印刷] 画面で [すべてのスライドを印刷] と表示されているボタンをクリックし、[現在のスライドを印刷] を選択します。

印刷するページを指定したい場合は、[スライド指定] 欄に印刷したいスライドのページ番号を入力します。このとき、ページ番号を [(, カンマ)] や [(- ハイフン)] で区切って入力します。たとえば、1ページと5ページと8ページを印刷したい場合は [1,5,8]、5ページから7ページまでを印刷したい場合は [5-7] と入力します。

## メモ書き用の罫線を印刷する

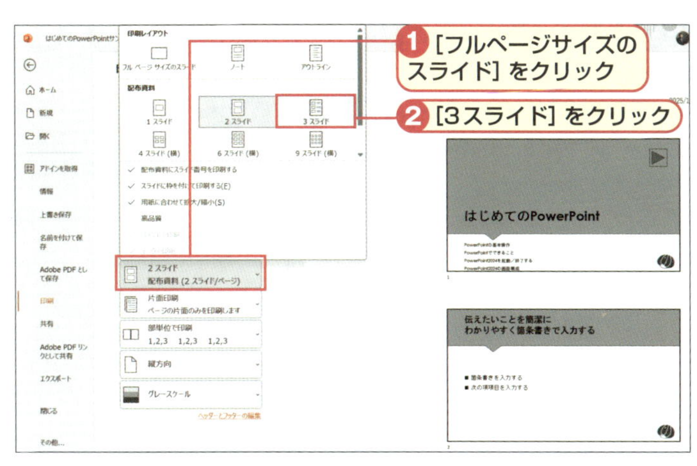

### 手順1 資料を整備する

[フルページサイズのスライド] をクリックして表示された一覧から [3スライド] をクリックしてください。

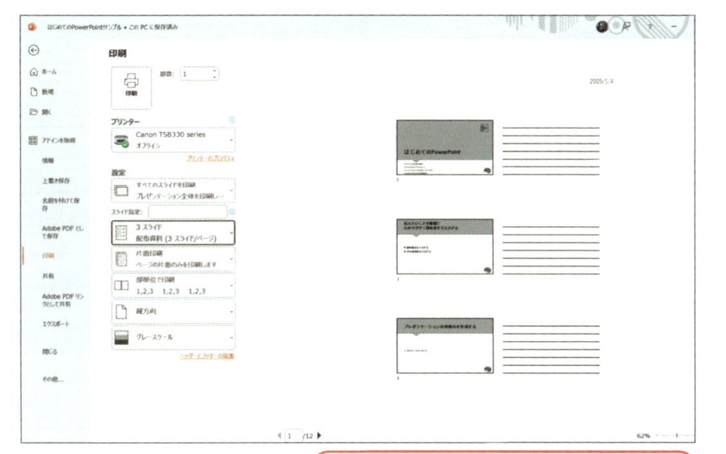


1枚の用紙にスライドが3枚ずつ配置され、メモ書き用の罫線が設定された

### 手順2 罫線が設定された

1枚の用紙にスライドが3枚ずつ配置され、メモ書き用の罫線が設定されました。

### 便利技 スライドの枠を付けて印刷する

スライドの背景が白色の場合、印刷するとスライドの大きさがわかりません。[印刷] 画面の [フルページサイズのスライド] をクリックし、[スライドに枠を付けて印刷する] をクリックしてチェックマークを付けると、スライドに枠を付けて印刷できます。

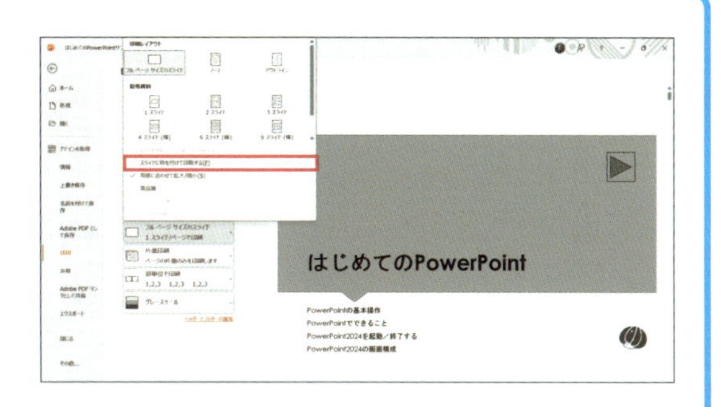

# 90 メモが付いたスライドを印刷して発表者用の資料を作成する

スライドに発表者用のメモ（ノート）を入力している場合、スライドとノートの内容を一緒に印刷できます。スライドとノートの内容を一緒に印刷するには、［印刷］画面からノート用のレイアウトを設定します。

## ノート付きのスライドを印刷する

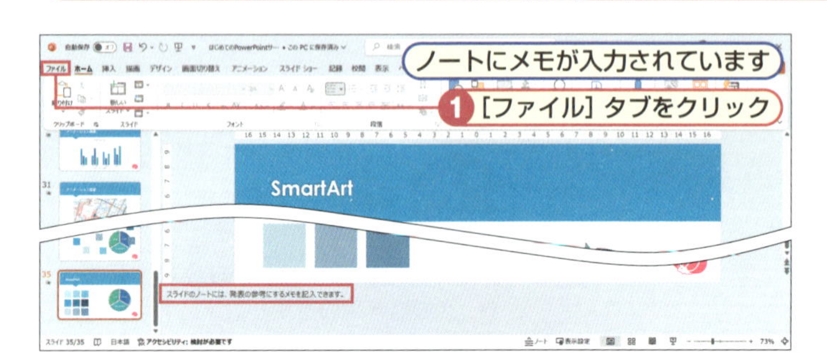

### 手順1 発表者用にする

ノートにメモが入力されています。［ファイル］タブをクリックします。

### メモ 印刷プレビューを拡大表示する

［印刷］画面では、ステータスバー右端のズームスライダーにある［－］または［＋］をクリックすると、印刷プレビューの表示倍率を変更できます。

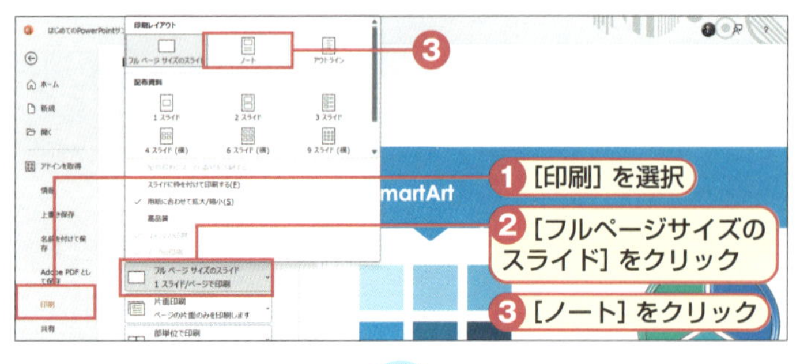

### 手順2 設定を変更する

［印刷］を選択して［フルページサイズのスライド］をクリックして［ノート］をクリックします。

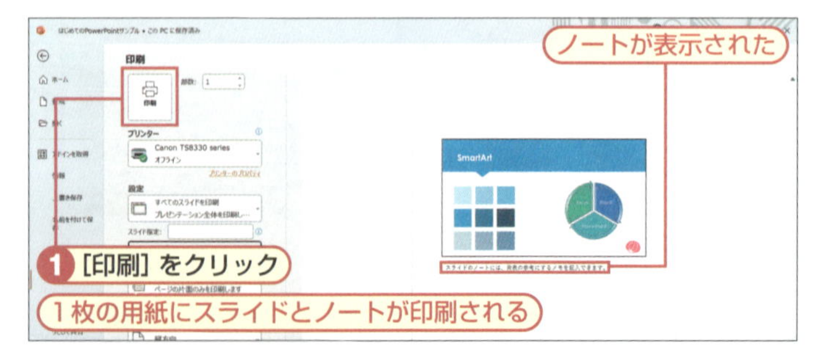

### 手順3 ノートが表示された

［印刷］をクリックすると1枚の用紙にスライドとノートが印刷されます。

# 練問題

この章の解説を参考にして、以下の問題に挑戦してみましょう。

## 問題1 スライドショーに関する出題①

2枚目のスライドからスライドショーを実行してください。

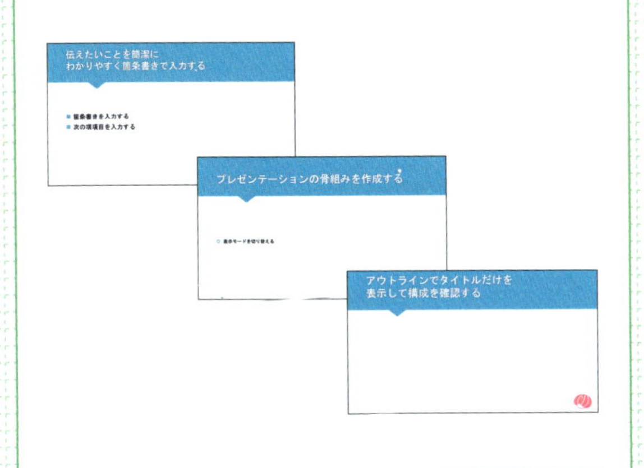


HINT　2枚目のスライドを表示し、現在のスライドからスライドショーを実行します。

## 問題2 スライドショーに関する出題②

スライドショーの途中でペンを使ってスライドに書き込んでください。

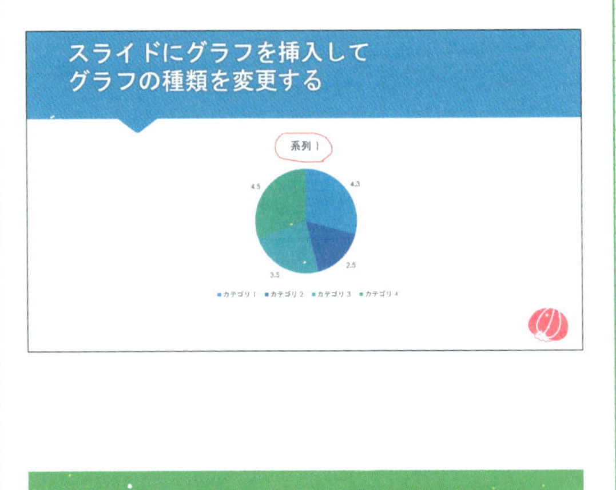


HINT　スライドショーの途中でマウスを大きく動かし、ツールバーを表示します。

## 問題3 画面切り替えに関する出題

スライドショーが自動的に再生されるように設定してください。このとき、10秒経過すると次のスライドが表示されるようにします。

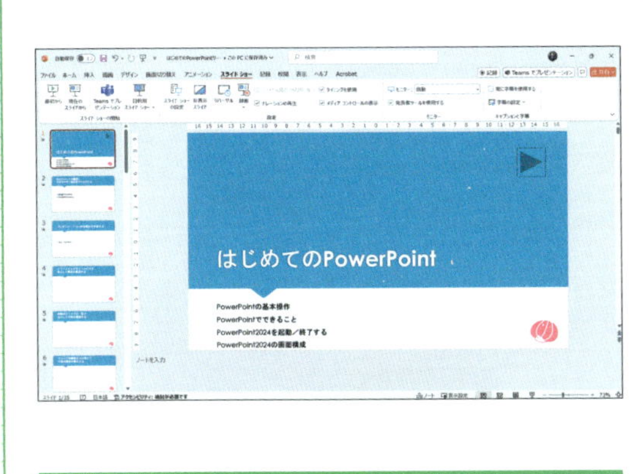


HINT　画面切り替えを設定します。

## 問題4 印刷に関する出題

スライドの右横にメモ書き用の罫線を印刷してください。

HINT　印刷時のレイアウトを設定します。

解答は次のページ

練習問題は解けましたか。以下の解答例と照らし合わせてみましょう。

## 解答1 参照：SECTION83

❶2枚目のスライドを表示
❷[スライドショー] タブをクリック
❸[現在のスライドから] をクリック

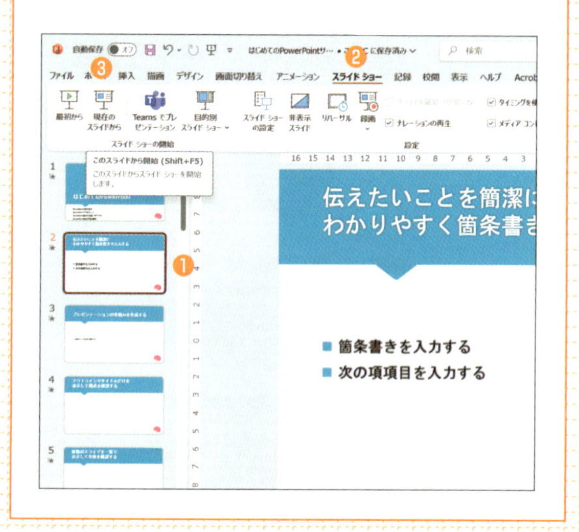


## 解答2 参照：SECTION85

❶スライドショーを実行
❷マウスを大きく動かす
❸ツールバーのペンのアイコンをクリック
❹[ペン] をクリック
❺スライドに書き込む
❻[Esc] キーを押す

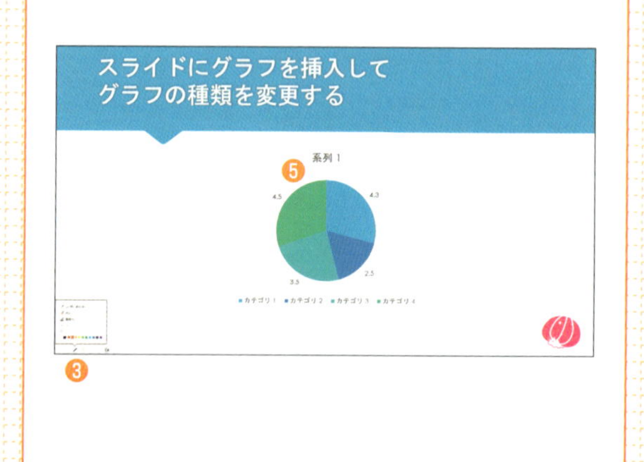


## 解答3 参照：SECTION88

❶1枚目のスライドを表示
❷[画面切り替え] タブをクリック
❸[クリック時] をクリックしてチェックを外す
❹[自動的に切り替え] をクリックしてチェックを付ける
❺「10」を入力
❻[すべてに適用] をクリック

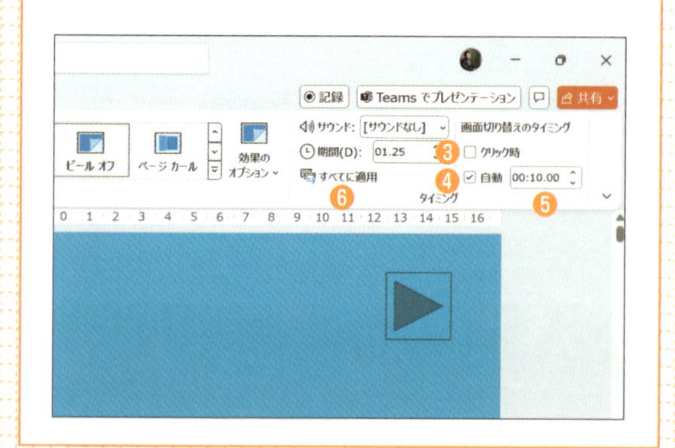

## 解答4 参照：SECTION89

❶[ファイル] タブをクリック
❷[印刷] をクリック
❸レイアウトで [3スライド　配布資料 (3スライド／ページ)] を選択

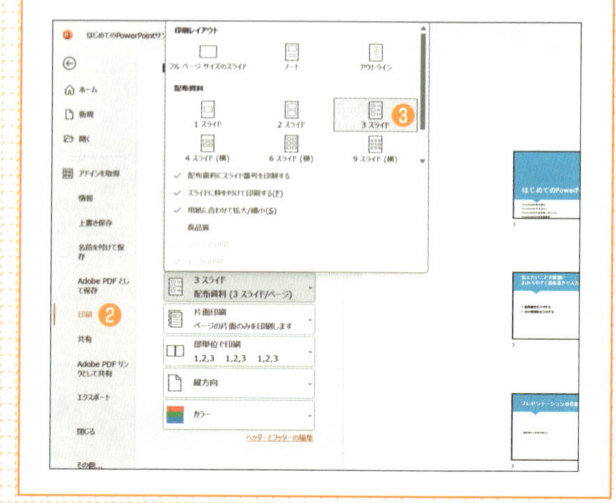

# 9章

## 共同でスライドを作成するには

9章では、スライドを複数のユーザーで共同して作成する方法について解説します。共同編集機能を使うことでPowerPointのファイルをクラウド上のOneDriveに保存し、複数のユーザーで同じスライドの閲覧や編集を行うことが可能です。また、共同で作業するユーザーを登録して招待したり、スライドをチェックして制作者に修正内容を伝えたりもできます。OneDriveとの連携を覚えておくと、会社で作成したスライドを自宅や外出先のパソコンやスマートフォンから編集するなど、働く場所を選ばない使い方もできます。

キーワード▶共有／OneDrive／共有リンク

# 91 OneDriveに保存したスライドをほかのユーザーと共有する

OneDriveに保存したスライドは、ほかのユーザーと共有できます。複数のユーザーでチームを組んでスライドを作成する場合は、共有機能を活用すると効率的です。ここでは、共同作業者にファイルを共有したことを連絡する手順について解説します。

## スライドを共有するユーザーを招待する

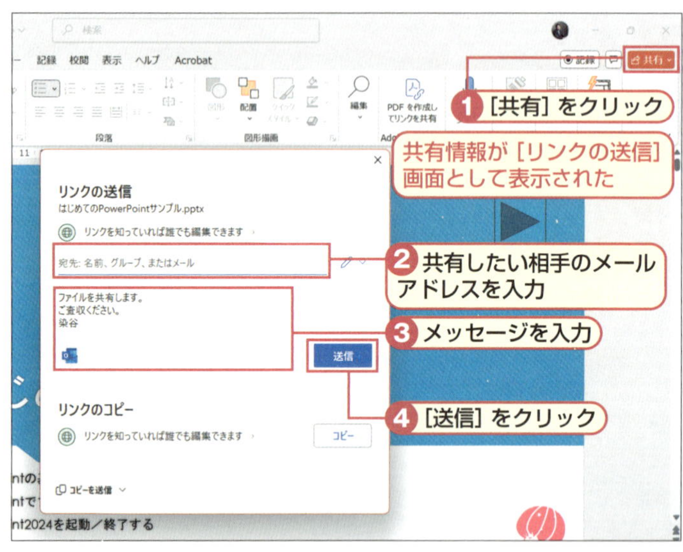

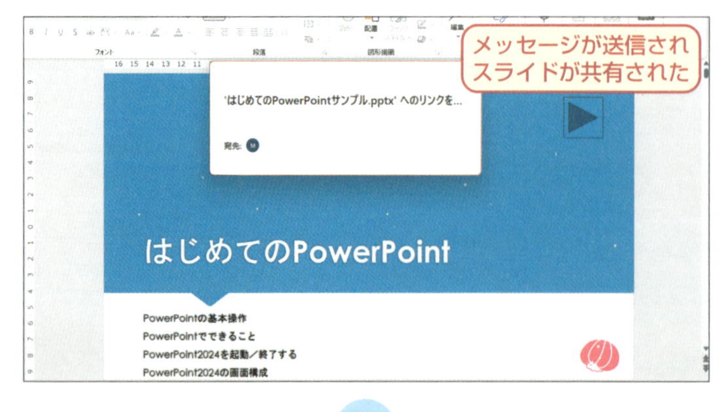


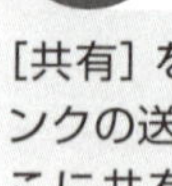

### 手順1 共有を使う

［共有］をクリックすると共有情報が［リンクの送信］画面として表示されます。ここに共有相手のメールアドレスとメッセージを入力してください。

### メモ スライドをOneDriveに保存しておく

スライドを共有するには、スライドをOneDriveに保存しておく必要があります。

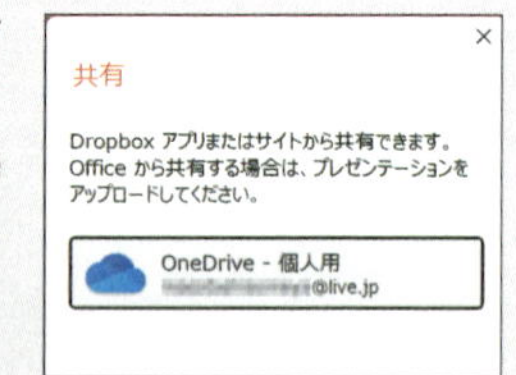

### 手順2 共有が開始された

メッセージが送信されスライドが共有されました。

### 裏技 共有を解除する／閲覧のみ可能にする

共有を解除するには、［共有］画面に表示されているユーザー名を右クリックし、［ユーザーの削除］をクリックします。編集できないようにするには、ユーザー名をクリックし、［権限を表示可能に変更］をクリックします。

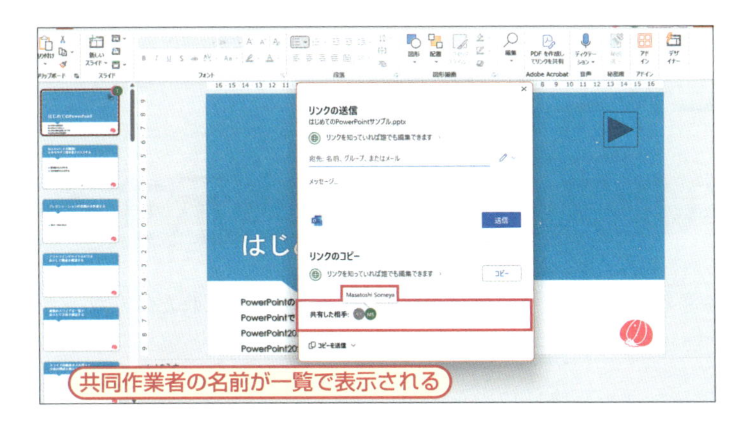

### 共同作業者が表示された

共同作業者の名前が一覧で表示されました。

## 共有リンクをSNSやメッセンジャーアプリなどでシェアして共同作業者を招待する

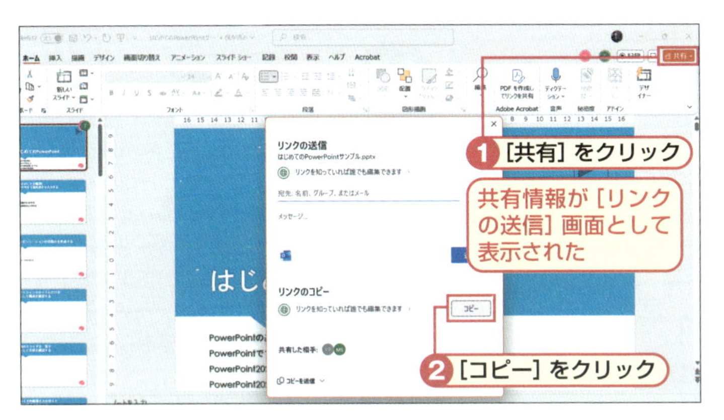

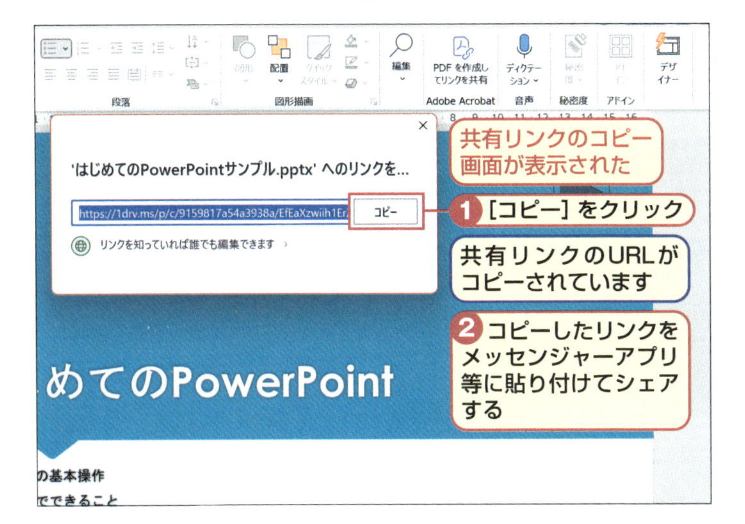

### 共有を使う

[共有] をクリックすると [リンクの送信] 画面が表示されるので、[コピー] をクリックしてください。

#### 共同作業者のMicrosoftアカウント

共同作業者がMicrosoftアカウントを所有していない場合、スライドの閲覧だけしかできません。編集やOneDriveへの保存が必要な場合は、共同作業者もMicrosoftアカウントを取得する必要があります。

### 共有リンクのコピー画面が表示された

[コピー] をクリックします。これで、共有リンクのURLがコピーされます。続いてコピーしたリンクをメッセンジャーアプリ等(普段使う手段)に貼り付けてシェアしてください。

#### 共有リンクを作成してほかのユーザーにシェアする

共同作業者が部署全員など不特定多数の場合は、各人にメールは非効率です。共有リンクを作成すると、SNSや社内掲示板にリンクを貼り付けて連絡できます。

①編集リンク:スライドを編集できます。
②表示のみのリンク:スライドの閲覧のみできます。

SECTION キーワード▶PowerPoint Online/共有ユーザー

# 92 共有ユーザーとして招待されたスライドを表示する

共同作業者として招待されると、メールが届きます。ここでは、招待されたユーザーがOneDriveに保存されているスライドを表示する手順について解説します。

## 共有されたスライドをPowerPoint Onlineで表示する

ここではWebブラウザーのGmailでメールを開いています

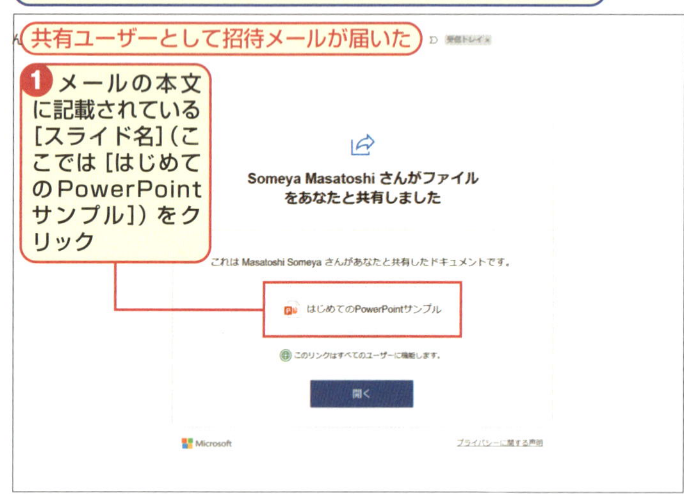

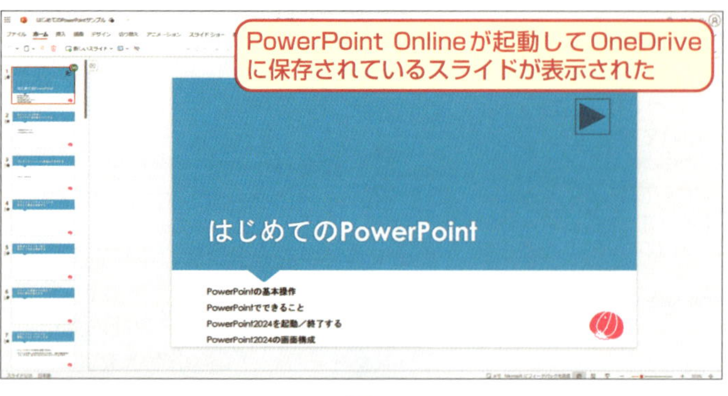

### 手順1 共有リンクを開く

WebブラウザーのGmailでメールを開いていますが、メールアプリなどで開いても問題はありません。共有ユーザーとして招待メールが届いているので、メールを開き、メールの本文に記載されている[スライド名](ここでは[はじめてのPowerPointサンプル])をクリックします。

### メモ PowerPoint Onlineとは

インターネット上で利用できる簡易版PowerPointです。パソコンにPowerPointがインストールされていなくても使えますが、一部の機能が制限されています。

### 手順2 スライドが表示された

PowerPoint Onlineが起動してOneDriveに保存されているスライドが表示されました。キーボードの[↓](PgDn)を押してみましょう。

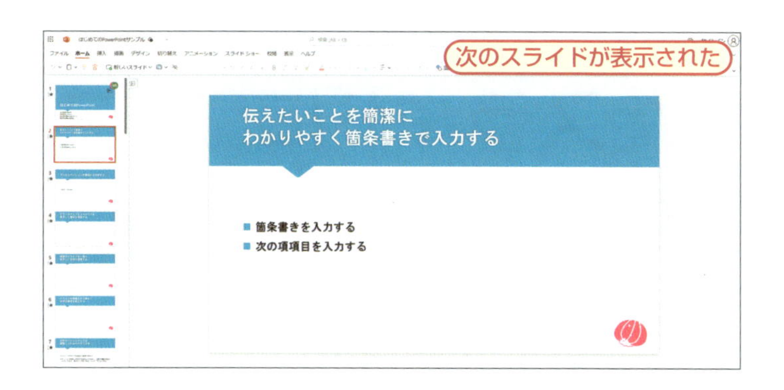
次のスライドが表示された
伝えたいことを簡潔に
わかりやすく箇条書きで入力する
箇条書きを入力する
次の項目を入力する

### 手順3 次のスライドが表示された

PowerPointと同様に次のスライドが表示されました。

## PowerPoint Onlineでスライドを編集する

1 [プレゼンテーションの編集] をクリック
メニューが表示された
2 [ブラウザーで編集] をクリック

### 手順1 ブラウザーで編集する

[プレゼンテーションの編集] をクリックして表示されたメニューの [ブラウザーで編集] をクリックしてください。

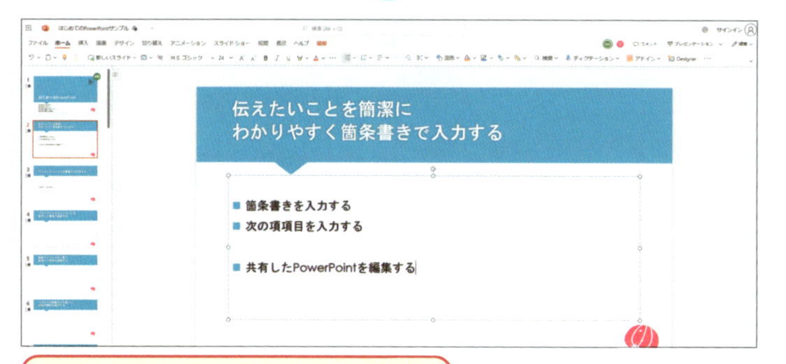
伝えたいことを簡潔に
わかりやすく箇条書きで入力する
箇条書きを入力する
次の項目を入力する
共有したPowerPointを編集する
共有されたPowerPointファイルに、
必要事項をブラウザから追記します

### 手順2 PowerPoint Onlineで編集する

[ブラウザーで編集] をクリックすると、編集モードに切り替わり、スライドを編集できます。PowerPointがインストールされていない端末でも利用可能ですので、文字の修正やスライドショーの実行といった簡単な編集の際に活用しましょう。

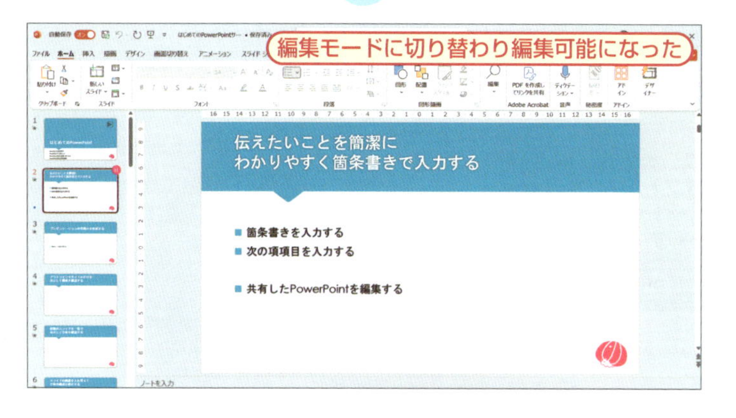
編集モードに切り替わり編集可能になった
伝えたいことを簡潔に
わかりやすく箇条書きで入力する
箇条書きを入力する
次の項目を入力する
共有したPowerPointを編集する

### 手順3 編集モードに切り替わった

画面が編集モードに切り替わり編集ができるようになりました。

SECTION キーワード▶共有／コメントを付ける／［校閲］タブ

# 93 共有されたスライドにコメントを付けて連絡する

共有されたスライドに誤りやわかりにくい点などを見つけた場合は、コメントを付けて共同作業者に報告しましょう。共同作業者は、コメントを確認しながら修正や新しいオブジェクトの作成ができます。コメントに返信もできるので、円滑な作業ができます。

## 修正箇所にコメントを付ける

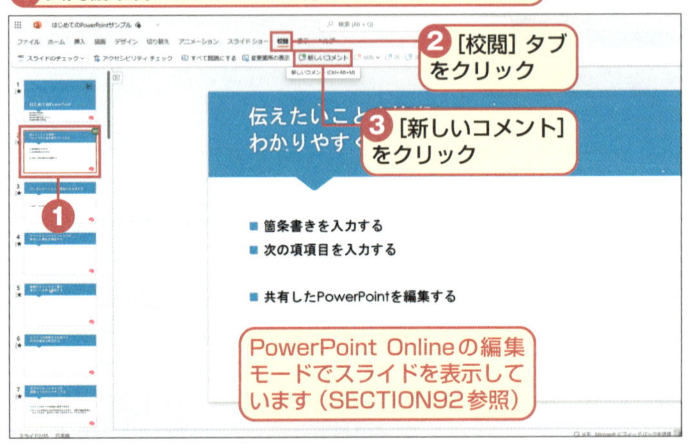

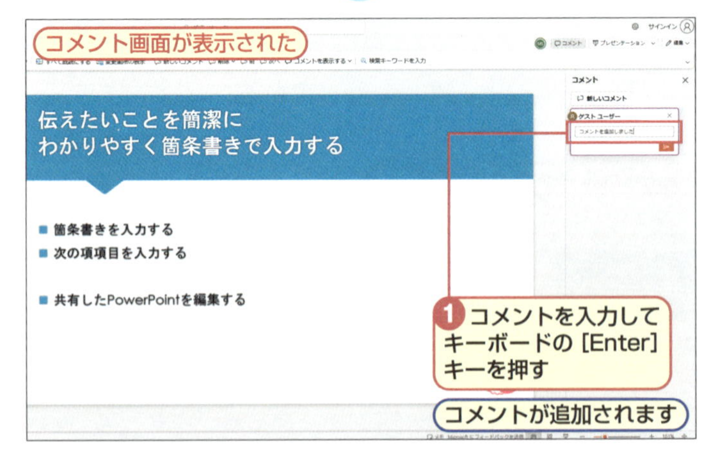

### 手順1 PowerPoint Onlineでスライドが表示された

PowerPoint Onlineの編集モードが表示されます。共同編集者Aがコメントを付けたいスライドをクリックします。［校閲］タブを選択して［新しいコメント］をクリックします。

### 便利技 文字や画像にコメントを追加する

ここではスライドにコメントを付けましたが、文字や画像にコメントを付けたい場合は、文字や画像をクリックしてプレースホルダーを選択し、［校閲］タブの［新しいコメント］をクリックします。

### 手順2 コメント画面が表示された

コメントを入力してキーボードの［Enter］キーを押してください。これで、入力したコメントが追加されます。

## 共同編集者Bがコメントを確認する

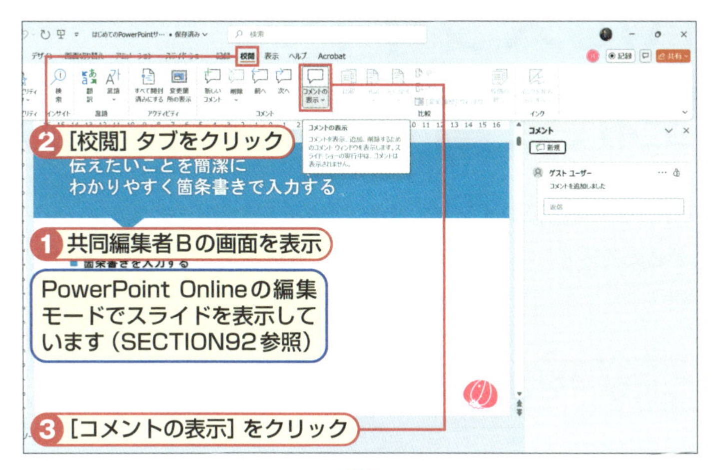

### 共同編集者Bのパソコンでの操作

共同編集者Bのパソコンでの操作です。PowerPoint Onlineの編集モードでスライドを表示してください。表示できたら[校閲] タブを表示して [コメントの表示] をクリックしてください。

### コメントを編集する

コメントの内容を編集するには、[コメント] 画面でコメントをクリックし、文字を編集します。コメントを削除するには、[コメント] 画面のコメントの右上に表示される [×] をクリックします。

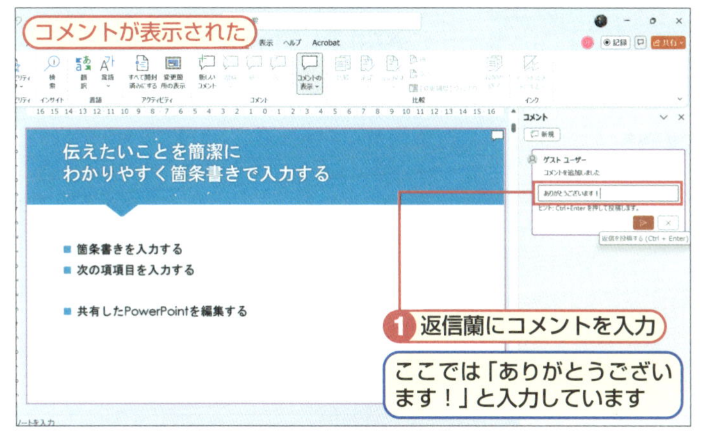

### コメントが表示された

返信欄にコメントを入力してキーボードの [Enter] キーを押します。ここではコメントに「ありがとうございます！」と入力しています。

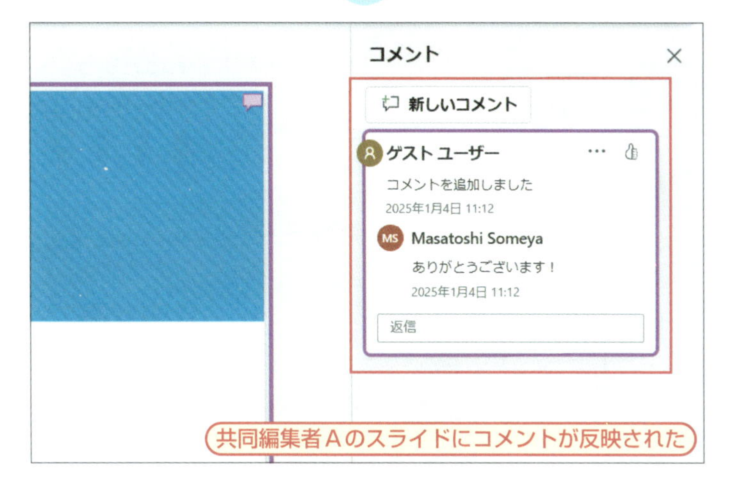

### コメントが反映された

共同編集者Aのスライドに共同編集者Bは加えたコメントが反映されました。

# 94 共有されたスライドにペンで注釈を書き込む

SECTION93では、共同作業者に対してコメントを追加しました。本SECTIONでは、ペン機能を使って注釈を書き込んでみましょう。修正したい箇所や変更点など、コメントよりも具体的に指示できます。

## ペンで修正指示を書き込む

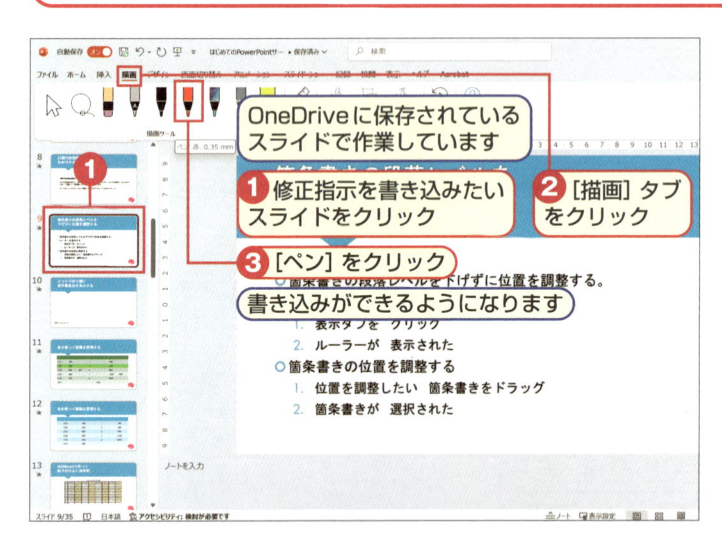

1 マウスやトラックパッドで注釈を書き込む

ドラッグの軌跡に従って注釈が記入された

箇条書きの段落レベルを下げずに位置を調整する

○箇条書きの段落レベルを下げずに位置を調整する。

○ルーラーを表示する

1. 表示タブを クリック

2. ルーラーが 表示された

○箇条書きの位置を調整する

1. 位置を調整したい 箇条書きをドラッグ

2. 箇条書きが 選択された

### 手順1 ペンを選択する

ここでは、OneDriveに保存されているスライドで作業しています。修正指示を書き込みたいスライドをクリックして選択します。スライドが表示されたら［描画］タブをクリックして［ペン］をクリックします。ペンで書き込みができるようになります。

### 手順2 書き込みを行う

マウスやトラックパッドで注釈を書き込むことができます。もちろんペン対応のパソコンやタブレットなら対応するペンで書き込みができます。ここでは、マウスのドラッグの軌跡に従って注釈が記入されました。

### メモ ペンの色や太さを変更する

ペンの太さや色を変えたい場合は、横に表示される▼をクリックすることで変更可能です。

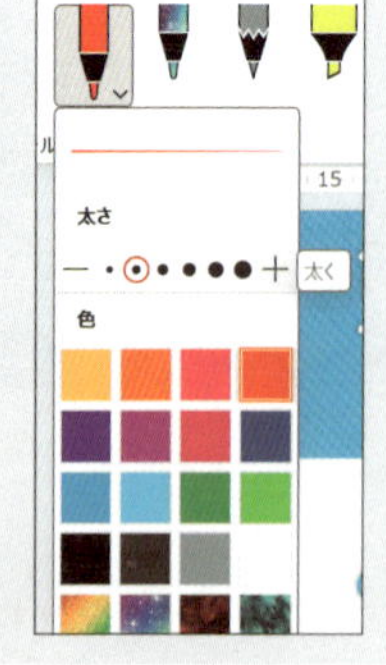

## 注釈を削除する

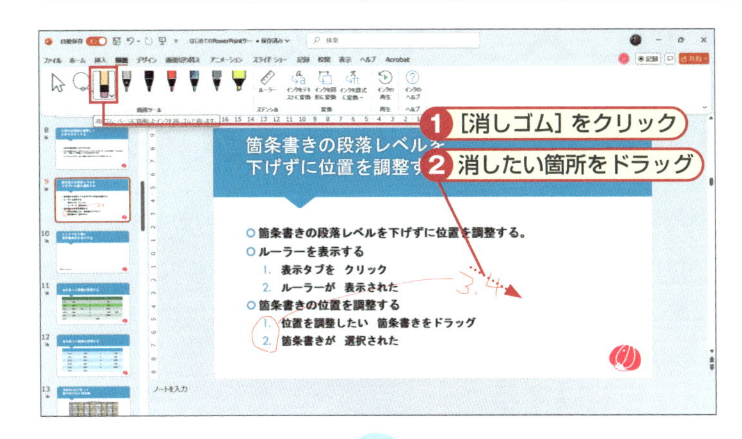

### 手順1 消しゴムを使う

リボンに表示されている [消しゴム] をクリックして選択します。消しゴムが選択されたら消したい箇所をドラッグします。

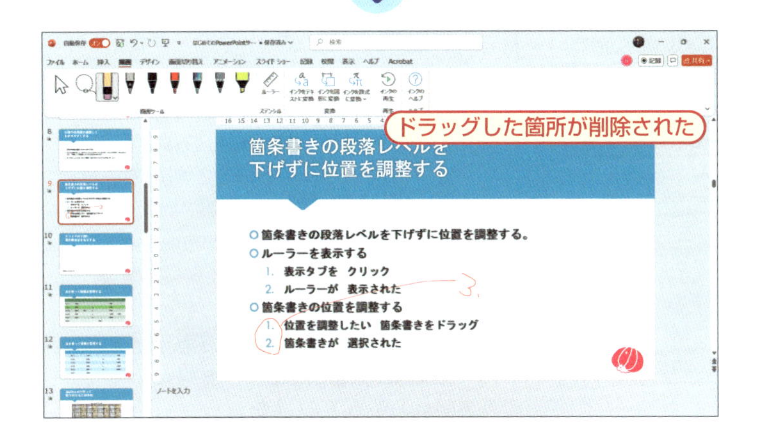

### 手順2 削除された

ドラッグした場所の書き込みが消えました。

### メモ 蛍光ペンを使用する

ペンと同様に蛍光ペンをクリックし、ドラッグすることで書き込むことが可能です。

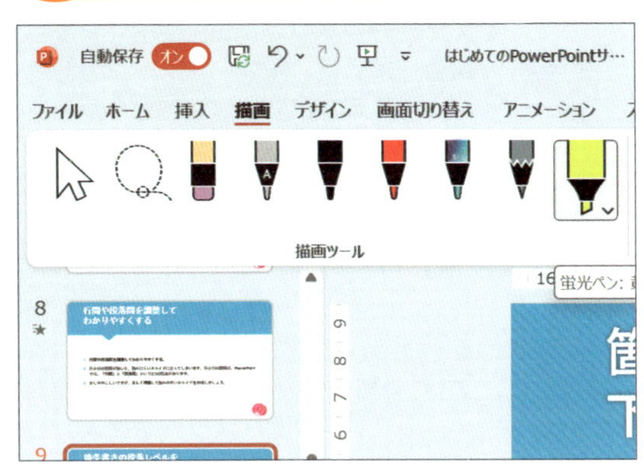


箇条書きの段落レベルを
下げずに位置を調整する

- 箇条書きの段落レベルを下げずに位置を調整する。
- ルーラーを表示する
  1. 表示タブを クリック
  2. ルーラーが 表示された
- 箇条書きの位置を調整する
  1. 位置を調整したい 箇条書きをドラッグ
  2. 箇条書きが 選択された

# 95 共有されたスライドをスマートフォンで閲覧する

ここでは、スマートフォンのアプリを使って、OneDriveに保存されているスライドを閲覧します。スマートフォン用のアプリからスライドを編集することもできますが、すべての機能が利用できるわけではありません。

## アプリを起動する

あらかじめスマートフォンにPowerPointのアプリをインストールしておいてください

1 [PowerPoint] をタップ

PowerPointアプリが起動した

### 手順1 スマホのPowerPointを起動する

あらかじめスマートフォンにPowerPointのアプリをインストールしておいてください。インストールの詳細や手順は機種によって異なるのでご利用の機種に応じて各自でご確認をお願いいたします。

### メモ アプリをインストールする

スマートフォンでPowerPointを利用するには、[App Store] または [Google Play] からアプリをあらかじめインストールしておきます。PowerPointのアプリは、無料で利用できます。

### 手順2 PowerPointアプリが起動した

スマートフォンでPowerPointアプリが起動しました。スマートフォンの機種によって見え方が少し異なる場合があります。

### メモ サインインを求められたら

PowerPointのアプリをはじめて起動するとき、サインインが必要な場合があります。この場合は、Microsoftアカウントのメールアドレスとパスワードを入力してサインインしてください。

## OneDriveに保存されているスライドを表示する

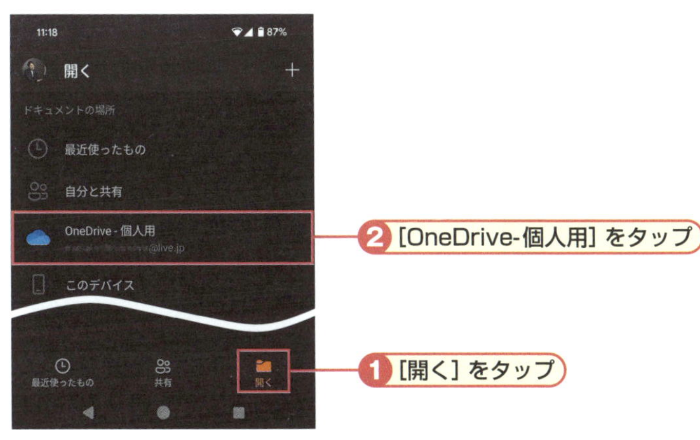

### OneDriveを使う

[開く] をタップすると、ファイルの一覧が表示されるので [OneDrive-個人用] をタップして選択します。

❶ スライドが保存されている場所（ここでは [Documents]）をタップ

[Documents] に収録されたファイルが一覧表示された

❷ 開きたいファイル（ここでは [はじめてのPowerPoint.pptx]）をタップ

### ファイルを選択する

[OneDrive-個人用] に収録されたファイルが一覧表示されるので、スライドが保存されている場所（ここでは [Documents]）をタップします。すると [Documents] に収録されたファイルが一覧表示されます。ここで、開きたいファイル（ここでは [はじめてのPowerPoint.pptx]）をタップします。

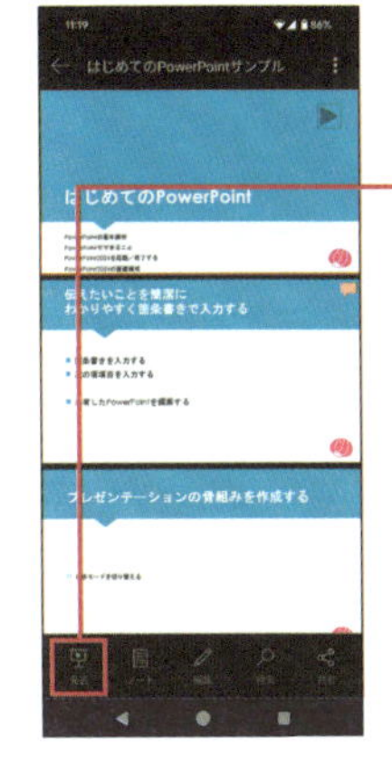

スマホでは上下スワイプで画面が遷移します

❶ [発表] をタップする

❷ スマホを横向きにする

### スライドが起動した

スマホでは上下スワイプで画面が遷移します。[発表] をタップし、スマホの向きを横にしてください。

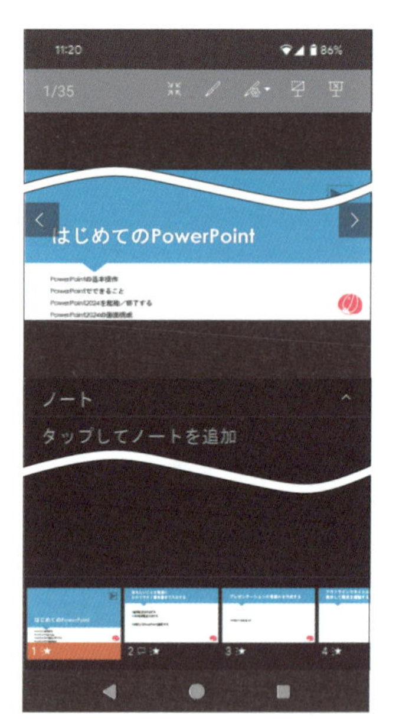


1 端末を縦に戻す

下部に次のスライドが表示されるようになった

## 手順4 全画面で表示された

スライドが横画面になってスライドショーで表示されました。

## 手順5 画面を戻す

スマホの（端末）を縦に戻してください。画面表示が戻り、下部に次のスライドが表示されるようになりました。

### メモ アプリでスライドを編集する

アプリ版のPowerPointでは、閲覧だけでなく編集もできます。ただし、PowerPointのすべての機能が利用できるわけではなく、画面も小さいため編集作業には向いていません。スマートフォンで編集する場合は、外出先などで気になった場所を修正する程度にとどめておき、パソコンの画面でじっくり編集することをおすすめします。

### 裏技 タブを表示する

アプリ版のPowerPointでは、パソコン版で表示されているようなタブが表示されていません。必要なら［…］をタップすると表示されます。

# 練習問題

この章の解説を参考にして、以下の問題に挑戦してみましょう。

## 問題1 コメントに関する出題①

1枚目のスライドにコメントを追加してください。

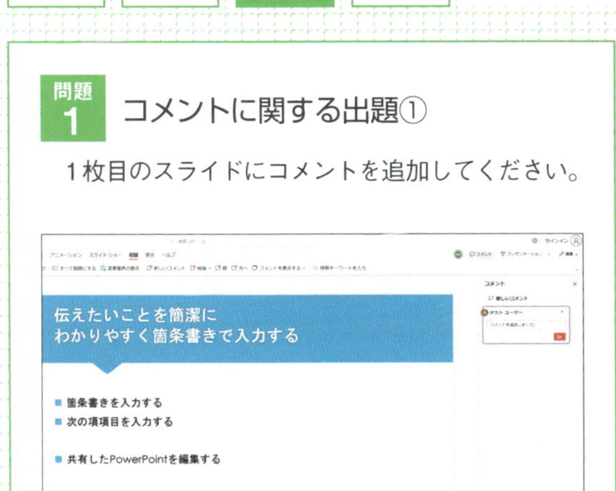


HINT ：［校閲］タブからコメントを追加します。
※ここではOneDriveで共有されているスライドを使います。スライドの共有方法についてはSECTION91を参照してください。

## 問題2 コメントに関する出題②

問題1で追加したコメントを削除してください。

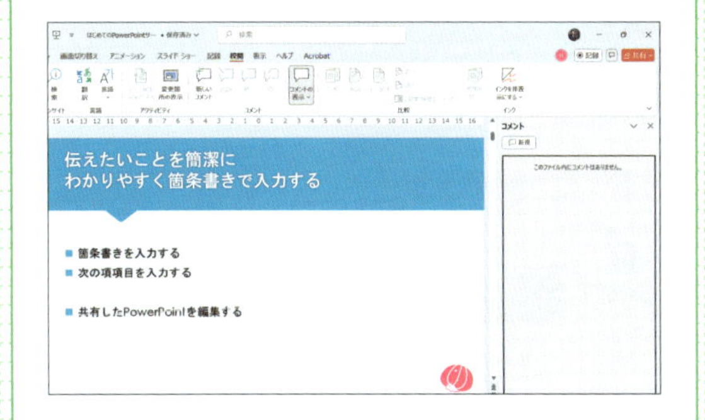


HINT ：コメントは、画面右上の［コメント］またはスライド上の吹き出しをクリックすると表示できます。

## 問題3 インクツールに関する出題

スライドにペンで注釈を書き込んでください。

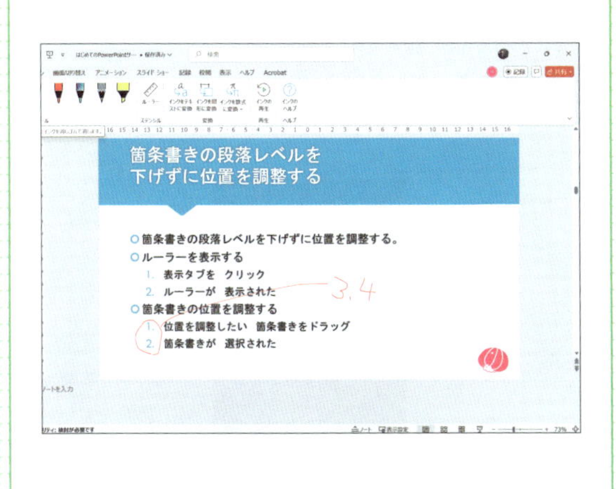


HINT ：インクツールを使います。

## 問題4 PowerPointアプリに関する出題

スマートフォンでスライドを表示してください。

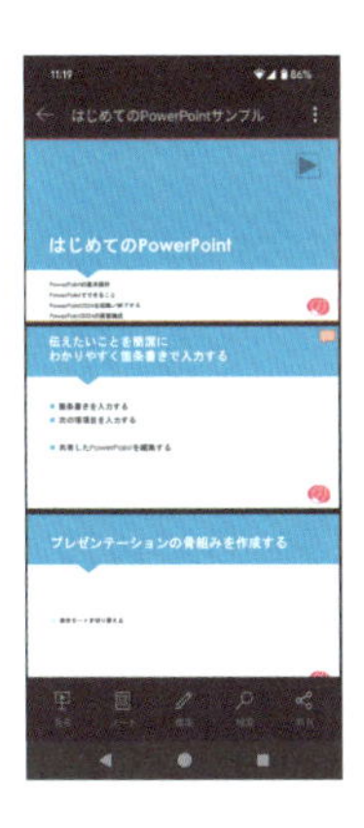


HINT ：PowerPointアプリをインストールします。

解答は次のページ

**練習問題は解けましたか。以下の解答例と照らし合わせてみましょう。**

## 解答1　参照：SECTION93

❶1枚目のスライドを表示
❷[校閲] タブをクリック
❸[新しいコメント] をクリック
❹コメントを入力
❺[Enter] キーを押す

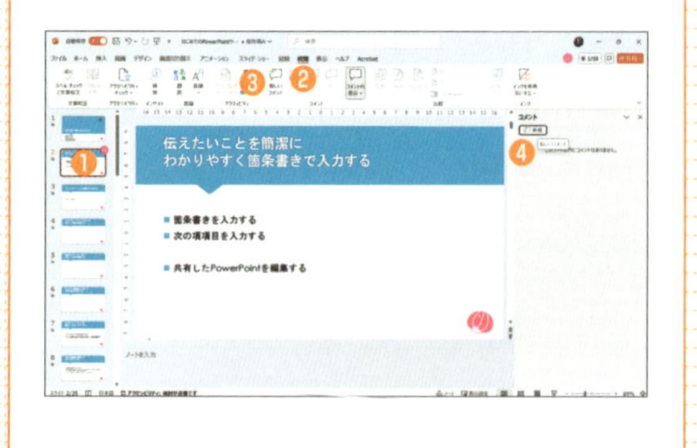


## 解答2　参照：SECTION93

❶[コメント] 画面が表示されていない場合は画面右上の [コメント] をクリック
❷削除したいコメントにマウスポインターを合わせる
❸[…] をクリックして[スレッドの削除] を選択

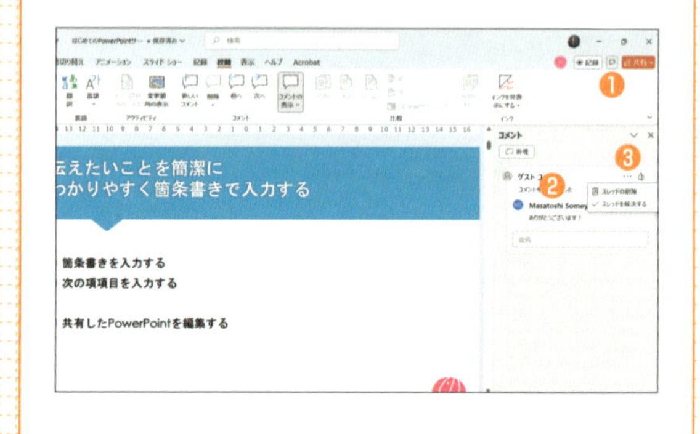


## 解答3　参照：SECTION94

❶[描画] タブをクリック
❷[ペンの種類] をクリック
❸ドラッグして書き込む

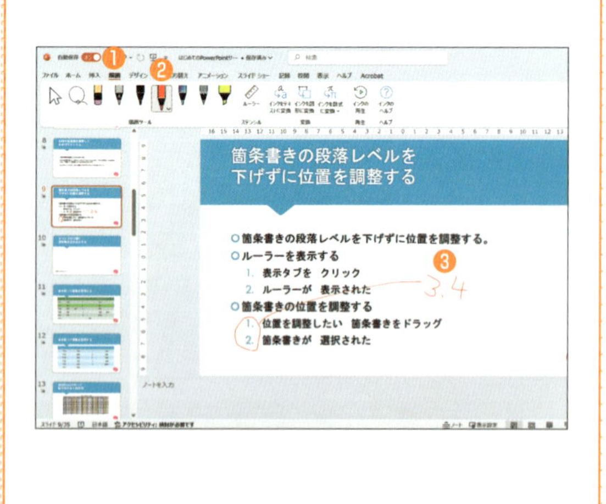

## 解答4　参照：SECTION95

❶PowerPointアプリを起動
❷[開く] をタップ
❸[OneDrive-個人用] をタップ
❹[ドキュメント] をタップ
❺スライドのファイルをタップ

# 10章

## スライドを配布するには

10章では、スライドを配布する方法について解説します。顧客にスライドを見てもらいたい場合は、PowerPointのファイルそのものを渡すのは親切ではありません。相手のパソコンにPowerPointがインストールされているとは限りませんし、インストールされていたとしても全員がPowerPointの使い方を熟知しているわけではありません。スライドの内容を共有するには、PDFや動画にして配布すると良いでしょう。また、ほかのユーザーにスライドのファイルやスライドで使われている写真、イラストなどのデータを渡したい場合は、データを1つのパッケージにまとめることも可能です。

# 96 スライドのPDFを作成する

スライドは、PDFとして保存できます。スライドをPDFとして保存すると、PowerPointがインストールされていないパソコンでも、無料で利用できるAdobe Acrobat Readeをダウンロードすることで誰でもスライドの内容を確認できます。

## スライドをPDFとして保存する

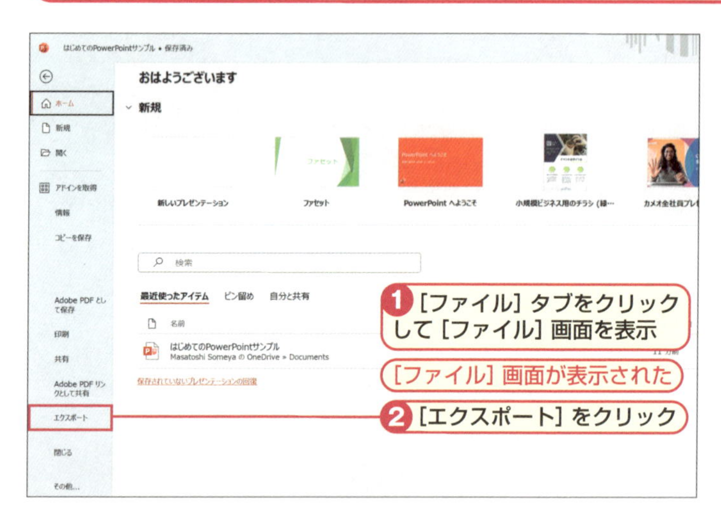

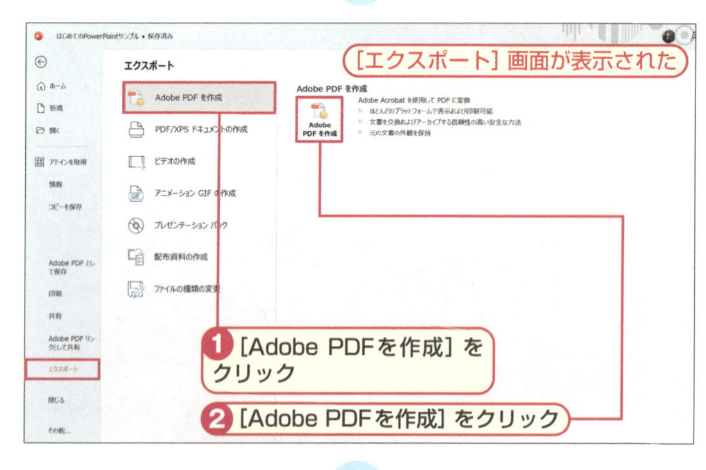

### 手順1 スライドをエクスポートする

[ファイル] タブをクリックしてください。画面表示が [ファイル] 画面に切り替わりました。[エクスポート] をクリックしてください。

### メモ PDFとは

「PDF」とは、アドビシステムズが開発した電子文書のファイル形式です。もともと文書の配布を目的としているため、ファイルを作成したアプリがパソコンにインストールされていなくても、専用のアプリで表示や編集ができます。使い勝手がいいため広く利用されています。

### 手順2 [エクスポート] 画面が表示された

[Adobe PDFを作成] をクリックして、[Adobe PDFを作成] をクリックしてください。

### メモ XPSとは

「XPS」とは、Microsoftが開発した電子文書のファイル形式です。Microsoft版のPDFともいえます。専用のアプリで表示できますが、閲覧専用で編集はできないため、編集されたくない文書を配布する場合に便利です。

[Adobe PDFファイルに名前を付けて保存] 画面が表示された

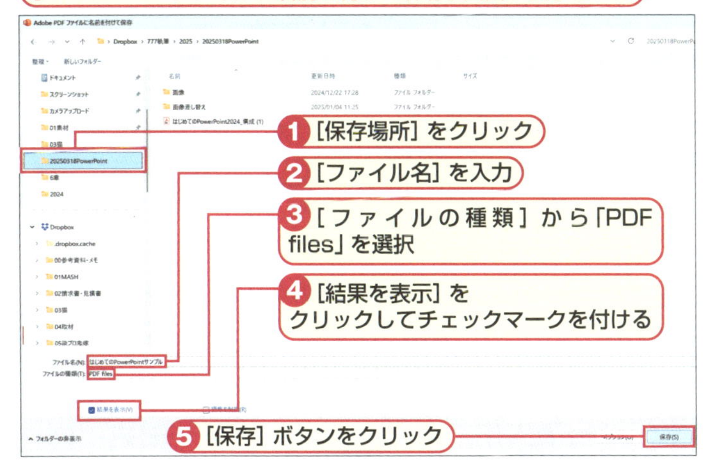

1 [保存場所] をクリック
2 [ファイル名] を入力
3 [ファイルの種類] から「PDF files」を選択
4 [結果を表示] をクリックしてチェックマークを付ける
5 [保存] ボタンをクリック

はじめてのPowerPoint
PowerPointの基本操作
PowerPointでできること
PowerPoint2024を起動／終了する
PowerPoint2024の画面構成

スライドがPDFとして保存された

この画面はAdobe Acrobat Readerで表示されています

## 手順3 [Adobe PDFファイルに名前を付けて保存] 画面が表示された

[保存場所] をクリックして、[ファイル名] を入力して、[ファイルの種類] から「PDF files」を選択します。[結果を表示] をクリックしてチェックマークを付けてから [保存] ボタンをクリックしてください。

## 手順4 スライドがPDFとして保存された

PowerPoint画面は隠れてAdobe Acrobat Readerの画面に切り替わりPDFが表示されています。

## メモ Adobe Acrobat Readerをインストールする

世界で最も信頼されている無料の PDF 閲覧ソフト
ダウンロードに含まれるオプション
業務のペーパーレス化を無料で実現

Adobe Acrobat Readerは、アドビシステムズが開発するPDFの閲覧アプリです。Adobe Acrobat Readerを使ってPDFを閲覧できるようにするには、まずアドビシステムズのWebページからAdobe Acrobat Readerを入手します。次に、PDFがAdobe Acrobat Readerを使って表示されるように設定します。以降はPDFがAdobe Acrobat Readerで表示されるようになります。

【URL】https://www.adobe.com/jp/acrobat/pdf-reader.html

# 97 スライドショーの動画を作成する

スライドショーは動画として保存できます。保存された映像は、パソコンやインターネットで広く採用されている形式なので、PowerPointがインストールされていないパソコンやスマートフォンでも再生できます。

## スライドを動画として保存する

表示がエクスポートに変わった

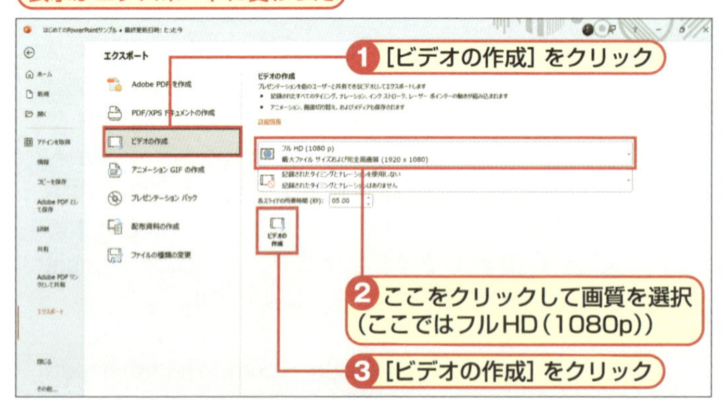

### 手順1 [エクスポート] をクリックする

[ファイル] タブをクリックしてファイル画面を表示します。[エクスポート] をクリックしてください。

### メモ ビデオ映像の画質

スライドのビデオ映像の画質は、以下の4つから選択できます。

①Ultra HD（4K）
ファイルサイズ：最大
画質：最高画質（3,840×2,160）で大型のモニター向け

②フルHD（1080p）
ファイルサイズ：最大
画質：高画質（1,920×1,080）でパソコンやHD画面向け

③HD（720p）
ファイルサイズ：中
画質：中程度（1,280×720）でインターネット公開向け

④標準（480p）
ファイルサイズ：最小
画質：低画質（852×480）でスマートフォン公開向け

### 手順2 表示がエクスポートに変わった

[ビデオの作成] をクリックして「フルHD（1080p）」を選択して [ビデオの作成] をクリックします。

[名前を付けて保存] 画面が表示された

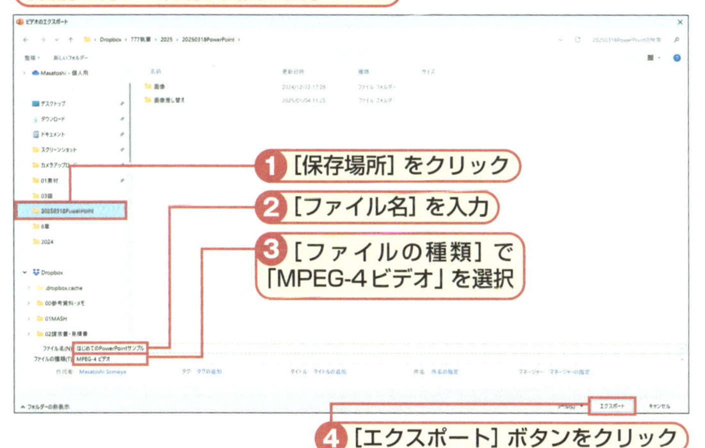


動画が保存されます

**手順3 [名前を付けて保存] 画面が表示された**

[保存する場所] をクリックして、[ファイル名] を入力します。[ファイルの種類] で「MPEG-4ビデオ」を選択して、[エクスポート] ボタンをクリックすると動画が保存されます。

**メモ ビデオ映像の作成状況が表示される**

ビデオ映像の作成にかかる時間は、プレゼンテーションの内容によって異なります。進行状況は、ステータスバーで確認できます。

## スライドショーのビデオ映像を再生する

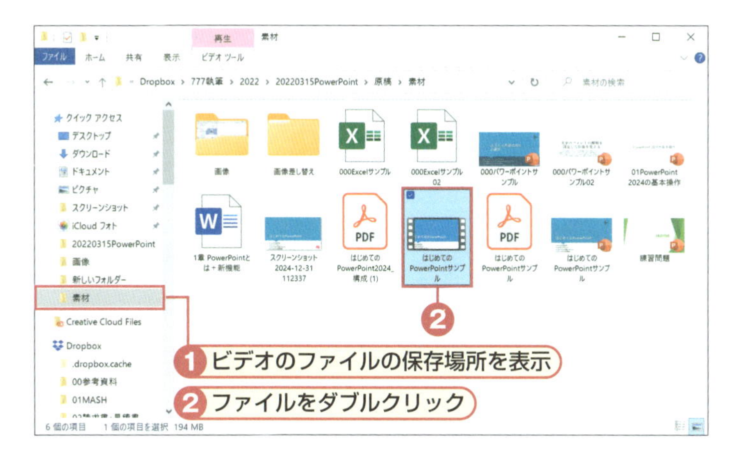

**手順1 ビデオを選択する**

ビデオのファイルの保存場所を表示してください。再生するファイルをダブルクリックします。

**メモ ファイルの種類を選択する**

[名前を付けて保存] 画面の [ファイルの種類] からは [MPEG-4ビデオ] または [Windows Mediaビデオ] を選択できます。MPEG-4ビデオは、パソコンやインターネットで広く採用されているビデオ形式です。Windows Mediaビデオは、Windows向けのビデオ形式です。

**手順2 選択したファイルが再生された**

選択したスライドの動画が再生されました。

# 98 発表に必要なファイルをプレゼンテーションパックにまとめる

ほかのパソコンを使って発表する場合やほかのユーザーにスライドのデータを渡す場合、スライドで使用しているデータを1つのフォルダーにまとめた「プレゼンテーションパック」を作成すると便利です。

## プレゼンテーションパックを作成する

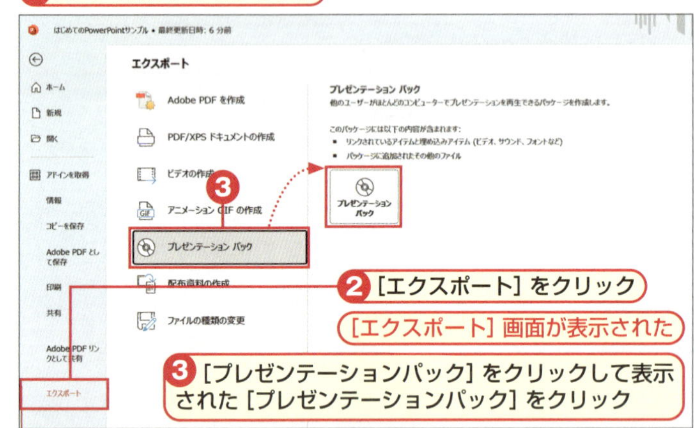

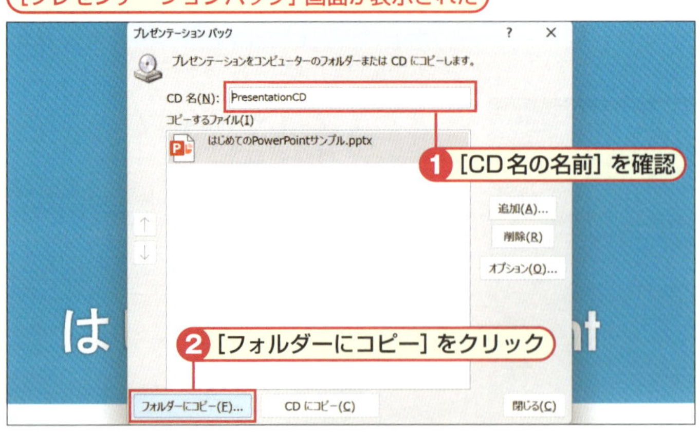

### 手順1 [エクスポート] をクリックする

[ファイル] タブをクリックしてファイル画面を表示して、[エクスポート] をクリックして [エクスポート] 画面を表示します。[プレゼンテーションパック] をクリックして表示された [プレゼンテーションパック] をクリックしてください。

### 手順2 [プレゼンテーションパック] 画面が表示された

表示される [CD名の名前] を確認して、よければ [フォルダーにコピー] をクリックします。

### メモ プレゼンテーションパックを利用する

「プレゼンテーションパック」とは、スライドのファイルと、スライドにリンクする動画や音楽のファイルをまとめたものです。プレゼンテーションパックを作成すると、使用しているファイルがないためにスライドが正しく表示されないといったトラブルを防ぐことができます。

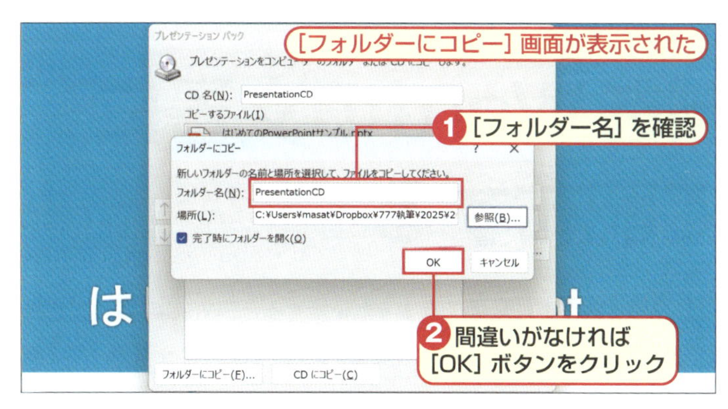

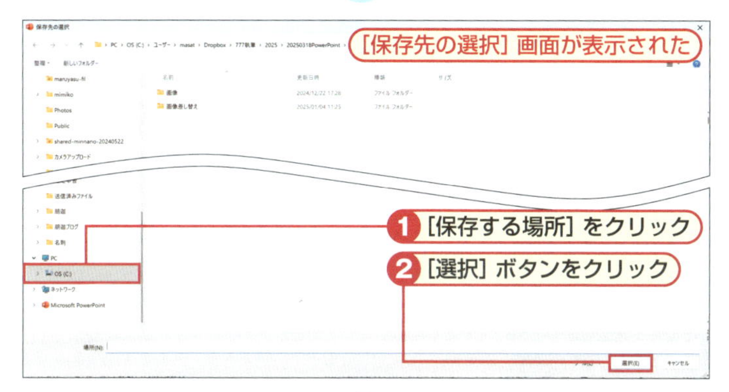

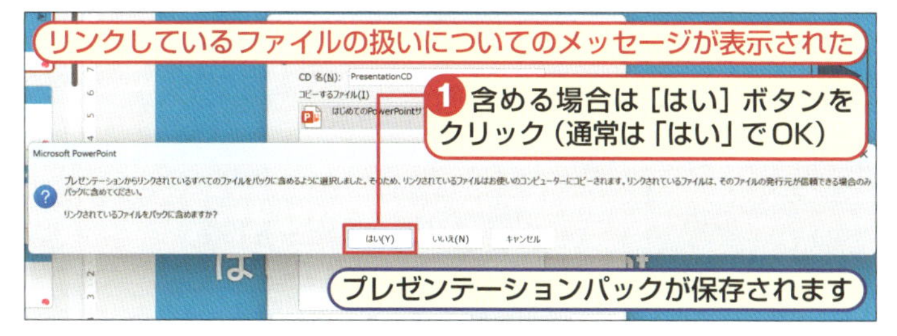

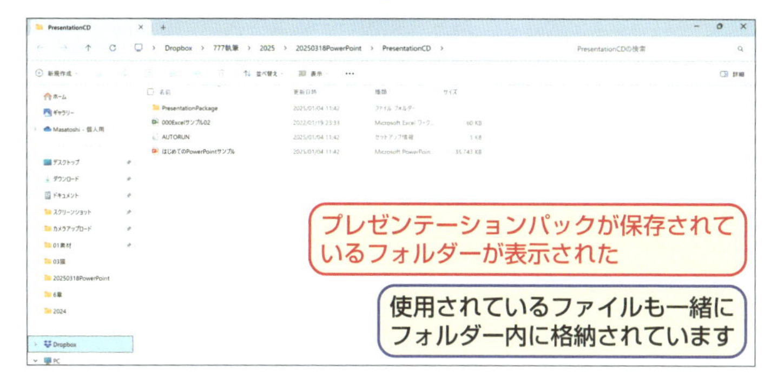

### 手順3 ［フォルダーにコピー］画面が表示された

［フォルダー名］を確認して、間違いがなければ［OK］ボタンをクリックしてください。

### 手順4 ［保存先の選択］画面が表示された

［保存する場所］をクリックして、［選択］ボタンをクリックします。

### メモ CD名を確認する

プレゼンテーションパックは、もともとはPowerPointから直接CD-ROMにファイルを保存するための機能です。その名残でCD名を入力する欄があります。ここではフォルダーに保存するので、わかりやすいプレゼンテーションパックの名前を付けておくと良いでしょう。

### 手順5 リンクしているファイルの扱いについてのメッセージが表示された

含める場合は［はい］ボタンをクリックします。迷うかもしれませんが、通常は「はい」でOKです。これで、プレゼンテーションパックが保存されます。

### 手順6 プレゼンテーションパックが保存されているフォルダーが表示された

使用されているファイルも一緒にフォルダー内に格納されています。

# 99 スライドをWordの文書に変換して配布する

PowerPointのスライドは、Wordの文書に変換できます。変換すると、Wordの書式設定機能を使って資料を作成できるので便利です。Wordの文書への変換は、[エクスポート] 画面からボタン1つで実行できるのでかんたんです。

## Wordを作成する

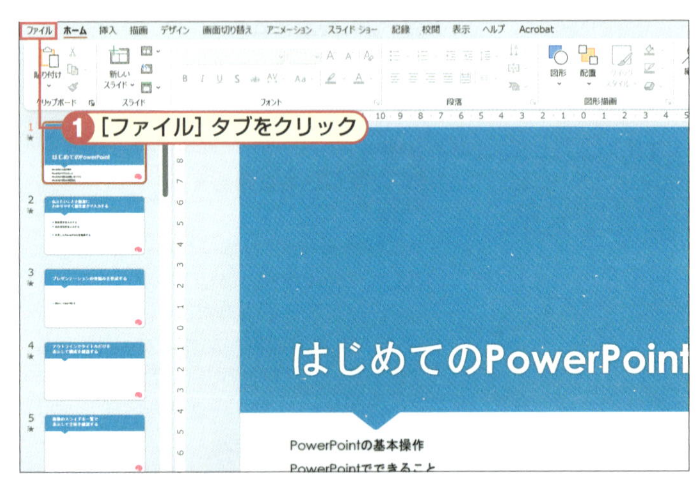

### 手順1 [ファイル] 画面を表示する

[ファイル] タブをクリックして [ファイル] 画面を表示します。

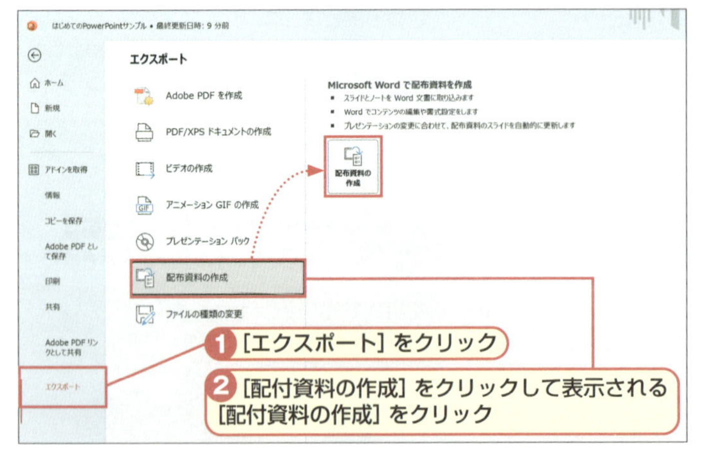

### 手順2 [エクスポート] をクリックする

[ファイル] タブをクリックしてエクスポート画面が表示されたら [エクスポート] をクリックします。[配付資料の作成] をクリックして表示される [配付資料の作成] をクリックしてください。

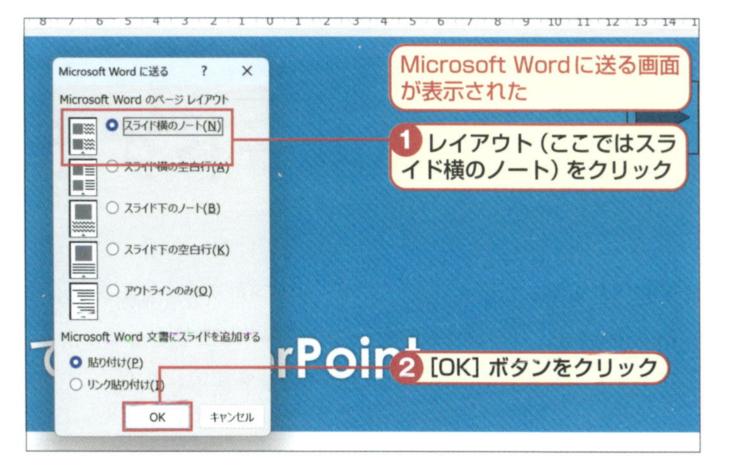

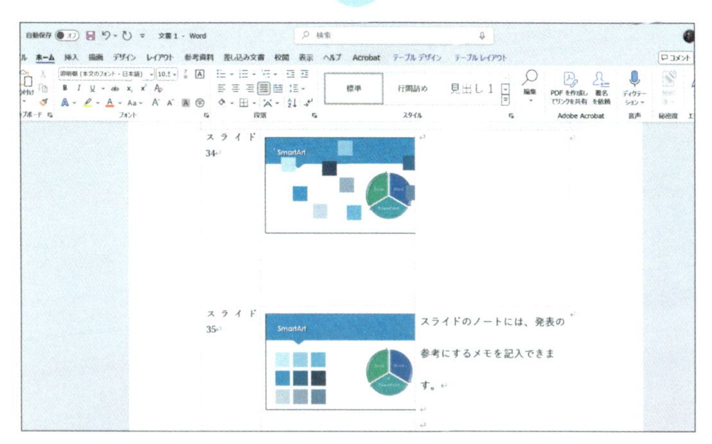

## 手順3 Microsoft Wordに送る画面が表示された

レイアウト(ここでは「スライド横のノート」)をクリックして選択して [OK] ボタンをクリックします。

## 手順4 Word画面が表示された

PowerPointで作ったスライドが、Wordで表示されました。

### メモ Wordで資料を作成する

PowerPointは、WordやExcelといった、ほかのOfficeアプリとの連携機能も優れています。閲覧者に資料を配付する場合、スライドを印刷することもできますが(SECTION89参照)、Wordの文書に変換すると、Wordの機能を使って文章などの編集が可能になります。文章の編集はWordの得意分野ですので、補足説明などを追加したい場合に活用しましょう。
ただし、Wordで資料を作成するには、パソコンにWordアプリがインストールされている必要があります。

## 便利技 Wordでの表示を見やすくする

スライド下のノートを選択した場合は、1枚のスライドとその下にノートに記入した内容が記載されます。

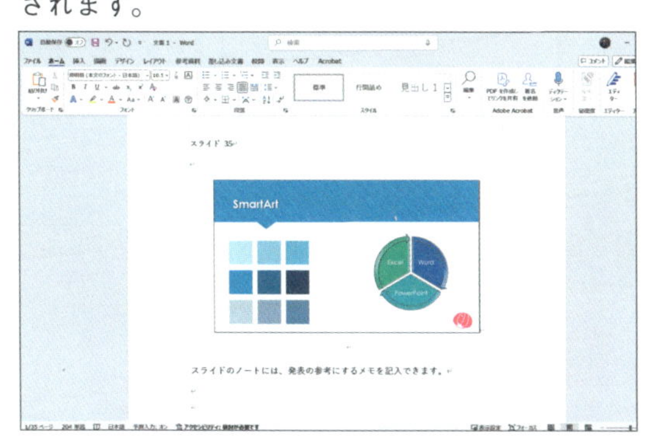

## 裏技 編集しやすく表示する

アウトラインのみを選択した場合は、画像などが表示されず、テキストのみが配置されます。

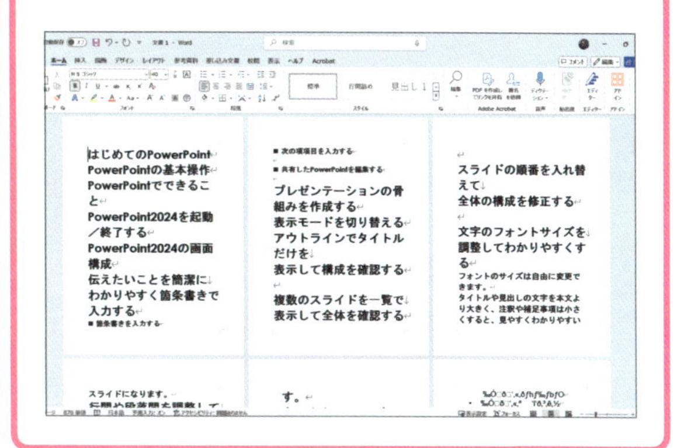

# 100 スライドをエクスポートする

PowerPointはPDFや動画などさまざまな形式でエクスポートが可能です。またファイルの種類を変更して、古いPowerPointのバージョンや画像などで保存することもできます。本項では画像化プレゼンテーションを事例にエクスポートする方法を解説します。

## エクスポートの設定をする

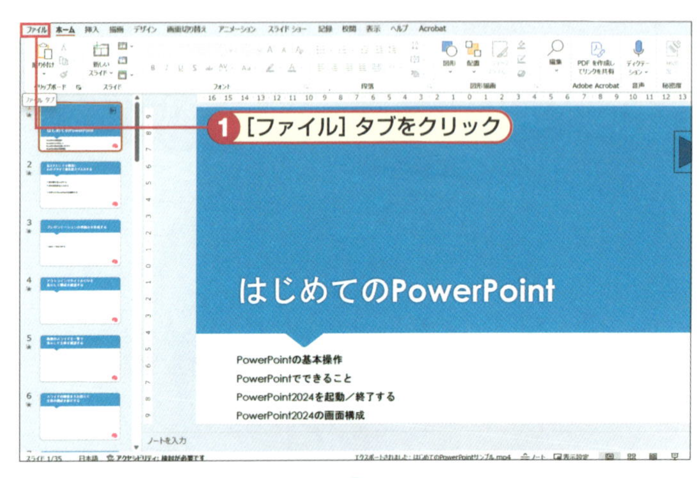

### [ファイル] 画面を表示する

[ファイル] タブをクリックして [ファイル] 画面を表示します。

[ファイル] 画面が表示された

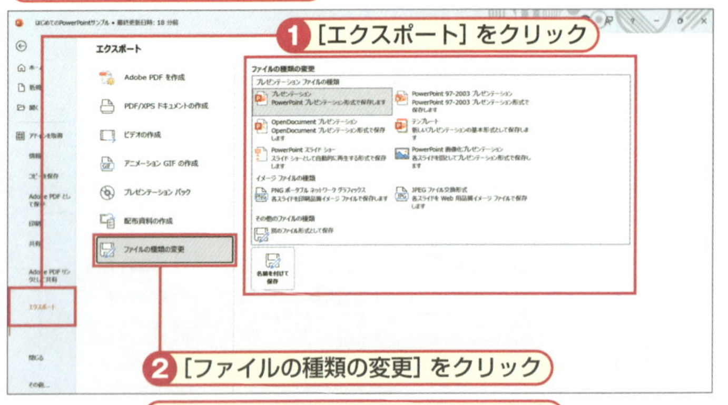


ファイルの種類の変更画面が表示された

### 手順2 エクスポートする

[ファイル] 画面が表示されたら [エクスポート] をクリック、[ファイルの種類の変更] をクリックするとファイルの種類の変更画面が表示されます。

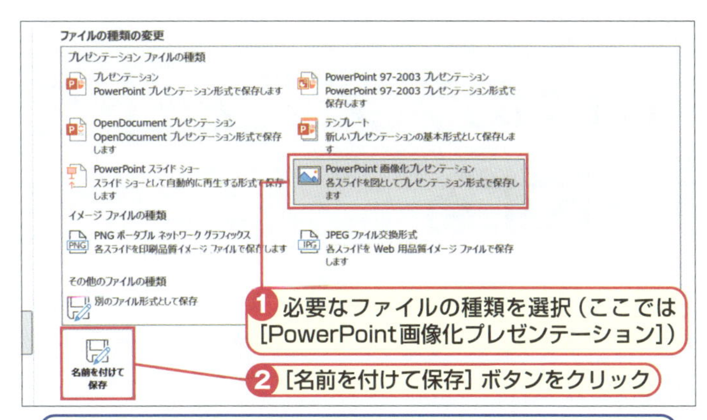


元のファイルは現在の形式で保存されて閉じられ新しいファイルのコピーが開かれて選択した形式で保存されます

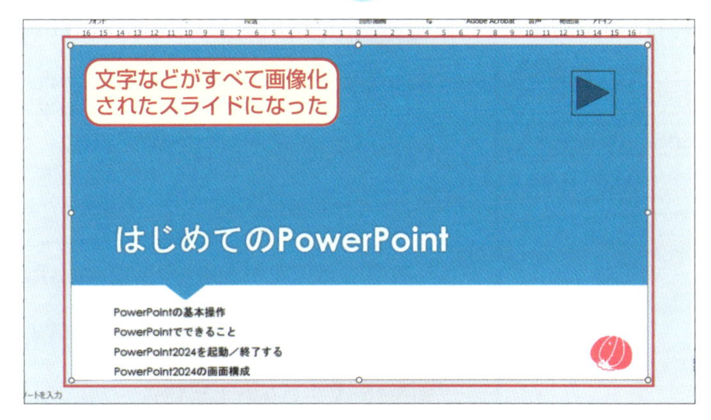

## 手順3 ファイルの種類を選択する

必要なファイルの種類を選択します。ここでは [PowerPoint画像化プレゼンテーション] を選択して [名前を付けて保存] ボタンをクリックします。これで、元のファイルは現在の形式で保存されて閉じられ新しいファイルのコピーが開かれて選択した形式で保存されます。

## 手順4 文字などがすべて画像化されたスライドになった

スライドの情報を画像にしたファイルでエクスポートされました。ここから文字情報は取り出せません。

### 便利技 古いバージョンのPower Pointで保存する

最新バージョンの PowerPoint ファイルを古いバージョンのPowerPoint ファイルとして保存できます。ファイルを共有したい相手のPowerPointのバージョンが古い場合に活用しましょう。

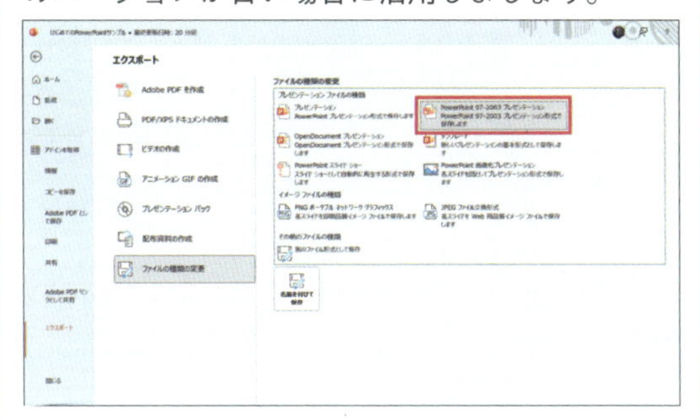

### メモ OpenDocument プレゼンテーションで保存する

OpenDocument プレゼンテーションファイルとは、プレゼンテーションソフトなどで作成・編集されるスライドの標準ファイル形式の一つです。PowerPoint もOpenDocument プレゼンテーションの一種ですが、他のOpenDocument プレゼンテーション（Googleスライドなど）で編集したい場合はこの形式で出力します。

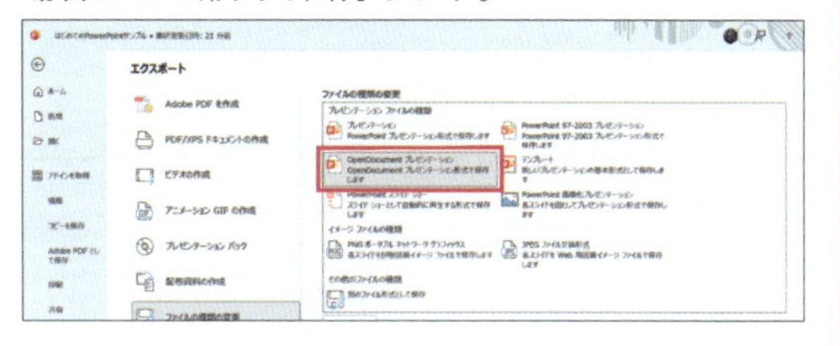

SECTION キーワード▶テンプレート／ダウンロード

# 101 PowerPointのテンプレートをダウンロードする

PowerPointは最初から複数のテンプレートを選択できるようになっていますが、外部のウェブサイトでダウンロードしたテンプレートを使用することも可能です。本項ではテンプレートの探し方やダウンロード方法について解説します。

## 外部のPowerPointテンプレートを検索する

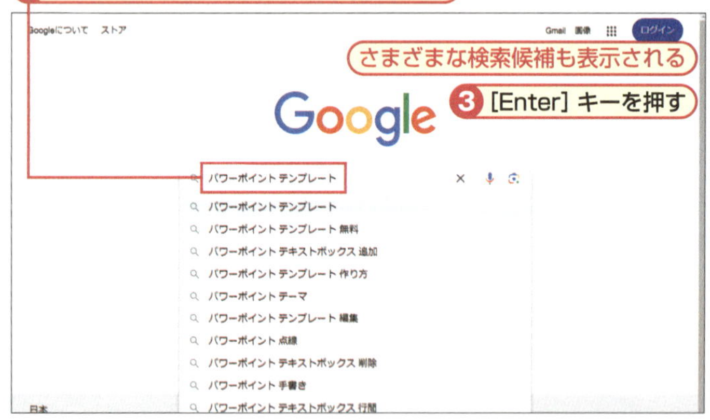

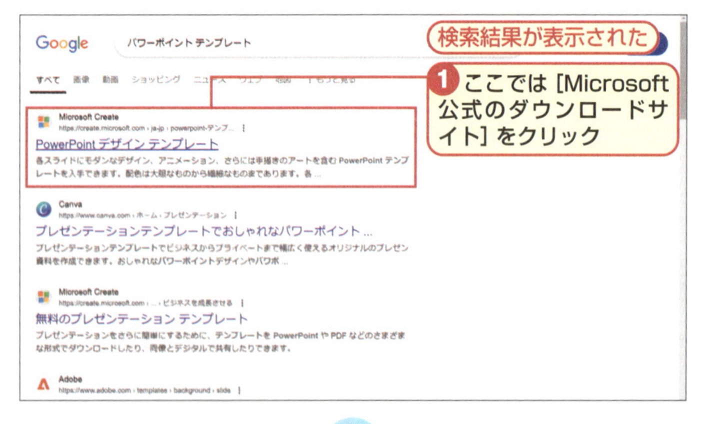

### 手順1 テンプレートを検索して探す

Webブラウザーを起動して検索画面を表示してください。ここではGoogleを利用しています。Googleの検索欄に「パワーポイント　テンプレート」と入力すると下にさまざまな検索候補が表示されます。ここでは、「パワーポイント　テンプレート」で検索するのでキーボードの [Enter] キーを押してください。

### メモ 公式以外にもダウンロードサイトが表示される

さまざまなクリエイターがPowerPointのテンプレートを公開、無料・有料配布していますので、自分のイメージにマッチしたテンプレートをダウンロードしましょう。

### 手順2 検索結果が表示された

いろいろなサイトが表示されますが、ここでは [Microsoft公式のダウンロードサイト] を利用するのでいちばん上に表示された [Microsoft公式のダウンロードサイト] をクリックします。

Microsoftのダウンロードページが表示された

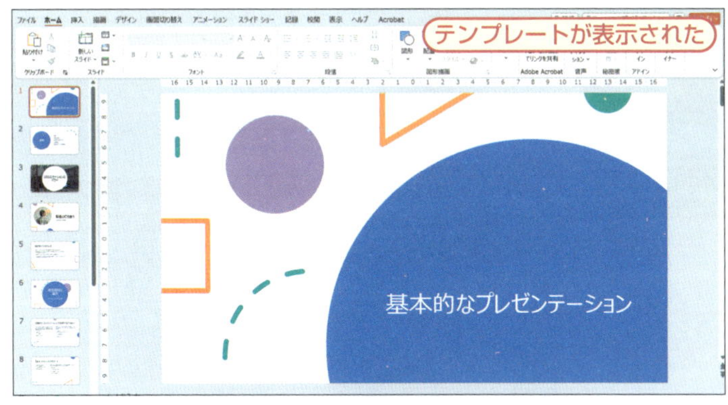

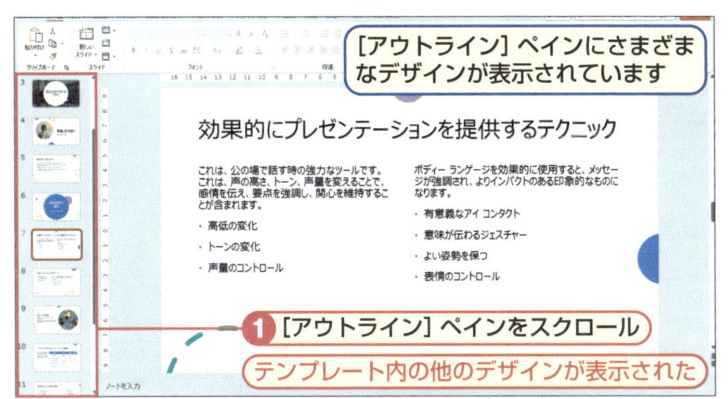


## 手順3 Microsoftのダウンロードページが表示された

数多くのテンプレートが表示されます。画面をスクロールして自分のイメージに近いテーマをクリックしてください。ここでは、例として［図形のプレゼンテーション］を選択してダウンロードします。なお、ダウンロードの細かい手順はここでは割愛します。ダウンロードできたらテンプレートをPowerPointで開いてください。

## 手順4 テンプレートが表示された

ダウンロードした［図形のプレゼンテーション］が表示されました。

## 手順5 ［アウトライン］ペインをスクロールする

［アウトライン］ペインにさまざまなデザインが表示されています。［アウトライン］ペインのスクロールバーを使ってスクロールしてください。［図形のプレゼンテーション］テンプレート内の他のデザインを表示することができます。

# 102 スライドをPDFから印刷する

PowerPointからPDFにエクスポートしたファイルも、印刷することが可能です。基本的な印刷設定はPowerPointやWordで印刷する場合と大きく変わりません。

## エクスポートしたPDFファイルを印刷する

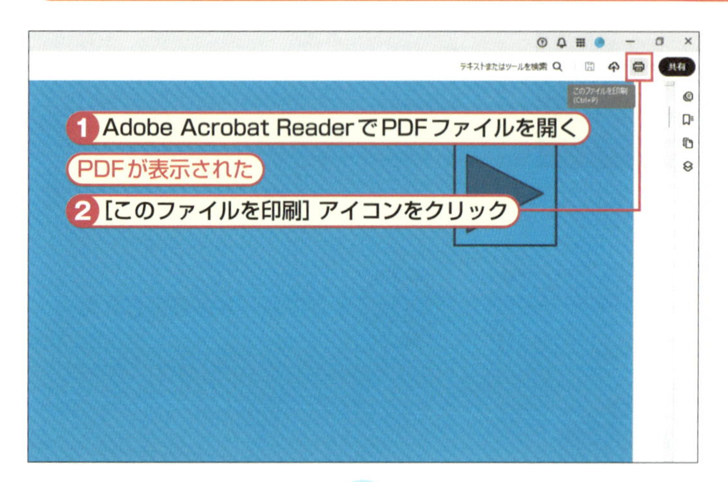

[印刷] 画面が表示された

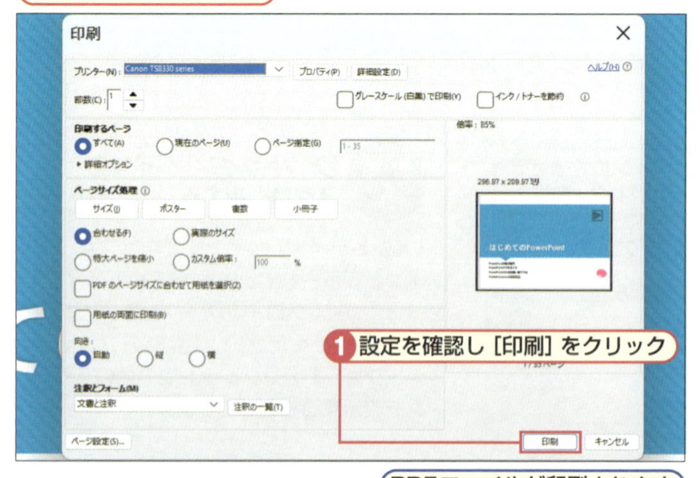


PDFファイルが印刷されます

### 手順1 印刷するファイルを選択する

PDFファイルをAdobe Acrobat Readerで開いてください。[このファイルを印刷] アイコンをクリックします。

### メモ スライドを白黒印刷する

カラー印刷する必要がない場合は、グレースケールまたは単純白黒で印刷します。[グレースケール] では、色が黒の濃淡で表されます。[単純白黒] では、色が省略されます。なお、単純白黒で印刷すると、グラフの色などが黒色で塗りつぶされてしまうことがあるので注意が必要です。

### 手順2 [印刷] 画面が表示された

設定を確認して [印刷] をクリックします。プリンターからPDFファイルが印刷されます。

練題

# 練習問題

この章の解説を参考にして、以下の問題に挑戦してみましょう。

## 問題1 PDFの作成に関する出題

スライドのPDFを作成し、表示してください。

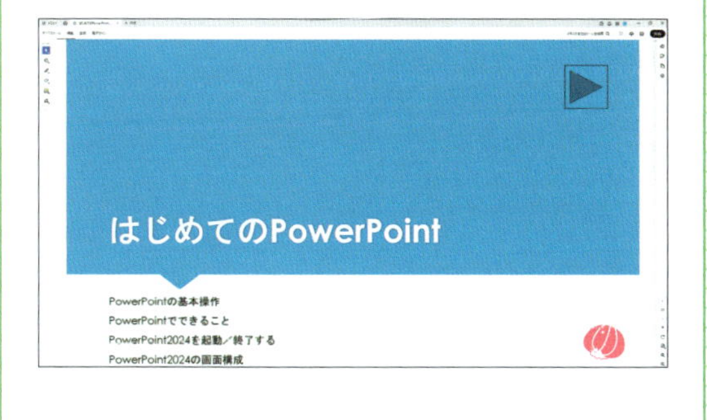


HINT スライドをPDFとして保存します。

## 問題2 ビデオ作成に関する出題

スライドからビデオ映像を作成してください。このとき、画質は［標準］にします。

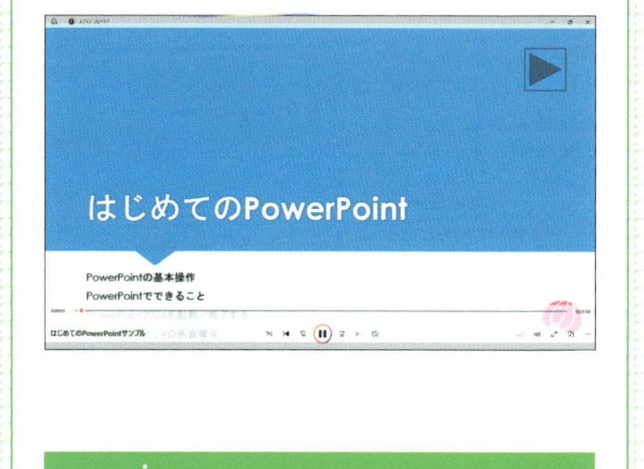


HINT スライドをビデオ映像として保存します。

## 問題3 プレゼンテーションパックに関する出題

プレゼンテーションパックを作成してください。

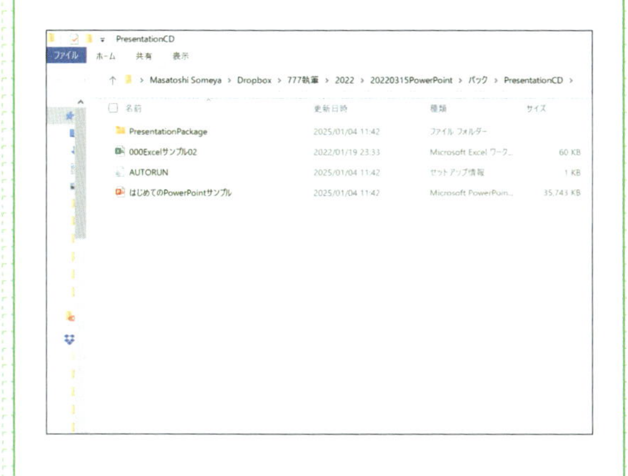


HINT ［エクスポート］画面からプレゼンテーションパックを作成します。

## 問題4 配付資料の作成に関する出題

PowerPointのスライドをWordの文書に変換してください。

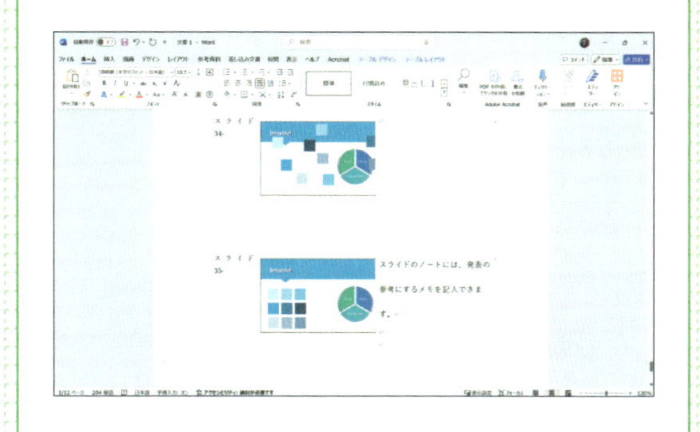

HINT ［エクスポート］画面から配付資料を作成します。

解答は次のページ

# 解答 練習問題は解けましたか。以下の解答例と照らし合わせてみましょう。

## 解答1 参照：SECTION96

❶[ファイル] タブをクリック
❷[エクスポート] → [Adobe PDFを作成] → [Adobe PDFを作成] をクリック
❸保存場所をクリック
❹ファイル名を入力
❺[ファイルの種類] から [PDF files] を選択
❻[結果を表示] にチェックを付ける
❼[保存] をクリック

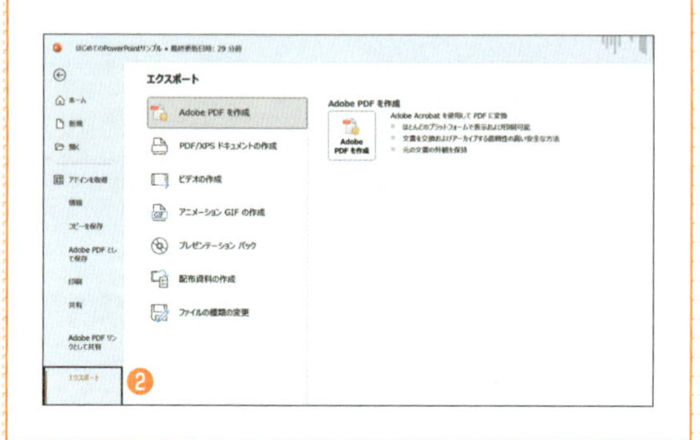


## 解答2 参照：SECTION97

❶[ファイル] タブをクリック
❷[エクスポート] → [ビデオの作成] をクリック
❸画質で [標準] を選択
❹[ビデオの作成] をクリック
❺保存場所をクリック
❻ファイル名を入力
❼[エクスポート] をクリック

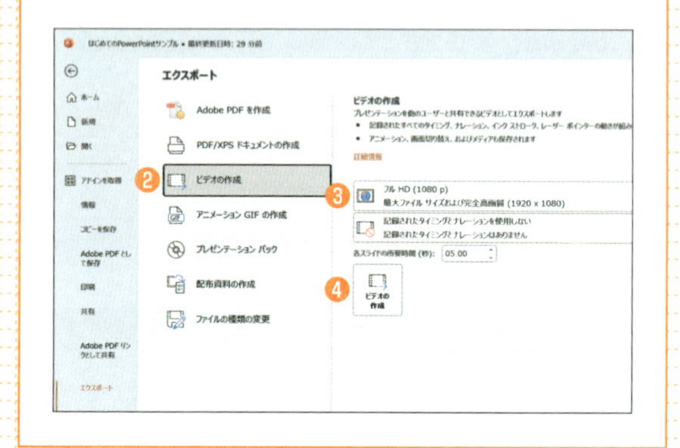


## 解答3 参照：SECTION98

❶[ファイル] タブをクリック
❷[エクスポート] → [プレゼンテーションパック] → [プレゼンテーションパック] をクリック
❸[CD名] を確認
❹[フォルダーにコピー] をクリック
❺フォルダー名を確認
❻[OK] ボタンをクリック
❼[はい] ボタンをクリック

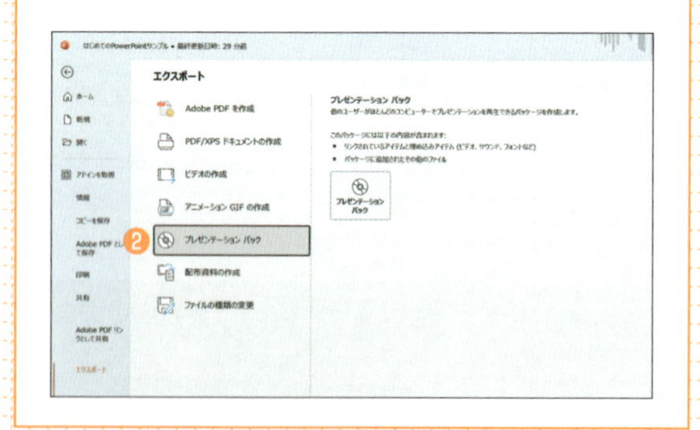


## 解答4 参照：SECTION99

❶[ファイル] タブをクリック
❷[エクスポート] → [配付資料の作成] → [配付資料の作成] をクリック
❸レイアウト（ここでは [スライド横のノート]）をクリック
❹[OK] をクリック

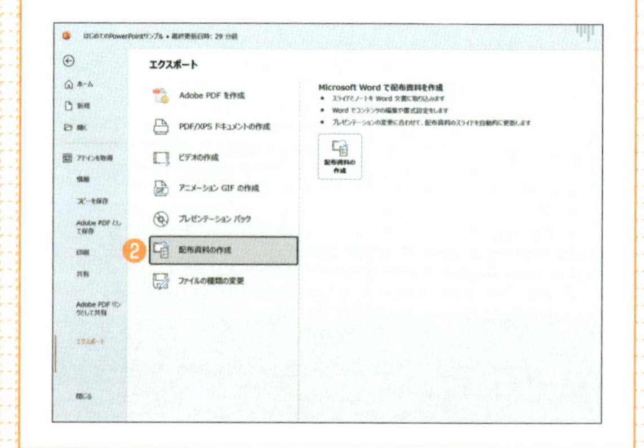

# 手順項目索引

本書で解説している手順を一覧にしました。五十音順になっていますので、やりたい操作が見つけやすくなっており、逆引き事典としても使えます。

## ●英字


Adobe Acrobat Readerをインストールする ･･･ 283
Excelの機能を利用できる表を貼り付ける ･･･ 146
Excelのグラフをスライドに貼り付ける ･･･ 158
Excelの表をスライドに貼り付ける ･･･ 144
Excelと連動した表を貼り付ける ･･･ 147
OneDriveに保存されているスライドを表示する ･･･ 277
OpenDocumentプレゼンテーションで保存する ･･･ 291
PowerPoint Onlineでスライドを編集する ･･･ 271
PowerPointデザイナーの使用を開始する ･･･ 196
PowerPointにグラフを貼り付ける ･･･ 158
PowerPointの画面に切り替える ･･･ 204
PowerPointファイルを開く ･･･ 56
PowerPointを起動する ･･･ 38
PowerPointを終了する ･･･ 41
SmartArtにアニメーション効果を設定する ･･･ 234
SmartArtのデザインを変更する ･･･ 187
SmartArtを挿入する ･･･ 184
Wordで資料を作成する ･･･ 289
Wordの文書からスライドを作成する ･･･ 83
WordやPDFの画面を挿入する ･･･ 205
Wordを作成する ･･･ 288


## ●あ行


アイコンからファイルを開く ･･･ 56
アイコンの色を変更する ･･･ 193
アイコンを挿入する ･･･ 192
[アウトライン表示] モードでスライドを作成する ･･･ 81
[アウトライン表示] モードで編集する ･･･ 80
アウトラインペインのスライドをすべて折りたたむ ･･･ 85
新しいスライドを追加する ･･･ 74
アニメーション効果のオプションを設定する ･･･ 231、235
アニメーション効果の順番を変更する ･･･ 228、229、235
アニメーション効果を設定する ･･･ 226
アニメーション効果を追加する ･･･ 228
あらかじめ用意した画像を動画の表紙に設定する ･･･ 212
印刷するスライドを指定する ･･･ 262
インデントの位置を調整する ･･･ 116
エクスポートしたPDFファイルを印刷する ･･･ 294
エクスポートの設定をする ･･･ 290
[オブジェクトの動作設定] を使う ･･･ 222
オリジナルの配色を設定する ･･･ 97
折りたたんだスライドを展開する ･･･ 85
音楽の再生をクリック操作で開始する ･･･ 215


## ●か行


開始位置と終了位置を数値で指定する ･･･ 211
階層レベルを下げる／上げる ･･･ 82
回転角度を指定する ･･･ 171
外部のPowerPointテンプレートを検索する ･･･ 292
拡大範囲を移動する ･･･ 251
箇条書きにアニメーション効果を設定する ･･･ 226
箇条書きの位置を調整する ･･･ 117
箇条書きの先頭にタブを入力する ･･･ 119
箇条書きの途中で改行する ･･･ 79
箇条書きを1行ずつ表示する ･･･ 227
箇条書きを解除する ･･･ 78
箇条書きを入力する ･･･ 78
画像の背景を削除する ･･･ 200
画面切り替え効果を解除する ･･･ 236、240
画面切り替え効果をすべてのスライドに設定する ･･･ 237
画面切り替え時に効果音を付ける ･･･ 237
画面を拡大する ･･･ 200
記号と番号を使い分ける ･･･ 114
旧バージョンのスライドを開く ･･･ 57
行頭記号の種類を変更する ･･･ 114
行頭記号や段落番号のない箇条書きを入力する ･･･ 115
行頭記号を変更する ･･･ 79
行の高さや列の幅を数値で指定する ･･･ 135
行の高さを変更する ･･･ 134
共有されたスライドをPowerPoint Onlineで表示する ･･･ 270
共有リンクを作成してほかのユーザーにシェアする ･･･ 269
共有を解除する／閲覧のみ可能にする ･･･ 268
行を削除する ･･･ 137
行を挿入する ･･･ 136
グラフエリアを選択する ･･･ 154
グラフタイトルを非表示にする ･･･ 156
グラフにアニメーション効果を設定する ･･･ 230
グラフの種類を変更する ･･･ 151
グラフのスタイルを変更する ･･･ 154、159
グラフのデータをExcelで編集する ･･･ 153
グラフのデータを修正する ･･･ 152
グラフ要素の位置を調整する ･･･ 157
グラフ要素の表示／非表示を切り替える ･･･ 156
グラフを拡大／縮小する ･･･ 157
グラフを選択する ･･･ 152
グループ化する ･･･ 179
蛍光ペンを使用する ･･･ 275
蛍光ペンを使う ･･･ 253
形式を選択して貼り付ける ･･･ 160
検索エンジンで調べる ･･･ 60
効果を解除する ･･･ 172
項目間にタブを入力する ･･･ 118


## ●さ行


作業中にほかのファイルを開く ･･･ 57
撮影を中止する ･･･ 205
サブタイトルを入力する ･･･ 71
サンプルのグラフを挿入する ･･･ 150
自動調整オプションを設定する ･･･ 73
自動的に動画の再生を開始する ･･･ 211
写真の色合いを調整する ･･･ 203
写真のサイズを変更する ･･･ 195
写真の背景を削除する ･･･ 200

写真の不要な部分を取り除く（トリミング）…… 198
写真を移動する …… 199
写真を絵画風に加工する …… 207
写真を削除する …… 194、199
写真を挿入する …… 194
斜体や下線、文字の影を設定する…… 110
縦横比を保持したままサイズを変更する …… 168
縦横比を保持したまま図形を作成する …… 182
修正箇所にコメントを付ける …… 272
ズームスライダーを利用する …… 87
図形に効果を設定する …… 172
図形に文字を入力する …… 183
図形の色や線をまとめて設定する …… 167
図形の色を変更する …… 166
図形の拡大率を数値で指定する …… 169
図形の重なり順を変更する …… 178
図形の形で切り抜く …… 199
図形の作成を中止する …… 164、182
図形のスタイルを設定する …… 173
図形の線を設定する …… 167
図形を移動する …… 174、177
図形を回転する …… 170
図形を拡大する …… 168
図形をキー操作で複製する …… 175
図形を軌跡に沿って動かす …… 232
図形を削除する …… 165
図形をドラッグして複製する …… 174
図形を反転する …… 171
図形を変更する …… 165
スタートメニューから選択する …… 38
ステータスバーのボタンから表示モードを切り替える …… 52
すべてのスライドにボタンを配置する …… 219
スマートガイドを使わずに複数の図形を揃える …… 177
[スライド一覧] モードに切り替える …… 86
スライドが切り替わるタイミングを設定する …… 258
スライドごとに画面切り替え効果を設定する …… 237
スライド上にテキストボックスを作成する …… 180
スライド上の文字をペンで強調する …… 252
スライドショーで特定のスライドを非表示にする …… 244
スライドショーの実行中に音楽を再生し続ける …… 215
スライドショーの途中で特定のスライドを表示する …… 250
スライドショーのビデオ映像を再生する …… 285
スライドショーを実行する …… 248
スライドショーを自動的に繰り返す …… 258
スライドにWebページへのリンクを設定する …… 216
スライドにアイコンを挿入する …… 193
スライドに表を挿入する …… 132
スライドに音楽を設定する …… 214
スライドに名前を付けて保存する …… 50
スライドに星型のアイコンが表示される …… 227、236
スライドの一部を拡大表示する …… 251
スライドのサイズの縦横比を変更する …… 95
スライドのテンプレートを選択する …… 48
スライドの表示倍率を変更する …… 87
スライドの文字にリンクを設定する …… 216
スライドのレイアウトを変更する …… 75
スライドの枠を付けて印刷する …… 263
スライドマスターに会社のロゴを配置する …… 121
スライドマスターに配置した画像を削除する …… 123
[スライドマスター] のスライドを選択する …… 121
スライドをPDFとして保存する …… 282
スライドを折りたたむ …… 84
スライドを共有するユーザーを招待する …… 268
スライドを削除する …… 91
スライドを白黒印刷する …… 262
スライドを選択する …… 75
スライドを追加する …… 74
スライドを動画として保存する …… 284
スライドを複製する …… 90、238
セル内の文字をセルの上下中央に配置する …… 141
セルの色を変更する …… 143
セルや罫線を個別に変更する …… 143
セルを移動する …… 133
セルを分割する …… 139

## ●た行

タイトル行のデザインを無効にする …… 143
[タイトルのみ] のレイアウトを使う …… 146、160
タイトルを入力する …… 71
タスクバーを表示する …… 255
タブとコマンドを表示する …… 55
タブの種類を変更する …… 119
タブを入力する …… 118
段落番号を設定する …… 115
地図をスライドに挿入する …… 204
注釈を削除する …… 275
長方形を作成する …… 164
[次のスライドへ進む] ボタンを挿入する …… 218
テーマの一覧を表示する …… 92
テーマを変更する前に結果を確認する …… 93
テキストウィンドウを閉じる …… 186、234
テキストボックスに色や枠線を設定する …… 181
テキストボックスに文字を入力する …… 181
テキストボックスを削除する …… 180
[デザイン] タブからグラフのスタイルを設定する …… 155
[デザイン] タブを表示する …… 96
テンプレートからスライドを作成する …… 48、65
テンプレートを追加する …… 65
動画に表紙を設定して資料に対応する …… 212
動画にフェードイン／フェードアウトを設定する …… 211
動画のサイズや位置を調整する …… 209
動画の再生される部分を設定する …… 209
動画の再生の開始位置と終了位置を設定する …… 210
動画を再生しながら動画の開始／終了位置を設定する …… 210
動画を再生する …… 209
動画をスライドに挿入する …… 208
動画を全画面で再生する …… 213
[動作確認] ボタンの機能を変更する …… 220
[動作設定] ボタンの動作を確認する …… 218
[動作設定] ボタンを削除する …… 222
[動作設定] ボタンを修正する …… 220
動作を確認する …… 217、222
特定の箇条書きの行頭記号を変更する …… 114
特定の項目のアニメーション効果を解除する …… 231
特定のスライドだけテーマを変更する …… 93
特定のスライドだけを折りたたむ …… 84
特定のスライドだけを繰り返す …… 259
特定のスライドにだけフッターを表示する …… 127
特定のデータを目立たせる …… 155
特定のレイアウトにだけ会社のロゴを配置する …… 122
途中からスライドショーを実行する …… 249
途中でスライドショーを終了する …… 249
ドラッグ操作で表を挿入する …… 133

ドラッグ操作で図形を複製する ……… 174
トリミングする前の写真に戻す ……… 199

## ●な・は行

滑らかな動きを設定する ……… 232
ナレーションを削除する ……… 257
ナレーションを録音する ……… 214、256
ノート付きのスライドを印刷する ……… 264
ノートにメモを入力する ……… 247
ノートを表示する ……… 246
背景のスタイルを変更する ……… 97
配色の一覧を表示する ……… 96
配色を変更する前に結果を確認する ……… 97
白紙のスライドを作成する ……… 46、64
発表者ビューでスライドショーを実行する ……… 254
発表者ビューを使う ……… 254
離れた箇所を選択する ……… 110
バリエーションを選択する ……… 65
バリエーションを変更する ……… 94
貼り付けた表を削除する ……… 145
左横に番号が表示される ……… 235
非表示スライドを設定する ……… 244
表示されるグラフ要素を設定する ……… 156
表紙にフッターを表示しない ……… 126
表紙のスライドを作成する ……… 70
表示倍率を数値で指定する ……… 87
表示モードを切り替える ……… 52、80
表示モードを使い分ける ……… 89
[標準] モードでスライドの順番を入れ替える ……… 89
[標準] モードでスライドを複製する ……… 90
[標準] モードでノートを入力する ……… 247
表紙を削除する ……… 213
表に文字を入力する ……… 133
表のサイズを変更する ……… 140
表のスタイルを変更する ……… 142
表の文字サイズを変更する ……… 141
表を移動する ……… 140
表を削除する ……… 137
[ファイル] 画面を表示する ……… 50
ファイルの種類を選択する ……… 285
ファイルの保存場所に注意する ……… 221
ファイルを上書き保存する ……… 51
ファイルを開く ……… 56
フォントの組み合わせを変更する ……… 98
フォントを選択する ……… 102
フォントを変更する前に結果を確認する ……… 98
吹き出しに文字を入力する ……… 183
吹き出しを調整する ……… 183
吹き出しを作る ……… 182
複数の箇条書きにまとめて設定する ……… 117
複数の行を選択する ……… 135
複数の図形をグループ化する ……… 179
複数の図形を選択する ……… 179
複数のスライドを1枚の用紙に並べて印刷する ……… 261
複数のスライドを選択する ……… 88
複数のスライドを並べて印刷する ……… 261
複数のセルを結合する ……… 138
複数の列の幅を揃える ……… 135
フッターに著作権表記を表示する ……… 127
フッターに日付を表示する ……… 127
フッターの書式を変更する ……… 127
太字や斜体、下線、文字の影を解除する ……… 111
古いバージョンのPower Pointで保存する ……… 291
プレースホルダーから画像を挿入する ……… 194
プレースホルダー内の一部の文字のフォントを変更する … 102
プレースホルダー内の行間を変更する ……… 106
プレースホルダー内のすべての段落を均等に配置する …… 109
プレースホルダー内のすべてのフォントを変更する ……… 103
プレースホルダー内のすべての文字のサイズを変更する … 105
プレースホルダーの位置やサイズを変更する ……… 125
プレースホルダーの色や枠線の太さを変更する ……… 69
プレースホルダーのサイズや向きを変更する ……… 68
プレースホルダーの選択を解除する ……… 67、103
プレースホルダーを移動する ……… 67
プレースホルダーを回転する ……… 68
プレースホルダーを削除する ……… 69
プレースホルダーを追加する ……… 125
プレゼンテーションパックを作成する ……… 286
ヘルプを使う ……… 58
変更結果を事前に確認する ……… 202、206
編集しやすく表示する ……… 289
ペンで書き込んだ内容をまとめて削除する ……… 253
ペンで修正指示を書き込む ……… 274
ペンの色や太さを変更する ……… 274
ボタンで行間を設定する ……… 107

## ●ま・ら・わ行

右クリックから非表示設定する ……… 245
右クリックで追加する ……… 74
ミニツールバーを利用する ……… 109
文字サイズの自動調整を解除する ……… 72
文字の色を変更する ……… 111
文字の大きさを調整する ……… 72
文字のサイズを設定する ……… 104
文字を蛍光ペンで強調する ……… 111
文字を太字に変更する ……… 110
文字を変形する ……… 113
文字を右端に揃える ……… 108
文字を立体的に見せる ……… 112
もとの画像とリンクした画像を挿入する ……… 195
もとの表示モードに戻る ……… 80
立体を作る ……… 173
リボンの表示を切り替える ……… 54
リボン表示を変更する ……… 47
リボンを非表示にする ……… 54
リンクを修正する ……… 217
ルーラーを表示する ……… 116
レイアウトを複製する ……… 124
レイアウトを変更する ……… 75
列の幅や行の高さを自動的に調整する ……… 134
列の幅を変更する ……… 134
列を削除する ……… 137
列を挿入する ……… 136
録音用の画面を表示する ……… 256
ロゴ画像のサイズや位置を調整する ……… 122
ワードアートのスタイルを設定する ……… 112
枠線を選択する ……… 67

# 用語索引

## ●英数字


3D回転 …… 173
Adobe Acrobat Reader …… 283
BGM …… 214
Excel …… 144
Googleマップ …… 204
Microsoft Excelグラフオブジェクト …… 160
Microsoft Search …… 44
OneDrive …… 268
OneDrive-個人用 …… 277
OpenDocument …… 291
PDF …… 50、282
PowerPoint Online …… 270
PowerPointの表示モード …… 53
　アウトライン表示モード …… 53
　閲覧表示モード …… 53
　スライド一覧モード …… 53
　スライドショーモード …… 53
　ノートモード …… 53
　標準モード …… 53
PowerPoint2024 …… 36
PowerPoint2024の画面構成 …… 44
[PowerPoint] アイコン …… 39
PowerPointデザイナー …… 196
Smart Artグラフィックの選択 …… 184
SmartArt …… 184、234
SmartArtの種類 …… 188
　階層構造 …… 188
　集合関係 …… 188
　循環 …… 188
　図 …… 188
　手順 …… 188
　ピラミッド …… 188
　マトリックス …… 188
　リスト …… 188
URL …… 216
Windows10 …… 42
Windows11 …… 38
Word …… 288
XPS …… 282


## ●あ行


アイコン …… 56、192
アイコンの挿入 …… 192
[アウトライン表示] モード …… 80
アウトラインペイン …… 45
明るさ …… 202
アニメーションウィンドウ …… 229
アニメーション効果 …… 230
[アニメーション] タブ …… 226
アニメーションの追加 …… 228
印刷 …… 260
インデント …… 116
インデントマーカー …… 117
上書き保存 …… 51
エクスポート …… 282、290
オリジナルの配色 …… 97


## ●か行


改行 …… 72
開始位置 …… 211
階層構造 …… 184
階層レベル …… 81
回転角度 …… 171
回転ハンドル …… 165、170
ガイド線 …… 157、176
確認コメント …… 41
箇条書き …… 78
画面切り替え効果 …… 236
[画面切り替え] タブ …… 258
記号 …… 114
旧バージョン形式 …… 50
行間 …… 106
行頭記号 …… 79、114
行の高さ …… 134
共有 …… 45、268
共有リンク …… 270
均等割り付け …… 109
クイックアクセスツールバー …… 44
グラフ …… 148
　ウォーターフォール …… 149
　円 …… 149
　折れ線 …… 149
　株価 …… 149
　グラフエリア …… 148
　グラフタイトル …… 148
　サンバースト …… 149
　散布図 …… 149
　軸ラベル …… 148
　じょうご …… 149

縦（値）軸 …… 148
縦棒 …… 149
ツリーマップ …… 149
データ系列 …… 148
データマーカー …… 148
データラベル …… 148
等高線 …… 149
箱ひげ図 …… 149
凡例 …… 148
プロットエリア …… 148
マップ …… 149
目盛線 …… 148
面 …… 149
横（項目）軸 …… 148
横棒 …… 149
レーダー …… 149
クリップアート …… 192
グループ化 …… 179
グレースケール …… 262
蛍光ペン …… 253
形式を選択して貼り付け …… 147、160
消しゴム …… 275
検索キーワード …… 60
検索バー …… 44
検索ボックス …… 59
コメント …… 45、272
コンテンツ …… 73
コントラスト …… 202

## ●さ行

サイズ変更ハンドル …… 165、168
最前面へ移動 …… 178
サインイン …… 276
サウンドアイコン …… 215
サブタイトル …… 71
サムネイル …… 45
写真 …… 194
集合関係 …… 188
終了位置 …… 211
縮小 …… 45
初期値 …… 55
ズームスライダー …… 45、200、264
スクリーンショット …… 204
図形 …… 164
図形の効果 …… 173
図形の書式設定 …… 169
図形のスタイル …… 173
図形のハンドル …… 165
スタート画面に表示されるテンプレート …… 48
［スタート］ボタン …… 42
スタートメニュー …… 39
スタイル …… 112、142
ステータスバー …… 45
図のリセット …… 203
スマートフォン …… 276
スライド …… 45
［スライド一覧］モード …… 86
スライドショー …… 244
スライドのサイズ …… 95
スライドのレイアウト …… 76
2つのコンテンツ …… 76
引用（キャプション付き） …… 77
引用付きの名札 …… 77
真または偽 …… 77
セクション見出し …… 76
タイトルスライド …… 76
タイトル付きのコンテンツ …… 76
タイトル付きの図 …… 76
タイトルとキャプション …… 77
タイトルとコンテンツ …… 76
タイトルと縦書きテキスト …… 77
タイトルのみ …… 76
縦書きテキストと横書きテキスト …… 77
名札 …… 77
白紙 …… 76
比較 …… 76
スライドペイン …… 45
スライドマスター …… 120
スライドを折りたたむ …… 84
セル …… 133
セルを結合 …… 138
セルを分割 …… 139
先頭行のインデント …… 117
前面へ移動 …… 178
［挿入］タブ …… 150

## ●た行

タイトル …… 71
タイトルバー …… 44
タスクバー …… 44、255
タスクバーにピン留めする …… 40
タブ …… 45、118
段落間 …… 106
段落番号 …… 115
調整ハンドル …… 165、183
ツールバー …… 250
次のスライド …… 219
テーマ …… 92

テキストボックス ………… 125、180
デザインのアイデア ………… 77
テンプレート ………… 48、292
動作設定ボタン ………… 220
トリミング ………… 198

## ●な行

ナレーション ………… 256
[ノート] ………… 45、246
ノートペイン ………… 45

## ●は行

配色 ………… 96
倍数 ………… 107
配置 ………… 177
ハイパーリンクの挿入 ………… 217
パッチワーク効果 ………… 207
発表者ビュー ………… 254
バリエーション ………… 49、94
反転 ………… 171
左インデント ………… 117
左へ90度回転 ………… 170
ビデオ映像の画質 ………… 284
　HD (720p) ………… 284
　Ultra HD (4K) ………… 284
　標準 (480p) ………… 284
　フルHD (1080p) ………… 284
ビデオ形式 ………… 212
ビデオのトリミング ………… 211
表 ………… 132
表紙 ………… 70
表示切り替え ………… 45
表示モード ………… 89
[標準] モード ………… 86、220
ピン留め ………… 39
フェードアウト ………… 211
フェードイン ………… 211
フォントのサイズ ………… 104
フォントの種類 ………… 102
吹き出し ………… 182
フッター ………… 126
太字 ………… 111
ブラウザー ………… 271
ぶら下げインデント ………… 117
プリンター ………… 260
プレースホルダー ………… 45、66
プレゼンテーションパック ………… 286
ヘッダー ………… 126
ヘルプ ………… 58
ペン ………… 252
変形 ………… 113
編集モード ………… 271

## ●ま行

右揃え ………… 108
右へ90度回転 ………… 170
ミニツールバー ………… 109
虫眼鏡 ………… 251
文字サイズの単位 ………… 105
元に戻す (縮小) ／最大化 ………… 45

## ●や行

ユーザー設定パス ………… 232
ユーザー名 ………… 44

## ●ら行

リボン ………… 45、54
リボンの種類 ………… 47
リボンの表示オプション ………… 45
リンク ………… 217
ルーラー ………… 116、118
列 ………… 135
ロゴ ………… 122

## ●わ行

ワードアート ………… 112
ワイプ ………… 227

## ■本書で使用しているパソコンについて

本書は、インターネットやメールを使うことができるパソコンを想定し手順解説をしています。使用している画面やプログラムの内容は、各メーカーの仕様により一部異なる場合があります。各パソコンの固有の機能については、パソコン付属の取扱説明書をご参考ください。

## ■本書の編集にあたり、下記のソフトウェアを使用しました

・PowerPoint2024／Microsoft 365／Microsoft Windows11／Microsoft Windows10
　パソコンの設定によっては同じ操作をしても画面イメージが異なる場合があります。しかし、機能や操作に相違はありませんので問題なくお読みいただけます。

## ■注意

(1) 本書は著者が独自に調査した結果を出版したものです。
(2) 本書は内容について万全を期して作成いたしましたが、万一、ご不備な点や誤り、記載漏れなどお気付きの点がありましたら、出版元まで書面にてご連絡ください。
(3) 本書の内容に関して運用した結果の影響については、上記(2)項にかかわらず責任を負いかねます。あらかじめご了承ください。
(4) 本書の全部、または一部について、出版元から文書による許諾を得ずに複製することは禁じられています。
(5) 本書で掲載されているサンプル画面は、手順解説することを主目的としたものです。よって、サンプル画面の内容は、著者が作成したものであり、全て架空のものでありフィクションです。よって、実在する団体・個人および名称とはなんら関係がありません。
(6) 本書の無料特典はご購入者に向けたサービスのため、図書館などの貸し出しサービスをご利用されている場合は、無料の電子書籍や問い合わせはご利用いただけません。
(7) 本書籍の記載内容に関するお問い合わせやご質問などは、秀和システムサービスセンターにて受け付けておりますが、本書の奥付に記載された初版発行日から2年を経過した場合または掲載した製品やサービスの提供会社がサポートを終了した場合は、お答えいたしかねますので、予めご了承ください。
(8) 商標

## 著者紹介

**染谷昌利**（そめや まさとし）
**株式会社MASH**（かぶしきがいしゃ まっしゅ）

12年間の会社員時代からさまざまな副業に取り組み、2009年にインターネット集客や収益化の専門家として独立。
独立後はブログメディアの運営とともに、コミュニティ（オンラインサロン）運営、書籍の執筆・プロデュース、YouTube活用サポート、企業や地方自治体のIT（集客・PR）アドバイザー、講演活動など、複数の業務に取り組むパラレルワーカー。
複業（副業・兼業）の重要性を伝えるため、新聞や雑誌、ウェブメディアの連載や取材の傍ら、テレビやラジオなどのマスメディアへの働きかけをおこなっている。
現在まで100本以上の講演、セミナーを開催しており、そのすべてをPowerPointプレゼンテーションを活用している。
著書・監修書に『ポートフォリオ型キャリアの作り方』『ブログ飯 個性を収入に変える生き方』（インプレス）、『『副業力』『Google AdSenseマネタイズの教科書』『ムリなくできる親の介護』（日本実業出版社）、アフィリエイトの教科書』『ブログの教科書』（ソーテック社）、『クリエイターのための権利の本』（ボーンデジタル）、『複業のトリセツ』（DMM PUBLISHING）など52作（2025年2月現在）。

■デザイン　金子　中
■DTP　有限会社中央制作社

**はじめてのPowerPoint2024**

発行日　2025年　3月29日　　第1版第1刷

著　者　染谷　昌利／株式会社MASH

発行者　斉藤　和邦
発行所　株式会社　秀和システム
〒135-0016
東京都江東区東陽2-4-2　新宮ビル2F
Tel 03-6264-3105（販売）Fax 03-6264-3094
印刷所　株式会社シナノ　　Printed in Japan

ISBN978-4-7980-7447-4 C3055